합격률 및 시험 일정 안내

2024년 합격률 알아보기 (발행일 현재 큐넷에서 2025년 합격률 미공지)

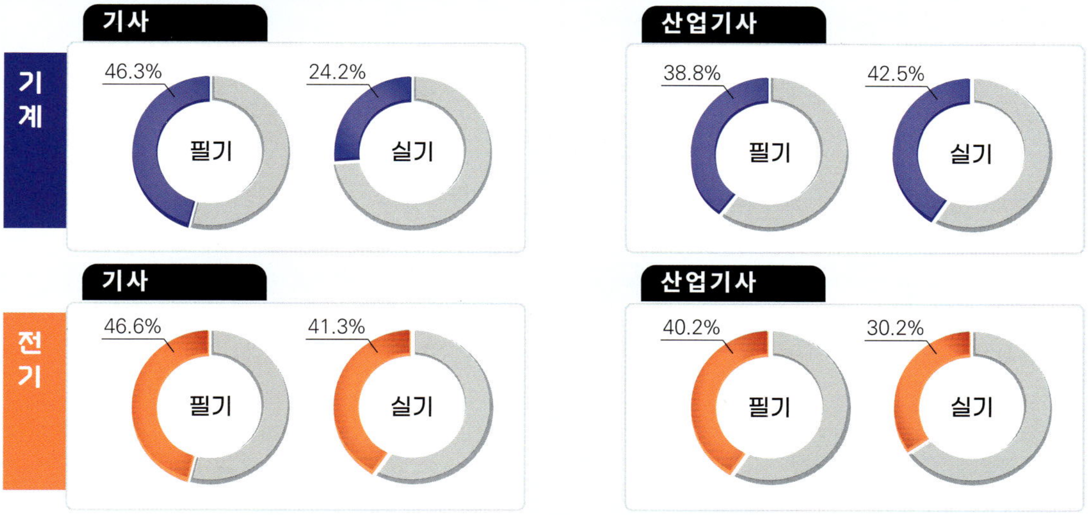

기계
- 기사: 필기 46.3% / 실기 24.2%
- 산업기사: 필기 38.8% / 실기 42.5%

전기
- 기사: 필기 46.6% / 실기 41.3%
- 산업기사: 필기 40.2% / 실기 30.2%

2026년 시험일정 <고용노동부 공고 제2025-387호>

제1회
- 접수: 3월 23일(월) ~ 26일(목)
- 시험: 4월 18일(토) ~ 5월 6일(수)

제2회
- 접수: 6월 22일(월) ~ 25일(목)
- 시험: 7월 18일(토) ~ 8월 5일(수)

제3회
- 접수: 9월 21일(월) ~ 23일(수), 28일(월)
- 시험: 10월 24일(토) ~ 11월 13일(금)

※ 정확한 시험 일정과 관련된 정보는 한국산업인력공단(Q-Net)에서 확인하시길 바랍니다.

합격으로 입증할 오직 초격차만의 가치

3회독 시스템

1회독

단계별 학습

목표 설정 및 전체적인 내용 이해

2026년 대비 7개년 출제경향 분석
2026년 시험 대비를 위해 최신출제경향을 분석하고 유형별 7개년 출제경향을 완벽 분석하였습니다.

학습 목표와 단원별 마인드맵
단원의 전체 내용을 한눈에 파악할 수 있습니다.

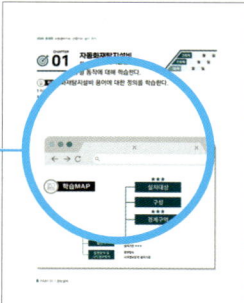

심화 학습 및 문제 적용

핵심 포인트로 초압축
표나 그림으로 표현한 핵심사항들을 쉽고 정확하게 이해할 수 있습니다.

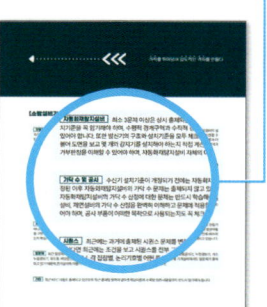

Upgrade! 이해를 돕는 보조단 구성
초격차가 제시하는 다양한 꿀팁을 본문과 함께 확인하여 효과적으로 학습할 수 있습니다.

암기 : 암기법 제시
선생님팁 : 학습 시 알아두면 좋은 선생님만의 팁
용어, 개념 설명 : 용어와 개념의 정의

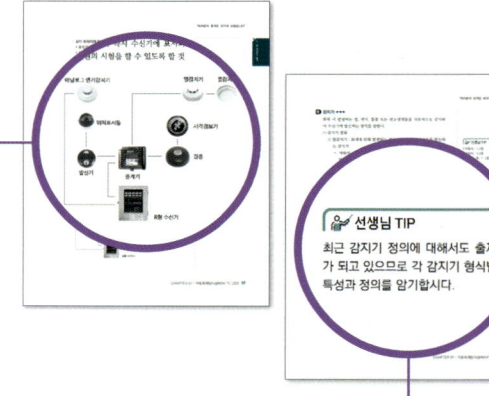

2회독

3회독

심화 학습 및 문제 적용

복습 및 강화

OX 퀴즈와 연습문제
다양한 문제뿐만 아니라 풍부한 해설로 이론을 완벽하게 마스터할 수 있습니다.

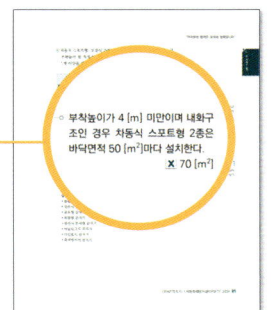

다회독으로 마스터하기
다회독에 최적화된 초격차만의 구성으로 편리한 반복학습이 가능합니다.

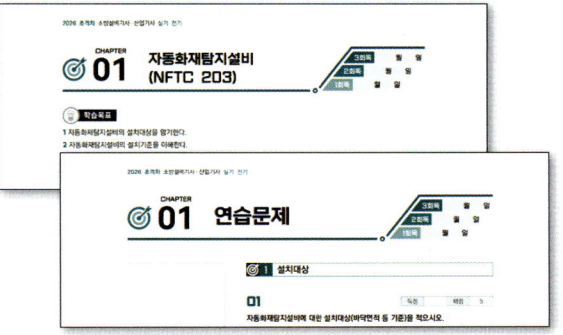

신유형 문제 & 문제별 배점
2025년 신유형 문제와 다양한 난이도의 문제에 적응하고 대비할 수 있습니다.

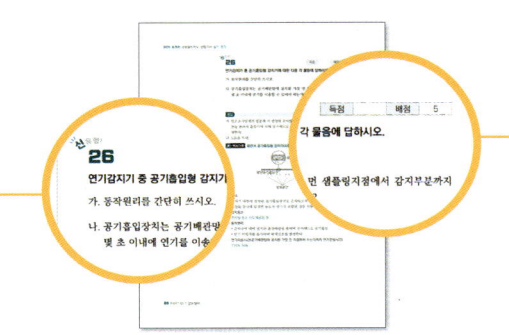

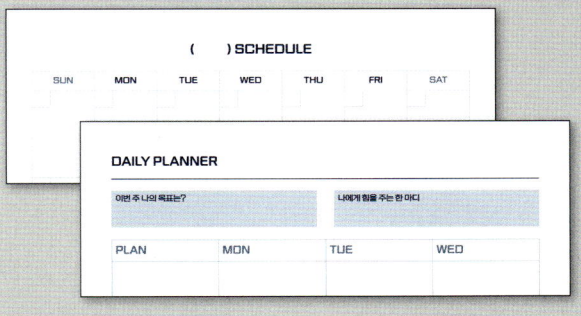

+ 초격차 스터디 플래너
QR코드를 스캔하면 스터디 플래너 PDF를 무료로 다운로드할 수 있습니다.

초격차로 압도적인 합격의 격차를 만들다!
- <초격차>로 공부했던 선배 합격생들의 리얼 합격 스토리 -

"비전공자도 이해할 수 있는 초격차!"

비전공자인 저한테는 다소 전기분야가 어려웠습니다. 하지만 외우는 꿀팁이나 노하우 등 상세한 설명 덕분에 자연스럽게 암기가 되었고, 사진과 함께 설명된 부분이 이해하는데 도움이 가장 많이 되었던 것 같습니다. 처음에 도전할 때는 소방에 대한 기본적인 지식도 모르고 막막했지만 모아의 체계적인 커리큘럼이 저에게 큰 힘이 되어 주었습니다. 비전공자인 저도 처음에 이해를 못하고 지루했지만 반복 끝에 점점 저의 지식이 쌓이는게 느껴졌고 약간의 흥미가 생기면서 그 결과 소방설비기사(전기분야) 필기/실기 한번에 합격이라는 좋은 결과를 얻을 수 있었습니다.

2025년 2회 합격자 조○○

2025년 2회 합격자 주○○

"이론-기출 다회독으로 끝내는 초격차!"

기계 전공이라서 전기 분야에 대한 두려움이 있었습니다. 강조한 핵심용어와 기준치들을 반복 암기하는 것부터 시작했습니다. 계산 문제는 빈출 문제로 단원별 정리가 잘 되어 있어 반복 풀이를 했습니다. 전체 틀을 이해하려고 이론 한번 쭉 학습하고, 두 번째 볼 때는 중요 개념과 계산 문제 부분은 먼저 문제를 풀고 이해 안되는 부분을 다시 학습하여 가성비를 높였습니다. 기출문제는 시험을 본다는 기분으로 먼저 문제를 풀다보니 반복 문제에서는 실수를 하지 않고 몸으로 이해가 되었습니다. 체득할 때까지 반복한 게 복이 되어 운좋게 합격할 수 있었습니다.

"체계적인 학습이 가능한 초격차!"

중요한 부분을 집중적으로 공부하고 반복학습한 것이 시험 중 기억을 끄집어내는 데 큰 도움이 되었습니다. 공부하기 좋은 모아 교재의 구성도 한몫 하였습니다. 요약 노트가 불필요하다고 느꼈고 시간도 아낄 수 있었습니다. 먼저 교재의 목차 순서를 외우고 그 각각의 내용을 연상하는 방법으로 공부하였습니다. 이로써 공식의 헷갈림을 방지할 수 있었습니다. 모아의 커리큘럼과 교재를 절대적으로 신뢰하면 합격은 자동적으로 따라 온다고 말씀 드리고 싶습니다.

2024년 2회 합격자 김○○

2024년 1회 합격자 장○○

"효율적인 학습이 가능한 초격차!"

저는 전기공학을 전공한 40대 직장인으로 소방설비 쌍기사를 목표로 소방설비기사 기계분야에 도전하였습니다. 처음엔 공식을 이해하는데 어려움이 있었습니다. 하지만 해당 공식이 어떻게 수식화 되었는지 쉽게 개념 정리가 되어 차근차근 이해할 수 있었습니다. 이전 기출문제를 폭넓게 분석하여 가장 중요하고 핵심적인 문제들만 주제별로 담아놓은 과년도 7개년과 Plus N제 교재로 학습한 것이 가장 도움이 되었습니다. 초격차 과년도 7개년 교재로 계산기를 사용하여 직접 혼자 풀 수 있을 때까지 학습하고 그렇게 과년도 7개년을 5회독 하였습니다. 그 결과 시험에 합격하는 좋은 결과를 얻을 수 있었습니다.

2019-2025 출제경향 분석

[소방설비기사(전기분야) 출제경향표]

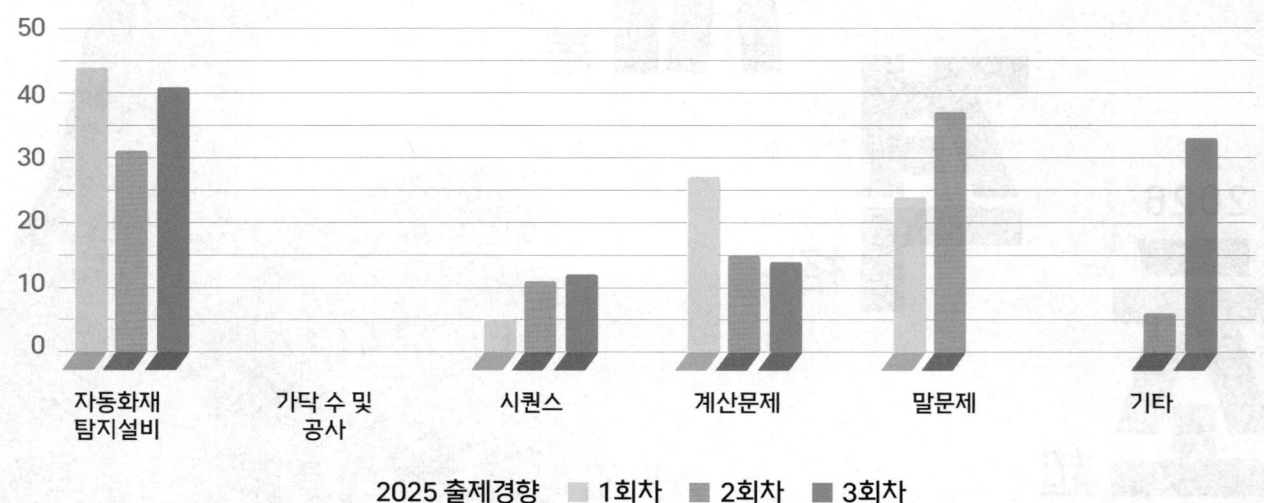

2025 출제경향 ■ 1회차 ■ 2회차 ■ 3회차

단위 : 배점

연도 및 회차 CHAPTER	2025년			2024년			2023년			2022년			2021년			2020년				2019년		
	1	2	3	1	2	3	1	2	4	1	2	4	1	2	4	1,2	3	4	5	1	2	4
자동화재탐지설비	44	31	41	22	31	19	11	26	28	30	17	24	30	33	14	22	24	26	32	26	23	46
가닥 수 및 공사	0	0	0	0	0	11	11	21	17	26	14	39	21	20	27	27	15	13	24	30	13	23
시퀀스	5	11	12	18	9	8	0	11	11	15	14	10	20	15	20	14	14	15	13	6	20	7
계산문제	27	15	14	21	18	29	23	14	10	7	22	14	14	9	16	16	21	23	17	17	13	9
말문제	24	37	0	33	29	30	55	24	34	22	28	13	15	17	18	10	21	15	6	17	31	15
기타	0	6	33	6	13	3	0	4	0	0	5	0	0	6	5	11	5	8	8	4	0	0

격차를 뛰어넘어 압도적인 격차를 만들다

[소방설비기사 실기 전기 학습방법]

자동화재탐지설비 최소 3문제 이상은 상시 출제되는 소방설비기사(전기)실기에서 가장 핵심이 되는 파트입니다. 자동화재탐지설비의 설치기준을 꼭 암기해야 하며, 수평적 경계구역과 수직적 경계구역 산정기준을 학습한 후 도면을 보고 몇 개의 경계구역인지도 직접 산정할 수 있어야 합니다. 또한 발신기의 구조와 설치기준을 모두 체크하고, 정온식 감지기, 차동식 감지기, 연기감지기 등 모든 감지기의 설치기준과 더불어 도면을 보고 몇 개의 감지기를 설치해야 하는지 직접 계산할 수 있어야 합니다. 마지막으로 수신기 설치기준과 P형수신기의 시험 목적과 가부판정을 이해할 수 있어야 하며, 자동화재탐지설비 자체의 이해를 통한 암기가 동반되어야 합니다.

가닥 수 및 공사 수신기 설치기준이 개정되기 전에는 자동화재탐지설비의 가닥 수가 큰 배점으로 출제가 되었지만, 수신기 설치기준이 개정된 이후 자동화재탐지설비의 가닥 수 문제는 출제되지 않고 있습니다. 그럼에도 불구하고 언제든 출제될 수 있는 중요한 부분이기 때문에 자동화재탐지설비의 가닥 수 산정에 대한 문제는 반드시 학습해야 합니다. 가스계 소화설비와 습식 스프링클러설비, 준비작동식 스프링클러설비, 제연설비의 가닥 수 산정을 완벽히 이해하고 문제에 적용할 수 있어야 합니다. 또한 도면을 보고 어떤 부품이 사용되었는지 판별할 수 있어야 하며, 공사 부품이 어떠한 목적으로 사용되는지도 꼭 체크해야 합니다.

시퀀스 최근에는 과거에 출제된 시퀀스 문제를 변형하여 출제되고 있습니다. 또한 과거에는 특정 부분만 채울 수 있어야 하는 문제가 출제되었다면 최근에는 조건을 보고 시퀀스를 전부 그릴 수 있도록 난이도가 상향되었습니다. 따라서 과년도 시퀀스 문제의 경우 단순 암기하는 학습이 아닌, 각 접점별, 논리기호별 어떤 특성을 가지고 있는지에 대한 이해가 먼저 선행되어야 합니다.

계산문제 최근엔 전기기사에 출제되었던 문제들이 출제되고 있으며, 계산문제의 난이도가 높아지고 있습니다. 예를 들어 과거에는 전동기 하나를 사용하였을 때의 역률개선을 위한 콘덴서 용량을 구하는 문제가 출제되었다면, 현재는 여기에 전동기 하나를 추가 설치하여 합성역률을 구한 후 역률개선을 위한 콘덴서 용량을 구하는 문제가 출제되고 있기 때문에 단순 문답 형식의 공부가 아닌, 어떤 계산공식을 언제 써야 하는지 확실히 이해하고 접근을 해야 풀 수 있습니다. 또한 필기 전기일반 과목에서 계산문제로 출제되었던 문제들 역시 최근 출제되고 있습니다.

말문제 최근 말문제의 비중이 커지고 있습니다. 자동화재탐지설비, 비상방송설비, 비상경보설비 및 단독경보형감지기, 누전경보기, 가스누설경보기, 유도등, 비상콘센트설비 등 전기설비뿐만 아니라 이산화탄소설비, 스프링클러설비, 제연설비 등 기계설비에서도 말문제가 출제되고 있기 때문에 전기설비와 더불어 기계설비도 핵심이 되는 내용들 위주로 반드시 암기해야 합니다.

기타 최근 KEC 내용도 출제되고 있으므로 최근 출제된 문제의 경우엔 핵심이론에 수록된 관련 내용들까지 반드시 암기해야 합니다.

CONTENTS

PART 01 경보설비

CHAPTER 01 자동화재탐지설비(NFTC 203) ············· 8
연습문제 • 48

CHAPTER 02 비상경보설비 및 단독경보형 감지기(NFTC 201) ····· 130
연습문제 • 135

CHAPTER 03 비상방송설비(NFTC 202) ············· 137
연습문제 • 141

CHAPTER 04 자동화재속보설비(NFTC 204) ············· 151
연습문제 • 156

CHAPTER 05 누전경보기(NFTC 205) ············· 158
연습문제 • 165

CHAPTER 06 가스누설경보기(NFTC 206) ············· 175
연습문제 • 181

CHAPTER 07 기타 화재안전성능기준 및 화재안전기술기준 ········ 183

PART 02 소화설비

CHAPTER 01 옥내소화전설비(NFTC 102) ············· 196
연습문제 • 204

CHAPTER 02 스프링클러설비(NFTC 103) ············· 216
연습문제 • 226

CHAPTER 03 가스계소화설비(NFTC 106, NFTC 107) ········ 242
연습문제 • 252

PART 03 피난구조설비

CHAPTER 01 유도등 및 유도표지(NFTC 303) ·············· 268
연습문제 • 281

CHAPTER 02 비상조명등(NFTC 304) ·············· 298
연습문제 • 303

PART 04 소화활동설비

CHAPTER 01 제연설비(NFTC 501) ·············· 308
연습문제 • 313

CHAPTER 02 비상콘센트설비(NFTC 504) ·············· 331
연습문제 • 337

CHAPTER 03 무선통신보조설비(NFTC 505) ·············· 344
연습문제 • 350

PART 05 소방전기시설 설계 및 시공실무

CHAPTER 01 공사재료 등 ·············· 358
연습문제 • 369

CHAPTER 02 계산문제 ·············· 398

CHAPTER 03 시퀀스 제어 ·············· 478

PART 01

경보설비

CHAPTER 01	자동화재탐지설비(NFTC 203)
CHAPTER 02	비상경보설비 및 단독경보형 감지기(NFTC 201)
CHAPTER 03	비상방송설비(NFTC 202)
CHAPTER 04	자동화재속보설비(NFTC 204)
CHAPTER 05	누전경보기(NFTC 205)
CHAPTER 06	가스누설경보기(NFTC 206)
CHAPTER 07	기타 화재안전성능기준 및 화재안전기술기준

격차를 뛰어넘어 압도적인 격차를 만들다

학습전략

PART 01은 실기시험에서 가장 큰 비중을 차지하는 부분이다. 특히나 자동화재탐지설비는 매년, 매회차 최소 30점 이상의 배점이 출제되니 자동화재탐지설비의 설치대상부터 설치기준, 가닥 수 산정, 감지기 수량 산정 등 모든 내용을 꼼꼼하게 학습해야 한다. 최근에는 말문제도 출제가 많이 되고 있으므로 이론내용을 넘기고 문제만 풀기보다는 이론내용도 한번씩은 꼭 읽고 눈에 익혀야 한다. 또한 누전경보기, 비상경보설비 관련 문제들도 최근에 종종 출제되고 있으므로 과거 7개년 동안의 출제비중을 그냥 넘기기보다는 좀 더 확실하게 학습해야 한다.

CHAPTER 01 자동화재탐지설비 (NFTC 203)

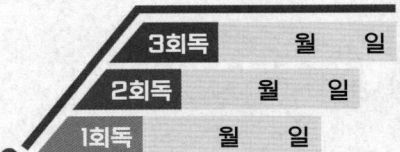

학습목표

1 자동화재탐지설비의 설치대상을 암기한다.
2 자동화재탐지설비의 설치기준을 이해한다.
3 감지기 종류별 동작에 대해 학습한다.
4 자동화재탐지설비 용어에 대한 정의를 학습한다.

학습MAP

- 설치대상 ★★★
- 구성
- 경계구역 ★★★
  - 수평적 경계구역
  - 수직적 경계구역
- 수신기
  - 수신기 종류
  - 수신기 적합기준
  - 수신기 설치기
  - 수신기 기능시험 ★
- 중계기
  - 중계기 설치기준
- 감지기
  - 감지기 종류 ★★★
  - 형식별 특성에 따른 분류
  - 감지기 설치기준 ★★★
  - 설치장소별 감지기 적응성
- 발신기
  - 종류
  - 설치기준 ★★★
- 음향장치 및 시각경보장치
  - 경보방식
  - 시각경보장치 설치기준

01 자동화재탐지설비 (NFTC 203) ★★★

설치대상 ★★★

설치대상	기준
• 교육연구시설(교육시설 내에 있는 기숙사 및 합숙소를 포함한다), 수련시설(기숙사·합숙소 포함, 숙박시설 제외) • 동·식물 관련 시설 • 자원순환 관련 시설 • 교정 및 군사시설 • 묘지 관련 시설	연면적 2000 [m²] 이상인 경우에는 모든 층
목욕장, 문화 및 집회시설, 종교시설, 판매시설, 운수시설, 운동시설, 업무시설, 창고시설, 공장, 지하상가, 위험물 저장 및 처리시설, 항공기 및 자동차 관련 시설, 교정 및 군사시설 중 국방·군사시설, 방송통신시설, 발전시설, 관광 휴게시설	연면적 1000 [m²] 이상인 경우에는 모든 층
• 근린생활시설(목욕장 제외) • 의료시설(정신의료기관, 요양병원 제외) • 위락시설, 장례시설 및 복합건축물	연면적 600 [m²] 이상인 경우에는 모든 층
정신의료기관, 의료재활시설	• 바닥면적 합계 300 [m²] 이상 • 바닥면적 합계 300 [m²] 미만, 창살 설치
터널	길이 1000 [m] 이상
공장 및 창고시설	500배 이상 특수가연물
요양병원, 지하구, 전통시장, 조산원, 산후조리원	–
전기저장시설, 노유자생활시설	–
공동주택 중 아파트등·기숙사, 숙박시설, 6층 이상인 건축물	–
노유자시설	연면적 400 [m²] 이상인 경우에는 모든 층
숙박시설이 있는 수련시설	수용인원 100명 이상인 경우에는 모든 층

암기 ▶ 교수 2000

암기 ▶ 근의위장복 6

암기 ▶ 정신,의료 3

길이 500 [m] 이상인 터널은 자동화재탐지설비를 설치한다.
X 1000 [m]

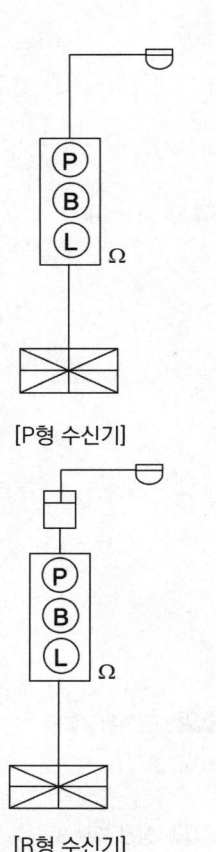

[P형 수신기]

[R형 수신기]

☑
(1) 외기에 면하여 상시 개방된 부분이 있는 차고·주차장·창고 등에 있어서는 외기에 면하는 각 부분으로부터 5 [m] 미만의 범위 안에 있는 부분은 경계구역의 면적에 산입하지 아니한다.
(2) 스프링클러설비·물분무등소화설비 또는 제연설비의 화재감지장치로서 화재감지기를 설치한 경우의 경계구역은 해당 소화설비의 방사구역 또는 제연구역과 동일하게 설정할 수 있다.

2 구성

(1) 수신기
(2) 발신기
(3) 감지기
(4) 중계기(R형)
(5) 음향장치
(6) 위치표시등
(7) 응답등

3 경계구역 ★★★

특정소방대상물 중 화재신호를 발신하고 그 신호를 수신 및 유효하게 제어할 수 있는 구역

(1) 수평적 경계구역

① 하나의 경계구역이 2개 이상의 건축물에 미치지 않도록 할 것
② 하나의 경계구역이 2개 이상의 층에 미치지 않도록 할 것. 단, 500 [m^2] 이하의 범위 안에서 2개의 층을 하나의 경계구역으로 할 수 있음
③ 하나의 경계구역 면적 600 [m^2] 이하로 하고 한 변의 길이 50 [m] 이하로 할 것. 단, 주된 출입구에서 그 내부 전체가 보이는 것은 한 변의 길이 50 [m] 범위 내에서 1000 [m^2] 이하로 할 수 있음
④ 도로터널 : 100 [m] 이하로 할 것(도로터널의 화재안전기술기준 NFTC 603)

지하구 : 700 [m] 이하로 할 것(지하구의 화재안전성능기준 NFPC 605 제13조(기존 지하구에 대한 특례) 법 제13조에 따라 기존 지하구에 설치하는 소방시설 등에 대해 강화된 기준을 적용하는 경우에는 다음의 설치·관리 관련 특례를 적용한다.

→ 특고압 케이블이 포설된 송·배전 전용의 지하구(공동구를 제외한다)에는 온도 확인 기능 없이 최대 700 [m]의 경계구역을 설정하여 발화지점(1 [m] 단위)을 확인할 수 있는 감지기를 설치할 수 있다.

(2) 수직적 경계구역

① 계단·경사로(에스컬레이터 포함)는 별도의 경계구역으로 하며 경계구역 높이 45 [m] 이하로 할 것
② 엘리베이터 승강로(권상기실 포함)·린넨슈트·파이프피트 및 덕트 기타 이와 유사한 부분 별도의 경계구역
③ 지하층의 계단 및 경사로(지하층 층수가 1일 경우는 제외)는 별도의 경계구역

④ 수신기

감지기나 발신기에서 발하는 화재신호를 직접 수신하거나 중계기를 통하여 수신하여 화재의 발생을 표시 및 경보하여주는 장치

(1) 수신기의 종류

수신기 종류	작동원리 및 기능	
P형 수신기	감지기 및 발신기의 화재신호를 직접 또는 중계기를 통하여 공통신호로서 수신하여 소방대상물의 관계자에게 경보하여주는 것	
R형 수신기	감지기, 발신기의 화재신호를 직접 또는 중계기를 통하여 고유신호로 수신하여 소방대상물의 관계자에게 경보하여주는 것	
GP·GR형 수신기	P형·R형 수신기의 기능과 가스누설경보기의 수신부 기능을 겸한 것	
복합식 수신기	일반수신기의 주기능인 화재표시 및 경보 기능 이외에 소방설비나 방재설비 등을 자동 또는 수동으로 제어할 수 있는 기능을 겸한 수신기	① P형 복합식 수신기 ② R형 복합식 수신기 ③ GP형 복합식 수신기 ④ GR형 복합식 수신기
다신호식 수신기	감지기로부터 최초의 화재신호를 수신하는 경우	• 주음향장치 또는 부음향장치의 명동 • 지구표시장치에 의한 경계구역을 각각 자동으로 표시
	두 번째 화재신호 이상을 수신하는 경우	• 주음향장치 또는 부음향장치의 명동 • 지구표시장치에 의한 경계구역을 각각 자동으로 표시 • 화재등 및 지구음향장치가 자동적으로 작동
아날로그식 수신기	• 아날로그 감지기로부터 신호를 수신한 경우 예비표시신호 및 화재표시등과 지구경종이 동시에 작동 • 입력신호량(열 또는 연기)을 단계별로 표시하는 기능이 있을 것 • 아날로그 감지기의 작동레벨 조정장치가 있을 것	
간이형 수신기 (유선식 또는 무선식)	수신기 및 가스누설경보기의 기능을 각각 또는 함께 가지고 있는 수신기로써 수신기 및 가스누설경보기의 구조 및 기능을 단순화시켜 구성되거나 여기에 화재, 가스누설을 자동 탐지하여 경보하여주는 기능 또는 도난경보, 원격제어기능 등이 복합적으로 구성된 제품	① 화재수신용 ② 가스누설수신용 ③ 화재수신용 및 가스누설수신용

> P형 수신기는 감지기 및 발신기의 화재신호를 직접 또는 중계기를 통하여 공통신호로서 수신하여 소방대상물의 관계자에게 경보하여주는 것이다.

선생님 TIP

다신호식 수신기와 아날로그식 수신기는 종종 출제되므로 반드시 암기합시다.

☑ **R형 수신기의 특징**
- 선로수를 적게 할 수 있어 경제적이다(배관, 배선공사 간단함).
- 전압강하가 적어 선로길이를 길게 할 수 있다.
- 추가 중계기를 설치하기 때문에 증설 및 이설이 용이하다.
- 화재발생지구 등을 선명한 숫자로 표현한다.
- 신호 전달이 명확하다.

수신기 종류	작동원리 및 기능		
무선식 수신기		전파에 의해 신호를 송·수신하는 방식의 수신기	
	기능	감지기 등의 건전지 성능저하신호 발신 개시부터 수신완료까지 시간	200초 이내
		수동 또는 자동(주기 168시간 이내) 통신점검 개시로부터 확인신호 수신까지 소요시간	200초 이내
		통신점검시험 중에도 다른 회선의 화재신호 시 화재표시가 될 것	
		수신성능시험 (10개의 화재신호를 동시에 발신할 때)	최초 화재표시 : 5초 이내 모든 화재표시 : 100초 이내

(2) P형과 R형 수신기 비교

항목	P형	R형
신호전달방식	개별신호방식 (1 : 1 접점방식)	다중전송방식
신호 종류	공통신호	고유신호
화재표시	적색 램프	액정표시장치(LCD)
시스템 신뢰성	외부선로 이상으로 수신반 고장 시 전체시스템의 마비됨	외부선로 이상으로 해당 중계기 고장 시 전체시스템에는 영향이 없음
경제성	설비 저가, 공사비 고가	설비 고가, 공사비 저가
회로 증설·변경	어려움	쉬움
건물 크기	중·소형	대형
유지관리	어려움	쉬움
장점	기능이 단순하므로 가격이 저렴	• 선로수가 적어 배관배선공사가 간단함 • 유지관리가 쉬움
단점	• 선로수가 많아 배관배선공사가 복잡함 • 유지관리가 어려움	효율적인 감지 및 제어를 위해 여러 기능이 추가되어 있어 가격이 비쌈

(3) 수신기 적합기준
  ① 해당 특정소방대상물의 경계구역을 각각 표시할 수 있는 회선수 이상의 수신기를 설치할 것
  ② 해당 특정소방대상물에 가스누설탐지설비가 설치된 경우에는 가스누설탐지설비로부터 가스누설신호를 수신하여 가스누설경보를 할 수 있는 수신기를 설치할 것(가스누설탐지설비의 수신부를 별도로 설치한 경우에는 제외한다)

(4) 수신기 설치기준 ★★★
  ① 수위실 등 상시 사람이 근무하는 장소에 설치할 것(다만 사람이 상시 근무하는 장소가 없는 경우에는 관계인이 쉽게 접근할 수 있고 관리가 용이한 장소에 설치할 수 있다)
  ② 수신기가 설치된 장소에는 경계구역 일람도를 비치할 것(다만 모든 수신기와 연결되어 각 수신기의 상황을 감시하고 제어할 수 있는 수신기(이하 "주수신기"라 한다)를 설치하는 경우에는 주수신기를 제외한 기타 수신기는 그러하지 아니하다)
  ③ 수신기의 음향기구는 그 음량 및 음색이 다른 기기의 소음 등과 명확히 구별될 수 있는 것으로 할 것
  ④ 수신기는 감지기·중계기 또는 발신기가 작동하는 경계구역을 표시할 수 있는 것으로 할 것
  ⑤ 화재·가스 전기 등에 대한 종합방재반을 설치한 경우에는 해당 조작반에 수신기의 작동과 연동하여 감지기·중계기 또는 발신기가 작동하는 경계구역을 표시할 수 있는 것으로 할 것
  ⑥ 하나의 경계구역은 하나의 표시등 또는 하나의 문자로 표시되도록 할 것
  ⑦ 수신기의 조작스위치는 바닥으로부터의 높이가 0.8 [m] 이상 1.5 [m] 이하인 장소에 설치할 것
  ⑧ 하나의 특정소방대상물에 2 이상의 수신기를 설치하는 경우에는 수신기를 상호 간 연동하여 화재발생상황을 각 수신기마다 확인할 수 있도록 할 것
  ⑨ 화재로 인하여 하나의 층의 지구음향장치 배선이 단락되어도 다른 층의 화재통보에 지장이 없도록 각 층 배선상에 유효한 조치를 할 것

○ 수신기와 설치된 장소에는 가스누설탐지설비를 설치할 것
  ❌ 경계구역 일람도

TIP 사람이 손으로 조작하는 부분은 소방에서 공통기준인 바닥으로부터 0.8 [m] 이상 1.5 [m] 이하인 장소에 설치

(5) 수신기 기능시험 ★
① 화재표시작동시험
ㄱ. 시험목적 : 지구표시등, 화재표시등 점등, 음향장치 명동 확인
ㄴ. 시험방법
ⓐ 수신기 기능스위치 중 "동작시험스위치 + 자동복구스위치"를 누름
ⓑ 회로선택스위치를 차례로 회전시켜 회로마다 화재표시 작동시험 확인
ㄷ. 가부판정 : 화재표시등 및 지구표시등 점등 여부, 음향장치 작동 여부, 회로 연결상태 정상 확인
② 예비전원시험
ㄱ. 시험목적 : 정전 시 상용전원에서예비전원 자동절환 여부 확인 및 정상상태 복구 시 예비전원에서 상용전원으로 자동절환 여부 확인
ㄴ. 시험방법
ⓐ 수신기스위치 중 "예비전원스위치"를 누름(예비전원전압 표시 및 예비전원등 점등 확인)
ⓑ 전압계 지시 및 전원표시 절환 여부 확인
ⓒ 교류전원을 개로하고 자동절환 릴레이의 작동상황 조사
ㄷ. 가부판정 : 예비전원의 전압, 용량, 절환상황 및 복구 작동이 정상일 것
③ 동시작동시험(회로수가 2회선 이상)
ㄱ. 시험목적 : 2회로 이상 동작 시 수신기 기능 정상 여부 확인
ㄴ. 시험방법
ⓐ 수신기스위치 중 "동작시험스위치"를 누름
ⓑ 회로선택스위치를 이용하여 5회로를 동시작동시킴
ㄷ. 가부판정 : 회선 동시 작동 시 수신기 기능이 정상적이어야 함
④ 공통선시험
ㄱ. 시험목적 : 공통선이 담당하고 있는 경계구역 회선수 확인
ㄴ. 시험방법
ⓐ 수신기 내 접속단자의 공통선 1선 제거
ⓑ 도통시험스위치를 누른 후 회로선택스위치를 차례로 회전
ⓒ 전압계 또는 표시등을 확인하여 단선을 지시한 경계구역의 회선수 확인
ㄷ. 가부판정 : 단선 표시되는 회선수가 7회선 이하이면 정상

> 정전 시 상용전원에서예비전원 자동절환 여부 확인 및 정상상태 복구 시 예비전원에서 상용전원으로 자동절환 여부 확인을 위해 예비전원시험을 한다.

⑤ 회로도통시험
　ㄱ. 시험목적 : 감지기회로의 단선, 단락 및 접속상태의 이상 유무를 파악
　ㄴ. 시험방법
　　ⓐ 수신기스위치 중 "도통시험스위치"를 누름
　　ⓑ 회로 선택스위치를 회전시킴
　　ⓒ 각 회선의 계기 지시상태, 종단저항 접속 여부를 확인
　ㄷ. 가부판정
　　ⓐ 전압계 지시 약 4 [V](녹색) 지시 : 정상
　　ⓑ 전압계 지시 24 [V](적색) 지시 : 단락
　　ⓒ 전압계 지시 0 [V] : 단선

○ 종단저항 설치목적
감지기회로 단선, 단락 및 접속상태 이상 유무 파악

⑥ 저전압시험
　ㄱ. 시험목적 : 저전압상태(정격전압 80 [%] 이하)에서 수신기 기능 유지 확인
　ㄴ. 시험방법
　　ⓐ 전압시험기나 가변저항기 이용하여 전압을 80 [%] 이하로 맞춤
　　ⓑ 화재표시작동시험에 준하는 시험 실시
　　ⓒ 가부판정 화재신호 정상 수신 여부 확인

⑦ 회로저항시험
　ㄱ. 시험목적 : 감지기회로 1회선 선로 저항이 수신기 기능에 이상 주지 않는 것을 확인
　ㄴ. 시험방법
　　ⓐ 저항계 사용해 감지기회로 공통선과 표시선 사이의 전로를 측정
　　ⓑ 회로 말단 단락시켜 도통상태에서 선로 저항 측정
　　ⓒ 가부판정 : 하나의 감지기회로의 전로저항의 합성치가 50 [Ω] 이하이어야 함

○ 회로저항시험은 감지기회로 5회선 선로 저항이 수신기 기능에 이상을 주지 않는 것을 확인하는 것이다.
　✗ 1회선

⑧ 지구음향장치 작동시험 : 감지기의 작동과 연동하여 당해 지구음향장치가 정상으로 작동하는가 확인하기 위한 시험
⑨ 비상전원시험 : 상용전원이 사고 등으로 정전된 경우 자동적으로 비상전원으로 절환되며 또한 정전복구 시에 자동적으로 일반 상용전원으로 절환되는지의 여부를 확인

☑ 평상시 눌려있으면 안 되는 스위치가 눌려있을 때(ON) 스위치주의등이 점멸한다. 예를 들어 지구경종스위치, 주경종스위치가 눌려있다면 화재발생 시 지구경종과 주경종이 명동하지 않기 때문에 스위치주의등이 점멸한다.

> **참고** P형 수신기의 스위치주의등
>
> ▫ P형 수신기의 스위치주의등이 점멸되는 경우
> - 지구경종스위치 ON
> - 주경종스위치 ON
> - 자동복구스위치 ON
> - 도통시험스위치 ON
> - 동작시험스위치 ON
>
> ▫ P형 수신기의 스위치주의등이 점멸하지 않는 경우
> - 복구스위치 ON
> - 예비전원스위치 ON

(6) 수신기 형식승인 및 제품검사 기술기준
 ① 보수 및 부속품의 교체가 용이할 것(방수, 방폭형 제외)
 ② 부식에 의한 기계적 영향을 초래할 부분 : 칠, 도금 등 내식 또는 방청가공할 것
 ③ 외함 재질은 불연성 또는 난연성으로 할 것
 ④ 정격전압이 60 [V]를 넘는 기구의 금속제 외함에는 접지단자를 설치할 것
 ⑤ 예비전원회로에는 단락사고 등으로부터 보호를 위하여 퓨즈를 설치할 것
 ⑥ 수신완료시간은 5초 이내일 것(단, 축적형의 경우 60초 이내)

(7) 수신기 부품의 구조 및 성능기준
 ① 반복시험 : 작동을 10000회(단, 전원스위치는 5000회) 반복 시 구조 및 기능에 이상이 없어야 함
 ② 절연저항시험(DC500 [V]의 절연저항계 측정)
  ㄱ. 측정기기 : DC500 [V] 절연저항계
  ㄴ. 절연저항
   ⓐ 절연된 충전부와 외함 간 : 5 [MΩ] 이상[교류입력 측과 외함 : 20 [MΩ] 이상
   ⓑ 절연된 선로 간 : 20 [MΩ] 이상일 것

> **참고** 축적형 수신기
>
> ▫ 설치장소(비화재보 우려 장소)
> - 특정소방대상물 또는 그 부분이 지하층·무창층 등으로서 환기가 잘 되지 아니한 곳
> - 실내면적이 40 [m²] 미만인 장소
> - 감지기의 부착면과 실내바닥과의 거리가 2.3 [m] 이하인 장소

암기 ▶ 숫자 2 3 4 암기!

▫ 설치 제외(아래 8가지 감지기 설치 시)
- 불꽃감지기
- 정온식 감지선형 감지기
- 분포형 감지기
- 복합형 감지기
- 광전식 분리형 감지기
- 아날로그방식의 감지기
- 다신호방식의 감지기
- 축적방식의 감지기

5 중계기

감지기·발신기 또는 전기적접점 등의 작동에 따른 신호를 받아 이를 수신기의 제어반에 전송하는 장치를 말한다.

(1) 중계기 설치기준

① 수신기에서 직접 감지기회로의 도통시험을 행하지 아니하는 것에 있어서는 수신기와 감지기 사이에 설치할 것

② 조작 및 점검에 편리하고 화재 및 침수 등의 재해로 인한 피해를 받을 우려가 없는 장소에 설치할 것

③ 수신기에 따라 감시되지 아니하는 배선을 통하여 전력을 공급받는 것에 있어서는 전원입력 측의 배선에 과전류 차단기를 설치하고 해당 전원의 정전이 즉시 수신기에 표시되는 것으로 하며, 상용전원 및 예비전원의 시험을 할 수 있도록 할 것

[분산형 중계기]

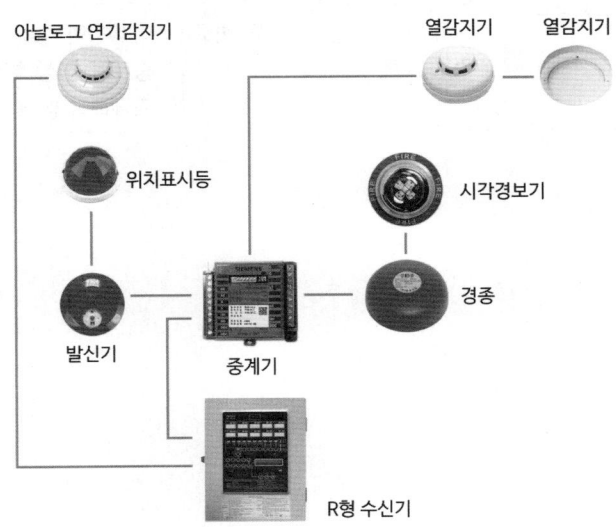

☑ **중계기 형식승인 및 제품검사의 기술기준**
① 반복시험 : 작동을 2000회 반복 시 구조 및 기능에 이상이 없어야 함
② 절연저항시험
ㄱ. 절연된 충전부와 외함 간 : 20 [MΩ] 이상일 것
ㄴ. 절연된 선로 간 : 20 [MΩ] 이상일 것

(2) 중계기의 종류

구분	집합형(전원장치 내장형)	분산형(전원장치 비내장형)
전원	AC 110 / 220 [V]	24 [V]
전력공급	외부전원 또는 비상전원 내장	수신기 전원
용량	대용량(30 ~ 40회로)	소용량(5회로 미만)
유지관리/크기	편리 / 대형	불편(중계기 고장 시 교체) / 소형
전원공급 사고	내장된 예비전원이 정상적인 동작을 수행	중계기 정전 시 해당 계통 전체 시스템 마비
통신계통 사고 시 Back UP 기능	통신선로 단선, 단락, 수신반 Down된 경우 중계기 독립제어 기능으로 자동 절환되어 방재임무수행	• 통신선로 사고 시 전체시스템 마비 • 대책 　단선대비 : Loop Back 포설 　단락대비 : Isolator 기능 추가
설치방식	• 전기Pit(피트) 등에 설치 • 1 ~ 3개 층당 1개 설치	발신기함 또는 개별 격납함에 설치
설치장소	• 전압강하 우려장소 • 수신기와 거리가 먼 초고층건축물	• 전기Pit(피트)가 좁은 건축물 • 전압강하 문제가 없는 곳
공사 및 유지보수	• 설치수량이 적으므로 경제적 • 각 Local 기기에서 중계기까지는 P형과 같으므로 배관, 배선의 비용이 높음 • 유지 및 수리 용이 : 해당 회로 카드 교체	• 설치수량이 많아 상대적으로 비경제적 • 각 층, 각 Local에 중계기가 있으므로 구간이 짧아 배관, 배선이 비용이 적음 • 중계기 이상 발생 시 중계기 교체해야 함

6 감지기 ★★★

화재 시 발생하는 열, 연기, 불꽃 또는 연소생성물을 자동적으로 감지하여 수신기에 발신하는 장치를 말한다.

(1) 감지기 종류

① 열감지기 : 화재에 의해 발생되는 열을 감지하여 화재신호를 발신하는 감지기

　ㄱ. 차동식 스포트형 감지기(1종, 2종) : 공기팽창방식, 열기전력이용방식, 열반도체 이용방식
　ㄴ. 차동식 분포형 감지기(1종, 2종) : 공기관식, 열전대식, 열반도체식
　ㄷ. 정온식 스포트형 감지기(특종, 1종, 2종)
　ㄹ. 정온식 감지선형 감지기(특종, 1종, 2종)
　ㅁ. 보상식 스포트형 감지기(1종, 2종)

② 연기감지기 : 화재에 의해 발생되는 연기를 감지하여 화재신호를 발신하는 감지기

　ㄱ. 이온화식 스포트형 감지기(1종, 2종, 3종)[축적, 비축적]
　ㄴ. 광전식 감지기(1종, 2종, 3종) : 스포트형, 분리형, 공기흡입형[축적, 비축적]

③ 복합형 감지기 : 열복합식, 연기복합식, 불꽃복합식
④ 불꽃감지기 : 자외선식, 적외선식, 자외선/적외선 겸용식

(2) 감지기 형식별 특성에 따른 분류

① 다신호식 감지기 : 1개의 감지기 내에 서로 다른 종별 또는 감도 등의 기능을 갖춘 것으로서 일정시간 간격을 두고 각각 다른 2개 이상의 화재신호를 발하는 감지기를 말한다.
② 방폭형 감지기 : 폭발성 가스가 용기 내부에서 폭발하였을 때 용기가 그 압력에 견디거나 또는 외부의 폭발성 가스에 인화될 우려가 없도록 만들어진 형태의 감지기를 말한다.
③ 방수형 감지기 : 방수구조로 되어 있는 감지기를 말한다.
④ 재용형 감지기 : 다시 사용할 수 있는 성능을 가진 감지기를 말한다.
⑤ 축적형 감지기 : 일정 농도 이상의 연기가 일정시간(공칭축적시간) 연속하는 것을 전기적으로 검출하여 작동하는 감지기(다만 단순히 작동시간만을 지연시키는 것은 제외한다)를 말한다.
⑥ 아날로그식 감지기 : 주위의 온도 또는 연기량의 변화에 따라 각각 다른 전류치 또는 전압치 등의 출력을 발하는 방식의 감지기를 말한다.

선생님 TIP
- 차동식 : 1, 2종
- 보상식 : 1, 2종
- 정온식 : 특, 1, 2종

선생님 TIP
최근 감지기 정의에 대해서도 출제가 되고 있으므로 각 감지기 형식별 특성과 정의를 암기합시다.

(3) 부착높이에 따른 감지기 종류 ★★★

부착높이	감지기의 종류
4 [m] 미만	차동식(스포트형, 분포형), 보상식 스포트형 정온식(스포트형, 감지선형) 이온화식 또는 광전식(스포트형, 분리형, 공기흡입형) 열복합형, 연기복합형, 열연기복합형, 불꽃감지기
4 [m] 이상 8 [m] 미만	차동식(스포트형, 분포형), 보상식 스포트형 정온식(스포트형, 감지선형) 특종 또는 1종, 이온화식 1종 또는 2종 또는 광전식(스포트형, 분리형, 공기흡입형) 1종 또는 2종 열복합형, 연기복합형, 열연기복합형, 불꽃감지기
8 [m] 이상 15 [m] 미만	차동식 분포형 이온화식 1종 또는 2종 광전식(스포트형, 분리형, 공기흡입형) 1종 또는 2종 연기복합형, 불꽃감지기
15 [m] 이상 20 [m] 미만	이온화식 1종 광전식(스포트형, 분리형, 공기흡입형) 1종 연기복합형, 불꽃감지기
20 [m] 이상	불꽃감지기 광전식(분리형, 공기흡입형) 중 아날로그방식

[비고]
1) 감지기별 부착높이 등에 대하여 별도로 형식승인 받은 경우에는 그 성능 인정 범위 내에서 사용할 수 있다.
2) 부착높이 20 [m] 이상에 설치되는 광전식 중 아날로그방식의 감지기는 공칭감지농도 하한값이 감광률 5 [%/m] 미만인 것으로 한다.

(4) 감지기 공통 설치기준

교차회로방식에 사용되는 감지기, 급속한 연소 확대가 우려되는 장소에 사용되는 감지기 및 축적기능이 있는 수신기에 연결하여 사용하는 감지기는 축적기능이 없는 것으로 설치하여야 한다.

① 감지기(차동식 분포형 제외)는 실내로의 공기유입구로부터 1.5 [m] 이상 떨어진 위치에 설치할 것
② 감지기는 천장 또는 반자의 옥내에 면하는 부분에 설치할 것
③ 보상식 스포트형 감지기는 정온점이 감지기 주위의 평상시 최고온도보다 일정온도 이상 높은 것으로 설치할 것
④ 정온식 감지기는 주방·보일러실 등으로서 다량의 화기를 취급하는 장소에 설치하되, 공칭작동온도가 최고 주위온도보다 일정온도 이상 높은 것으로 설치할 것

암기 ▶ 차분한 이광연 12세

암기 ▶ 이광연 1

⑤ 차동식 스포트형·보상식 스포트형 및 정온식 스포트형 감지기는 그 부착높이 및 특정소방대상물에 따라 **다음 표**에 따른 바닥면적마다 1개 이상을 설치할 것 ★★★

(단위 [m²])

부착높이 및 특정소방대상물의 구분		감지기의 종류						
		차동식 스포트형		보상식 스포트형		정온식 스포트형		
		1종	2종	1종	2종	특종	1종	2종
4 [m] 미만	주요구조부를 내화구조로 한 특정소방대상물 또는 그 부분	90	70	90	70	70	60	20
	기타 구조의 특정소방대상물 또는 그 부분	50	40	50	40	40	30	15
4 [m] 이상 8 [m] 미만	주요구조부를 내화구조로 한 특정소방대상물 또는 그 부분	45	35	45	35	35	30	
	기타 구조의 특정소방대상물 또는 그 부분	30	25	30	25	25	15	

○ 부착높이가 4 [m] 미만이며 내화구조인 경우 차동식 스포트형 2종은 바닥면적 50 [m²]마다 설치한다.
  ✗ 70 [m²]

참고 비화재보 우려가 있는 장소에 설치할 수 있는 감지기

□ 비화재보 우려 장소(축적형 수신기 설치장소)
  • 특정소방대상물 또는 그 부분이 지하층·무창층 등으로서 환기가 잘 되지 아니한 곳
  • 실내면적이 40 [m²] 미만인 장소
  • 감지기의 부착면과 실내바닥과의 거리가 2.3 [m] 이하인 장소
□ 설치 가능 감지기(아래 8가지 감지기 설치 시 축적형 수신기 설치 제외)
  • 불꽃감지기
  • 정온식 감지선형 감지기
  • 분포형 감지기
  • 복합형 감지기
  • 광전식 분리형 감지기
  • 아날로그식 감지기
  • 다신호식 감지기
  • 축적방식의 감지기

선생님 TIP
비화재보 우려가 있는 장소에 설치할 수 있는 감지기는 축적형 수신기와 중복 설치 불가능합니다.

> **참고** 지하구의 화재안전성능기준(NFPC 605)
>
> ▫ 감지기
> • 다음 감지기 중 먼지·습기 등의 영향을 받지 아니하고 발화지점(1 [m] 단위)과 온도를 확인할 수 있는 것을 설치할 것
>   ① 불꽃감지기   ② 정온식 감지선형 감지기
>   ③ 분포형 감지기   ④ 복합형 감지기
>   ⑤ 광전식 분리형 감지기   ⑥ 아날로그방식의 감지기
>   ⑦ 다신호방식의 감지기   ⑧ 축적방식의 감지기
> • 지하구 천장의 중심부에 설치하되 감지기와 천장 중심부 하단과의 수직거리는 30 [cm] 이내로 할 것. 다만 형식승인 내용에 설치방법이 규정되어 있거나, 중앙기술심의위원회의 심의를 거쳐 제조사 시방서에 따른 설치방법이 지하구 화재에 적합하다고 인정되는 경우에는 형식승인 내용 또는 심의결과에 의한 제조사 시방서에 따라 설치할 수 있다.
> • 발화지점이 지하구의 실제거리와 일치하도록 수신기 등에 표시할 것
> • 공동구 내부에 상수도용 또는 냉·난방용 설비만 존재하는 부분은 감지기를 설치하지 않을 수 있다.
> ▫ 발신기, 지구음향장치 및 시각경보기는 설치하지 않을 수 있다.

(5) 감지기 형식별 특성에 따른 분류

① 열감지기

ㄱ. 차동식 스포트형 : 주위온도가 일정상승율(급격한 온도변화율) 이상이 되는 경우에 작동하는 것으로서 일국소에서의 열 효과에 의하여 작동할 것(온도 일정상승률 이상 + 일국소)

ⓐ 종류 및 특성

• 공기팽창 이용방식

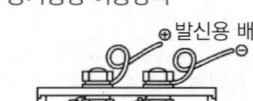

[정상인 경우]

[화재발생의 경우]

- 작동원리 : 감열실 내 온도 상승(급격한 온도 상승) → 공기 팽창 → 다이어프램을 밀어 올려 접점 붙음
- 구조 : 감열실, 리크구멍(비화재보방지), 다이어프램, 접점

• 열기전력 이용방식

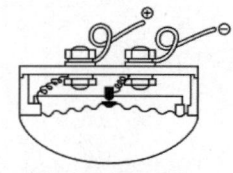

- 작동원리 : 화재 시 급격한 온도 상승 → 열기전력 발생 → 릴레이 작동 → 화재신호 송신
- 구조 : 온접점, 냉접점, 고감도릴레이, 열반도체, 감열실, 배선 등

• 열반도체 이용방식

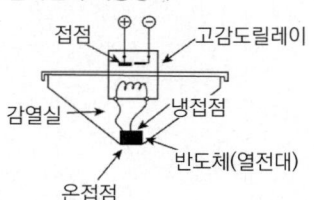

- 작동원리 : 화재 시 급격한 온도 상승 → 저항 감소 및 전류 증가(서미스터) → 화재신호 송신

> **참고** 열전효과(Thermodelctric Effect)

효과	설명
제어백효과 (Seebeck Effect) : 제백효과	(1) 서로 다른 두 금속을 접속하여 접속점에 온도차를 주면 열기전력이 발생하는 효과 (2) 온도변화에 따른 열팽창률이 다른 두 금속을 붙여 사용하는 방법 (3) 다른 종류의 금속선으로 된 폐회로의 두 접합점의 온도를 달리하였을 때 발생하는 효과
펠티에효과 (Peltier Effect)	두 종류의 금속으로 된 회로에 전류를 흘리면 각 접속점에서 열의 흡수 또는 발생이 일어나는 현상
톰슨효과 (Thomson Effect)	균질의 철사에 온도구배가 있을 때 여기에 전류가 흐르면 열의 흡수 또는 발생이 일어나는 현상

ㄴ. **차동식 분포형** : **주위온도가 일정상승률(급격한 온도 상승) 이상** 되는 경우에 작동하는 것으로서 넓은 범위 내에서의 열 효과의 누적에 의하여 작동하는 것(온도 일정 상승률 이상 + 넓은 범위)

ⓐ 종류 및 특성
- 공기관식 ★★★
  - 작동원리 : 감열실 내 온도 상승(급격한 온도 상승) → 공기관 내부 공기 팽창 → 다이어프램 밀어 올려 접점 붙음
  - 구조 : 수열부 – 공기관, 검출부 - 리크구멍(비화재보방지), 다이어프램, 접점, 시험장치
  - 설치기준 ★★★
    ⒜ 공기관의 노출부분은 감지구역마다 20 [m] 이상이 되도록 할 것
    ⒝ 공기관과 감지구역의 각 변과의 수평거리는 1.5 [m] 이하가 되도록 하고, 공기관 상호 간의 거리는 6 [m](주요구조부를 **내화구조**로 한 특정소방대상물 또는 그 부분에 있어서는 9 [m]) 이하가 되도록 할 것
    ⒞ 공기관은 도중에서 분기하지 아니하도록 할 것
    ⒟ 하나의 검출부분에 접속하는 공기관의 길이는 100 [m] 이하로 할 것
    ⒠ **검출부는 5° 이상 경사되지 아니하도록** 부착할 것
    ⒡ 검출부는 바닥으로부터 0.8 [m] 이상 1.5 [m] 이하의 위치에 설치할 것

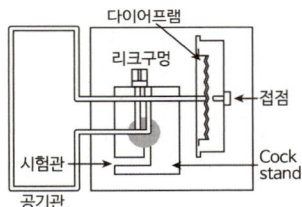

[공기관식 차동식 분포형 감지기]

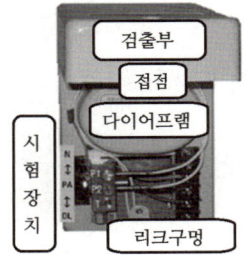

선생님 TIP

공기관식 차동식 분포형 감지기의 설치기준은 정말 자주 출제되는 부분이므로 반드시 다 암기합시다!

> **선생님 TIP**
> 시험에 오른쪽 도면과 각 도면에 명시된 숫자를 표시하라는 문제가 출제됩니다.

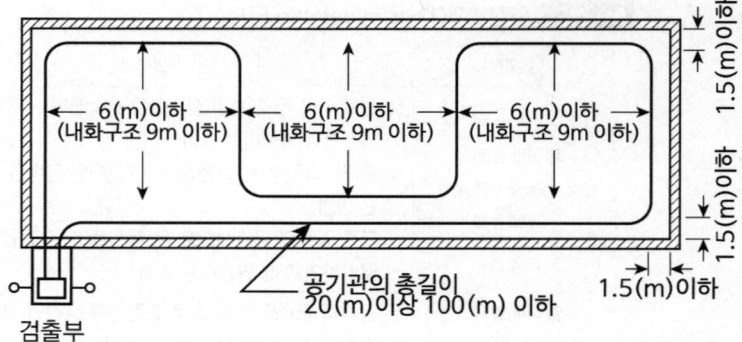

참고 차동식 분포형 공기관식 감지기 시험방법

□ 화재작동시험
- 감지기의 작동공기압에 상당하는 공기량을 송입하여 접점이 작동하기(붙을 때)까지 걸리는 시간 측정할 것
- 검출부에 명시된 시간 내 접점이 작동하면 정상

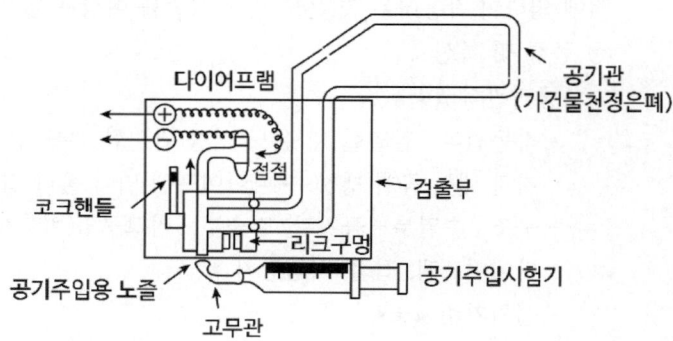

□ 작동계속시험
- 화재작동시험에서 접점이 작동하여 정지할(떨어질) 때까지 걸리는 시간을 측정할 것
- 검출부에 명시된 범위 이내일 때 정상

□ 유통시험
- 공기관 내 공기를 유입시켜 공기관의 누설, 찌그러짐, 막힘, 공기관의 길이 확인하기 위한 시험
- 검출부의 시험공 또는 공기관의 한쪽 끝을 마노미터로 접속하고, 공기주입시험기를 접속하고, 공기를 마노미터 수위 100 [mm]까지 상승 후 50 [mm]가 될 때까지 시간을 측정할 것
- 공기관 길이에 따라 정해진 시간 이내 정상

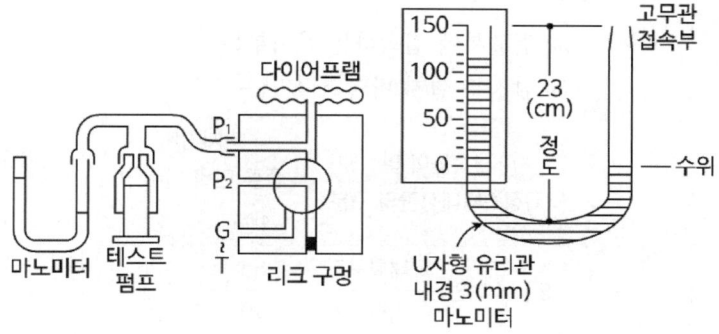

- 유통시험에 필요한 기구 3가지 : 마노미터, 공기주입시험기, 초시계
- 접점수고(압력)시험 : 접점수고치가 적정 간격을 유지하고 있는지 여부를 확인
  - 비정상적인 경우 : 감지기 작동 안함
  - 낮은 경우 : 비화재보(화재감지 너무 빠름)
  - 높은 경우 : 지연동작(화재감지 너무 느림)

- 열전대식
  - 작동원리 : 열전대부 가열 → 열기전력 발생 → 미터릴레이전류 흐름 → 접점 동작 → 화재신호
  - 설치기준
    (a) 열전대부는 감지구역 바닥면적 18 [m²](내화 구조 : 22 [m²])마다 1개 이상으로 할 것, 다만 바닥 면적이 72 [m²](내화 구조 : 88 [m²]) 이하인 특정 소방대상물에 대해서는 4개 이상으로 할 것
    (b) 하나의 검출부에 접속하는 열전대부는 20개 이하일 것

주요 구조부	면적	열전대부 개수
일반	18 [m²]	1개 이상
	72 [m²] 이하 대상물	4개 이상
내화	22 [m²]	1개 이상
	88 [m²] 이하 대상물	4개 이상

- 열반도체식
  - 작동원리 : 화재 시 급격한 온도 상승 → 반도체 온도차 따른 열기전력 발생 → 미터 릴레이전류 흐름 → 접점 동작 → 화재신호

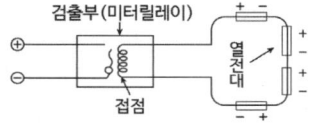

○ 열전대부는 감지구역의 바닥면적 25 [m²]마다 1개 이상으로 한다.
☒ 18 [m²]

- 설치기준
  ⓐ 검출부에 접속하는 감지부는 2개 이상 15개 이하
  ⓑ 감지부 설치 바닥면적기준

부착높이 및 특정소방대상물의 구분		감지기의 종류(단위 : [m²])		비고
		1종	2종	
8 [m] 미만	내화구조	65	36	부착높이가 8 [m] 미만이고, 바닥면적이 왼쪽 표에 따른 면적 이하인 경우에는 1개
	기타구조	40	23	
8 [m] 이상 15 [m] 미만	내화구조	50	36	
	기타구조	30	23	

> **선생님 TIP**
> 2025년 2회차에 신출문제로 출제된 부분입니다. 놓치지 말고 해당 표를 전부 암기합시다!

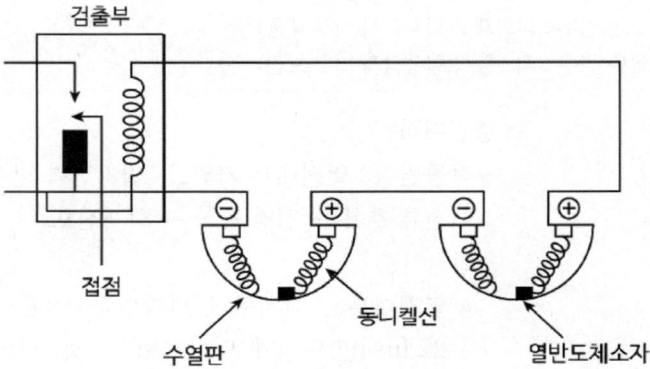

ㄷ. 정온식 감지기 : 주방, 보일러실, 탕비실 등 다량의 화기를 단속적으로 취급하는 장소에 설치하되, 공칭작동온도가 최고주위온도보다 20 [℃] 이상 높은 것으로 설치한다.

ⓐ 종류 및 특성
- 스포트형 : 일국소의 주위온도가 일정한 온도 이상이 되는 경우에 작동하는 것으로서 외관이 전선으로 되어 있지 아니한 것
- 감지선형 : 일국소의 주위온도가 일정한 온도 이상이 되는 경우에 작동하는 것으로서 외관이 전선으로 되어 있는 것

○ 정온식 스포트형 이용방식별 분류
ⓐ 바이메탈 활곡 이용방식
ⓑ 바이메탈 반전 이용방식
ⓒ 금속팽창계수차 이용방식
ⓓ 액체 또는 기체팽창 이용방식
ⓔ 금속의 용융 이용방식
ⓕ 열반도체 소자 이용방식
ⓖ 가용절연물 이용방식

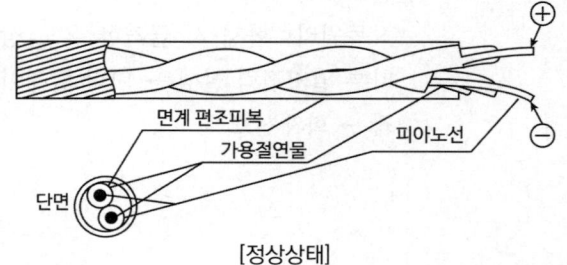
[정상상태]

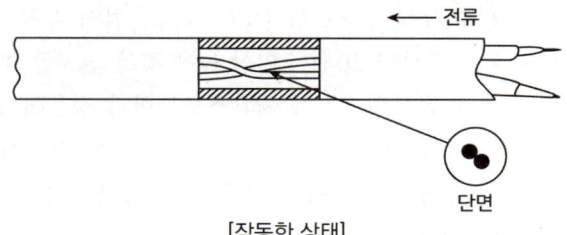

[작동한 상태]

- 설치기준
  ⓐ 보조선이나 고정금구를 사용하여 감지선이 늘어지지 않도록 설치할 것
  ⓑ 단자부와 마감 고정금구와의 설치간격은 10 [cm] 이내로 설치할 것
  ⓒ 감지선형 감지기의 굴곡반경은 5 [cm] 이상으로 할 것
  ⓓ 감지기와 감지구역의 각 부분과의 수평거리가 1종에 있어서는 3 [m](주요구조부가 내화구조로 된 특정소방대상물 또는 그 부분에 있어서는 4.5 [m]) 이하, 2종에 있어서는 1 [m](주요구조부가 내화구조로 된 특정소방대상물 또는 그 부분에 있어서는 3 [m]) 이하가 되도록 설치할 것
  ⓔ 케이블트레이에 감지기를 설치하는 경우에는 케이블트레이 받침대에 마감금구를 사용하여 설치할 것
  ⓕ 창고의 천장 등에 지지물이 적당하지 않는 장소에는 보조선을 설치하고 그 보조선에 설치할 것
  ⓖ 분전반 내부에 설치하는 경우 접착제를 이용하여 돌기를 바닥에 고정시키고 그곳에 감지기를 설치할 것
ⓑ 형식승인 및 제품검사 기술기준
  • 공칭작동온도(스포트형) : 60 [℃] 이상 150 [℃] 이하 (60 [℃] 이상 80 [℃] 이하는 5 [℃] 간격/ 80 [℃] 이상 150 [℃] 이하는 10 [℃] 간격)
  • 공칭작동온도(감지선형) : 백색(80 [℃] 미만), 청색(80 [℃] 이상 120 [℃] 미만), 적색(120 [℃] 이상)

공칭작동온도	80도 미만	80도 이상 120도 미만	120도 이상
색상	백색	청색	적색

> 감지선형 감지기의 굴곡반경은 10 [cm] 이상으로 할 것
> ✗ 5 [cm] 이상

선생님 TIP
스포트형의 공칭작동온도보다는 감지선형의 공칭작동온도를 기준으로 학습하시기 바랍니다.

암기 ▶ 백청적 812

ㄹ. 보상식 스포트형 감지기 : 정온점이 감지기 주위의 평상시 최고 온도보다 20 [℃] 이상 높은 것을 설치할 것
   ⓐ 작동원리 : 차동식 스포트형과 정온식 스포트형의 성능을 겸한 것으로서 차동식 스포트형과 정온식 스포트형의 성능 중 어느 한 기능이 작동하면 작동신호를 발할 것
② 연기감지기
   ㄱ. 설치장소
      ⓐ 계단·경사로 및 에스컬레이터 경사로
      ⓑ 복도(30 [m] 미만의 것을 제외한다)
      ⓒ 엘리베이터 승강로(권상기실이 있는 경우에는 권상기실)·린넨슈트·파이프피트 및 덕트 기타 이와 유사한 장소
      ⓓ 천장 또는 반자의 높이가 15 [m] 이상 20 [m] 미만의 장소
      ⓔ 다음 각 목의 어느 하나에 해당하는 특정소방대상물의 취침·숙박·입원 등 이와 유사한 용도로 사용되는 거실
         • 공동주택·오피스텔·숙박시설·노유자시설·수련시설
         • 교육연구시설 중 합숙소
         • 의료시설, 근린생활시설 중 입원실이 있는 의원·조산원
         • 교정 및 군사시설
         • 근린생활시설 중 고시원
   ㄴ. 설치기준 ★★★
      ⓐ 감지기의 부착높이에 따른 바닥면적   (단위 [m²])

부착높이	감지기의 종류	
	1종 및 2종	3종
4 [m] 미만	150	50
4 [m] 이상 20 [m] 미만	75	-

      ⓑ 감지기는 복도 및 통로에 있어서는 보행거리 30 [m](3종에 있어서는 20 [m])마다, 계단 및 경사로에 있어서는 수직거리 15 [m](3종에 있어서는 10 [m])마다 1개 이상으로 할 것
      ⓒ 천장 또는 반자가 낮은 실내 또는 좁은 실내에 있어서는 출입구의 가까운 부분에 설치할 것
      ⓓ 천장 또는 반자부근에 배기구가 있는 경우에는 그 부근에 설치할 것
      ⓔ 감지기는 벽 또는 보로부터 0.6 [m] 이상 떨어진 곳에 설치할 것

연기감지기는 계단에 설치한다. O

선생님 TIP
연기감지기의 부착높이에 따른 바닥면적기준과, 보행거리 및 수직거리에 따른 거리기준을 잘 구분하여 학습합시다. 시험에 연기감지기 수량산정이 출제됩니다!

연기감지기는 벽 또는 보로부터 0.2 [m] 이상 떨어진 곳에 설치한다.
X 0.6 [m]

ㄷ. 종류 및 특성

ⓐ 이온화식 : 주위의 공기가 일정한 농도의 연기를 포함하게 되는 경우에 작동하는 것으로서 일국소의 연기에 의하여 이온 전류가 변화하여 작동하는 것

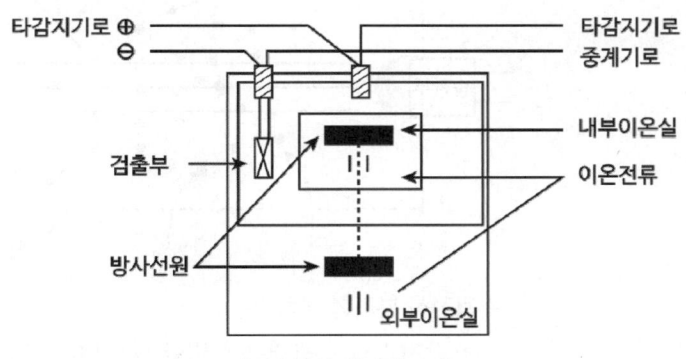

[이온화식 연기감지기]

ⓑ 광전식 : 주위의 공기가 일정한 농도의 연기를 포함하게 되는 경우에 작동하는 것으로서 일국소의 연기에 의하여 광전 소자에 접하는 광량의 변화로 작동하는 것

- 스포트형 : 화재 시(연기발생 시) 수광량의 증가에 의해서 작동하는 것(광량 변화 + 일국소)

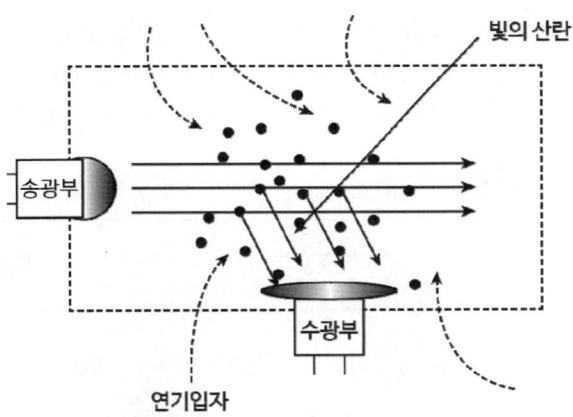

선생님 TIP

이온화식 연기감지기에 비해 광전식 연기감지기의 출제빈도가 훨씬 높습니다.

- 분리형 : 화재 시(연기발생 시) 수광량의 감소에 의해서 작동하는 것(발광부, 수광부 분리) ★★★

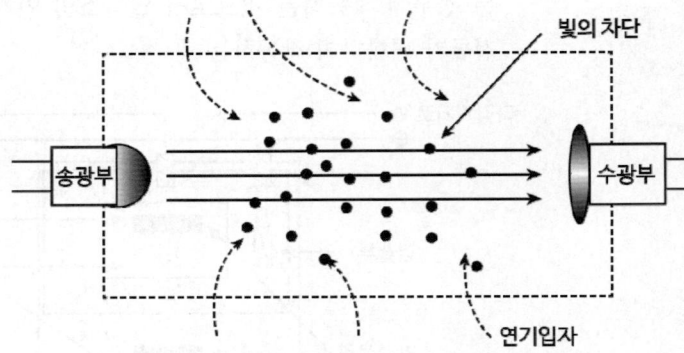

- 광전식 분리형 설치기준
  ⓐ 감지기의 수광면은 햇빛을 직접 받지 않도록 설치할 것
  ⓑ 광축(송광면과 수광면의 중심을 연결한 선)은 나란한 벽으로부터 0.6 [m] 이상 이격하여 설치할 것
  ⓒ 감지기의 송광부와 수광부는 설치된 뒷벽으로부터 1 [m] 이내 위치에 설치할 것
  ⓓ 광축의 높이는 천장 등(천장의 실내에 면한 부분 또는 상층의 바닥하부면을 말한다) 높이의 80 [%] 이상일 것
  ⓔ 감지기의 광축의 길이는 공칭감시거리 범위 이내일 것
  ⓕ 그 밖의 설치기준은 형식승인 내용에 따르며 형식승인 사항이 아닌 것은 제조사의 시방에 따라 설치할 것

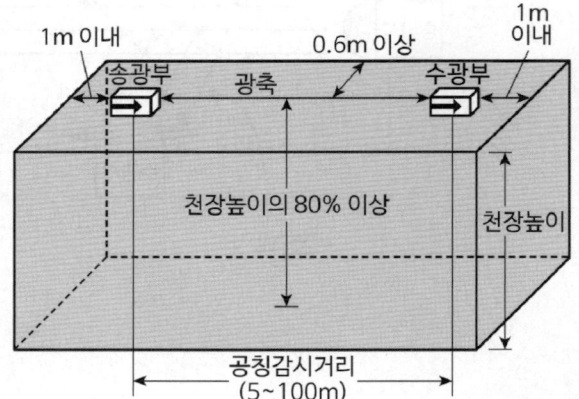

> 🙋 **선생님 TIP**
> 광전식 분리형 감지기 설치기준은 종종 출제되는 내용이므로 반드시 암기합시다.
>
> 광축의 높이는 천장 등 높이의 50 [%] 이상일 것 ✖ 80 [%]

> **참고** 아날로그식 분리형 광전식 감지기(형식승인 및 제품검사의 기술기준)
> - 공칭감시거리는 5 [m] 이상 100 [m] 이하로 하여 5 [m] 간격으로 한다.
> - 송광부와 수광부 사이에 감광필터를 설치할 때 공칭감지농도범위(설계값)의 최저농도값에 해당하는 감광률에서 최고농도값에 해당하는 감광률에 도달할 때까지 공칭감시거리의 최댓값까지 분당 30 [%] 이하로 일정하게 분할한 감광필터를 직선상승하도록 설치할 경우 각 감광필터값의 변화에 대응하는 화재정보신호를 발신하여야 한다.
> - 공칭감지농도범위의 임의의 농도에서 준하는 시험을 실시하는 경우 30초 이내에 작동하여야 한다.

- 공기흡입형(Air Sampling-type Detector) : 감지기 내부에 장착된 공기흡입장로 감지하고자 하는 위치의 공기를 흡입하고 흡입된 공기에 일정한 농도의 연기가 포함된 경우 작동하는 것

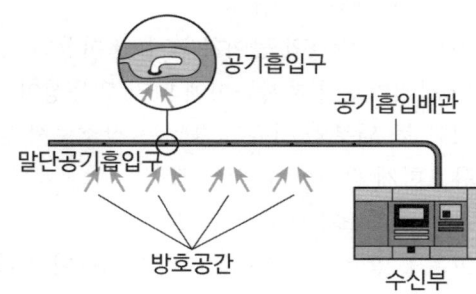

- 설치장소 : 전산실 또는 반도체공장 등
- 동작원리 : 감지구역 내에 설치된 흡입배관을 통하여 감지헤드로 공기흡입 후, 연기 미립자를 분석하여 화재신호를 발생한다.

☑ 연기이송시간(공기배관망에 설치된 가장 먼 지점부터 수신기까지 연기전달시간) : 120초 이내

③ 불꽃감지기
ㄱ. 자외선식(UV) : 불꽃에서 방사되는 자외선의 변화가 일정량 이상이 되면 작동하는 감지기로서 일국소의 자외선에 의하여 수광 소자의 수광량 변화를 검출하여 작동하는 감지기
ㄴ. 적외선식(IR) : 불꽃에서 방사되는 적외선의 변화가 일정량 이상이 되면 작동하는 것으로 일국소의 적외선에 의하여 수광 소자의 수광량의 변화에 의하여 작동하는 감지기
ㄷ. 복합형 : 자외선과 적외선의 불꽃감지기 성능에 모두 갖춘 것으로 두 가지 성능이 동시에 작동하거나 두 개의 화재신호를 각각 발신함

[불꽃감지기]

ㄹ. 설치기준
ⓐ 공칭감시거리 및 공칭시야각은 형식승인 내용에 따른다.
ⓑ 감지기는 공칭감시거리와 공칭시야각을 기준으로 감시구역이 모두 포용될 수 있도록 설치할 것
ⓒ 감지기는 화재감지를 유효하게 감지할 수 있는 모서리 또는 벽 등에 설치할 것
ⓓ 감지기를 천장에 설치하는 경우에는 감지기는 바닥을 향하여 설치할 것
ⓔ 수분이 많이 발생할 우려가 있는 장소에는 방수형으로 설치할 것
ⓕ 그 밖의 설치기준은 형식승인 내용에 따르며, 형식승인 사항이 아닌 것은 제조사의 시방에 따라 설치할 것

(6) 감지기 설치 제외 장소 ★★
① 천장 또는 반자의 높이가 20 [m] 이상인 장소(다만 제1항 단서 각호의 감지기로서 부착높이에 따라 적응성이 있는 장소는 제외한다)
② 헛간 등 외부와 기류가 통하는 장소로서 감지기에 따라 화재발생을 유효하게 감지할 수 없는 장소
③ 부식성 가스가 체류하고 있는 장소
④ 고온도 및 저온도로서 감지기의 기능이 정지되기 쉽거나 감지기의 유지관리가 어려운 장소
⑤ 목욕실·욕조나 샤워시설이 있는 화장실 기타 이와 유사한 장소
⑥ 파이프덕트 등 그 밖의 이와 비슷한 것으로서 2개 층마다 방화구획된 것이나 수평단면적이 5 [m^2] 이하인 것
⑦ 먼지·가루 또는 수증기가 다량으로 체류하는 장소 또는 주방 등 평시에 연기가 발생하는 장소(연기감지기에 한한다)
⑧ 프레스공장·주조공장 등 화재발생의 위험이 적은 장소로서 감지기의 유지관리가 어려운 장소

> 선생님 TIP
> 감지기 설치 제외 장소는 전부 쓸 수 있을 정도로 암기바랍니다!

[설치장소별 감지기 적응성(연기감지기를 설치할 수 없는 경우 적용)]

설치장소		적응열감지기								열아날로그식	불꽃감지기	비고
환경상태	적응장소	차동식 스포트형		차동식 분포형		보상식 스포트형		정온식				
		1종	2종	1종	2종	1종	2종	특종	1종			
먼지 또는 미분 등이 다량으로 체류하는 장소	쓰레기장, 하역장, 도장실, 섬유·목재·석재 등 가공 공장	○	○	○	○	○	○	○	×	○	○	1. 불꽃감지기에 따라 감시가 곤란한 장소는 적응성이 있는 열감지기를 설치할 것 2. 차동식 분포형 감지기를 설치하는 경우에는 검출부에 먼지, 미분 등이 침입하지 않도록 조치할 것 3. 차동식 스포트형 감지기 또는 보상식 스포트형 감지기를 설치하는 경우에는 검출부에 먼지, 미분 등이 침입하지 않도록 조치할 것 4. 섬유, 목재가공 공장 등 화재확대가 급속하게 진행될 우려가 있는 장소에 설치하는 경우 정온식 감지기는 특종으로 설치할 것. 공칭작동온도 75 [℃] 이하, 열아날로그식 스포트형 감지기는 화재표시 설정은 80 [℃] 이하가 되도록 할 것
수증기가 다량으로 머무는 장소	증기 세정실, 탕비실, 소독실 등	×	×	×	○	×	○	○	○	○	○	1. 차동식 분포형 감지기 또는 보상식 스포트형 감지기는 급격한 온도변화가 없는 장소에 한하여 사용할 것 2. 차동식 분포형 감지기를 설치하는 경우에는 검출부에 수증기가 침입하지 않도록 조치할 것 3. 보상식 스포트형 감지기, 정온식 감지기 또는 열아날로그식 감지기를 설치하는 경우에는 방수형으로 설치할 것 4. 불꽃감지기를 설치할 경우 방수형으로 할 것

설치장소		적응열감지기								불꽃감지기	비고
환경상태	적응장소	차동식 스포트형		차동식 분포형		보상식 스포트형		정온식		열아날로그식	
		1종	2종	1종	2종	1종	2종	특종	1종		
부식성 가스가 발생할 우려가 있는 장소	도금공장, 축전지실, 오수처리장 등	×	×	○	○	○	○	○	×	○	○	1. 차동식 분포형 감지기를 설치하는 경우에는 감지부가 피복되어 있고 검출부가 부식성 가스에 영향을 받지 않는 것 또는 검출부에 부식성 가스가 침입하지 않도록 조치할 것 2. 보상식 스포트형 감지기, 정온식 감지기 또는 열아날로그식 스포트형 감지기를 설치하는 경우에는 부식성 가스의 성상에 반응하지 않는 내산형 또는 내알칼리형으로 설치할 것
주방, 기타 평시에 연기가 체류하는 장소	주방, 조리실, 용접작업장 등	×	×	×	×	×	×	○	○	○	○	1. 주방, 조리실 등 습도가 많은 장소에는 방수형 감지기를 설치할 것 2. 불꽃감지기는 UV/IR형을 설치할 것
현저하게 고온으로 되는 장소	건조실, 살균실, 보일러실, 주조실, 영사실, 스튜디오	×	×	×	×	×	×	○	○	○	×	
배기가스가 다량으로 체류하는 장소	주차장, 차고, 화물취급소 차로, 자가발전실, 트럭 터미널, 엔진시험실	○	○	○	○	○	○	×	×	○	○	1. 불꽃감지기에 따라 감시가 곤란한 장소는 적응성이 있는 열감지기를 설치할 것 2. 아날로그식 스포트형 감지기는 화재표시 설정이 60[℃] 이하가 바람직하다.
연기가 다량으로 유입할 우려가 있는 장소	음식물배급실, 주방전실, 주방 내 식품저장실, 음식물운반용 엘리베이터, 주방주변의 복도 및 통로, 식당 등	○	○	○	○	○	○	○	○	○	×	1. 고체연료 등 가연물이 수납되어 있는 음식물 배급실, 주방전실에 설치하는 정온식 감지기는 특종으로 설치할 것 2. 주방 주변의 복도 및 통로, 식당 등에는 정온식 감지기를 설치하지 말 것 3. 제1호 및 제2호의 장소에 열아날로그식 스포트형 감지기를 설치하는 경우에는 화재표시 설정을 60[℃] 이하로 할 것

설치장소		적응열감지기								불꽃감지기	비고
환경상태	적응장소	차동식 스포트형		차동식 분포형		보상식 스포트형		정온식		열아날로그식	
		1종	2종	1종	2종	1종	2종	특종	1종		
물방울이 발생하는 장소	스레트 또는 철판으로 설치한 지붕 창고·공장, 패키지형 냉각기전용 수납실, 밀폐된 지하창고, 냉동실 주변 등	×	×	○	○	○	○	○	○	○	○	1. 보상식 스포트형 감지기, 정온식 감지기 또는 열아날로그식 스포트형 감지기를 설치하는 경우에는 방수형으로 설치할 것 2. 보상식 스포트형 감지기는 급격한 온도 변화가 없는 장소에 한하여 설치할 것 3. 불꽃감지기를 설치하는 경우에는 방수형으로 설치할 것
불을 사용하는 설비로서 불꽃이 노출되는 장소	유리공장, 용선로가 있는 장소, 용접실, 주방, 작업장, 주방, 주조실 등	×	×	×	×	×	×	○	○	○	×	

1. "○"는 해당 설치장소에 적응하는 것을 표시, "×"는 해당 설치장소에 적응하지 않는 것을 표시
2. 차동식 스포트형, 차동식 분포형 및 보상식 스포트형 1종은 감도가 예민하기 때문에 비화재보 발생은 2종에 비해 불리한 조건이라는 것을 유의할 것
3. 차동식 분포형 3종 및 정온식 2종은 소화설비와 연동하는 경우에 한해서 사용할 것
4. 다신호식 감지기는 그 감지기가 가지고 있는 종별, 공칭작동온도별로 따르지 말고 상기 표에 따른 적응성이 있는 감지기로 할 것

[설치장소별 감지기 적응성]

설치장소		적응열감지기					적응연기감지기						불꽃 감지기
환경상태	적응장소	차동식 스포트형	차동식 분포형	보상식 스포트형	정온식	열아날로그식	이온화식 스포트형	광전식 스포트형	이온아날로그식 스포트형	광전아날로그식 스포트형	광전식 분리형	광전아날로그식 분리형	
흡연에 의해 연기가 체류하며 환기가 되지 않는 장소	회의실, 응접실, 휴게실, 노래연습실, 오락실, 다방, 음식점, 대합실, 카바레 등의 객실, 집회장, 연회장 등	○	○	○				◎		◎	○	○	
취침시설로 사용하는 장소	호텔 객실, 여관, 수면실 등						◎	◎	◎	◎	○	○	
연기 이외의 미분이 떠다니는 장소	복도, 통로 등						◎	◎	◎	◎	○	○	
바람에 영향을 받기 쉬운 장소	로비, 교회, 관람장, 옥탑에 있는 기계실		○					◎		◎	○	○	○
연기가 멀리 이동해서 감지기에 도달하는 장소	계단, 경사로							○		○	○	○	
훈소화재의 우려가 있는 장소	전화기기실, 통신기기실, 전산실, 기계제어실							○		○	○	○	
넓은 공간으로 천장이 높아 열 및 연기가 확산하는 장소	체육관, 항공기 격납고, 높은 천장의 창고·공장, 관람석 상부 등 감지기 부착 높이가 8[m] 이상의 장소		○								○	○	○

설치장소		적응열감지기					적응연기감지기						불꽃 감지기
환경상태	적응장소	차동식 스포트형	차동식 분포형	보상식 스포트형	정온식	열아날로그식	이온화식 스포트형	광전식 스포트형	이온아날로그식 스포트형	광전아날로그식 스포트형	광전식 분리형	광전아날로그식 분리형	

1. "○"는 해당 설치장소에 적응하는 것을 표시
2. "◎" 해당 설치장소에 연감지기를 설치하는 경우에는 해당 감지회로에 축적기능을 갖는 것을 표시
3. 차동식 스포트형, 차동식 분포형, 보상식 스포트형 및 연기식(해당 감지기회로에 축적 기능을 갖지 않는 것) 1종은 감도가 예민하기 때문에 비화재보 발생은 2종에 비해 불리한 조건이라는 것을 유의하여 따를 것
4. 차동식 분포형 3종 및 정온식 2종은 소화설비와 연동하는 경우에 한해서 사용할 것
5. 광전식 분리형 감지기는 평상시 연기가 발생하는 장소 또는 공간이 협소한 경우에는 적응성이 없음
6. 넓은 공간으로 천장이 높아 열 및 연기가 확산하는 장소로서 차동식 분포형 또는 광전식 분리형 2종을 설치하는 경우에는 제조사의 사양에 따를 것
7. 다신호식 감지기는 그 감지기가 가지고 있는 종별, 공칭작동온도별로 따르고 표에 따른 적응성이 있는 감지기로 할 것
8. 축적형 감지기 또는 축적형 중계기 혹은 축적형 수신기를 설치하는 경우에는 제7조에 따를 것

[비고] 계단, 경사로 : 광전식 스포트형 감지기 또는 광전아날로그식 스포트형 감지기를 설치하는 경우에는 해당 감지기회로에 축적기능을 갖지 않는 것으로 할 것

참고 설치장소별 감지기 적응성 비교(연기감지기를 설치할 수 없는 경우 적용)

차동식 분포형 감지기 1·2종	정온식 감지기 특종·1종
① 먼지 또는 미분 등이 다량으로 체류하는 장소 ② 부식성 가스가 발생할 우려가 있는 장소 ③ 연기가 다량으로 유입할 우려가 있는 장소 ④ 물방울이 발생하는 장소 ⑤ 배기가스가 다량으로 체류하는 장소	① 먼지 또는 미분 등이 다량으로 체류하는 장소 ② 부식성 가스가 발생할 우려가 있는 장소 ③ 연기가 다량으로 유입할 우려가 있는 장소 ④ 물방울이 발생하는 장소 ⑤ 현저하게 고온으로 되는 장소 ⑥ 수증기가 다량으로 머무는 장소 ⑦ 불을 사용하는 설비로 불꽃이 노출되는 장소 ⑧ 주방 등 평상시 연기가 체류하는 장소

7 발신기

화재발생신호를 수신기에 수동으로 발신하는 장치를 말한다.

(1) 종류

P형 : 수동적으로 각 발신기의 공통신호를 수신기 또는 중계기에 발신하는 것으로 발신과 동시에 통화가 되지 않는 것

[P형 발신기세트]

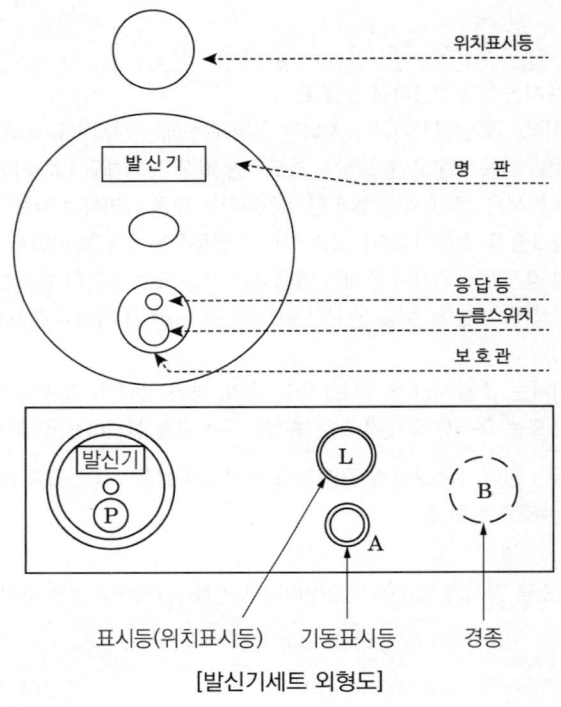

[발신기세트 외형도]

(2) 설치기준 ★★★

① 조작이 쉬운 장소에 설치하고, 스위치는 바닥으로부터 0.8 [m] 이상 1.5 [m] 이하의 높이에 설치할 것
② 특정소방대상물의 층마다 설치하되, 해당 특정소방대상물의 각 부분으로부터 하나의 발신기까지의 수평거리가 25 [m] 이하가 되도록 할 것(다만 복도 또는 별도로 구획된 실로서 보행거리가 40 [m] 이상일 경우에는 추가로 설치하여야 한다)
③ '②'에도 불구하고 '②'의 기준을 초과하는 경우로서 기둥 또는 벽이 설치되지 아니한 대형공간의 경우 발신기는 설치대상 장소의 가장 가까운 장소의 벽 또는 기둥 등에 설치할 것
④ 발신기의 위치를 표시하는 표시등은 함의 상부에 설치하되, 그 불빛은 부착면으로부터 15° 이상의 범위 안에서 부착지점으로부터 10 [m] 이내의 어느 곳에서도 쉽게 식별할 수 있는 적색등으로 하여야 한다.

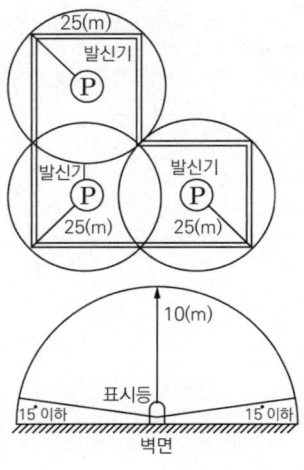

선생님 TIP

수평거리와 보행거리기준을 잘 구분하여 암기바랍니다!

(3) 발신기 형식승인 및 제품검사의 기술기준
  ① 구조 및 기능
    ㄱ. 외부에서 쉽게 사람이 접촉할 우려가 있는 충전부는 충분히 보호할 것
    ㄴ. 발신기는 화재신호의 전송에 지장을 주지 아니하고 수신기와 상호 전화연락이 가능하여야 한다.
    ㄷ. 손끝으로 눌러 작동하는 방식의 발신기는 손끝이 접하는 면에 지름 20 [mm] 이상의 투명 유기질 유리를 사용한 누름판을 설치하여야 한다.
    ㄹ. 작동한 후에 정 위치로 복귀시키는 조작을 하여야 하는 발신기는 정 위치에 복귀시키는 조작을 잊지 아니하도록 하는 적당한 방법을 강구할 것
    ㅁ. 외함은 불연성 또는 난연성 재질로 만들어져야 하며 다음과 같아야 한다. 강판을 사용하는 경우에는 다음에 기재된 두께 이상의 강판을 사용하여야 한다. 다만 합성수지를 사용하는 경우에는 강판의 2.5배 이상의 두께이어야 한다.
      ⓐ 외함 1.2 [mm] 이상
      ⓑ 직접 벽면에 접하여 벽속에 매립되는 외함의 부분은 1.6 [mm] 이상

  ② 발신기 부품의 구조 및 기능
    ㄱ. 스위치
      ⓐ 조작이 쉽고 작동이 확실하고, 정지점이 명확하고 적정하여야 한다.
      ⓑ 눕혀서 끊어지는 형의 스위치(수은스위치 등)를 사용할 경우에는 정 위치에 복귀시키는 것을 잊지 아니하도록 알려주는 적당한 장치를 하여야 한다.
    ㄴ. 표시등
      ⓐ 전구는 2개 이상을 병렬로 접속하여야 한다. 다만 방전등 또는 발광다이오드의 경우에는 그러하지 아니하다.
      ⓑ 전구에는 적당한 보호커버를 설치하여야 한다. 다만 발광다이오드의 경우에는 그러하지 아니하다.
      ⓒ 발신기의 작동표시등은 등이 켜질 때 적색으로 표시되어야 한다.
      ⓓ 주위의 밝기가 300 [lx]인 장소에서 측정하여 앞면으로부터 3 [m] 떨어진 곳에서 켜진 등이 확실히 식별되어야 한다.

○ 직접 벽면에 접하여 벽속에 매립되는 외함의 부분은 1.2 [mm] 이상이어야 한다. ✗ 1.6

✓ 전구를 2개 이상 병렬로 접속해야 하나의 전구 고장 시 다른 전구로 효력이 발생합니다.

ㄷ. 반복시험
발신기는 정격전압에서 정격전류를 흘려 5000회의 작동 반복시험을 하는 경우 그 구조 기능에 이상이 생기지 아니하여야 한다.

참고 반복시험

횟수	기기
1000회	감지기, 속보기
2000회	중계기
5000회	발신기, 전원스위치
10000회	수신기, 수신부, 비상조명등 등

(4) P형 수동발신기 내부회로 ★★★

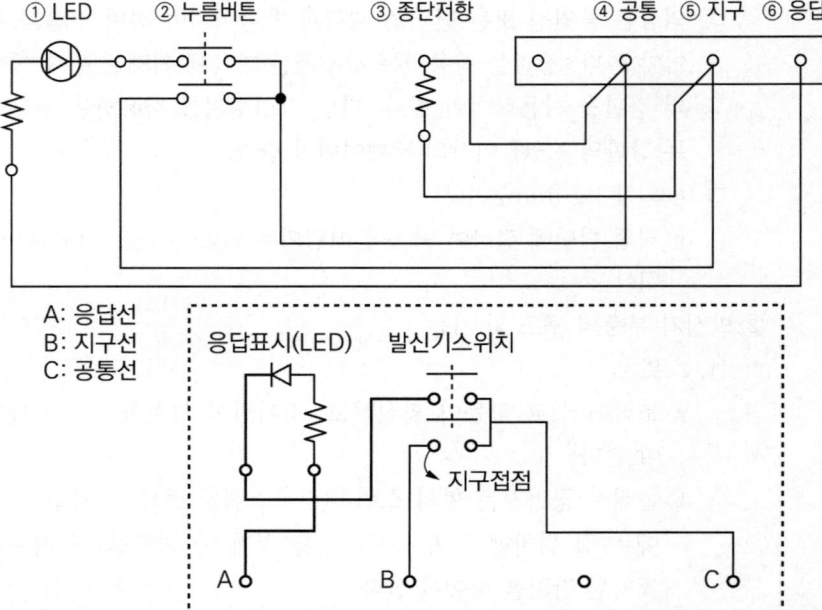

A: 응답선
B: 지구선
C: 공통선

① LED : 발신기의 신호가 수신기에 전달되었는가를 확인하여주는 램프
② 누름버튼 (푸시버튼) : 수신기에 화재신호를 발신
③ 종단저항 : 단선의 유무 확인
④ 공통단자 : 지구·응답 단자를 공유하는 단자
⑤ 지구단자 : 화재신호를 수신기에 알리기 위한 단자
⑥ 응답단자 : 발신기의 신호가 수신기에 전달되었는가를 확인하여 주기 위한 단자

(5) P형 수동발신기와 수신기 간의 결선 ★★★

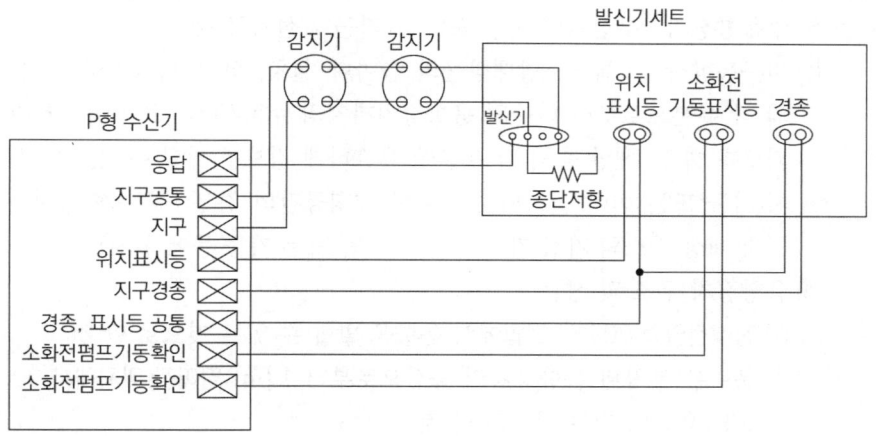

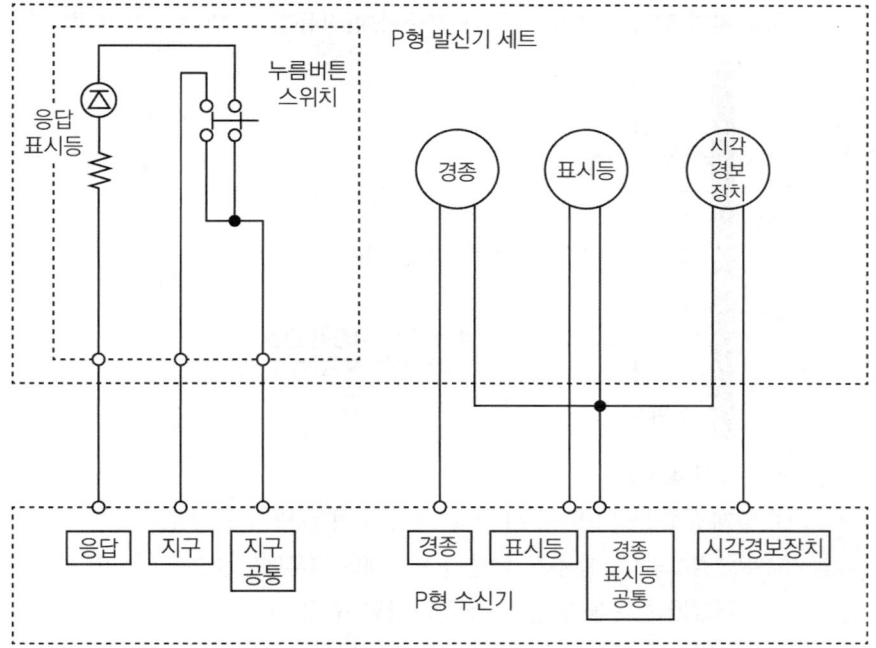

① 지구선(= 회로선, 신호선, 감지기선, 발신기 지구선, 수동발신기 지구선)
② 지구공통선(= 공통선, 회로공통선, 신호공통선, 감지기공통선, 수동발신기공통선)
③ 응답선(= 발신기선, 발신기응답선, 수동발신기 응답선, 확인선)
④ 경종 및 표시등공통선(= 공동표시등공통선, 벨표시등공통선)

> **선생님 TIP**
> 최근에 결선도를 완성하는 문제가 출제되었습니다! P형 수신기 단자의 순서가 바뀌더라도 당황하지 말고 결선도를 완성할 수 있어야 합니다.

> **선생님 TIP**
> 응답표시등의 다이오드 방향을 잘 확인하시기 바랍니다!

B 음향장치 및 시각경보장치

(1) 주음향장치 : 수신기의 내부 또는 그 직근에 설치할 것
(2) 지구음향장치 : 특정소방대상물의 층마다 설치, 해당 특정소방대상물의 각 부분으로부터 하나의 음향장치까지의 수평거리가 25 [m] 이하가 되도록 하고, 해당 층의 각 부분에 유효하게 경보를 발할 수 있도록 설치(기둥 또는 벽이 설치되지 아니한 대형공간의 경우 지구음향장치는 설치 대상 장소의 가장 가까운 장소의 벽 또는 기둥 등에 설치)
(3) 음향장치 구조 및 성능
  ① 정격전압의 80 [%] 전압에서 음향을 발할 수 있는 것으로 할 것
  ② 음량은 부착된 음향장치의 중심으로부터 1 [m] 떨어진 위치에서 90 [dB] 이상이 되는 것으로 할 것 ☜ 음량은 부착된 음향장치의 중심으로부터 1 [m] 떨어진 위치에서 80 [dB] 이상이 되는 것으로 할 것 ✗ 90 [dB]
  ③ 감지기 및 발신기의 작동과 연동하여 작동할 수 있는 것으로 할 것

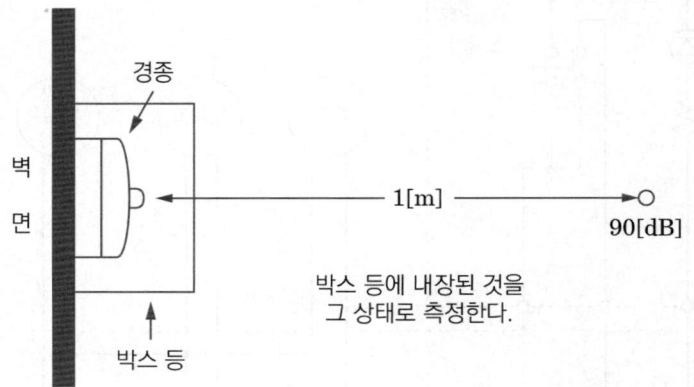

(4) 경보방식 ★★★
  ① 일제경보방식 : 화재 시 전 층에 경보하는 방식(소규모)
  ② 우선경보방식 : 층수가 11층(공동주택의 경우에는 16층) 이상의 특정소방대상물은 다음과 같은 경보를 발할 수 있어야 한다.
    ㄱ. 2층 이상의 층에서 발화한 때에는 발화층 및 그 직상 4개 층에 경보
    ㄴ. 1층에서 발화한 때에는 발화층, 그 직상 4개 층 및 지하층에 경보
    ㄷ. 지하층에서 발화한 때에는 발화층, 그 직상층 및 기타 지하층 경보

> **참고** 우선경보방식
> □ 대상
>   층수 11층(공동주택의 경우 16층 이상)
> □ 경보방식
>   • 2층 이상 : 발화층 및 직상 4개 층
>   • 1층 : 발화층, 직상 4개 층, 지하층
>   • 지하층 : 발화층, 직상층, 기타 지하층

선생님 TIP
자동화재탐지설비의 경보방식과 비상방송설비의 경보방식(일제경보방식, 우선경보방식)이 동일하므로 자동화재탐지설비부터 탄탄히 이론을 잡고 갑시다.

(5) 시각경보장치

① 설치기준 ★★

ㄱ. 복도·통로·청각장애인용 객실 및 공용으로 사용하는 거실(로비, 회의실, 강의실, 식당, 휴게실, 오락실, 대기실, 체력단련실, 접객실, 안내실, 전시실, 기타 이와 유사한 장소를 말한다)에 설치하며, 각 부분으로부터 유효하게 경보를 발할 수 있는 위치에 설치할 것

ㄴ. 공연장·집회장·관람장 또는 이와 유사한 장소에 설치하는 경우에는 시선이 집중되는 무대부 부분 등에 설치할 것

ㄷ. 설치높이는 바닥으로부터 2 [m] 이상 2.5 [m] 이하의 장소에 설치할 것. 다만 천장의 높이가 2 [m] 이하인 경우에는 천장으로부터 0.15 [m] 이내의 장소에 설치하여야 한다.

ㄹ. 시각경보장치의 광원은 전용의 축전지설비 또는 전기저장장치(외부 전기 에너지를 저장해두었다가 필요한 때 전기를 공급하는 장치)에 의하여 점등되도록 할 것. 다만 시각경보기에 작동전원을 공급할 수 있도록 형식승인을 얻은 수신기를 설치한 경우에는 그러하지 아니하다.

[시각경보기]

* 천장 높이 2m 이하
  : 천장으로부터 0.15m 이내 설치

* 바닥으로부터
  2m 이상 2.5m 이하

참고 시각경보기를 설치하여야 하는 특정 소방대상물

(1) 근린생활시설　　(2) 문화 및 집회시설
(3) 종교시설　　　　(4) 판매시설
(5) 운수시설　　　　(6) 운동시설
(7) 위락시설　　　　(8) 물류터미널
(9) 의료시설　　　　(10) 노유자시설
(11) 업무시설　　　 (12) 숙박시설
(13) 발전시설 및 장례식장　(14) 도서관
(15) 방송국　　　　 (16) 지하상가

선생님 TIP

시각경보기를 설치하여야 하는 특정소방대상물 10가지를 직접 쓸 수 있어야 합니다! 우리가 알고 있는 거의 대부분의 시설에 시각경보기를 설치합니다.

9 전원 및 배선

(1) 전원

① 상용전원(전용배선) : 축전지, 전기저장장치, 교류전압 옥내간선

② 비상전원(예비전원) : 축전지, 전기저장장치

③ 비상전원용량 : 감시상태 60분간 지속한 후 유효하게 10분(고층 : 30분) 이상 경보

(2) 배선

① 전원회로 배선 : 내화배선

② 그 밖 배선(감지기 상호 간 또는 감지기회로 배선 제외) : 내화 또는 내열배선

③ 감지기 상호 간 또는 감지기회로 배선
  ㄱ. 아날로그식 감지기
  ㄴ. 다신호식 감지기
  ㄷ. R형 수신기용 감지기
    ※ ㄱ ~ ㄷ ⇒ 쉴드선 사용(전자파 방해방지)
  ㄹ. 쉴드선 외의 일반배선 사용 시 내화배선 또는 내열배선으로 사용할 것

📂 참고 배선

• 배선공사(내화배선 : ▬▬▬, 내열배선 : ▬ ▪ ▬, 일반배선 : ▪▪▪▪, 배관 : _____)

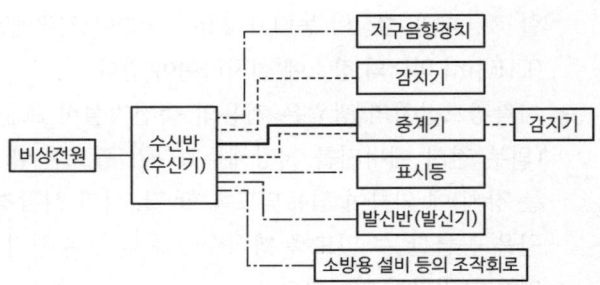

• 쉴드선(Shield Wire)

구분	설명
사용처	아날로그식 감지기, 다신호식 감지기, R형 수신기용 감지기
사용목적	전자파 방해방지
종류	• 저독성 난연 폴리올레핀 차폐전선(HF-STP) • 난연성 비닐절연 비닐시스 케이블(FR-CVV-SB) • 내열성 비닐절연, 내열성 비닐시스 제어용 케이블(H-CVV-SB)
광케이블의 경우	전자파 방해를 받지 않고 내열성능이 있는 경우 사용 가능
Twisted Pair	신호선 2가닥을 서로 꼬아서 자계를 서로 상쇄시키도록 함

(3) 종단저항의 설치기준 ★★★
  ① 점검 및 관리가 쉬운 장소에 설치할 것
  ② 전용함을 설치하는 경우 그 설치높이는 바닥으로부터 1.5 [m] 이내로 할 것
  ③ 감지기회로의 끝부분에 설치하며, 종단감지기에 설치할 경우에는 구별이 쉽도록 해당감지기의 기판 및 감지기 외부 등에 별도의 표시를 할 것

전용함을 설치하는 경우 종단저항 설치높이는 바닥으로부터 1.2 [m] 이내로 할 것   ✗ 1.5 [m] 이내

(4) 감지기 사이의 회로의 배선은 송배선식으로 할 것
(5) 감지기회로 및 부속회로의 전로와 대지 사이 및 배선 상호 간의 절연저항은 1경계구역마다 직류 250 [V]의 절연저항측정기를 사용하여 측정한 절연저항이 0.1 [MΩ] 이상이 되도록 할 것
(6) 자동화재탐지설비의 배선은 다른 전선과 별도의 관·덕트(절연효력이 있는 것으로 구획한 때에는 그 구획된 부분은 별개의 덕트로 본다)·몰드 또는 풀박스 등에 설치할 것(다만 60 [V] 미만의 약 전류회로에 사용하는 전선으로서 각각의 전압이 같을 때에는 그러하지 아니하다)
(7) 피(P)형 수신기 및 지피(G.P.)형 수신기의 감지기회로의 배선에 있어서 하나의 공통선에 접속할 수 있는 **경계구역은 7개 이하로 할 것** ★★★
(8) 자동화재탐지설비의 감지기회로의 전로저항은 50 [Ω] 이하가 되도록 하여야 하며, 수신기의 각 회로별 종단에 설치되는 감지기에 접속되는 배선의 전압은 감지기 정격전압의 80 [%] 이상이어야 할 것

> **자동화재탐지설비의 감지기회로 배선방식**
> - **자동화재탐지설비의 송배선방식**
>   도통시험을 용이하게 하기 위해 배선의 도중에서 분기하지 않는 방식
> - **자동화재탐지설비의 교차회로 방식**
>   하나의 담당구역 내에 2 이상의 감지기회로를 설치하고 2 이상의 감지기회로가 동시에 감지되는 때에 설비가 작동하는 방식
> - **교차회로방식으로 감지기를 설치하여야 하는 자동식 소화설비**
>   분말소화설비, 할론소화설비, 할로겐화합물 및 불활성기체소화설비, 이산화탄소소화설비, 준비작동식 스프링클러설비, 일제살수식 스프링클러설비

참고 옥내소화전설비의 화재안전기술기준 ★★★

□ 내화배선

사용전선의 종류	공사방법
1. 450/750 [V] 저독성 난연 가교 폴리올레핀 절연 전선 2. 0.6/1 [KV] 가교 폴리에틸렌 절연 저독성 난연 폴리올레핀 시스 전력 케이블 3. 6/10 [kV] 가교 폴리에틸렌 절연 저독성 난연 폴리올레핀 시스 전력용 케이블 4. 가교 폴리에틸렌 절연 비닐시스 트레이용 난연 전력 케이블 5. 0.6/1 [kV] EP 고무절연 클로로프렌 시스 케이블 6. 300/500 [V] 내열성 실리콘 고무 절연전선(180 [℃]) 7. 내열성 에틸렌-비닐아세테이트 고무 절연케이블 8. 버스덕트(Bus Duct) 9. 기타 전기용품안전관리법 및 전기설비기술기준에 따라 동등 이상의 내화성능이 있다고 주무부장관이 인정하는 것	금속관·2종 금속제 가요전선관 또는 합성수지관에 수납하여 내화구조로 된 벽 또는 바닥 등에 벽 또는 바닥의 표면으로부터 25 [mm] 이상의 깊이로 매설하여야 한다. 다만 다음 각목의 기준에 적합하게 설치하는 경우에는 그러하지 아니하다. 1. 배선을 내화성능을 갖는 배선전용실 또는 배선용 샤프트·피트·덕트 등에 설치하는 경우 2. 배선전용실 또는 배선용 샤프트·피트·덕트 등에 다른 설비의 배선이 있는 경우에는 이로부터 15 [cm] 이상 떨어지게 하거나 소화설비의 배선과 이웃하는 다른 설비의 배선 사이에 배선지름(배선의 지름이 다른 경우에는 가장 큰 것을 기준으로 한다)의 1.5배 이상의 높이의 불연성 격벽을 설치하는 경우
내화전선	케이블공사의 방법에 따라 설치

※ 내화전선의 내화성능은 KS C IEC 60331-1과 2(온도 830 [℃]/가열시간 120분) 표준 이상을 충족하고 난연성능 확보를 위해 KS C IEC 60332-3-24 성능 이상을 충족할 것

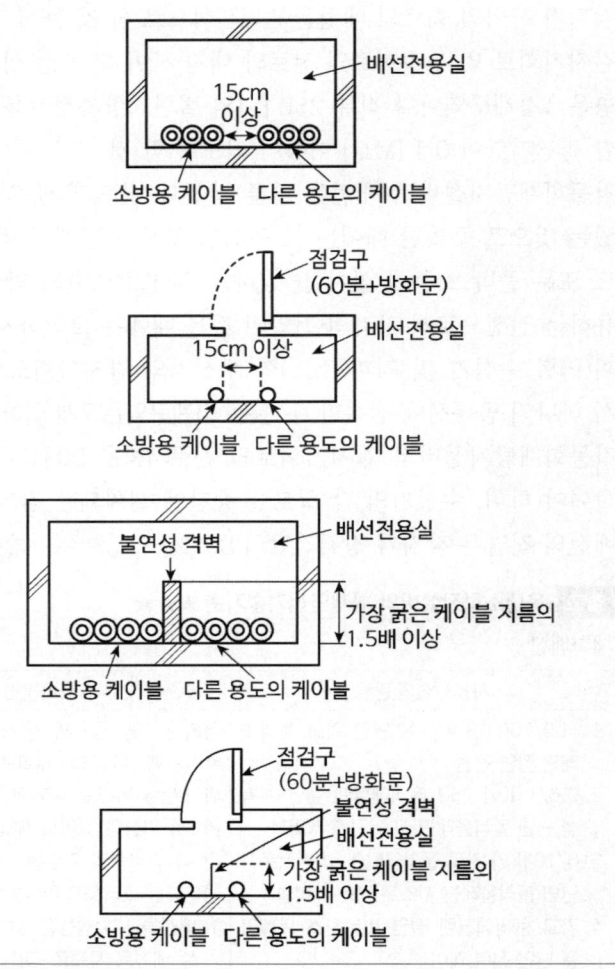

02 자동화재탐지설비 용어정리(NFTC 203) ★★★

1. "경계구역"이란 특정소방대상물 중 화재신호를 발신하고 그 신호를 수신 및 유효하게 제어할 수 있는 구역을 말한다.
2. "수신기"란 감지기나 발신기에서 발하는 화재신호를 직접 수신하거나 중계기를 통하여 수신하여 화재의 발생을 표시 및 경보하여주는 장치를 말한다.
3. "중계기"란 감지기·발신기 또는 전기적인 접점 등의 작동에 따른 신호를 받아 이를 수신기에 전송하는 장치를 말한다.
4. "감지기"란 화재 시 발생하는 열, 연기, 불꽃 또는 연소생성물을 자동적으로 감지하여 수신기에 화재신호 등을 발신하는 장치를 말한다.
5. "발신기"란 수동누름버턴 등의 작동으로 화재신호를 수신기에 발신하는 장치를 말한다.
6. "시각경보장치"란 자동화재탐지설비에서 발하는 화재신호를 시각경보기에 전달하여 청각장애인에게 점멸형태의 시각경보를 하는 것을 말한다.
7. "거실"이란 거주·집무·작업·집회·오락 그 밖에 이와 유사한 목적을 위하여 사용하는 실을 말한다.
8. "신호처리방식"은 화재신호 및 상태신호 등(이하 "화재신호 등"이라 한다)을 송수신하는 방식으로서 다음의 방식을 말한다.
   (1) "유선식"은 화재신호 등을 배선으로 송·수신하는 방식
   (2) "무선식"은 화재신호 등을 전파에 의해 송·수신하는 방식
   (3) "유·무선식"은 유선식과 무선식을 겸용으로 사용하는 방식

> **선생님 TIP**
> 최근 용어의 정의에 대한 문제가 종종 출제되고 있으므로 용어 정의를 잘 정리하여 학습하시기 바랍니다.

CHAPTER 01 연습문제

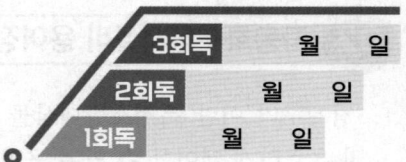

🎯 1 설치대상

01
득점 ___ 배점 5

자동화재탐지설비에 대한 설치대상(바닥면적 등 기준)을 적으시오.

가. 근린생활시설(목욕장 제외)

나. 근린생활시설 중 목욕장

다. 의료시설(정신의료기관 또는 요양병원 제외)

라. 정신의료기관(창살은 설치되어 있지 않음)

마. 요양병원(정신병원과 의료재활시설 제외)

정답

가. 연면적 600 [m²] 이상
나. 연면적 1000 [m²] 이상
다. 연면적 600 [m²] 이상
라. 바닥면적 합계 300 [m²] 이상
마. 요양병원인 건축물 전부

✅ 해설 : 자동화재탐지설비 설치대상

설치대상	기준
• 교육연구시설(교육시설 내에 있는 기숙사 및 합숙소를 포함한다), 수련시설(기숙사·합숙소 포함, 숙박시설 제외) • 동·식물 관련 시설 • 자원순환 관련 시설 • 교정 및 군사시설 • 묘지 관련 시설	연면적 2000 [m²] 이상인 경우에는 모든 층
목욕장, 문화 및 집회시설, 종교시설, 판매시설, 운수시설, 운동시설, 업무시설, 창고시설, 공장, 지하상가, 위험물 저장 및 처리시설, 항공기 및 자동차 관련 시설, 교정 및 군사시설 중 국방·군사시설, 방송통신시설, 발전시설, 관광 휴게시설	연면적 1000 [m²] 이상인 경우에는 모든 층

설치대상	기준
• 근린생활시설(목욕장 제외) • 의료시설(정신의료기관, 요양병원 제외) • 위락시설, 장례시설 및 복합건축물	연면적 600 [m^2] 이상인 경우에는 모든 층
정신의료기관, 의료재활시설	• 바닥면적 합계 300 [m^2] 이상 • 바닥면적 합계 300 [m^2] 미만, 창살 설치
터널	길이 1000 [m] 이상
공장 및 창고시설	500배 이상 특수가연물
요양병원, 지하구, 전통시장, 조산원, 산후조리원	–
전기저장시설, 노유자생활시설	–
공동주택 중 아파트등·기숙사, 숙박시설, 6층 이상인 건축물	–
노유자시설	연면적 400 [m^2] 이상인 경우에는 모든 층
숙박시설이 있는 수련시설	수용인원 100명 이상인 경우에는 모든 층

2 경계구역

01

| 득점 | 배점 | 6 |

다음은 자동화재탐지설비의 경계구역 설정기준에 관한 내용이다. ( ) 안에 알맞은 내용을 쓰시오.

가. 하나의 경계구역의 면적은 (㉠) [m^2] 이하로 하고 한 변의 길이는 (㉡) [m] 이하로 할 것. 다만 해당 특정소방대상물의 주된 출입구에서 그 내부 전차가 보이는 것에 있어서는 한 변의 길이가 (㉢) [m]의 범위 내에서 (㉣) [m^2] 이하로 할 수 있다.

나. 스프링클러설비·물분무등소화설비 또는 (㉤)의 화재감지장치로서 화재감지기를 설치한 경우의 경계구역은 해당 소화설비의 방호구역 또는 (㉥)과 동일하게 설정할 수 있다.

가. ㉠ 600, ㉡ 50, ㉢ 50, ㉣ 1000
나. ㉤ 제연설비, ㉥ 제연구역

> **핵심이론** 자동화재탐지설비 경계구역 설정기준

▫ 수평적 경계구역
- 하나의 경계구역이 2개 이상의 건축물에 미치지 않도록 할 것
- 하나의 경계구역이 2개 이상의 층에 미치지 않도록 할 것
  단, 500 [m²] 이하의 범위 안에서 2개의 층을 하나의 경계구역으로 할 수 있음
- 하나의 경계구역 면적 600 [m²] 이하로 하고, 한 변의 길이 50 [m] 이하로 할 것
  단, 주된 출입구에서 그 내부 전체가 보이는 것은 한 변의 길이 50 [m] 범위 내에서 1000 [m²] 이하로 할 수 있음
- 도로터널 : 100 [m] 이하로 할 것(도로터널의 화재안전기술기준 NFTC 603)

▫ 수직적 경계구역
- 계단·경사로 : 별도의 경계구역으로 하며 경계구역 높이 45 [m] 이하로 할 것
- 엘리베이터 승강로(권상기실이 있는 경우에는 권상기실)·린넨슈트·파이프 피트 및 덕트 등 : 별도의 경계구역
- 지하층의 계단 및 경사로(지하층의 층수가 1일 경우 제외) : 별도의 경계구역

▫ 기타
- 외기에 면하여 상시 개방된 부분(차고·주차장·창고 등) : 외기에 면하는 각 부분으로부터 5 [m] 미만의 범위 안에 있는 부분은 경계구역 면적에 산입하지 않음
- 스프링클러설비·물분무등소화설비 또는 제연설비의 화재감지장치로서 화재감지기를 설치한 경우의 경계구역은 해당 소화설비의 방사구역 또는 제연구역과 동일하게 설정할 수 있음

02 [배점 6]

자동화재탐지설비의 경계구역 설정기준 3가지만 쓰시오.

> 정답

- 하나의 경계구역이 2개 이상의 건축물에 미치지 아니하도록 할 것
- 하나의 경계구역이 2개 이상의 층에 미치지 아니하도록 할 것(단, 500 [m²] 이하의 범위 안에서는 2개 층을 하나의 경계구역으로 가능)
- 하나의 경계구역은 600 [m²](단, 주된 출입구에서 그 내부 전체가 보이는 것은 1000 [m²]) 이하로 하고 한 변의 길이는 50 [m] 이하로 할 것

03

배점 4

그림과 같은 건물평면도의 경우 자동화재탐지설비의 최소경계구역의 수를 구하시오.

가.

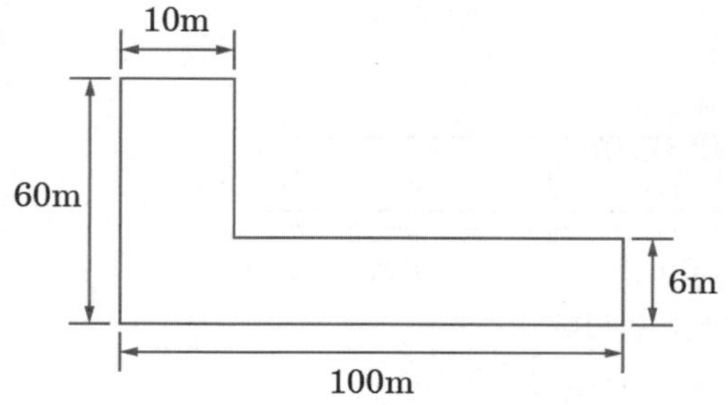

○ 계산과정 :

○ 답 :

나.

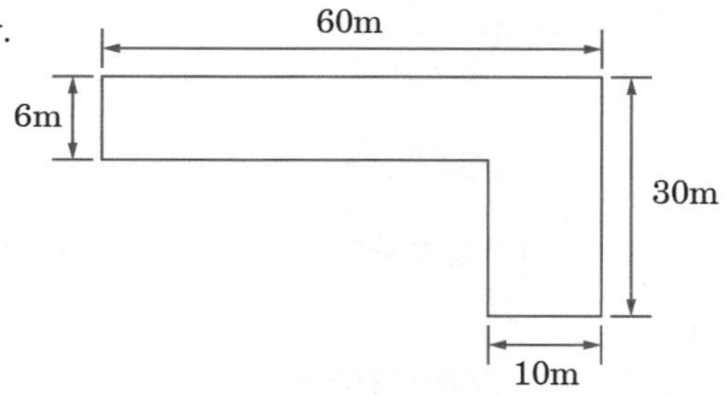

○ 계산과정 :

○ 답 :

정답

가. 계산과정

① $\dfrac{50 \times 10}{600} = 0.8$ → 절상해서 1경계구역

② $\dfrac{50 \times 6}{600} = 0.5$ → 절상해서 1경계구역

③ $\dfrac{(10 \times 4) + (50 \times 6)}{600} = 0.57$ → 절상해서 1경계구역

답 | 3경계구역

나. 계산과정

① $\dfrac{50 \times 6}{600} = 0.5$ → 절상해서 1경계구역

② $\dfrac{30 \times 10}{600} = 0.5$ → 절상해서 1경계구역

답 | 2경계구역

📁 **참고**

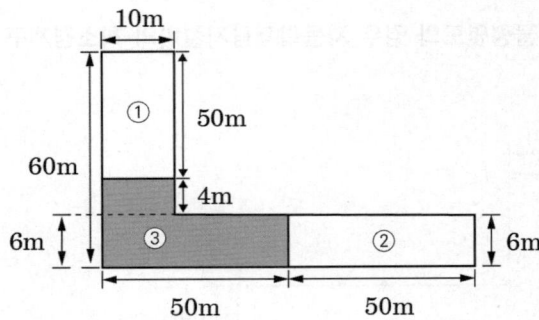

③ 경계구역을 보면 ⓐ와 ⓑ로 나눌 수 있다.

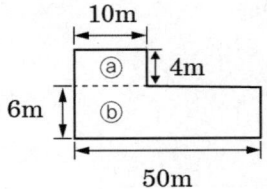

ⓐ : 10 × 4 = 40 [m²]
ⓑ : 50 × 6 = 300 [m²]
ⓐ + ⓑ : 340 [m²]

이며 면적기준과 길이기준을 충족하므로 ⓐ + ⓑ를 하나의 경계구역으로 보고, '가'의 경계구역은 총 3개가 나온다.

📌 핵심이론 자동화재탐지설비 경계구역 설정기준(수평적 경계구역)

- 하나의 경계구역이 2개 이상의 건축물에 미치지 않도록 할 것
- 하나의 경계구역이 2개 이상의 층에 미치지 않도록 할 것
  다만 500 [m²] 이하의 범위 안에서 2개의 층을 하나의 경계구역으로 할 수 있음
- 하나의 경계구역 면적 600 [m²] 이하로 하고 한 변의 길이는 50 [m] 이하로 할 것
  다만 해당 특정소방대상물의 주된 출입구에서 그 내부 전체가 보이는 것에 있어서는 한 변의 길이가 50 [m]의 범위 내에서 1000 [m²] 이하로 할 수 있음

04

지하 3층 및 지상 14층이고 각 층의 높이가 3.3 [m]인 다음과 같은 소방대상물에 수직경계구역을 설정할 경우 다음 각 물음에 답하시오.

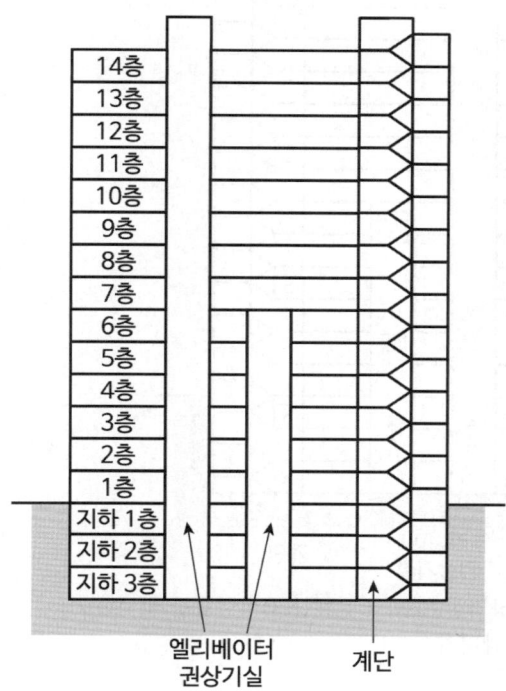

가. 상기의 건축단면도상에 표시된 엘리베이터 권상기실과 계단실에 감지기를 설치해야 하는 위치를 찾아 연기감지기의 그림기호를 이용하여 도면에 그려 넣으시오.

나. 본 소방대상물에 자동화재탐지설비의 수직경계구역은 총 몇 개의 회로로 구분해야 하는지 쓰시오.

- 엘리베이터 권상기실 ( )회로 + 계단( )회로 = 합계 ( )회로

다. 연기가 멀리 이동해서 감지기에 도달하는 장소에 설치하는 연기감지기의 종류를 1가지 쓰시오.

정답

가.

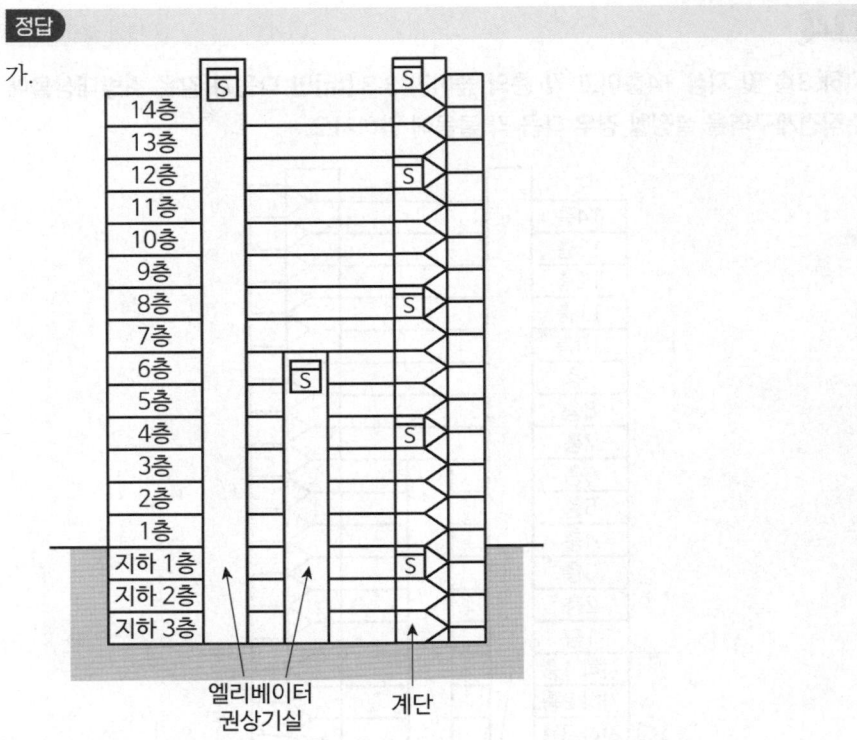

나. 엘리베이터 권상기실 (2)회로 + 계단(3)회로 = 합계(5)회로
다. 광전식 분리형 감지기

☑ 해설
가. 나 : 특정한 조건이 없으면 연기감지기 2종 설치 ★
  1) 연기감지기 설치개수

구분	감지기 개수
엘리베이터	2개
지상층	수직거리 : 3.3 [m] × 14층 = 46.2 [m] 개수 : $\dfrac{수직거리}{15\,[m]} = \dfrac{46.2\,[m]}{15\,[m]} = 3.08$ → 절상해서 4개
지하층	수직거리 : 3.3 [m] × 3층 = 9.9 [m] 개수 : $\dfrac{수직거리}{15\,[m]} = \dfrac{9.9\,[m]}{15\,[m]} = 0.66$ → 절상해서 1개
합계	7개

2) 경계구역 수

구분	경계구역
엘리베이터	2개
지상층	수직거리 : 3.3 [m] × 14층 = 46.2 [m] 경계구역 : $\dfrac{수직거리}{45\,[m]} = \dfrac{46.2\,[m]}{45\,[m]} = 1.02$ → 절상해서 2회로
지하층	수직거리 : 3.3 [m] × 3층 = 9.9 [m] 경계구역 : $\dfrac{수직거리}{45\,[m]} = \dfrac{9.9\,[m]}{45\,[m]} = 0.22$ → 절상해서 1회로
합계	5경계구역

다. 연기감지기
  1) 연기감지기 종류
   • 이온화식 스포트형 감지기
   • 광전식 감지기(스포트형, 분리형, 공기흡입형)
  2) 연기가 멀리 이동해서 감지기에 도달하는 장소에 설치하는 연기감지기(넓은 공간으로 천장이 높아 열 및 연기가 확산하는 장소)
   • 광전식 분리형 감지기
   • 광전식 스포트형 감지기
   • 광전아날로그식 스포트형 감지기
   • 광전아날로그식 분리형 감지기

05

득점 □□ 배점 7

각 층의 높이가 4 [m]인 지하 2층, 지상 4층 특정소방대상물이 자동화재탐지설비의 경계구역을 설정하는 경우 물음에 답하시오.

가. 층별 바닥 면적이 그림과 같을 때 자동화재탐지설비의 경계구역을 최소 몇 개로 구분하여 하는지 산출식과 경계구역에 대한 다음 표를 완성하시오. (단, 계단 경사로 및 피트 등의 수직경계구역의 면적을 제외한다)

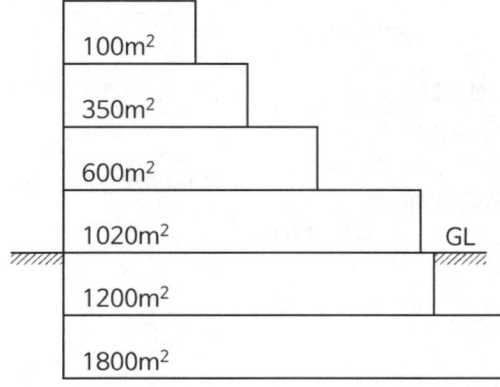

층별	산출식	경계구역 수
4층		
3층		
2층		
1층		
지하 1층		
지하 2층		
경계구역의 합계		

나. 본 특정소방대상물에 엘리베이터와 계단에 각각 1개씩 설치되어 있는 경우 P형 수신기는 몇 회로용을 설치해야 하는지 산출식과 회로수를 쓰시오.

산출내역	P형 수신기 회로수

정답

가.

층별	산출식	경계구역 수
4층	100 + 350 = 450 [m²], 2층의 바닥면적의 합계가 500 [m²] 이하이므로 1개의 경계구역으로 산정이 가능하다.	1
3층		
2층	$\frac{600}{600}=1$	1
1층	$\frac{1020}{600}=1.7$	2
지하 1층	$\frac{1200}{600}=2$	2
지하 2층	$\frac{1800}{600}=3$	3
경계구역의 합계		9

나.

산출내역	P형 수신기 회로수
① 수평적 경계구역 : 9회로 ② 계단 : 2회로 ③ 엘리베이터 승강로 : 1회로 　　　　　　　　합계 : 12회로	12회로 이상 수신기 사용이므로 15회로 사용

06

배점 5

다음 그림과 같이 외기에 면하여 상시 개방된 부분이 있는 창고의 경계구역 면적 [m²]을 구하시오

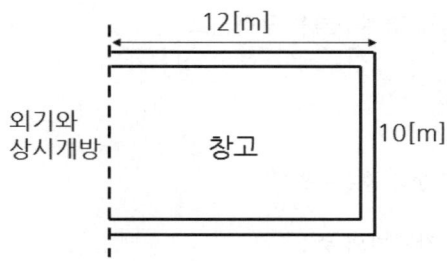

O 계산과정 :

O 답 :

정답

☑ 계산과정 : (12 - 5) × 10 = 70 [m²]

답 | 70 [m²]

07

배점 8

지하 1층, 지상 5층인 건물에 자동화재탐지설비를 설치하고자 한다. 조건을 참고하여 다음 각 물음에 답하시오.

조건
(1) 그림은 어느 한 층의 평면도이며 모든 층이 이와 동일한 구조이다.
(2) 계단실은 건물 내 1개소에 설치되어 있으며, 지하 1층에서 지상 5층까지 연결되어 있다.
(3) 층고는 4 [m]이다.

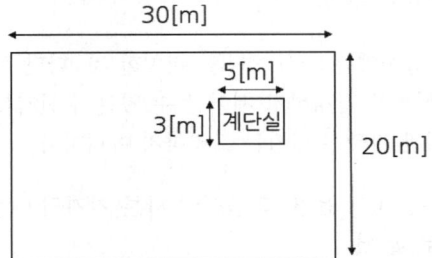

가. 한 층에 대한 수평적 경계구역을 구하시오.
  ○ 계산과정 :
  ○ 답 :

나. 건물 전체의 수직적 경계구역을 구하시오.
  ○ 계산과정 :
  ○ 답 :

다. 사용 가능한 발신기의 종류는?

라. 계단에 설치하는 감지기의 종류는?

> 정답

가. 계산과정 : $\dfrac{(30 \times 20) - (5 \times 3)}{600} = 0.97$ → 절상해서 1개   답 | 1개

나. 계산과정 : $\dfrac{4 \times 6}{45} = 0.53$ → 절상해서 1개   답 | 1개

다. P형 발신기
라. 연기감지기

③ 수신기

01 배점 7

다음은 자동화재탐지설비 및 시각경보장치의 화재안전기준에서 정하는 수신기의 설치기준이다. (   ) 안에 들어갈 내용을 쓰시오.

가. 수신기는 수위실 등 상시 사람이 근무하는 장소에 설치할 것. 다만 사람이 상시 근무하는 장소가 없는 경우에는 (㉠)이(가) 쉽게 접근할 수 있고, 관리가 용이한 장소에 설치할 수 있다.

나. 수신기가 설치된 장소에는 (㉡)을(를) 비치할 것. 다만 모든 수신기와 연결되어 각 수신기의 상황을 감시하고 제어할 수 있는 수신기를 설치하는 경우에는 (㉢)을(를) 제외한 기타 수신기는 그러하지 아니하다.

다. 수신기의 (㉣)은(는) 그 음량 및 음색이 다른 기기의 (㉤) 등과 명확히 구별될 수 있는 것으로 할 것

라. 수신기는 감지기·중계기 또는 발신기가 작동하는 (ⓑ)을(를) 표시할 수 있는 것으로 할 것

마. 화재·가스·전기 등에 대한 (ⓢ)을(를) 설치한 경우에는 해당 조작반에 수신기의 작동과 연동하여 감지기·중계기 또는 발신기가 작동하는 경계구역을 표시할 수 있는 것으로 할 것

정답

- ㉠ 관계인
- ㉡ 경계구역 일람도
- ㉢ 주수신기
- ㉣ 음향기구
- ㉤ 소음
- ㉥ 경계구역
- ㉦ 종합방재반

핵심이론 | 수신기 설치기준

- 수위실 등 상시 사람이 근무하는 장소에 설치할 것(단, 상시근무 장소 없는 경우 관계인 접근·관리용이 장소 설치 가능)
- 수신기가 설치된 장소에는 경계구역 일람도를 비치할 것(단, 모든 수신기와 연결되어 각 상황을 감시·제어할 수 있는 주수신기를 설치하는 경우에는 기타 부수신기는 제외)
- 수신기의 음향기구는 그 음량 및 음색이 다른 기기의 소음 등과 명확히 구별될 수 있는 것으로 할 것
- 수신기는 감지기·중계기·발신기가 작동하는 경계구역을 표시할 수 있는 것으로 할 것
- 화재·가스 전기등에 대한 종합방재반 설치 시 해당 조작반에 수신기의 작동과 연동하여 감지기·중계기·발신기가 작동하는 경계구역을 표시할 수 있는 것으로 할 것
- 하나의 경계구역은 하나의 표시등 또는 하나의 문자로 표시할 것
- 수신기의 조작스위치는 바닥으로부터의 높이가 0.8 [m] 이상 1.5 [m] 이하인 장소에 설치할 것
- 하나의 특정소방대상물에 2 이상의 수신기를 설치하는 경우에는 수신기를 상호 간 연동하여 화재발생상황을 각 수신기마다 확인할 수 있도록 할 것
- 화재로 인하여 하나의 층의 지구음향장치 배선이 단락되어도 다른 층의 화재통보에 지장이 없도록 각 층 배선상에 유효한 조치를 할 것

02

배점 9

P형 수신기 기능시험의 종류를 9가지 쓰시오.

정답

가. 화재표시작동시험　　　　나. 회로도통시험
다. 공통선시험　　　　　　　라. 예비전원시험
마. 동시작동시험　　　　　　바. 저전압시험
사. 회로저항시험　　　　　　아. 지구음향장치 작동시험
자. 비상전원시험

☑ 해설 : 수신기 기능시험
　가. 화재표시작동시험 : 지구표시등, 화재표시등 점등, 음향장치 명동 확인
　나. 회로도통시험 : 감지기회로의 단선, 단락 및 접속상태의 이상 유무를 파악
　다. 공통선시험 : 공통선이 담당하고 있는 경계구역의 적정 여부 확인
　라. 예비전원시험 : 정전 시 상용전원에서 예비전원 자동전환 여부 확인 및 정상상태 복구 시 상용전원으로 자동전환 여부 확인
　마. 동시작동시험(회로수가 2회선 이상) : 2회로 이상 동작 시 수신기 기능 정상 여부 확인
　바. 저전압시험 : 저전압상태(정격전압 80 [%] 이하) 수신기 기능 유지 확인
　사. 회로저항시험 : 감지기회로 1회선 선로 저항이 수신기 기능에 이상을 주지 않는 것을 확인
　아. 지구음향장치 작동시험 : 감지기의 작동과 연동하여 당해 지구음향장치가 정상으로 작동하는가 확인하기 위한 시험
　자. 비상전원시험 : 상용전원이 사고 등으로 정전된 경우 자동적으로 비상전원으로 절환되며, 또한 정전복구 시에 자동적으로 일반 상용전원으로 절환되는지의 여부를 확인

03

배점 4

P형 수신기의 예비전원을 시험하는 방법과 양부판단의 기준에 대하여 기술하시오.

가. 시험방법

나. 양부판단기준

> 정답

가. 시험방법
  1) 예비전원시험스위치를 누른다.
  2) 전압계의 지시치가 지정치의 범위 내에 있을 것
  3) 교류전원을 개로하고 자동절환 릴레이의 작동상황을 조사한다.
나. 양부판정의 기준 : 예비전원의 전압, 용량, 절환상황 및 복구 작동이 정상일 것

04

득점 | 배점 4

자동화재탐지설비의 공통선시험의 방법과 목적을 설명하시오.

가. 시험방법

나. 시험목적

> 정답

가. 시험방법
  1) 수신기 내 접속단자의 공통선을 1선 제거한다.
  2) 회로도통시험의 예에 따라 회로 선택스위치를 차례로 회전시킨다.
  3) 시험용 계기의 지시등이 [단선]을 지시한 경계구역의 회선수를 조사한다.
나. 시험목적
  공통선이 부담하고 있는 경계구역 7개 이하인가를 확인하기 위하여

05

득점 | 배점 3

P형 수신기 도통시험을 한 결과 정상신호가 나타나지 않은 경우 원인 2가지를 적으시오.

> 정답

- 감지기선로가 단선되는 경우
- 감지기회로 말단에 종단저항이 없는 경우
- 예비회로인 경우

06 〔배점 3〕

수신기의 시험방법 중 하나인 회로도통시험을 할 때 각 회선별로 전압계의 전압을 확인해보면 각 회선의 상태를 알 수 있다. 다음 각 상태의 따른 알맞은 전압을 쓰시오.

가. 정상상태 :

나. 단선상태 :

다. 단락상태 :

정답

가. 정상상태 : 4 [V]
나. 단선상태 : 0 [V]
다. 단락상태 : 24 [V]

07 〔배점 4〕

P형 수신기의 시험 중 시험스위치를 누르면 수신기의 스위치 주의표시등이 점등한다. 다음과 같이 시험스위치를 누른 경우 점등 여부를 쓰시오.

구분	도통시험스위치를 누른 경우	예비전원시험스위치를 누른 경우
점등 여부		

정답

구분	도통시험스위치를 누른 경우	예비전원시험스위치를 누른 경우
점등 여부	점등된다.	점등되지 않는다.

✔ 해설
- P형 수신기의 스위치주의등이 점멸하는 경우
  ① 지구경종스위치 ON
  ② 주경종스위치 ON
  ③ 자동복구스위치 ON
  ④ 도통시험스위치 ON
  ⑤ 동작시험스위치 ON

- P형 수신기의 스위치주의등이 점멸하지 않는 경우
  ① 복구스위치 ON
  ② 예비전원스위치 ON

🎯 4 중계기

01
배점 5

자동화재탐지설비의 중계기의 설치기준에 대한 다음 ( ) 안을 완성하시오.

가. 수신기에서 직접 감지기회로의 도통시험을 행하지 아니하는 것에 있어서는 (㉠)와 (㉡) 사이에 설치할 것

나. 수신기에 의하여 감시되지 아니하는 배선을 통하여 전력을 공급받는 것에 있어서는 전원입력 측의 배선에 (㉢)를 설치하고 당해 전원의 정전 시 즉시 수신기에 표시되는 것으로 하며, (㉣) 및 (㉤)의 시험을 할 수 있도록 할 것

정답

가. ㉠ 수신기, ㉡ 감지기
나. ㉢ 과전류차단기, ㉣ 상용전원, ㉤ 예비전원

02
배점 6

자동화재탐지설비의 중계기 설치기준 3가지를 쓰시오.

정답

- 수신기에서 직접 감지기회로의 도통시험을 행하지 아니할 때는 수신기와 감지기 사이에 설치할 것
- 조작 및 점검이 편리하고 화재 및 침수 등의 재해로 인한 피해를 받을 우려가 없는 장소에 설치할 것
- 수신기에 의하여 감시되지 아니하는 배선을 통하여 전력을 공급받는 것에 있어서는 전원 입력 측의 배선에 과전류차단기를 설치하고 해당 전원의 정전이 즉시 수신기에 표시되는 것으로 하며, 상용전원 및 예비전원의 시험을 할 수 있도록 할 것

03

자동화재탐지설비의 중계기는 설치방식에 따라 집합형과 분산형으로 구분한다. 아래 표는 집합형과 분산형에 대한 비교표이다. 빈칸에 알맞은 답을 쓰시오.

구분	집합형	분산형
입력전원		
전원공급		수신기의 비상전원을 이용하고 중계기에 비상전원 없음
회로수용 능력		소용량(5회로 미만)

정답

구분	집합형	분산형
입력전원	교류 110/220 [V]	직류 24 [V]
전원공급	외부전원 이용 비상전원 내장	수신기의 비상전원을 이용하고 중계기에 비상전원 없음
회로수용 능력	대용량(30 ~ 40회로)	소용량(5회로 미만)

04

자동화재탐지설비의 중계기에 대한 사항을 답하시오.

가. 수신기에서 직접 감지기회로의 도통시험을 행하지 아니할 때는 어디에 설치하는가?

나. 수신기에 의하여 감시되지 아니하는 배선을 통하여 전력을 공급받는 것에 있어서는 전원입력 측의 배선에 설치하는 것은?

다. 수신개시부터 발신개시까지 소요시간은?

정답

가. 수신기와 감지기 사이
나. 과전류차단기
다. 5초 이내

5 감지기

01 득점 [ ] 배점 [7]

다음은 감지기의 설치기준에 관한 사항이다. 각 물음의 (   )에 알맞은 것을 쓰시오.

가. 감지기(차동식 분포형의 것을 제외한다)는 실내로 공기유입구로부터 (㉠)[m] 이상 떨어진 위치에 설치할 것

나. 감지기는 (㉡) 또는 반자의 옥내의 면하는 부분에 설치할 것

다. 보상식 스포트형 감지기는 정온점이 감지기 주위의 평상시 최고온도보다 (㉢)[℃] 이상 높은 것으로 설치하여야 한다.

라. 연기감지기는 벽 또는 보로부터 (㉣)[m] 이상 떨어진 곳에 설치할 것

마. 스포트형 감지기는 (㉤)도 이상 경사되지 아니하도록 부착할 것

바. 차동식 분포형 감지기 공기관식 주요 구성요소 4가지를 쓰시오.

사. 공기관식 감지기 검출부 내부 다이어프램에 부식되어 구멍이 생겼을 때 어떤 현상이 발생하는가?

정답

㉠ 1.5, ㉡ 천장, ㉢ 20, ㉣ 0.6, ㉤ 45
바. 공기관, 리크구멍, 다이어프램, 접점
사. 감지기 동작이 늦어진다.

핵심이론 감지기

자동화재탐지설비 및 시각경보장치의 화재안전기술기준(NFTC 203)
2.4.3.1 감지기(차동식분포형의 것을 제외한다)는 실내로의 공기유입구로부터 1.5[m] 이상 떨어진 위치에 설치할 것
2.4.3.2 감지기는 천장 또는 반자의 옥내에 면하는 부분에 설치할 것
2.4.3.6 스포트형 감지기는 45° 이상 경사되지 않도록 부착할 것

02

배점 6

높이 20 [m] 이상의 거실에 설치할 수 있는 감지기 2가지를 쓰시오.

①
②

정답

① 불꽃감지기
② 광전식(분리형, 공기흡입형) 중 아날로그방식

핵심이론 감지기의 부착높이별 설치기준

부착높이	감지기의 종류
8 [m] 이상 15 [m] 미만	• 차동식 분포형 • 이온화식 1종 또는 2종 • 광전식(스포트형, 분리형, 공기흡입형) 1종 또는 2종 • 연기복합형 • 불꽃감지기
15 [m] 이상 20 [m] 미만	• 이온화식 1종 • 광전식(스포트형, 분리형, 공기흡입형) 1종 • 연기복합형 • 불꽃감지기
20 [m] 이상	• 불꽃감지기 • 광전식(분리형, 공기흡입형) 중 아날로그방식

암기 ▶ 차분한 이광연 12세

암기 ▶ 이광연 1

03

배점 5

바닥으로부터 천장까지의 높이가 8 [m] 이상 15 [m] 미만의 특정소방대상물에 설치할 수 있는 감지기의 종류를 모두 쓰시오.

정답

차동식 분포형, 이온화식 1종 또는 2종, 연기복합형, 광전식 1종 또는 2종, 불꽃감지기

04

배점 4

주요구조부가 내화구조인 특정소방대상물에 자동화재탐지설비를 설치하고자 한다. 바닥면적이 500 [m²]이고, 층고가 4.5 [m]인 경우 차동식 스포트형(1종) 감지기의 소요개수를 계산하시오.

정답

- [x] 계산과정 : $\dfrac{500}{45} = 11.111$ → 절상해서 12개   답 | 12개

05

배점 5

내화구조로 된 어느 빌딩의 사무실면적이 1000 [m²]이고, 천장높이가 5 [m]이다. 이 사무실에 차동식 스포트형 2종 감지기를 설치하려고 한다. 최소 몇 개가 필요한지 구하시오.

- 계산과정 :
- 답 :

정답

- [x] 계산과정 : $\dfrac{560}{35} + \dfrac{440}{35} = 28.57$ → 절상해서 29개   답 | 29개
- [x] 해설
  - 1경계구역 600 [m²] 이하로 나누어 계산
  - 감지기 설치면적   (단위 : [m²])

부착높이 및 특정소방대상물의 구분		감지기의 종류						
		차동식 스포트형		보상식 스포트형		정온식 스포트형		
		1종	2종	1종	2종	특종	1종	2종
4 [m] 미만	내화구조	90	70	90	70	70	60	20
	기타구조	50	40	50	40	40	30	15
4 [m] 이상 8 [m] 미만	내화구조	45	35	45	35	35	30	
	기타구조	30	25	30	25	25	15	

06

다음 그림을 보고 물음에 답하시오.

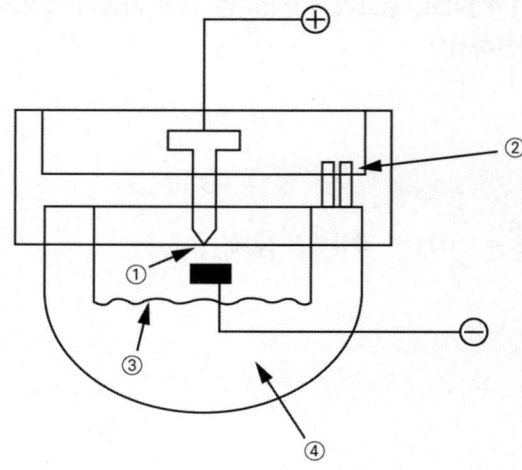

가. 감지기의 명칭은 무엇인가?

나. ① ~ ④의 명칭은 각각 무엇인가?

다. ① ~ ④의 역할은 무엇인가?

라. 이 감지기의 동작원리를 설명하시오.

정답

가. 차동식 스포트형 감지기(공기팽창식)
나. ① 고정접점
　　② 리크구멍(리크밸브, 리크공)
　　③ 다이어프램
　　④ 공기실(감열실)
다. ① 접촉되어 화재신호 발신
　　② 비화재보방지(감지기의 오동작방지)
　　③ 공기팽창에 의해서 접점을 올라가도록 함
　　④ 유효하게 열을 받음
라. 화재발생 시 감열실(= 공기실) 내 공기가 팽창하여 다이어프램을 밀어 올려 접점을 폐로시켜 수신기로 화재 송신함

핵심이론 차동식 스포트형 감지기 구조(공기 팽창식)

- 동작원리 : 화재발생 시 감열부의 공기가 팽창하여 다이어프램을 밀어 올려 접점을 붙게 함으로써 수신기에 신호를 보낸다.

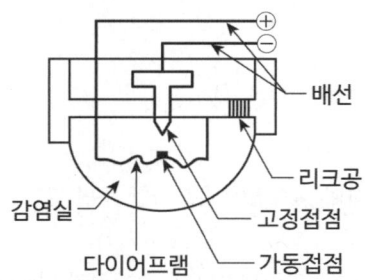

① 감열실(공기실) : 열을 유효하게 받음
② 다이어프램 : 공기팽창에 의해 접점이 잘 밀려 올라가도록 함
③ 고정접점 : 가동접점과 접촉되어 화재신호를 발신함
④ 리크구멍(리크공) : 감지기의 비화재보를 방지함

07

득점 / 배점 4

차동식 스포트형 감지기는 여러 환경에 따라 감지기의 동작특성이 달라진다. 리크구멍이 축소되었을 경우와 리크구멍이 확장되었을 경우에 나타나는 작동 특성현상에 대하여 쓰시오.

정답

- 리크구멍이 축소되었을 경우 : 감지기 동작이 빨라진다.
- 리크구멍이 확장되었을 경우 : 감지기 동작이 늦어진다.

☑ 해설 : 리크구멍 목적
 일반적인 온도 상승에 의한 접점작동으로 발생하는 비화재보방지를 위해 사용

08

배점 4

제어백효과를 이용하면 열전대식 감지기의 작동원리를 설명할 수 있다. 이 원리에 대해 설명하시오.

정답

서로 다른 두 금속을 접속하여 접속점에 온도차를 주면 열기전력 발생한다.

☑ 해설
- 차동식 스포트형 감지기 : 공기팽창방식, 열기전력 이용방식, 열반도체 이용방식
- 열전효과(Thermoelectric Effect)

효과	설명
제어백효과 (Seebeck Effect) : 제백효과	• 서로 다른 두 금속을 접속하여 접속점에 온도차를 주면 열기전력이 발생하는 효과 • 온도변화에 따른 열팽창률이 다른 두 금속을 붙여 사용하는 방법 • 다른 종류의 금속선으로 된 폐회로의 두 접합점의 온도를 달리하였을 때 발생하는 효과
펠티에효과 (Peltier Effect)	두 종류의 금속으로 된 회로에 전류를 흘리면 각 접속점에서 열의 흡수 또는 발생이 일어나는 현상
톰슨효과 (Thomson Effect)	균질의 철사에 온도구배가 있을 때 여기에 전류가 흐르면 열의 흡수 또는 발생이 일어나는 현상

09

배점 5

차동식 분포형 감지기 중 공기관식의 주요 구성 요소 5가지를 쓰시오.

① ② ③ ④ ⑤

정답

① 공기관, ② 다이어프램, ③ 리크구멍, ④ 접점, ⑤ 시험장치

☑ 해설 : 공기관식 차동식 분포형 감지기 구조
- 수열부 : 공기관
- 검출부 : 리크구멍(비화재보방지), 다이어프램, 접점, 시험장치

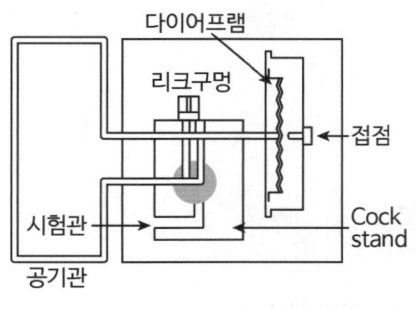
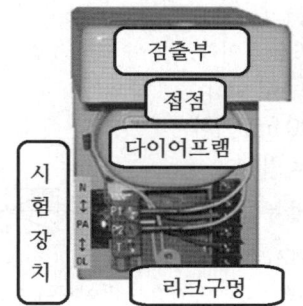

[공기관식 차동식 분포형 감지기]

10

배점 8

내화구조인 특정소방대상물에 설치된 공기관식 차동식 분포형 감지기에 대한 다음 각 물음에 답하시오.

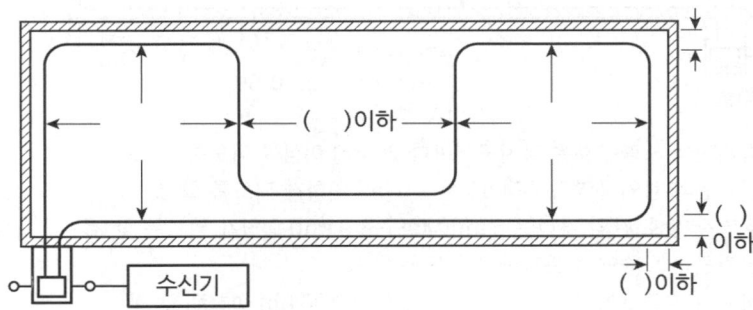

가. 그림의 ( ) 안에 수평거리[m] 및 상호 간의 거리[m]를 넣으시오.

나. 공기관의 노출부분은 감지구역마다 몇 [m] 이상이 되도록 하여야 하는가?

다. 하나의 검출부분에 접속하는 공기관의 길이는?

라. 검출부는 몇 도 이상 경사되지 아니하도록 부착하여야 하는가?

마. 차동식 분포형의 검출부에서 수신부까지 전선수는 몇 가닥인지 그림에 표시하시오.

바. 공기관식 차동식 분포형 감지기의 공기관의 재질은 무엇인가?

사. 검출부를 설치하려고 한다. 설치높이는 몇 [m]인가?

정답

가. 1.5 [m] 이하, 9 [m] 이하
나. 20 [m] 이상
다. 100 [m] 이하
라. 5도 이상
마. 검출부 ▭────////────▧ 수신기
바. 동(구리)
사. 바닥으로부터 0.8 [m] 이상 1.5 [m] 이하의 높이에 설치

✓ 해설 : 공기관식 차동식 분포형 감지기 설치기준

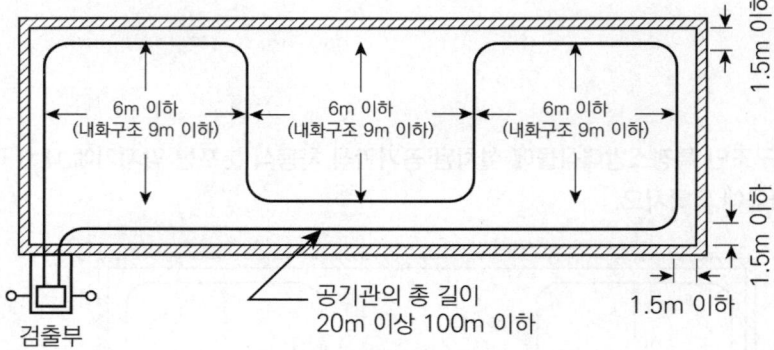

- 공기관의 노출부분은 감지구역마다 20 [m] 이상이 되도록 할 것
- 공기관과 감지구역의 수평거리는 1.5 [m] 이하가 되도록 할 것
- 공기관 상호 간의 거리는 6 [m](내화구조 9 [m]) 이하가 되도록 할 것
- 공기관은 도중에서 분기하지 않도록 할 것
- 하나의 검출부에 접속하는 공기관 길이는 100 [m] 이하로 할 것
- 검출부는 바닥에서 0.8 [m] 이상 1.5 [m] 이하에 위치하며, 5° 이상 경사되지 않도록 할 것

11

| 득점 | | 배점 | 3 |

차동식 분포형 공기관식 감지기를 설치하고 공기관에서 공기가 새어 나오는지 여부를 시험하려고 한다. 이 시험에 사용하는 측정기 3가지를 쓰시오.

①
②
③

정답

① 마노미터, ② 초시계, ③ 공기주입시험기

12

| 득점 | | 배점 | 4 |

공기관식 차동식 분포형 감지기의 공기관 길이가 370 [m]이다. 검출부의 수량을 구하시오. (단, 하나의 검출부에 접속하는 공기관의 길이는 최대길이를 적용할 것)

○ 계산과정 :

○ 답 :

정답

☑ 계산과정

$$\frac{370}{100} = 3.7 \rightarrow 절상해서 4개$$

답 | 4개

☑ 해설

- 공기관식 감지기 검출부 개수 $= \dfrac{공기관\ 길이\,[m]}{100\,[m]}$

보충 ▶ 하나의 검출부에 접속하는 공기관 길이는 100 [m] 이하로 할 것

13
정온식 감지선형 감지기는 외피에 공칭작동온도를 색상으로 나타내고 있다. 색상별 공칭작동온도를 쓰시오.

- 백색 :
- 청색 :
- 적색 :

정답

- 백색 : 80 [℃] 미만
- 청색 : 80 [℃] 이상 120 [℃] 미만
- 적색 : 120 [℃] 이상

핵심이론 정온식 감지선형 감지기의 공칭작동온도의 색상

온도	색상
80 [℃] 미만	백색
80 [℃] 이상 120 [℃] 미만	청색
120 [℃] 이상	적색

14
다음 조건에서 설명하는 감지기의 명칭을 쓰시오. (단, 감지기의 종별은 무시한다)

조건

(1) 공칭작동온도 : 75 [℃]
(2) 작동방식 : 반전바이메탈식, 60 [V], 0.1 [A]
(3) 부착높이 : 6 [m]

정답

정온식 스포트형 감지기

15

배점 4

제1종 연기감지기의 설치기준에 대하여 다음 (   ) 안의 빈칸을 채우시오.

가. 계단 및 경사로에 있어서는 수직거리 (㉠) [m]마다 1개 이상으로 할 것

나. 복도 및 통로에 있어서는 보행거리 (㉡) [m]마다 1개 이상으로 할 것

다. 감지기는 벽 또는 보로부터 (㉢) [m] 이상 떨어진 곳에 설치할 것

라. 천장 또는 반자 부근에 (㉣)가 있는 경우에는 그 부근에 설치할 것

정답

㉠ 15, ㉡ 30, ㉢ 0.6, ㉣ 배기구

★ 핵심이론 연기감지기 설치기준

- 복도·통로 : 보행거리 30 [m] (3종 20 [m])마다
- 계단·경사로 : 수직거리 15 [m] (3종 10 [m])마다
- 천장 또는 반자 낮은 실내 또는 좁은 실내에 있어서는 출입구 가까운 부분에 설치
- 천장 또는 반자 부근에 배기구 있는 경우 그 부근에 설치
- 벽 또는 보로부터 0.6 [m] 이상 떨어진 곳에 설치

16

배점 6

그림과 같이 연기감지기 1종을 복도 및 통로에 설치할 때 ㈎ ~ ㈑의 거리는 몇 [m] 이하인가?

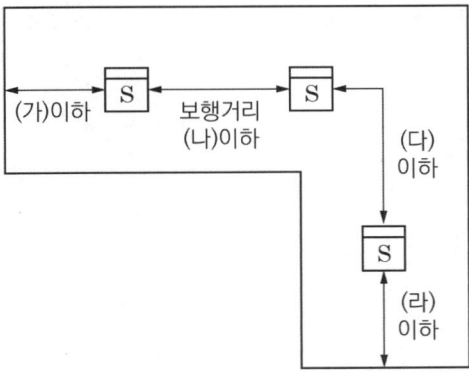

보충
- 감지기는 복도 및 통로에 있어서는 보행거리 30 [m](3종에 있어서는 20 [m])마다, 계단 및 경사로에 있어서는 수직거리 15 [m](3종에 있어서는 10 [m])마다 1개 이상으로 할 것
- 해당 문제와 같이 복도 끝부분에 있어서는 위의 기준에 절반(2종은 30 [m]의 절반인 15 [m], 3종은 20 [m]의 절반인 10 [m] 이하일 것

정답

㉮ 15 [m], ㉯ 30 [m], ㉰ 30 [m], ㉱ 15 [m]

핵심이론 연기감지기 설치

(단위 : [m²])

부착높이	감지기의 종류	
	1종 및 2종	3종
4 [m] 미만	150	50
4 [m] 이상 20 [m] 미만	75	-

17

배점 8

자동화재탐지설비에 대한 다음 각 물음에 답하시오.

가. 연기감지기 설치장소에 대한 기준 3가지를 쓰시오.

나. 스포트형 감지기 부착 시 몇° 이상 경사되지 아니하여야 하는가?

다. 공기관식 차동식 분포형 감지기의 공기관의 노출부분은 감지구역마다 몇 [m] 이상 되도록 하여야 되는가?

정답

가. 1) 계단·경사로 및 에스컬레이터 경사로
   2) 복도(30 [m] 미만 제외)
   3) 천장 또는 반자의 높이가 15 [m] 이상 20 [m] 미만의 장소
나. 45°
다. 20 [m]

18 　　　　　　　득점　　　배점　8

자동화재탐지설비용 연기감지기(2종)를 설치하고자 한다. 다음 각 물음에 답하시오.

가. 감지기의 부착높이가 3.5 [m]이고, 바닥면적이 310 [m²]인 경우 몇 개 이상을 설치하여야 하는가?

　○ 계산과정 :

　○ 답 :

나. 복도의 길이(보행거리)가 53 [m]인 경우 몇 개 이상을 설치하여야 하는가?

　○ 계산과정 :

　○ 답 :

다. 지하 4층, 지상 6층의 건축물(층고 3 [m])의 계단에 설치할 경우는 몇 개 이상을 설치하여야 하는지 단면도를 그리고 설명하시오.

정답

가. 계산과정 : $\dfrac{310}{150} = 2.066$ → 절상해서 3개

답 | 3개

나. 계산과정 : $\dfrac{53}{30} = 1.766$ → 절상해서 2개

답 | 2개

다. 단면도

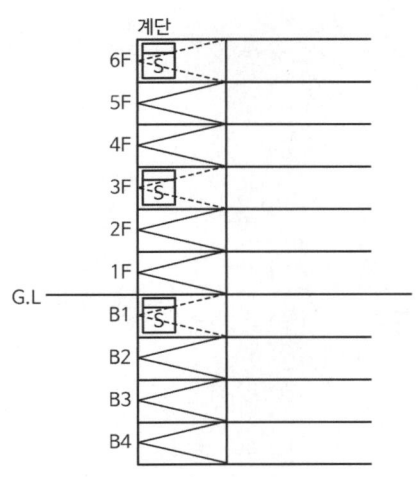

1) 지상층 : $\dfrac{18}{15}$ → 절상해서 2개

2) 지하층(지상과 별도 경계구역)
　: $\dfrac{12}{15}$ → 절상해서 1개

보충 ▶ 수직거리 15 [m]마다 설치

19

득점 | 배점 4

지하 1층, 지상 29층인 건축물의 계단에 연기감지기(1종 또는 2종)를 설치할 경우 다음 각 물음에 답하시오. (단, 층고는 3 [m]이다)

가. 연기감지기의 설치개수를 구하시오.
- 계산과정 :
- 답 :

나. 최소경계구역을 산정하시오.
- 계산과정 :
- 답 :

정답

가. 계산과정 : $\dfrac{3 \times 30}{15} = 6$개

답 | 6개

나. 계산과정 : $\dfrac{3 \times 30}{45} = 2$개

답 | 2개

20

| 득점 | 배점 | 6 |

그림은 건물의 평면도를 나타낸 것으로 각 거실에는 차동식 스포트형 감지기 2종, 복도에는 연기감지기 2종을 설치하고자 한다. 건물의 주요구조부는 내화구조이며, 감지기 설치높이는 3 [m]이다. 각 실에 설치될 감지기의 개수를 계산하시오. (단, 계산식을 활용하여 설치수량을 구하시오)

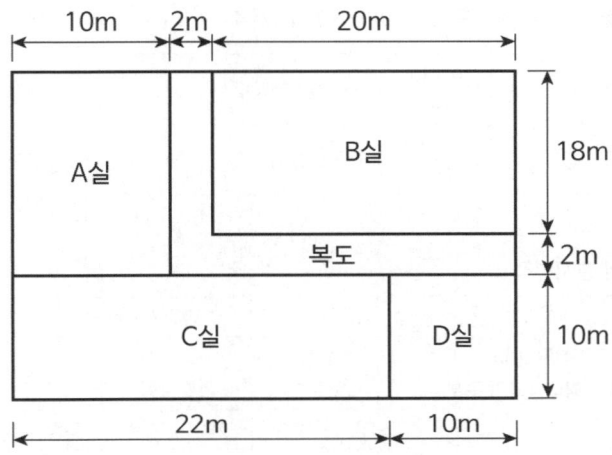

○ 설치수량

구분	계산과정	설치수량(개)
A실		
B실		
C실		
D실		
복도		

정답

구분	계산과정	설치수량(개)
A실	$\dfrac{10\times(18+2)}{70}=2.8 \rightarrow$ 절상해서 3	3개
B실	$\dfrac{20\times 18}{70}=5.1 \rightarrow$ 절상해서 6	6개
C실	$\dfrac{22\times 10}{70}=3.1 \rightarrow$ 절상해서 4	4개
D실	$\dfrac{10\times 10}{70}=1.4 \rightarrow$ 절상해서 2	2개
복도	$\dfrac{19+21}{30}=1.3 \rightarrow$ 절상해서 2	2개

✓ 해설

• 열감지기 설치면적 (단위 : [m²])

부착높이 및 특정소방대상물의 구분		감지기의 종류						
		차동식 스포트형		보상식 스포트형		정온식 스포트형		
		1종	2종	1종	2종	특종	1종	2종
4 [m] 미만	내화구조	90	70	90	70	70	60	20
	기타구조	50	40	50	40	40	30	15
4 [m] 이상 8 [m] 미만	내화구조	45	35	45	35	35	30	
	기타구조	30	25	30	25	25	15	

• 연기감지기 설치면적 (단위 : [m²])

부착높이	감지기의 종류	
	1종 및 2종	3종
4 [m] 미만	150	50
4 [m] 이상 20 [m] 미만	75	–

• 복도에 설치하는 연기감지기

보행거리 20 [m] 이하	보행거리 30 [m] 이하
3종 연기감지기	1·2종 연기감지기

21

| 득점 | | 배점 | 5 |

다음은 어떤 건물의 평면도이다. 각 실에 연기감지기 1종을 설치하고자 한다. 감지기의 설치높이는 5.5 [m]이다. 각 실에 설치되는 감지기의 수를 계산하시오. (단, D실에는 계단이 설치되어 있다)

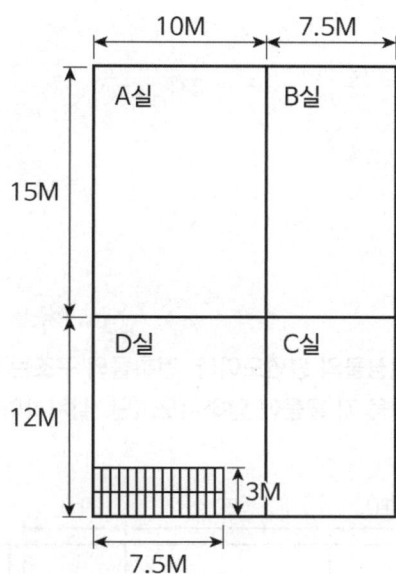

가. A실
  ○ 계산과정 :
  ○ 답 :

나. B실
  ○ 계산과정 :
  ○ 답 :

다. C실
  ○ 계산과정 :
  ○ 답 :

라. D실
  ○ 계산과정 :
  ○ 답 :

중요 ▶ 계단은 제외하고 산정한다.

정답

가. A실 • 계산과정 : $\dfrac{10 \times 15}{75} = 2$개   답 | 2개

나. B실 • 계산과정 : $\dfrac{7.5 \times 15}{75} = 2$개   답 | 2개

다. C실 • 계산과정 : $\dfrac{7.5 \times 12}{75} = 2$개   답 | 2개

라. D실 • 계산과정 : $\dfrac{10 \times 12 - (3 \times 7.5)}{75} = 2$개   답 | 2개

22   배점 7

다음은 어느 특정소방대상물의 평면도이다. 건축물의 구조는 비내화구조이고, 층간 높이는 3.8 [m]일 때 다음 각 물음에 답하시오. (단, 설치하여야 할 감지기는 1종을 설치한다)

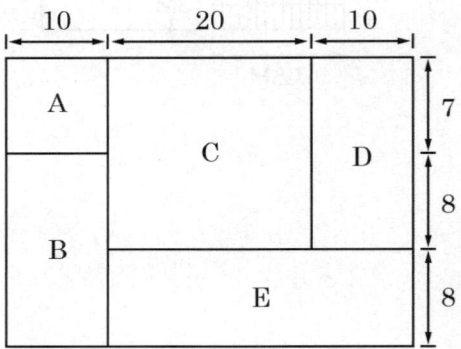

가. 차동식 스포트형 감지기 1종을 설치할 경우 각 실에 설치되는 감지기의 개수를 구하시오.
  ○ 계산과정 :
  ○ 답 :

나. 해당 특정소방대상물의 경계구역 수를 구하시오.
  ○ 계산과정 :
  ○ 답 :

정답

가. 계산과정

- A : $\dfrac{10 \times 7}{50} = 1.4$ → 절상해서 2개
- B : $\dfrac{10 \times (8+8)}{50} = 3.2$ → 절상해서 4개
- C : $\dfrac{20 \times (7+8)}{50} = 6$ → 절상해서 6개
- D : $\dfrac{10 \times (7+8)}{50} = 3$ → 절상해서 3개
- E : $\dfrac{8 \times (20+10)}{50} = 4.8$ → 절상해서 5개

답 | 20개

나. 계산과정

- 경계구역 수 : $\dfrac{(10+20+10) \times (7+8+8)}{600} = 1.533$ → 절상해서 2개

답 | 2개

23

배점 7

다음 그림과 같이 지하 1층에서 지상 5층까지 각 층의 평면이 동일하고, 각 층의 높이가 4 [m]인 학원건물에 자동화재탐지설비를 설치한 경우이다. 다음 물음에 답하시오.

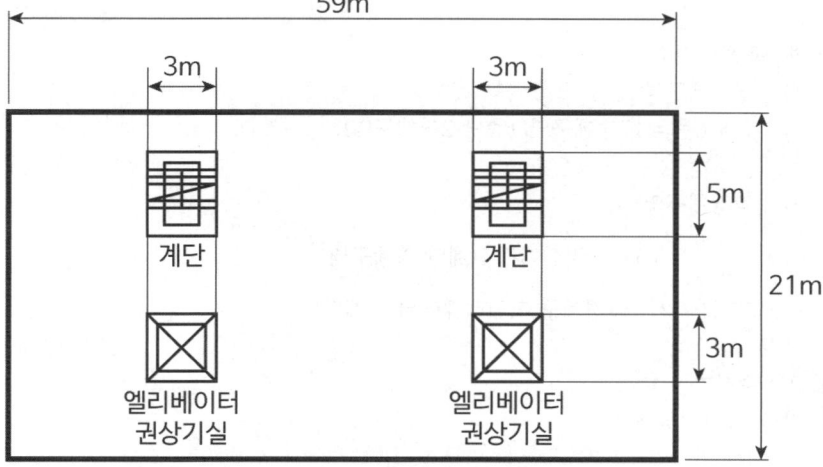

가. 하나의 층에 대한 자동화재탐지설비의 수평 경계구역수를 구하시오.
　　○ 계산과정 :
　　○ 답 :

나. 본 소방대상물 자동화재탐지설비의 수직 및 수평 경계구역수를 구하시오.
　1) 수평경계구역
　　○ 계산과정 :
　　○ 답 :
　2) 수직경계구역
　　○ 계산과정 :
　　○ 답 :

다. 본 건물에 설치해야 하는 수신기의 형별을 쓰시오.

라. 계단감지기는 각각 몇 층에 설치해야 하는지 쓰시오.

마. 엘리베이터 권상기실 상부에 설치해야 하는 감지기의 종류를 쓰시오.

정답

가. 계산과정
$$\frac{[(59 \times 21) - (3 \times 5 \times 2) - (3 \times 3 \times 2)]}{600} = 1.985개 (※ 계단 및 엘리베이터 면적 제외)$$
답 | 2경계구역

나. 계산과정
　1) 수평경계구역
　　2개 × 6층 = 12경계구역(1층당 2경계구역)
답 | 12경계구역

　2) 수직경계구역
　　• $\frac{4 \times 6}{45} = 0.53$ → 절상해서 1(계단 경계구역)
　　• $2 + (1 \times 2) = 4경계구역(엘레베이터 + 계단)$
답 | 4경계구역

다. P형 수신기
라. 지상 2층, 지상 5층
마. 연기감지기 2종

✓ 해설 '라', '마' : 특정한 조건이 없으면 연기감지기 2종 설치

```
         계단  엘리베이터              엘리베이터  계단
      ┌──┬──┬──────────────────┬──┬──┐
 5층   │ S│ S│                  │ S│ S│
      ├──┼──┼──────────────────┼──┼──┤
 4층   │  │  │                  │  │  │
      ├──┼──┼──────────────────┼──┼──┤
 3층   │  │  │                  │  │  │
      ├──┼──┼──────────────────┼──┼──┤
 2층   │ S│  │                  │  │ S│
      ├──┼──┼──────────────────┼──┼──┤
 1층   │  │  │                  │  │  │
      ├──┼──┼──────────────────┼──┼──┤
지하1층 │  │  │                  │  │  │
      └──┴──┴──────────────────┴──┴──┘
```
연기감지기(2종)

- 경계구역산정에 있어서, 하나의 층 전체의 면적에서 계단실 2개와 엘리베이터권상기실 2개를 뺀 면적을 경계구역 면적기준인 600 [m²]으로 나눈 결과 절상해서 2개의 경계구역이 나온다.
- 기준면적으로 먼저 고려하여 2개로 나눠야 하는데 가로기준으로 반으로 나눠 선정하는 경우 가로가 50 [m] 이내가 될 수 있도록 나눌 수 있기 때문에 (길이 기준 50 [m] 이하도 만족하므로) 길이기준까지 고려해서 계산식을 작성하지 않아도 된다.

[길이기준을 먼저 고려해서 풀이를 하는 경우]
가로길이 59를 절반으로 나누면 29.5이므로,

1. $\dfrac{(29.5 \times 21) - (5 \times 3) - (3 \times 3)}{600} = 0.99$ → 절상해서 1개

2. $\dfrac{(29.5 \times 21) - (5 \times 3) - (3 \times 3)}{600} = 0.99$ → 절상해서 1개

따라서 총 2경계구역

24

다음은 광전식 분리형 감지기이다. 그림을 참조하여 물음에 답하시오.

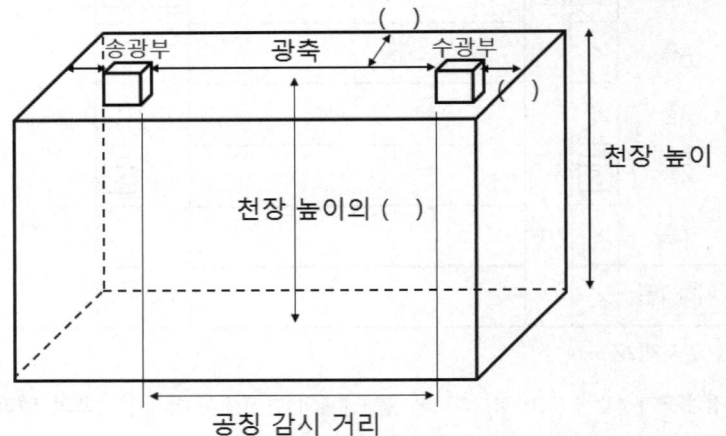

가. 송광부는 뒷벽으로부터 몇 [m] 이내에 설치하는가?

나. 나란한 벽으로부터 몇 [m] 이상에 설치하는가?

다. 수광부는 뒷벽으로부터 몇 [m] 이내에 설치하는가?

라. 광축의 높이는 천장등 높이 몇 [%] 이상에 설치하는가?

마. 광축의 길이는 어떤 범위 이내에 설치하는가?

정답

가. 1
나. 0.6
다. 1
라. 80
마. 공칭감시거리

핵심이론 광전식 분리형 감지기 설치기준

- 감지기의 수광면은 직접 햇빛을 받지 않도록 설치할 것
- 광축은 나란한 벽으로부터 0.6 [m] 이상 이격하여 설치할 것
- 감지기의 송광부 및 수광부는 뒷벽으로부터 1 [m] 이내 위치에 설치할 것
- 광축의 높이는 천장 등 높이의 80 [%] 이상일 것
- 광축의 길이는 공칭감시거리 범위 이내일 것
- 그 밖의 설치기준은 형식승인 내용에 따르며, 형식승인 사항이 아닌 것은 제조사 시방에 따름

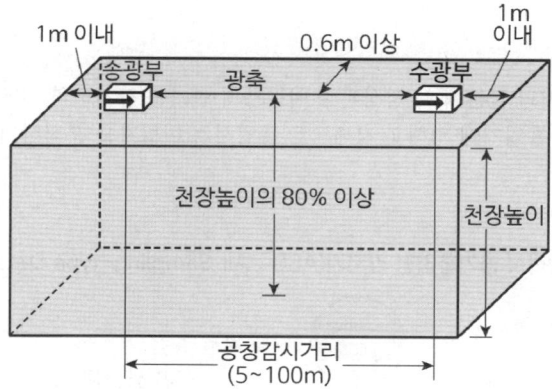

25

배점 5

아날로그식 분리형 광전식 감지기에 대한 다음 설명 중 ( ) 안에 알맞은 답을 쓰시오.

공칭감시거리는 (㉠) [m] 이상 (㉡) [m] 이하로 하여 (㉢) [m] 간격으로 한다.

정답

㉠ 5, ㉡ 100, ㉢ 5

✓ 해설 : 아날로그식 분리형 광전식 감지기 공칭감시거리(형식승인 및 제품검사의 기술기준)
공칭감시거리는 5 [m] 이상 100 [m] 이하로 하여 5 [m] 간격으로 한다.

26 신유형

배점 5

연기감지기 중 공기흡입형 감지기에 대한 다음 각 물음에 답하시오.

가. 동작원리를 간단히 쓰시오.

나. 공기흡입장치는 공기배관망에 설치된 가장 먼 샘플링지점에서 감지부분까지 몇 초 이내에 연기를 이송할 수 있어야 하는가?

정답

가. 연소초기단계의 열분해 시 생성된 초미립자의 연기를 감지구역 내에 설치된 흡입배관을 통하여 흡입기에 의해 감지헤드로 흡입시켜 미립자를 분석하여 화재신호를 발생한다.

나. 120초 이내

핵심이론 광전식 공기흡입형 감지기(ASD : Air Sampling-type Detector)

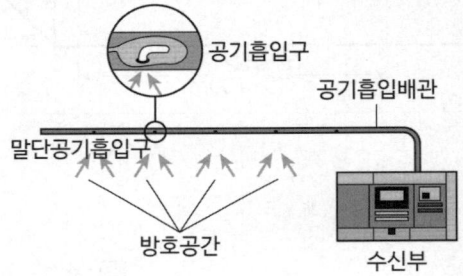

- 정의
  감지기 내부에 장착된 공기흡입장치로 감지하고자 하는 위치의 공기를 흡입하고 흡입된 공기에 일정한 농도의 연기가 포함된 경우 작동하는 것
- 설치장소
  전산실 또는 반도체공장 등
- 동작원리
  - 감지구역 내에 설치된 흡입배관을 통하여 감지헤드로 공기흡입
  - 연기 미립자를 분석하여 화재신호를 발생한다.
- 연기이송시간(공기배관망에 설치된 가장 먼 지점부터 수신기까지 연기전달시간)
  120초 이내

27

배점 8

다음은 자동화재탐지설비의 구성요소인 감지기의 개략적인 회로이다. 회로를 참고하여 다음 물음에 답하시오.

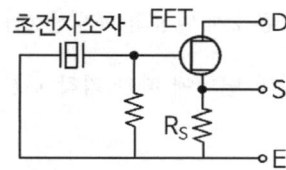

가. 이와 같은 기본회로를 갖는 감지기의 구체적인 명칭을 쓰시오.

나. 초전자 소자는 상황화글리신(TGS), 세라믹의 티탄산납, 폴리플루오르화비닐(PVF_2)이 사용되고 있다. 이들 소자에서 발생되는 초전효과 또는 파이로(Pyro)효과는 무엇인지 쓰시오.

다. 상기 회로의 감지기는 어떤 화재성상에 민감한 응답특성을 가지고 있는지 쓰시오.

라. 이와 같은 기본회로를 갖는 감지기의 설치기준으로 ( ) 안을 채우시오.
1) 감지기는 (㉠)와(과) (㉡)을(를) 기준으로 감시구역이 모두 포용될 수 있도록 설치할 것
2) 감지기는 화재감지를 유효하게 감지할 수 있는 (㉢) 또는 (㉣) 등에 설치할 것
3) 감지기는 (㉤)에 설치하는 경우에는 바닥을 향하여 설치할 것

정답

가. 초전형 적외선식 불꽃감지기
나. 온도변화에 따라 유전체의 분극 크기가 변화하여 전압이 나타나는 현상(자발분극현상)
다. 불꽃발생 화재
라. ㉠ 공칭감시거리, ㉡ 공칭시야각, ㉢ 모서리, ㉣ 벽, ㉤ 천장

✔ 해설 : 불꽃감지기 설치기준
- 공칭감시거리 및 공칭시야각은 형식승인 내용에 따를 것
- 감지기는 공칭감시거리와 공칭시야각을 기준으로 감시구역이 모두 포용될 수 있도록 설치할 것
- 감지기는 화재감지를 유효하게 감지할 수 있는 모서리 또는 벽 등에 설치할 것
- 감지기를 천장에 설치하는 경우에는 감지기는 바닥을 향하여 설치할 것
- 수분이 많이 발생할 우려가 있는 장소에는 방수형으로 설치할 것
- 그 밖의 설치기준은 형식승인 내용에 따르며 형식승인 사항이 아닌 것은 제조사의 시방에 따라 설치할 것

28

배점 5

다음 설명에 대한 감지기 명칭을 적으시오.

가. 감지원리가 같으나 종, 감도, 축적 여부 등이 다른 감지 소자의 조합으로 일정 시간 간격을 두고 각각 다른 2개 이상의 화재신호를 발하는 방식

나. 주위의 온도 또는 연기양의 변화에 따라 각각 다른 전류치 또는 전압치 등의 출력을 발하는 방식

정답

가. 다신호식 감지기
나. 아날로그식 감지기

29

배점 5

비화재보 방지하기 위한 목적의 축적형 감지기에 대해서 물음에 답하시오.

가. 설치할 수 있는 장소 3가지를 쓰시오.

나. 설치할 수 없는 장소 3가지를 쓰시오.

정답

가. 1) 지하층·무창층 등으로 환기가 잘 되지 아니한 장소
    2) 실내면적이 40 [m²] 미만인 장소
    3) 감지기의 부착면과 실내 바닥과의 거리가 2.3 [m] 이하인 곳
나. 1) 교차회로방식에 사용되는 감지기 장소
    2) 급속한 연소 확대가 우려되는 장소에 사용되는 감지기 장소
    3) 축적기능이 있는 수신기에 연결하여 사용되는 감지기 장소

> **핵심이론** 축적기능이 있는 감지기와 없는 감지기를 설치해야 하는 경우
>
> ▫ 축적기능이 없는 감지기를 설치해야 하는 경우
>   - 교차회로방식에 사용되는 감지기
>   - 급속한 연소 확대가 우려되는 장소에 사용되는 감지기
>   - 축적기능이 있는 수신기에 연결하여 사용하는 감지기
> ▫ 축적기능 등이 있는 감지기를 설치해야 하는 경우
>   - 특정소방대상물 또는 그 부분이 지하층·무창층 등으로서 환기가 잘 되지 아니한 곳
>   - 실내면적이 40 [m²] 미만인 장소
>   - 감지기의 부착면과 실내바닥과의 거리가 2.3 [m] 이하인 장소(일시적으로 발생한 열·연기 또는 먼지 등으로 인하여 감지기가 화재신호를 발신할 우려가 있는 때)

30

| 득점 | | 배점 | 8 |

화재에 의한 열, 연기 또는 불꽃(화염) 이외의 요인에 의해 자동화재탐지설비가 작동하여 화재 경보를 발하는 것을 '비화재보'라 한다. 즉, 자동화재탐지설비가 정상적으로 작동하였다고 하더라도 화재가 아닌 경우의 경보를 '비화재보'라 하며, 비화재보의 종류는 다음과 같이 구분할 수 있다.

> **조건**
> (1) 설비의 자체결함이나 오조작 등에 의한 경우(False Alarm)
>   - 설비 자체의 기능상 결함
>   - 설비의 유지관리 불량
>   - 실수나 고의적인 행위가 있을 때
> (2) 주위 상황이 대부분 순간적으로 화재와 같은 상태(실제 화재와 유사한 환경이나 상황)로 되었다가 정상상태로 복귀하는 경우(일과성 비화재보 : Nuisance Alarm)

위 조건 중 (2)항의 일과성 비화재보(Nuisance Alarm)로 볼 수 있는 Nuisance Alarm에 대한 방지대책을 4가지만 쓰시오.

> **정답**
> ① 설치장소별 적응성이 있는 감지기 설치
> ② 축적형 감지기 설치
> ③ 연기감지기의 설치 최소화
> ④ 다신호식 감지기 사용
> ⑤ 경년변화에 따른 유지보수

31

감지기회로의 배선에 대한 다음 각 물음에 답하시오.

가. 송배선식에 대하여 설명하시오.

나. 송배선식의 적용설비 2가지만 쓰시오.

다. 교차회로의 방식에 대하여 설명하시오.

라. 교차회로방식의 적용설비 5가지만 쓰시오.

정답

가. 도통시험을 용이하게 하기 위해 배선의 도중에서 분기하지 않는 방식
나. 1) 자동화재탐지설비
　　2) 제연설비
다. 하나의 담당구역 내에 2 이상의 감지기회로를 설치하고, 2 이상의 감지기회로가 동시에 감지되는 때에 설비가 작동하는 방식
라. 1) 분말소화설비
　　2) 할로겐화합물소화설비
　　3) 이산화탄소소화설비
　　4) 준비작동식 스프링클러설비
　　5) 일제살수식 스프링클러설비

✓ 해설
- 자동화재탐지설비의 송배선방식
  도통시험을 용이하게 하기 위해 배선의 도중에서 분기하지 않는 방식
- 자동화재탐지설비의 교차회로방식
  하나의 담당구역 내에 2 이상의 감지기회로를 설치하고, 2 이상의 감지기회로가 동시에 감지되는 때에 설비가 작동하는 방식
- 교차회로방식으로 감지기를 설치하여야 하는 자동식 소화설비
  분말소화설비, 할론소화설비, 할로겐화합물 및 불활성기체소화설비, 이산화탄소소화설비, 준비작동식 스프링클러설비, 일제살수식 스프링클러설비

32 배점 5

자동화재탐지설비용 감지기를 설치하지 않는 장소에 대해 5가지를 쓰시오. (단, 화재안전기준 각 호의 내용을 1가지로 본다)

정답

① 부식성 가스 체류장소
② 목욕실·욕조나 샤워시설이 있는 화장실, 기타 이와 유사한 장소
③ 천장 또는 반자의 높이가 20 [m] 이상인 장소(단, 감지기의 부착높이에 따라 적응성이 있는 장소 제외)
④ 고온도 및 저온도로서 감지기의 기능이 정지되기 쉽거나 감지기의 유지관리가 어려운 장소
⑤ 헛간 등 외부와 기류가 통하는 장소로서 감지기에 의하여 화재발생을 유효하게 감지할 수 없는 장소

핵심이론 감지기 설치 제외

- 천장 또는 반자의 높이가 20 [m] 이상인 장소(단, 감지기의 부착높이에 따라 적응성이 있는 장소 제외)
- 헛간 등 외부와 기류가 통하는 장소로서 감지기에 따라 화재발생을 유효하게 감지할 수 없는 장소
- 부식성 가스가 체류하고 있는 장소
- 고온도 및 저온도로서 감지기의 기능이 정지되기 쉽거나 감지기의 유지관리가 어려운 장소
- 목욕실·욕조나 샤워시설이 있는 화장실·기타 이와 유사한 장소
- 파이프덕트 등 그 밖의 이와 비슷한 것으로서 2개 층마다 방화구획된 것이나 수평단면적이 5 [m^2] 이하인 것
- 먼지·가루 또는 수증기가 다량으로 체류하는 장소 또는 주방 등 평시에 연기가 발생하는 장소(연기감지기에 한한다)
- 프레스공장·주조공장 등 화재발생의 위험이 적은 장소로서 감지기의 유지관리가 어려운 장소

33

보상식과 열복합형 감지기를 상호 비교하는 다음 항목을 채우시오.

구분	보상식 감지기	열복합형 감지기
동작방식		
신호출력		
목적		
적응성		

> **정답**

구분	보상식 감지기	열복합형 감지기
동작방식	OR방식	AND방식
신호출력	차동식과 정온식 중 1가지만 작동 시 화재신호	차동식 정온식 2가지 전부 작동 시 화재신호
목적	실보방지	비화재보방지
적응성	심부화재의 우려 장소	지하층·무창층으로서 환기가 잘 되지 않는 장소

※ 심부화재란 : 석탄, 종이, 목재, 석유류, 합성수지류 등 고체물질 내부에서 연소하는 것
※ 표면화재 : 가연성 물질(가연성 액체, 가연성 가스)등 가연물 표면에서 산소와 혼합하여 빠르게 연소하는 것

34

다음 그림은 이온화식 연기감지기에 대한 것이다. 각 물음에 답하시오.

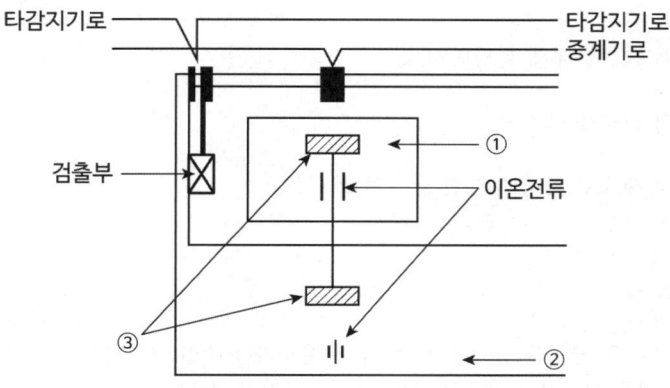

가. ① ~ ③의 명칭은?

나. 이 감지기에서 방출하는 방사선은 α선이다. 방사선원은 무엇인가?

다. 감지기를 천장에 설치한 경우 벽면으로부터 최소 몇 [m] 이상 이격시켜야 하는가?

라. 감지기는 실내로의 공기유입구로부터 몇 [m] 이상 이격시켜야 하는가?

마. 감지기는 다음 표에 의해 바닥면적[m²]마다 1개 이상으로 해야 한다.
① ~ ④에 해당하는 바닥면적은? (단, 기준이 없는 경우는 X로 표기하시오)

부착높이	감지기의 종류	
	1종 및 2종	3종
4 [m] 미만	①	②
4 [m] 이상 20 [m] 미만	③	④

정답

가. ① 내부이온실, ② 외부이온실, ③ 방사선원
나. 아메리슘 241(Am-241)
다. 0.6 [m] 이상
라. 1.5 [m] 이상
마. ① 150 [m²], ② 50 [m²], ③ 75 [m²], ④ X

35

배점 6

제어백효과를 이용한 열전대식 차동식 분포형 감지기에 대한 다음 각 물음에 답하시오.

가. 제어백효과에 대해 설명하시오.

나. 열전대 정의를 쓰시오.

다. 열전대 재료로 가장 우수한 금속을 쓰시오.

정답

가. 서로 다른 두 금속을 접속하여 접속점에 온도차를 주면 열기전력이 발생하는 효과
나. 열기전력을 이용하기 위해서 사용하는 두 가지의 금속선
다. 백금

핵심이론 열전효과(Thermodelctric Effect) 열과 전기 사이의 관계를 나타내는 효과 ★

효과	설명
제어백효과 (Seebeck Effect) : 제백효과	(1) 서로 다른 두 금속을 접속하여 접속점에 온도차를 주면 열기전력이 발생하는 효과 (2) 온도변화에 따른 열팽창률이 다른 두 금속을 붙여 사용하는 방법 (3) 다른 종류의 금속선으로 된 폐회로의 두 접합점의 온도를 달리하였을 때 발생하는 효과
펠티에효과 (Peltier Effect)	두 종류의 금속으로 된 회로에 전류를 흘리면 각 접속점에서 열의 흡수 또는 발생이 일어나는 현상
톰슨효과 (Thomson Effect)	균질의 철사에 온도구배가 있을 때 여기에 전류가 흐르면 열의 흡수 또는 발생이 일어나는 현상

36

배점 6

광전식 연기감지기의 방식 중 산란광식과 감광식에 대해 각각 설명하시오.

정답

가. 산란광식 : 연기가 감지기 내로 들어오면 빛이 산란현상을 일으켜 광전 소자의 저항이 변화되어 수신기에 신호를 보내는 방식(스포트형)
나. 감광식 : 연기가 감지기 내로 들어오면 수광 소자로 들어오는 빛의 양이 감소되어 수신기에 신호를 보내는 방식 (분리형)

6 발신기 및 음향장치

01 득점 ___ 배점 10

다음은 화재안전기준에서 정하는 발신기의 설치기준이다. 다음 (   ) 안에 들어갈 내용을 쓰시오.

가. 조작스위치는 바닥으로부터 (㉠) 이상 (㉡) 이하에 설치할 것

나. 특정소방대상물의 각 부분으로부터 하나의 발신기까지의 수평거리가 (㉢) 이하가 되도록 할 것

다. 터널에 설치하는 발신기는 주행차로 한쪽 측변에 (㉣) 이내의 간격으로 설치하며, 편도 2차선 이상의 양방향터널이나 4차로 이상의 일방향터널의 경우에는 양쪽의 측변에 각각(㉤) 이내의 간격으로 엇갈리게 설치할 것

라. 복도 또는 별도로 구획된 실로서 보행거리가 (㉥) 이상인 경우에는 추가로 설치할 것

마. 발신기의 위치를 표시하는 표시등은 (㉦)에 설치하되 그 불빛은 부착면으로부터 (㉧) 이상의 범위 안에서 부착지점으로부터 (㉨) 이내의 어느 곳에서도 쉽게 식별할 수 있는 (㉩) 등으로 하여야 한다.

㉠		㉡	
㉢		㉣	
㉤		㉥	
㉦		㉧	
㉨		㉩	

정답

㉠	0.8 [m]	㉡	1.5 [m]
㉢	25 [m]	㉣	50 [m]
㉤	50 [m]	㉥	40 [m]
㉦	함의 상부	㉧	15도
㉨	10 [m]	㉩	적색

핵심이론 발신기 설치기준

① 조작이 쉬운 장소에 설치하고, 스위치는 바닥으로부터 0.8 [m] 이상 ~ 1.5 [m] 이하의 높이에 설치할 것
② 특정소방대상물의 층마다 설치하되,
  • 수평거리 : 25 [m] 이하 설치(각 부분부터 하나의 발신기까지의 거리)
  • 보행거리 : 40 [m] 이상 경우 추가 설치(복도·별도 구획된 실)
③ '②'의 기준을 초과하는 경우로서 기둥·벽이 설치되지 아니한 대형공간의 경우 발신기는 설치대상 장소의 가장 가까운 장소의 벽·기둥 등에 설치할 것
④ 발신기의 위치를 표시하는 표시등은 함의 상부에 설치하되, 그 불빛은 부착면으로부터 15° 이상의 범위 안에서 부착지점으로부터 10 [m] 이내의 어느 곳에서도 쉽게 식별할 수 있는 적색등으로 한다.
⑤ 터널에 설치하는 발신기는 주행차로 한쪽 측벽에 50 [m] 이내의 간격으로 설치하며, 편도 2차선 이상의 양방향 터널이나 4차로 이상의 일방향 터널의 경우에는 양쪽의 측벽에 각각 50 [m] 이내의 간격으로 엇갈리게 설치할 것(NFTC 603)

02

 배점 3

발신기의 위치를 표시하는 표시등의 설치기준 중 다음 (   ) 안에 알맞은 내용을 쓰시오.

> 발신기의 위치를 표시하는 표시등은 함의 상부에 설치하되, 그 불빛은 부착면으로부터 (㉠)도 이상의 범위 안에서 부착지점으로부터 (㉡) [m] 이내의 어느 곳에서도 쉽게 식별할 수 있는 (㉢)색등으로 하여야 한다.

정답

㉠ 15, ㉡ 10, ㉢ 적

03

득점 □ 배점 9

시각경보기 설치기준 4가지를 쓰시오.

①   ②   ③   ④

정답

① 복도, 통로, 청각장애인용 객실 및 공용으로 사용하는 거실에 설치하며, 각 부분으로부터 유효하게 경보를 발할 수 있는 위치에 설치할 것
② 공연장, 집회장, 관람장 또는 이와 유사한 장소에 설치하는 경우에는 시선이 집중되는 무대부 부분 등에 설치할 것
③ 설치높이는 바닥으로부터 2 [m] 이상 2.5 [m] 이하의 장소에 설치할 것. 다만 천장의 높이가 2 [m] 이하인 경우에는 천장으로부터 0.15 [m] 이내의 장소에 설치하여야 한다.
④ 시각경보장치의 광원은 전용의 축전지설비 또는 전기저장장치(외부 전기에너지를 저장해두었다가 필요한 때 전기를 공급하는 장치)에 의하여 점등되도록 할 것. 다만 시각경보기에 작동전원을 공급할 수 있도록 형식승인을 얻은 수신기를 설치한 경우에는 그러하지 아니하다.

핵심이론 | 시각경보장치의 설치기준

- 복도·통로·청각장애인용 객실 및 공용으로 사용하는 거실에 설치하며, 각 부분에서 유효하게 경보를 발할 수 있는 위치에 설치할 것
- 공연장·집회장·관람장 또는 이와 유사한 장소에 설치하는 경우에는 시선이 집중되는 무대부 부분 등에 설치할 것
- 바닥으로부터 2 [m] 이상 2.5 [m] 이하의 높이에 설치할 것. 단, 천장높이가 2 [m] 이하는 천장에서 0.15 [m] 이내의 장소에 설치

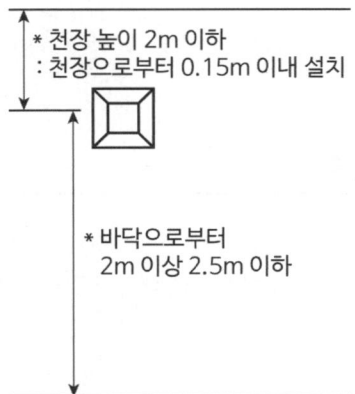

- 광원은 전용의 축전지설비 또는 전기저장장치에 의하여 점등되도록 할 것(단, 시각경보기에 작동전원을 공급할 수 있도록 형식승인을 얻은 수신기를 설치한 경우는 제외)

04

시각경보기를 설치하여야 하는 특정소방대상물을 3가지 쓰시오.

① ② ③

정답

① 근린생활시설 ② 문화 및 집회시설 ③ 종교시설

✓ 해설 : 시각경보기를 설치하여야 하는 특정 소방대상물 ★★★
  (1) 근린생활시설   (2) 문화 및 집회시설
  (3) 종교시설   (4) 판매시설
  (5) 운수시설   (6) 운동시설
  (7) 위락시설   (8) 물류터미널
  (9) 의료시설   (10) 노유자시설
  (11) 업무시설   (12) 숙박시설
  (13) 발전시설 및 장례식장 (14) 도서관
  (15) 방송국   (16) 지하상가

06

다음 그림은 자동화재탐지설비의 음향장치에 관한 그림이다. 다음 각 물음에 답하시오.

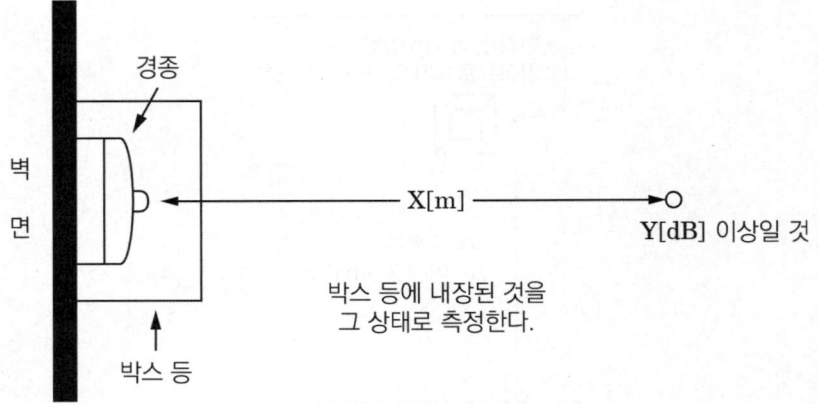

가. X의 최대거리는 몇 [m]인가?

나. Y에서의 음량은 몇 [dB] 이상이어야 하는가?

> [정답]
>
> 가. 1 [m]
> 나. 90 [dB]

07

득점 ☐ 배점 10

P형 발신기에서 단자의 명칭을 쓰고 내부결선을 완성하여 각 단자와 연결하시오. 또한 LED, 푸시버튼의 기능을 간략하게 설명하시오.

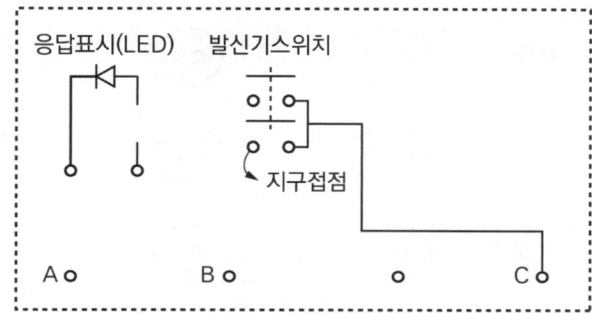

> [정답]
>
> A: 응답선
> B: 지구선
> C: 공통선

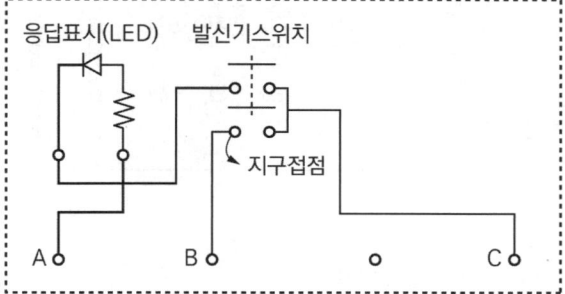

1) LED : 발신기의 신호가 수신기에 전달되었는가를 확인하여주는 램프
2) 푸시버튼 : 수동조작에 의해 수신기에 화재신호를 발신하는 스위치

08

배점 8

P형 1급 5회로 수신기와 수동발신기, 경종, 표시등 사이를 결선하시오. (단, 방호대상물은 2500 [m²]인 지하 1층, 지상 4층 건물이며, 경종과 표시등공통선을 하나로 하였으며, 화재로 인하여 하나의 층의 지구음향장치 배선이 단락이 되어도 다른 층의 화재통보에 지장이 없도록 각 층 배선상에 유효한 조치(단락보호장치)를 하였음)

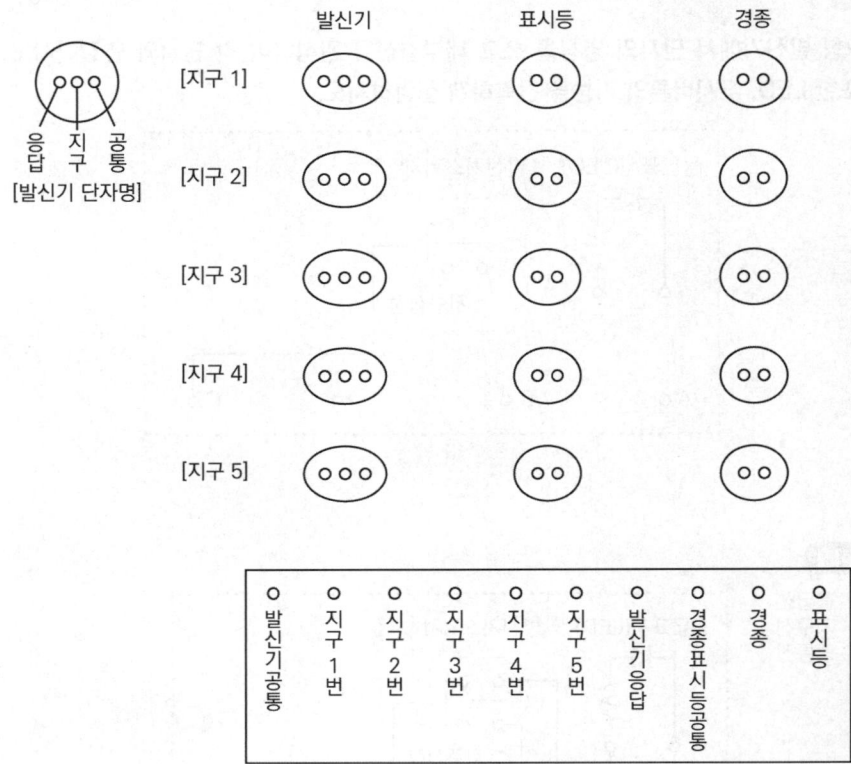

정답

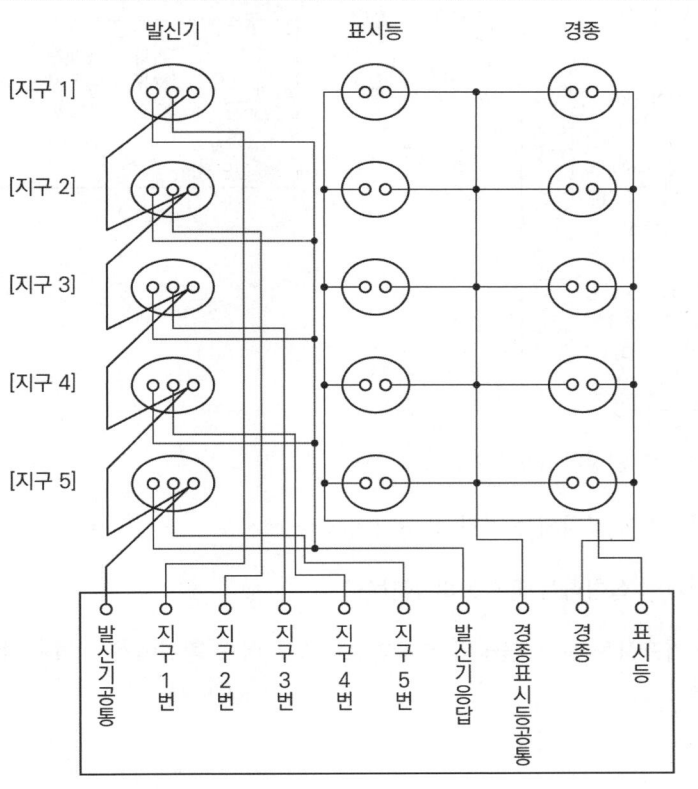

중요 ▶ 일제경보방식이며, 화재로 인하여 하나의 층의 지구음향장치 배선이 단락이 되어도 다른 층의 화재통보에 지장이 없도록 각 층 배선상에 유효한 조치(단락보호장치)를 하였기 때문에 경종선은 추가되지 않는다.

09

득점 [　　] 배점 10

자동화재탐지설비의 P형 수신기에 연결되는 발신기와 감지기의 미완성결선도를 다음 [조건]을 참조하여 완성하시오.

조건
(1) 발신기에 설치된 단자는 왼쪽부터 응답, 지구, 공통이다.
(2) 종단저항은 발신기에 설치되어 있다.

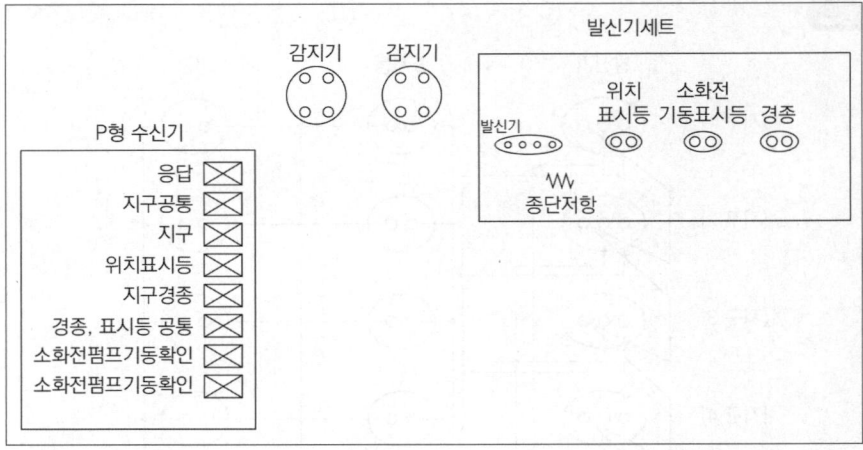

가. 결선도를 완성하시오.

나. 종단저항이 설치되는 기기 및 단자 명칭을 쓰시오.

다. 발신기에 설치하는 표시등의 색깔은?

라. 발신기표시등은 그 불빛의 부착면으로부터 어느 범위에서 식별할 수 있어야 하는가?

정답

가.

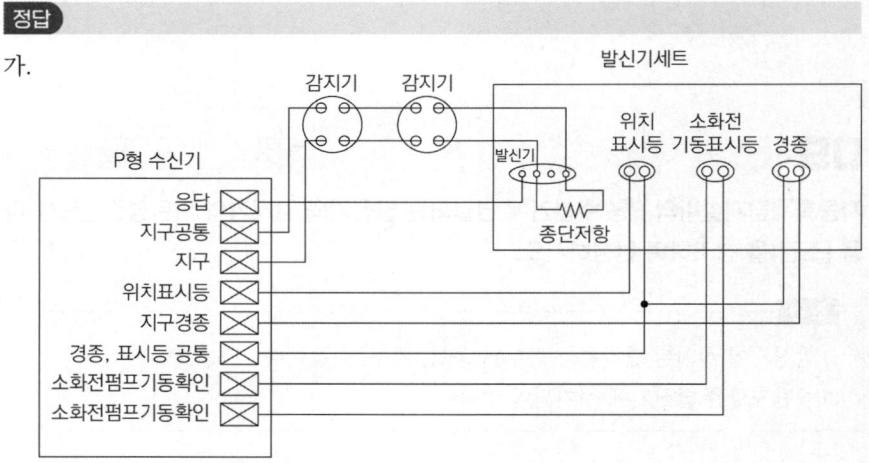

나. 기기 명칭 : 발신기, 단자 명칭 : 지구, 지구공통
다. 적색
라. 15° 이상의 범위 안에서 부착지점으로부터 10 [m] 이내의 곳

✓ 해설 : 표시등과 발신기표시등 비교

구분	표시등	발신기표시등
종류	• 옥내소화전 표시등 • 옥외소화전 표시등 • 연결송수관설비 표시등	• 자동화재탐지설비 발신기표시등 • 스프링클러설비 화재감지기회로 발신기표시등 • 미분무소화설비 화재감지기회로 발신기표시등 • 포소화설비 화재감지기회로 발신기표시등 • 비상경보설비 화재감지기회로 발신기표시등
식별범위	부착면과 15° 이하의 각도로도 발산되어야 하며 주위의 밝기가 0 [lx]인 장소에서 측정하여 10 [m] 떨어진 위치에서 켜진 등이 확실히 식별될 것	부착면으로부터 15° 이상의 범위만큼 발산되며, 10 [m] 거리에서 식별될 것

🎯 7 배선 및 가닥 수 문제

01
배점 4

감지기 선로의 말단에는 종단저항을 접속하도록 규정하고 있다. 그 이유에 대하여 설명하고, 감지기배선을 송배선방식으로 사용하는 이유에 대하여도 설명하도록 하시오.

정답

가. 종단저항 : 도통시험을 원활하게 하기 위해
나. 송배선방식 : 감지기 상호 간 접속 상황을 확인하기 위해

02

배점 3

감지기회로의 도통시험을 위한 종단저항 설치기준 3가지를 쓰시오.

① ② ③

정답

① 점검 및 관리가 쉬운 장소에 설치할 것
② 전용함 설치 시 바닥으로부터 1.5 [m] 이내의 높이에 설치할 것
③ 감지기회로의 끝부분에 설치하며, 종단감지기에 설치할 경우에는 구별이 쉽도록 해당 감지기의 기판 및 감지기 외부 등에 별도의 표시를 할 것

핵심이론 감지기회로 도통시험을 위한 종단저항 설치기준

- 점검 및 관리가 쉬운 장소에 설치할 것
- 전용함 설치 시 바닥으로부터 1.5 [m] 이내의 높이에 설치할 것
- 감지기회로의 끝부분에 설치하며, 종단감지기에 설치할 경우에는 구별이 쉽도록 해당 감지기의 기판 및 감지기 외부 등에 별도의 표시를 할 것

03

배점 6

감지기회로의 결선도이다. 송배선식과 교차회로방식의 사용목적, 적용설비, 가닥수 산정에 대하여 다음 각 물음에 답하시오.

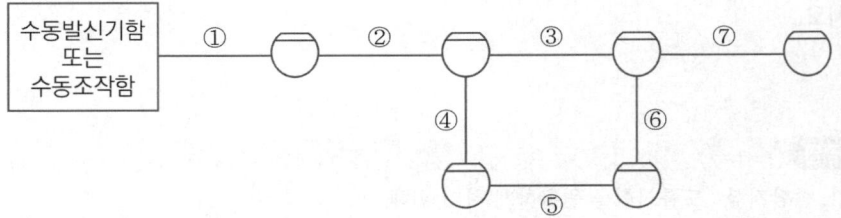

가. 송배선식 사용목적

나. 송배선식 적용설비(2가지)

다. 송배선식으로 배선할 때 ① ~ ⑦의 최소 전선 수

①	②	③	④	⑤	⑥	⑦

라. 교차회로방식 사용목적 :

마. 교차회로방식으로 배선할 때 ① ~ ⑦의 최소 전선 수 :

①	②	③	④	⑤	⑥	⑦

정답

가. 도통시험을 용이하게 하기 위하여

나. 1) 자동화재탐지설비
    2) 제연설비

다.
①	②	③	④	⑤	⑥	⑦
4가닥	4가닥	2가닥	2가닥	2가닥	2가닥	4가닥

라. 설비의 오동작방지

마.
①	②	③	④	⑤	⑥	⑦
8가닥	8가닥	4가닥	4가닥	4가닥	4가닥	4가닥

핵심이론 감지기배선

- **자동화재탐지설비의 송배선방식**
  도통시험을 용이하게 하기 위해 배선의 도중에서 분기하지 않는 방식
- **자동화재탐지설비의 교차회로방식**
  설비의 오동작(= 오작동)을 방지하기 위해
- **자동화재탐지설비의 교차회로방식**
  하나의 담당구역 내에 2 이상의 감지기회로를 설치하고 2 이상의 감지기회로가 동시에 감지되는 때에 설비가 작동하는 방식
- **송배선식 적용설비**
  자동화재탐지설비, 제연설비
- **교차회로방식으로 감지기를 설치하여야 하는 자동식 소화설비**
  분말소화설비, 할론소화설비, 할로겐화합물 및 불활성기체소화설비, 이산화탄소소화설비, 준비작동식 스프링클러설비, 일제살수식 스프링클러설비

04

감지기회로의 결선도이다. 종단저항이 수신기에 설치되어 있다고 할 때 다음 각 물음에 답하시오.

배점 6

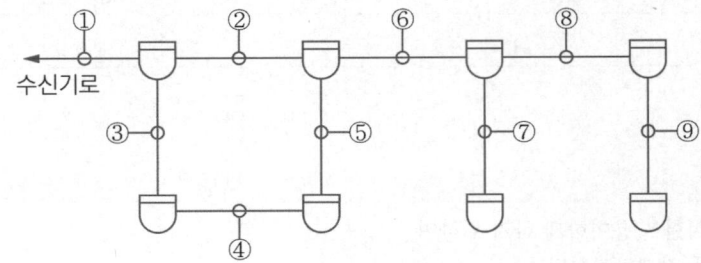

가. 송배선식으로 배전할 때 ①~⑨의 최소 전선수를 쓰시오.

①	②	③	④	⑤	⑥	⑦	⑧	⑨

나. 교차회로방식으로 배선할 때 ①~⑨의 최소 전선수를 쓰시오.

①	②	③	④	⑤	⑥	⑦	⑧	⑨

정답

가.
①	②	③	④	⑤	⑥	⑦	⑧	⑨
4가닥	2가닥	2가닥	2가닥	2가닥	4가닥	4가닥	4가닥	4가닥

나.
①	②	③	④	⑤	⑥	⑦	⑧	⑨
8가닥	4가닥	4가닥	4가닥	4가닥	8가닥	4가닥	8가닥	4가닥

05

배점 7

다음 그림과 같이 발신기와 감지기(S)를 설치할 때 이를 송배선방식으로 처리하면 각각의 배선수는 몇 가닥이 되어야 하는지 각각의 개소에 숫자로 표시하시오. (단, 종단저항은 발신기에 설치하는 조건이다)

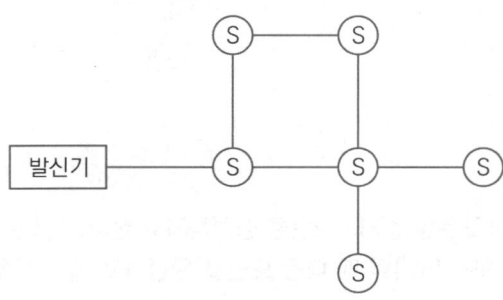

정답

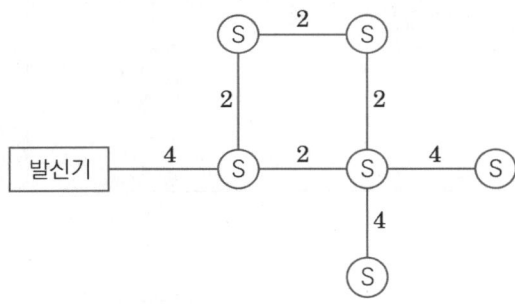

06

배점 5

자동화재탐지설비이다. ㉠ ~ ㉣의 전선 가닥 수는?

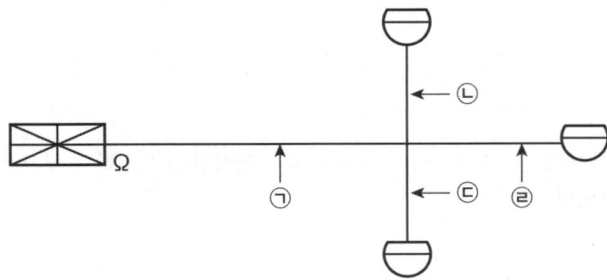

정답

㉠ 4, ㉡ 4, ㉢ 4, ㉣ 4

※ 종단저항이 전용함에 설치되어 있으며, ㉠, ㉡, ㉢, ㉣ 전부 루프가 아닌 나머지 부분이므로 4가닥이다.

07   배점 5

회의실에 차동식 스포트형 감지기 2종을 설치하려고 한다. 구조는 내화구조이며 높이 3.6 [m], 면적 390 [m²]일 때 다음 도면을 완성하고 배선 상호 간에 전선 가닥수를 표시하시오.

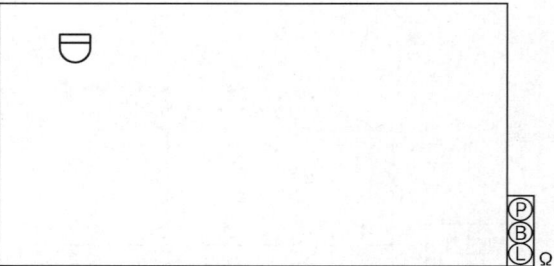

정답

☑ 계산과정 : 390/70 = 6개

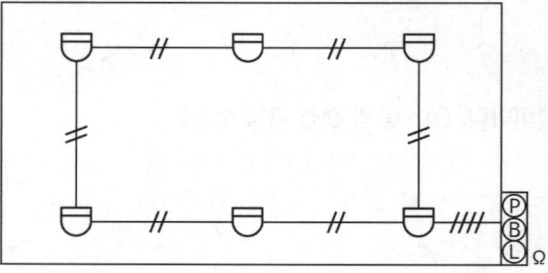

※ 감지기는 루프로 결선한다. 이때 전용함에 종단저항을 설치하면 루프는 2가닥 나머지는 4가닥이다.

핵심이론 감지기 설치

□ 열감지기 설치면적 (단위 : [m²])

부착높이 및 특정소방대상물의 구분		감지기의 종류						
		차동식 스포트형		보상식 스포트형		정온식 스포트형		
		1종	2종	1종	2종	특종	1종	2종
4 [m] 미만	내화구조	90	70	90	70	70	60	20
	기타구조	50	40	50	40	40	30	15
4 [m] 이상 8 [m] 미만	내화구조	45	35	45	35	35	30	
	기타구조	30	25	30	25	25	15	

□ 연기감지기 설치면적 (단위 : [m²])

부착높이	감지기의 종류	
	1종 및 2종	3종
4 [m] 미만	150	50
4 [m] 이상 20 [m] 미만	75	-

□ 복도에 설치하는 연기감지기

보행거리 20 [m] 이하	보행거리 30 [m] 이하
3종 연기감지기	1 · 2종 연기감지기

08

득점		배점	5

감지기 상호 간 또는 감지기로부터 수신기에 이르는 감지기회로에 전자파 방해를 방지하기 위하여 실드선 등을 사용해야 하는 감지기 3가지를 쓰시오.

①
②
③

정답

① 아날로그식 감지기
② 다신호식 감지기
③ R형 수신기용 감지기

09

초고층빌딩이나 대단지 아파트 등에 사용되는 R형 수신기용 신호선으로 사용하는 쉴드선에 대하여 다음 각 물음에 답하시오.

가. 신호선을 쉴드선으로 사용하는 이유를 쓰시오.

나. 신호선을 서로 꼬아서 사용하는 이유를 쓰시오.

다. 쉴드선을 접지하는 이유를 쓰시오.

정답

가. 전자파의 방해방지
나. 자계를 서로 상쇄시키기 위해
다. 유도전파를 대지로 흘려보내기 위해(유도되는 전류를 대지로 방출)

✔ 해설 : 쉴드선(Shield Wire)

구분	설명
사용처	아날로그식 감지기, 다신호식 감지기, R형 수신기용 감지기
사용목적	전자파 방해방지
종류	• 저독성 난연 폴리올레핀 차폐전선(HF-STP) • 난연성 비닐절연 비닐시스 케이블(FR-CVV-SB) • 내열성 비닐절연, 내열성 비닐시스 제어용 케이블 (H-CVV-SB)
광케이블의 경우	전자파 방해를 받지 않고 내열성능이 있는 경우 사용 가능
Twisted Pair	신호선 2가닥을 서로 꼬아서 자계를 서로 상쇄시키도록 함

10

| 득점 | 배점 | 7 |

다음은 연면적 3500 [m²]인 어느 건물의 자동화재탐지설비에 대한 1경계구역의 수신기와 발신기세트 간의 결선도와 간선계통도이다. 다음 물음에 답하시오. (단, 경종과 표시등공통선을 같이하였으며, 화재로 인하여 하나의 층의 지구음향장치 배선이 단락이 되어도 다른 층의 화재통보에 지장이 없도록 각 층 배선상에 유효한 조치를 했음)

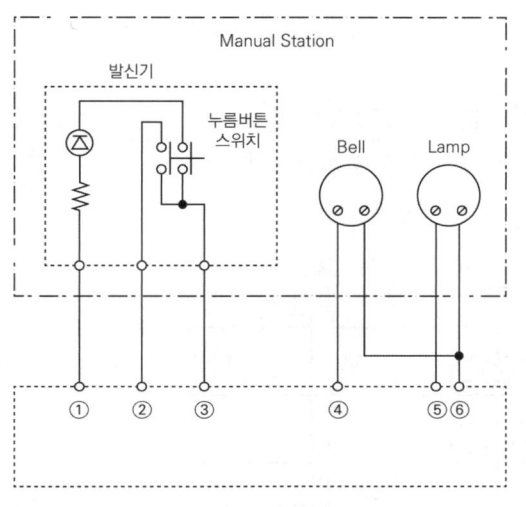 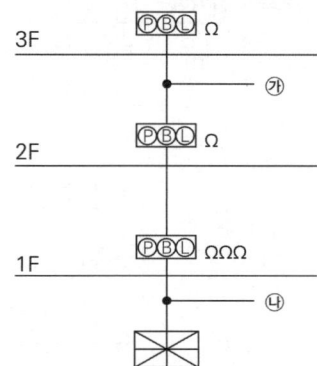

가. ① ~ ⑥의 전선의 명칭을 쓰시오.

나. ㉮, ㉯의 최소 가닥 수를 쓰시오.

정답

가. ① 응답선, ② 지구선, ③ 지구공통선, ④ 경종선, ⑤ 표시등선,
　　⑥ 경종 및 표시등공통선

나. ㉮ 6가닥, ㉯ 10가닥

☑ 해설 : 전선 가닥 수 및 용도

기호 용도연결간수	㉮	㉯
지구선	1선	5선
지구공통선	1선	1선
응답선	1선	1선
경종 및 표시등공통선	1선	1선
경종선	1선	1선
표시등선	1선	1선
합계	6선	10선

11

| 득점 | 배점 10 |

도면은 지하 1층, 지상 9층으로 연면적이 4500 [m²]인 건물에 설치된 자동화재탐지설비의 계통도이다. 간선의 전선 가닥 수와 각 전선의 용도 및 가닥 수를 답안작성 예시와 같이 작성하시오. (단, 자동화재탐지설비를 운용하기 위한 최소 전선수를 사용하도록 하며, 경종과 표시등공통선을 같이하였으며, 화재로 인하여 하나의 층의 지구음향장치 배선이 단락이 되어도 다른 층의 화재통보에 지장이 없도록 각 층 배선상에 유효한 조치를 했음)

[답안작성 예시]

번호	가닥 수	전선의 사용용도(가닥 수)
⑪	14	응답선(2), 지구선(2), 공통선(2), 경종선(2), 표시등선(2), 경종 및 표시등공통선(2)

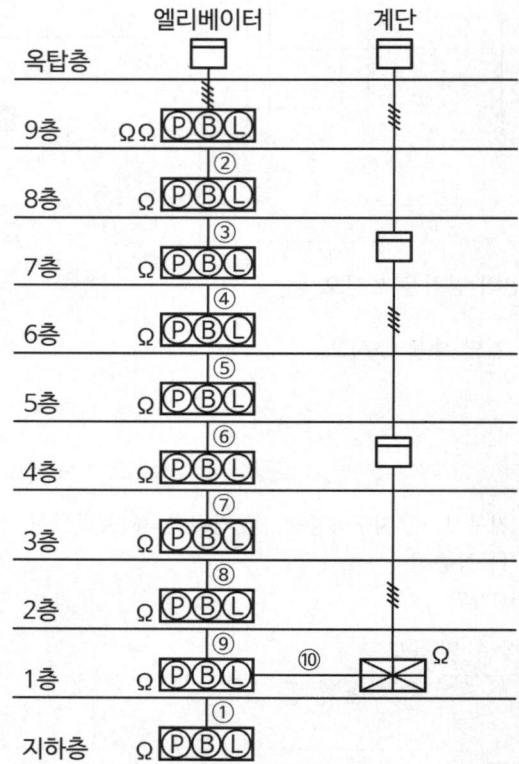

정답

번호	가닥 수	전선의 사용용도(가닥 수)
①	6	응답선(1), 지구선(1), 공통선(1), 경종선(1), 표시등선(1), 경종 및 표시등공통선(1)
②	7	응답선(1), 지구선(2), 공통선(1), 경종선(1), 표시등선(1), 경종 및 표시등공통선(1)
③	8	응답선(1), 지구선(3), 공통선(1), 경종선(1), 표시등선(1), 경종 및 표시등공통선(1)
④	9	응답선(1), 지구선(4), 공통선(1), 경종선(1), 표시등선(1), 경종 및 표시등공통선(1)
⑤	10	응답선(1), 지구선(5), 공통선(1), 경종선(1), 표시등선(1), 경종 및 표시등공통선(1)
⑥	11	응답선(1), 지구선(6), 공통선(1), 경종선(1), 표시등선(1), 경종 및 표시등공통선(1)
⑦	12	응답선(1), 지구선(7), 공통선(1), 경종선(1), 표시등선(1), 경종 및 표시등공통선(1)
⑧	14	응답선(1), 지구선(8), 공통선(2), 경종선(1), 표시등선(1), 경종 및 표시등공통선(1)
⑨	15	응답선(1), 지구선(9), 공통선(2), 경종선(1), 표시등선(1), 경종 및 표시등공통선(1)
⑩	17	응답선(1), 지구선(11), 공통선(2), 경종선(1), 표시등선(1), 경종 및 표시등공통선(1)

중요

- 11층 이상인 특정소방대상물이 아니기 때문에 일제경보방식이며, 화재로 인하여 하나의 층의 지구음향장치 배선이 단락이 되어도 다른 층의 화재통보에 지장이 없도록 각 층 배선상에 유효한 조치를 하였기 때문에 경종선은 추가되지 않는다.
- 예시의 용도로 꼭 표시하여야 한다.

11-1

도면은 지하 1층, 지상 9층으로 연면적이 4500 [m²]인 건물에 설치된 자동화재탐지설비의 계통도이다. 간선의 전선 가닥 수와 각 전선의 용도 및 가닥 수를 답안작성 예시와 같이 작성하시오. (단, 경종과 표시등공통선을 같이하였음)

[답안작성 예시]

번호	가닥 수	전선의 사용용도(가닥 수)
⑪	14	응답선(2), 지구선(2), 공통선(2), 경종선(2), 표시등선(2), 경종 및 표시등공통선(2)

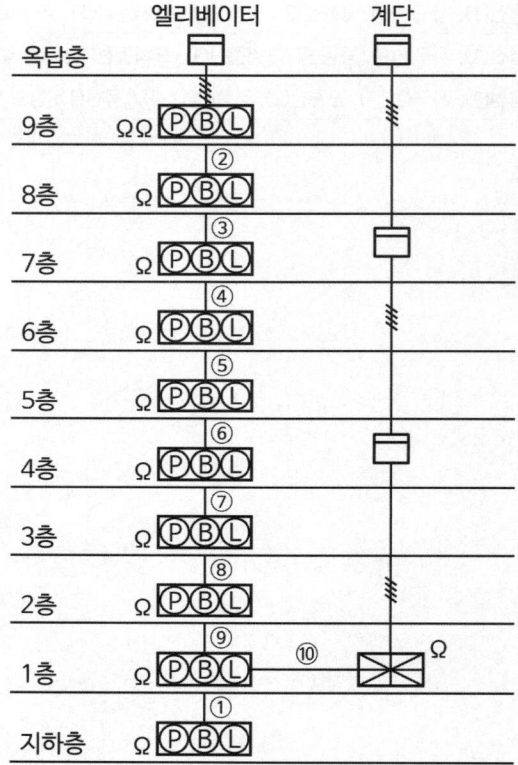

정답

번호	가닥 수	전선의 사용용도(가닥 수)
①	6	응답선(1), 지구선(1), 공통선(1), 경종선(1), 표시등선(1), 경종 및 표시등공통선(1)
②	7	응답선(1), 지구선(2), 공통선(1), 경종선(1), 표시등선(1), 경종 및 표시등공통선(1)
③	9	응답선(1), 지구선(3), 공통선(1), 경종선(2), 표시등선(1), 경종 및 표시등공통선(1)
④	11	응답선(1), 지구선(4), 공통선(1), 경종선(3), 표시등선(1), 경종 및 표시등공통선(1)
⑤	13	응답선(1), 지구선(5), 공통선(1), 경종선(4), 표시등선(1), 경종 및 표시등공통선(1)
⑥	15	응답선(1), 지구선(6), 공통선(1), 경종선(5), 표시등선(1), 경종 및 표시등공통선(1)
⑦	17	응답선(1), 지구선(7), 공통선(1), 경종선(6), 표시등선(1), 경종 및 표시등공통선(1)
⑧	20	응답선(1), 지구선(8), 공통선(2), 경종선(7), 표시등선(1), 경종 및 표시등공통선(1)
⑨	22	응답선(1), 지구선(9), 공통선(2), 경종선(8), 표시등선(1), 경종 및 표시등공통선(1)
⑩	26	응답선(1), 지구선(11), 공통선(2), 경종선(10), 표시등선(1), 경종 및 표시등공통선(1)

> 중요
> - 11층 이상인 특정소방대상물이 아니기 때문에 일제경보방식이며, 화재로 인하여 하나의 층의 지구음향장치 배선이 단락이 되어도 다른 층의 화재통보에 지장이 없도록 각 층 배선상에 유효한 조치를 하였다는 기준이 없기 때문에 경종선을 추가한다.
> - 예시의 용도로 꼭 표시하여야 한다.

12   배점 5

다음 그림과 같은 자동화재탐지설비의 평면도 ① ~ ⑤의 전선 가닥 수를 주어진 표의 빈칸에 쓰시오. (단, 경종과 표시등공통선을 하나로 한다)

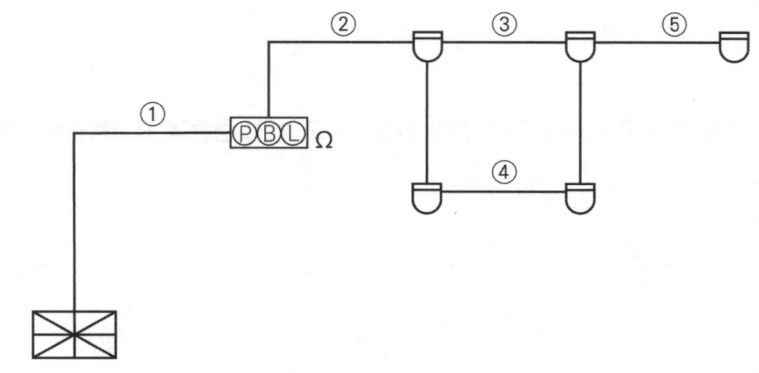

기호	①	②	③	④	⑤
가닥 수					

정답

기호	①	②	③	④	⑤
가닥 수	6	4	2	2	4

✓ 해설
- ① 지구선 1, 공통선 1, 응답선 1, 경종선 1, 표시등선 1, 경종 및 표시등공통선 1
- ②, ⑤ 지구선 2, 공통선 2
- ③, ④ 지구선 1, 공통선 1

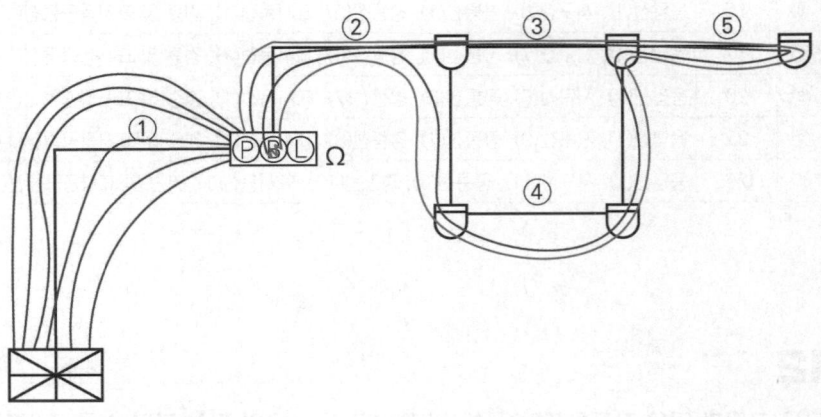

13   배점 7

다음 계통도를 보고 ① ~ ⑥의 빈칸을 완성하시오. (단, 경종과 표시등공통선을 하나로 한다)

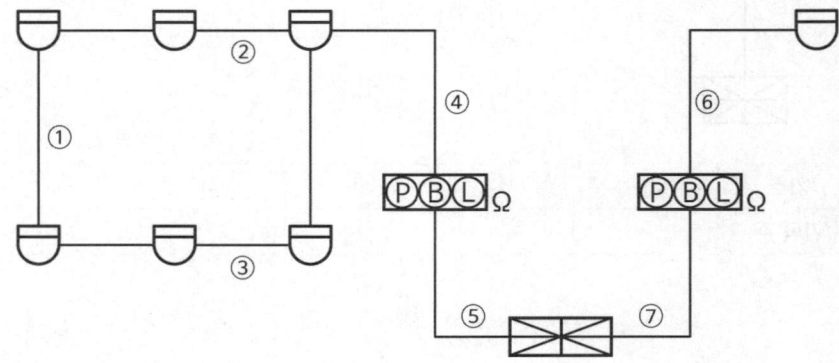

번호 구역	①	②	③	④	⑤	⑥	⑦
가닥 수							

> 정답

번호 구역	①	②	③	④	⑤	⑥	⑦
가닥 수	2	2	2	4	6	4	6

14

득점 | 배점 12

자동화재탐지설비의 계통도와 주어진 조건을 이용하여 다음 각 물음에 답하시오.
(경종과 표시등 공통선을 하나로 하였으며, 하나의 층의 지구음향장치 배선이 단락되어도 다른 층의 화재통보에 지장이 없도록 각 층의 지구음향장치에 유효한 조치(단락보호장치)를 각각 설치하였음)

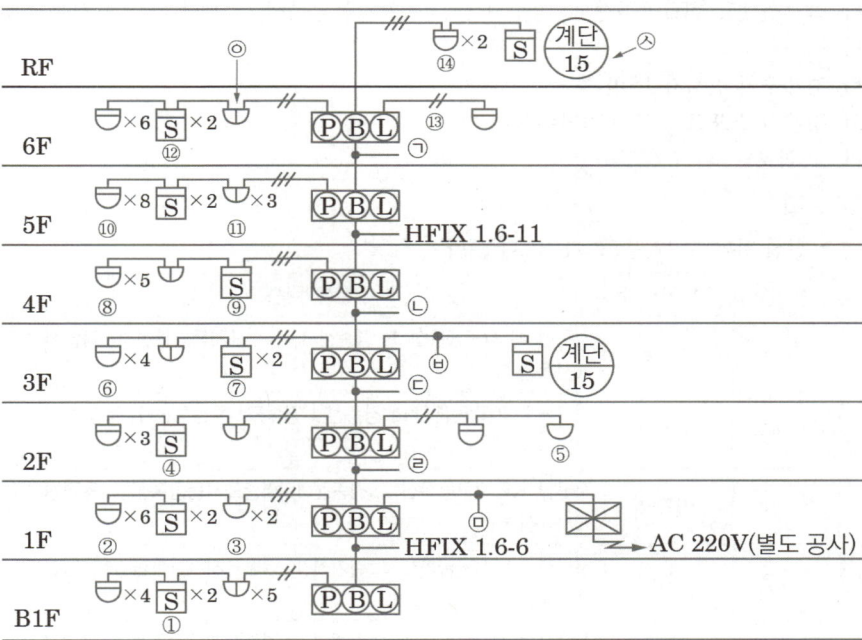

조건
(1) 발신기세트에는 경종, 표시등, 발신기 등을 수용한다.
(2) 종단저항은 감지기 말단에 설치한 것으로 한다.

가. ⊙ ~ ② 개소에 해당되는 곳의 전선 가닥 수를 쓰시오. (단, 각 층의 지구음향장치 배선에 단락보호장치를 설치하였음)

나. ⑩ 개소의 전선 가닥 수에 대한 상세내역을 쓰시오.

다. ⑭ 개소의 전선 가닥 수는 몇 가닥인가?

라. ⊗과 같은 그림기호의 의미를 상세히 기술하시오.

마. ⊙의 감지기는 어떤 종류의 감지기인지 그 명칭을 쓰시오.

바. 본 도면의 설비에 대한 전체 회로수는 모두 몇 회로인가?

정답

가. ⊙ 9가닥, ⓒ 14가닥, ⓒ 16가닥, ② 18가닥
나. 회로선 15, 회로공통선 3, 경종선 1, 경종표시등공통선 1, 응답선 1, 표시등선 1
다. 4가닥
라. 경계구역 번호가 15인 계단
마. 정온식 스포트형 감지기(방수형)
바. 15회로

✓ 해설
• 전선 가닥 수 및 용도 '가' ~ '다', '바'

기호	배선 가닥 수	배선의 용도
⊙	9가닥	지구선 4, 지구공통선 1, 경종선 1, 경종표시등공통선 1, 응답선 1, 표시등선 1
ⓒ	14가닥	지구선 8, 지구공통선 2, 경종선 1 경종표시등공통선 1, 응답선 1, 표시등선 1
ⓒ	16가닥	지구선 10, 지구공통선 2, 경종선 1, 경종표시등공통선 1, 응답선 1, 표시등선 1
②	18가닥	지구선 12, 지구공통선 2, 경종선 1, 경종표시등공통선 1, 응답선 1, 표시등선 1
⑩	22가닥	지구선 15, 지구공통선 3, 경종선 1, 경종표시등공통선 1, 응답선 1, 표시등선 1

기호	배선 가닥 수	배선의 용도
ⓗ	4가닥	지구선 2, 지구공통선 2(종단저항이 감지기 말단에 설치되어 있지만, [⑮]가 2곳에 있고 [⑭] 앞의 가닥 수가 3가닥이므로 3F의 [⑮]은 4가닥이 된다)

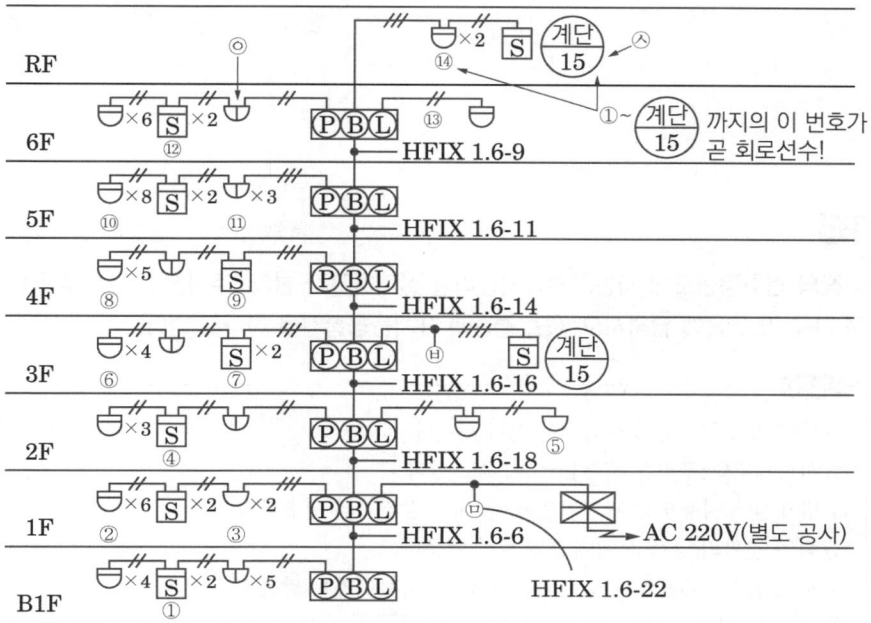

- 옥내배선기호 '라' ~ '마'

명칭	그림기호	적용
경계구역 번호	◯	• ① 경계구역 번호가 1 • 계단⑦ 경계구역 번호가 7인 계단
차동식 스포트형 감지기	⌒	–
보상식 스포트형 감지기	⌒	–
정온식 스포트형 감지기	⌒	• 방수형 • 내산형 • 내알칼리형 • 방폭형

보충 ▶ 11층 이상인 특정소방대상물이 아니기 때문에 일제경보방식이며, 하나의 층의 지구음향장치 배선이 단락되어도 다른 층의 화재통보에 지장이 없도록 각 층의 지구음향장치에 단락보호장치를 각각 설치하였기 때문에 경종선은 1가닥이다.

명칭	그림기호	적용
연기감지기	S	• 이온화식 스포트형 $\boxed{S}_I$ • 광전식 스포트형 $\boxed{S}_P$ • 광전식 아날로그식 $\boxed{S}_A$

15   배점 13

공장의 건축평면도에 자동화재탐지설비를 설계하고자 한다. 주어진 조건을 이용하여 다음 각 물음에 답하시오. (단, 경종과 표시등공통선을 하나로 한다)

조건
(1) 바닥으로부터 천장의 높이는 10 [m]이다.
(2) 하나의 경계구역은 600 [m²] 이내로 한다.
(3) 방재실에 사용되는 감지기는 공장 내의 감지기와 연결한다.
(4) 벽의 철판의 양측 사이에 보온재를 채운다.
(5) 각 수동발신기세트에 연결되는 공장 내의 감지기는 같은 수로 한다.
(6) 감지기는 연기감지기를 사용하고 심벌은 ☐ 로 표시하며, 전선 가닥 수 표기는 다음 예와 같이 표시한다. 예)
(7) 감지기 설치도면을 작성할 때 축적은 무시하고 작성한다.

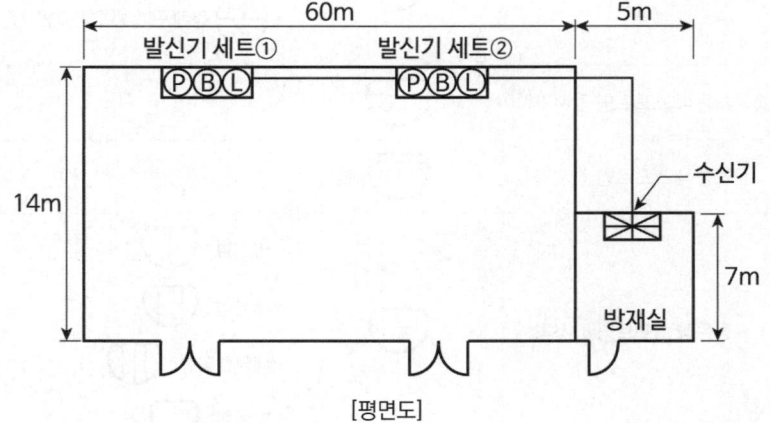

[평면도]

가. 본 소방대상물에는 연기감지기를 제외하고 어떤 감지기들을 사용할 수 있는지 그 사용 가능한 감지기를 종류별로 2가지만 쓰시오.
   1)   2)

나. 본 건축평면도에 설치하여야 할 연기감지기의 개수를 산정하시오.
   1) 공장 :   2) 방재실 :

다. 주어진 건축평면도에 감지기를 그려 넣고 감지기와 감지기 간, 감지기와 발신기 간, 발신기 세트 ①과 발신기 세트 ② 사이, 발신기세트 ②와 수신기 사이의 전선 가닥 수를 명시하시오.

정답

가. 1) : 차동식 분포형 감지기
   2) : 불꽃감지기

나. 1) 공장 : $\dfrac{420}{75} = 5.6$ → 절상해서 6개,

   $\dfrac{420}{75} = 5.6$ → 절상해서 6개, 6 + 6 = 12개 **답 | 12개**

   2) 방재실 : $\dfrac{35}{75} = 0.46$ → 절상해서 1개 **답 | 1개**

✓ 해설

- 공장 : $\dfrac{420\,[\mathrm{m^2}]}{75\,[\mathrm{m^2}]} = 5.6$ → 절상해서 6개, $\dfrac{420\,[\mathrm{m^2}]}{75\,[\mathrm{m^2}]} = 5.6$ → 절상해서 6개

   $\therefore 6 + 6 = 12$개

- 방재실 : $\dfrac{35\,[\mathrm{m^2}]}{75\,[\mathrm{m^2}]} = 0.46$ → 절상해서 1개

다. 알고 있는 연기감지기 도시기호와 다르더라도 주어진 조건대로 표시할 것

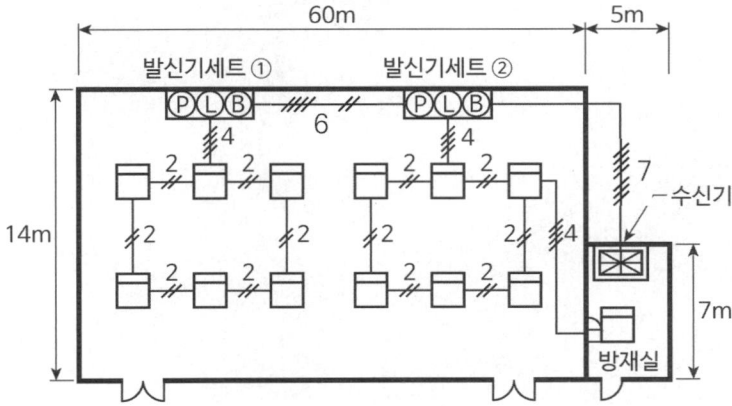

- 공장의 바닥면적 = 60 × 14 = 840 [m²]
- 방재실의 바닥면적 = 5 × 7 = 35 [m²]

∴ 경계구역은 공장 + 방재실 = $\dfrac{875\,[m^2]}{600\,[m^2]}$ = 1.4 → 절상해서 2경계구역

📌 핵심이론 감지기 설치

- 설치장소별 감지기 적응성

설치장소		적응열감지기					적응연기감지기						비고
환경상태	적응장소	차동식 스포트형	차동식 분포형	보상식 스포트형	정온식	열아날로그식	이온화식 스포트형	광전식 스포트형	이온아날로그식 스포트형	광전아날로그식 스포트형	광전식 분리형	광전아날로그식 분리형	불꽃감지기	
넓은 공간으로 천장이 높아 열 및 연기가 확산하는 장소 [조건1 참고]	체육관, 항공기격납고, 높은 천장의 창고·공장, 관람석 상부 등 감지기 부착 높이가 8 [m] 이상의 장소	○									○	○	○	-

- 연기감지기 설치면적   (단위 : [m²])

부착높이	감지기의 종류	
	1종 및 2종	3종
4 [m] 미만	150	50
4 [m] 이상 20 [m] 미만	75	-

16

그림은 자동화재탐지설비로서 내화구조인 지하 1층 지상 8층인 건물의 지상 1층 평면도이다. 다음 각 물음에 답하시오. (단, 건물의 층고는 3 [m]이며, 한 층의 면적과 길이기준은 수평적경계구역기준인 600 [m²]와 50 [m]를 초과하지 않는다. 경종과 표시등 공통선을 하나로 하였으며, 하나의 층의 지구 음향장치 배선이 단락이 되어도 다른 층의 경보에 지장이 없도록 각 층의 지구음향장치 배선에 단락보호장치를 설치하였다)

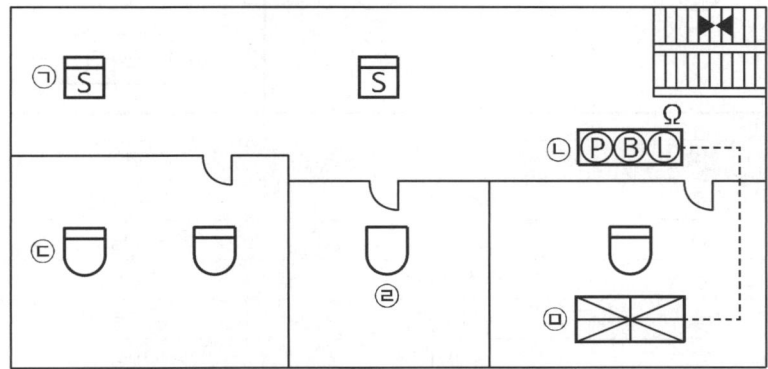

가. 위의 도면상에 표시된 감지기를 루프식 배선방식을 사용하여 발신기에 연결하고 배선 가닥 수를 표시하시오. (단, 계단감지기는 수신기와 직접 배선하였다)

나. ㉠ ~ ㉤에 표시되는 그림기호에 맞는 명칭과 형별의 빈칸을 완성하시오.

항목	명칭	형별
㉠		
㉡	발신기	P형
㉢		
㉣		
㉤	수신기	P형

다. 발신기와 수신기 사이의 배관길이가 20 [m]일 경우 전선은 몇 [m]가 필요한지 소요량을 산출하시오. (단, 전선의 할증률은 10 [%]로 계산한다)

○ 계산과정 :

○ 답 :

정답

가.

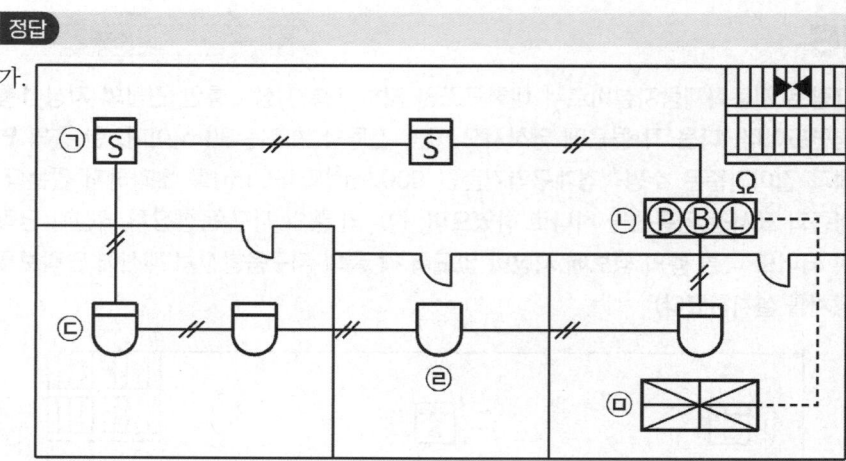

나.

항목	명칭	형별
㉠	연기감지기	스포트형
㉡	발신기	P형
㉢	차동식 감지기	스포트형
㉣	정온식 감지기	스포트형
㉤	수신기	P형

다. 계산과정 : 20 × 15 × 1.1 = 350 [m]

답 | 350 [m]

[중요] 배관길이 20 [m]에 전선이 15가닥이 들어가며 할증률을 10% 라고 하였으므로 1.1을 곱한다.

☑ 해설 : 계통도 및 전선 가닥 수 및 용도(일제경보방식)
각 층의 지구음향장치 배선에 단락 보호장치를 설치하였음

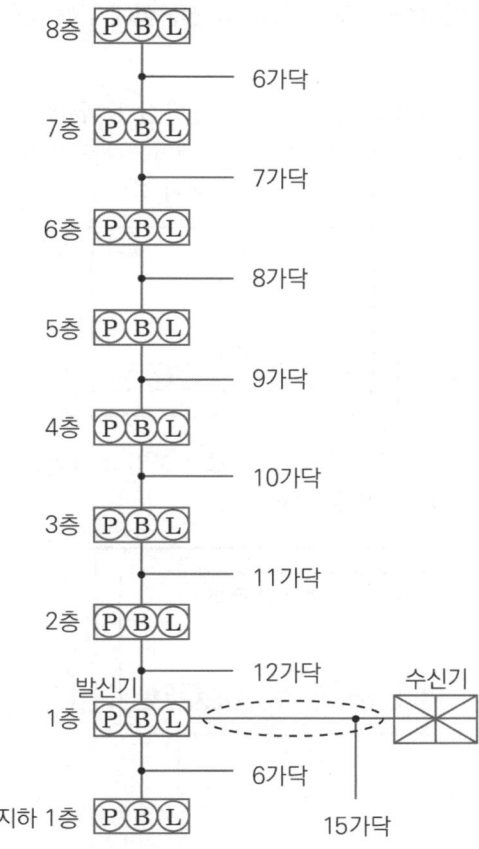

[계통도]

가닥 수	배선 내역
6가닥	지구선 1, 지구공통선 1, 경종선 1, 경종표시등공통선 1, 표시등선 1, 응답선 1
7가닥	지구선 2, 지구공통선 1, 경종선 1, 경종표시등공통선 1, 표시등선 1, 응답선 1
8가닥	지구선 3, 지구공통선 1, 경종선 1, 경종표시등공통선 1, 표시등선 1, 응답선 1
9가닥	지구선 4, 지구공통선 1, 경종선 1, 경종표시등공통선 1, 표시등선 1, 응답선 1
10가닥	지구선 5, 지구공통선 1, 경종선 1, 경종표시등공통선 1, 표시등선 1, 응답선 1
11가닥	지구선 6, 지구공통선 1, 경종선 1, 경종표시등공통선 1, 표시등선 1, 응답선 1
12가닥	지구선 7, 지구공통선 1, 경종선 1, 경종표시등공통선 1, 표시등선 1, 응답선 1
15가닥	지구선 9, 지구공통선 2, 경종선 1, 경종표시등공통선 1, 표시등선 1, 응답선 1

17

소방용 케이블과 다른 용도의 케이블을 배선전용실에 함께 배선할 때 다음 각 물음에 답하시오.

가. 소방용 케이블을 내화성능을 갖는 배선전용실 등의 내부에 소방용이 아닌 케이블과 함께 노출하여 배선할 때 소방용 케이블과 다른 용도의 케이블 간의 피복과 피복 간의 이격거리는 (   ) 이상이어야 한다.

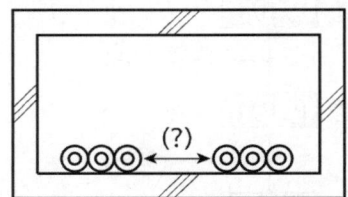

나. 부득이하여 '가'와 같이 이격시킬 수 없어 불연성 격벽을 설치한 경우에 격벽의 높이는 (   ) 이상이어야 한다.

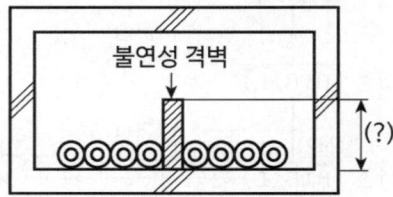

정답

가. 15 [cm]
나. 가장 굵은 케이블 지름의 1.5배

☑ 해설
- 소방용 케이블을 내화성능을 갖는 배선전용실 등의 내부에 소방용이 아닌 케이블과 함께 노출하여 배선할 때 소방용 케이블과 다른 용도의 케이블 간의 피복과 피복 간의 이격거리는 15 [cm] 이상이어야 한다.

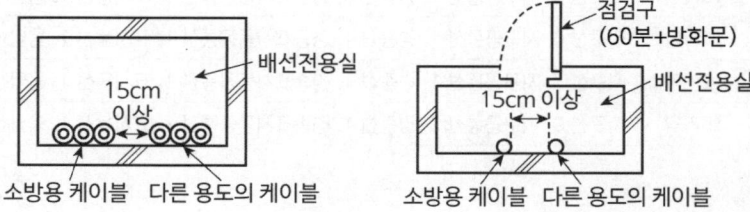

- 불연성 격벽을 설치한 경우에 격벽의 높이는 가장 굵은 케이블 지름의 1.5배 이상이어야 한다.

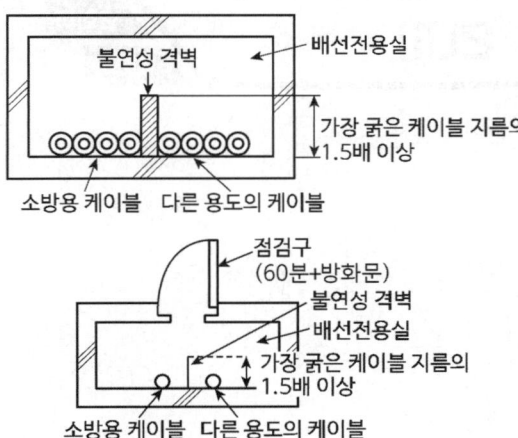

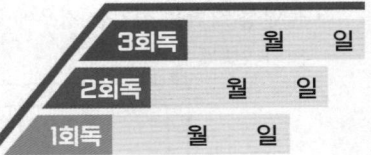

비상경보설비 및 단독경보형 감지기(NFTC 201)

1 비상경보설비 및 단독경보형 감지기 설치대상을 암기한다.
2 비상경보설비의 설치기준을 이해한다.
3 단독경보형 감지기의 설치기준을 이해한다.

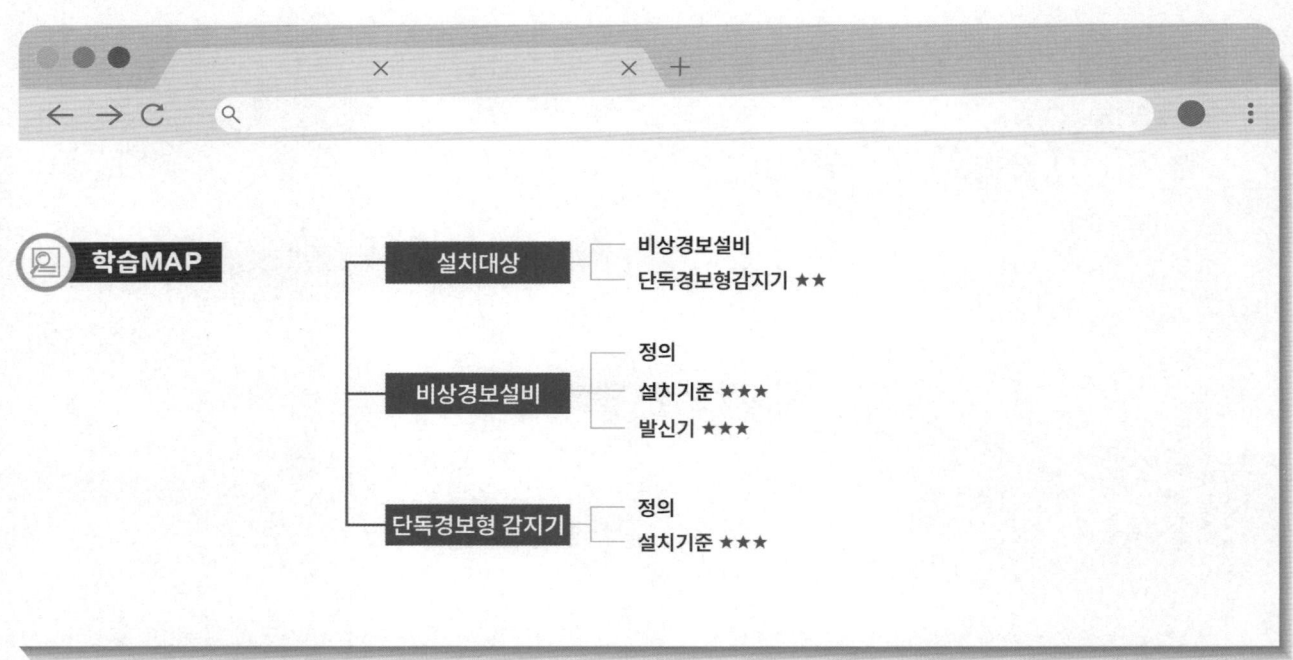

01 비상경보설비 및 단독경보형 감지기

1 설치대상

(1) 비상경보설비(지하구, 모래·석재 등 불연재료 창고 및 위험물저장·처리시설 중 가스시설은 제외)

소방대상물	설치대상
연면적 400 [m²](터널 또는 사람이 거주하지 않거나 벽이 없는 축사 등 동·식물 관련 시설은 제외) 이상	–
지하층 또는 무창층	바닥면적 150 [m²]
공연장	바닥면적 100 [m²] 이상
터널	500 [m] 이상
50명 이상의 근로자가 작업하는 옥내 작업장	–

(2) 단독경보형 감지기 ★★

소방대상물	설치대상
교육연구시설 및 수련시설 내에 있는 합숙소·기숙사	연면적 2000 [m²] 미만
유치원	연면적 400 [m²] 미만
수련시설(숙박시설이 있는 것)	수용인원 100명 미만
공동주택 중 연립주택 및 다세대주택	–

> **선생님 TIP**
> 단독경보형 감지기 설치대상은 시험에 종종 출제되므로 반드시 암기합시다.

2 비상경보설비

(1) 정의
  ① 비상벨설비 : 화재발생상황을 경종으로 경보하는 설비
  ② 자동식 사이렌설비 : 화재발생상황을 사이렌으로 경보하는 설비

(2) 비상경보설비 설치기준 ★★★
  ① 비상벨설비 또는 자동식 사이렌설비는 부식성 가스 또는 습기 등으로 인하여 부식의 우려가 없는 장소에 설치하여야 한다.
  ② 음향장치 ★★
    ㄱ. 지구음향장치는 특정소방대상물의 층마다 설치, 해당 특정소방대상물의 각 부분으로부터 하나의 음향장치까지의 수평거리가 25 [m] 이하가 되도록 하고, 해당 층의 각 부분에 유효하게 경보를 발할 수 있도록 설치하여야 한다. 다만 비상방송설비를 비상벨설비 또는 자동식 사이렌설비와 연동하여 작동하도록 설치한 경우에는 지구음향장치를 설치하지 아니할 수 있다.

[비상경보설비 발신기]

> **선생님 TIP**
> 자동화재탐지설비의 발신기 설치기준과 동일합니다.

ㄴ. 음향장치는 정격전압의 80 [%] 전압에서 음향을 발할 수 있도록 하여야 한다.

ㄷ. 음향장치의 음량은 부착된 음향장치의 중심으로부터 1 [m] 떨어진 위치에서 90 [dB] 이상이 되는 것으로 하여야 한다.

③ 발신기 ★★★

ㄱ. 발신기는 다음 기준에 따라 설치하여야 한다. 다만 지하구의 경우에는 발신기를 설치하지 아니할 수 있다(자동화재탐지설비 발신기와 동일).

ㄴ. 조작이 쉬운 장소에 설치하고, 조작스위치는 바닥으로부터 0.8 [m] 이상 1.5 [m] 이하의 높이에 설치할 것

ㄷ. 특정소방대상물의 층마다 설치하되, 해당 특정소방대상물의 각 부분으로부터 하나의 발신기까지의 수평거리가 25 [m] 이하가 되도록 할 것. 다만 복도 또는 별도로 구획된 실로서 보행거리가 40 [m] 이상일 경우에는 추가로 설치하여야 한다.

● 발신기의 위치표시등은 함의 상부에 설치하되, 그 불빛은 부착면으로부터 15° 이상의 범위 안에서 부착지점으로부터 10 [m] 이상의 어느 곳에서도 쉽게 식별할 수 있는 적색등으로 할 것   ✗ 10 [m] 이내

ㄹ. 발신기의 위치표시등은 함의 상부에 설치하되, 그 불빛은 부착면으로부터 15° 이상의 범위 안에서 부착지점으로부터 10 [m] 이내의 어느 곳에서도 쉽게 식별할 수 있는 적색등으로 할 것

④ 상용전원

ㄱ. 전원은 전기가 정상적으로 공급되는 축전지, 전기저장장치(외부 전기에너지를 저장해두었다가 필요한 때 전기를 공급하는 장치) 또는 교류전압의 옥내 간선으로 하고, 전원까지의 배선은 전용으로 할 것

ㄴ. 개폐기에는 "비상벨설비 또는 자동식 사이렌설비용"이라고 표시한 표지할 것

⑤ 비상전원
비상벨설비 또는 자동식 사이렌설비에는 그 설비에 대한 감시상태를 60분간 지속한 후 유효하게 10분 이상 경보할 수 있는 축전지설비 또는 전기저장장치를 설치하여야 한다.

● 비상벨설비 또는 자동식 사이렌설비의 배선
ㄱ. 전원회로 : 내화배선, 그 밖의 배선 : 내화배선 또는 내열배선에 따를 것
ㄴ. 부속회로의 전로와 대지 사이 및 배선 상호 간의 절연저항은 1경계구역마다 직류 250 [V]의 절연저항측정기를 사용하여 측정한 절연저항이 0.1 [MΩ] 이상
ㄷ. 배선은 다른 전선과 별도의 관·덕트·몰드 또는 풀박스 등에 설치할 것. 다만 60 [V] 미만의 약전류회로에 사용하는 전선으로서 각각의 전압이 같을 때에는 그러하지 아니하다.

3 단독경보형 감지기

(1) 정의
화재발생상황을 단독으로 감지하여 자체에 내장된 음향장치로 경보하는 감지기를 말한다.

(2) 설치기준 ★★★
  ① 각 실(이웃하는 실내의 바닥 면적이 각각 30 [m²] 미만이고 벽체 상부의 전부 또는 일부가 개방되어 이웃하는 실내와 공기가 상호 유통되는 경우에는 이를 1개의 실로 본다)마다 설치하되, 바닥 면적이 150 [m²]를 초과하는 경우에는 150 [m²]마다 1개 이상 설치할 것
  ② 최상층의 계단실의 천장(외기 상통하는 계단실 경우 제외)에 설치할 것
  ③ 건전지를 주전원으로 사용하는 단독경보형 감지기는 정상적인 작동상태를 유지할 수 있도록 건전지를 교환할 것
  ④ 상용전원을 주전원으로 사용하는 단독경보형 감지기의 2차 전지는 제품검사에 합격한 것을 사용할 것

(3) 단독경보형 감지기 형식승인 및 제품검사의 기술기준
  ① 자동복귀형 스위치에 의하여 수동으로 작동시험을 할 수 있는 기능이 있어야 한다.
  ② 주기적으로 섬광하는 전원표시등에 의하여 전원의 정상 여부를 감시할 수 있는 기능이 있어야 하며, 전원의 정상상태를 표시하는 전원표시등의 섬광주기는 1초 이내의 점등과 30에서 60초 이내의 소등으로 이루어져야 한다.
  ③ 감지기에 내장하는 음향장치는 정 위치에 부착된 음향장치 중심으로부터 1 [m] 떨어진 지점에서 85 [dB] 이상으로 10분 이상 계속하여 경보할 것
  ④ 건전지의 성능이 저하되어 건전지의 교체가 필요한 경우에는 음성안내를 포함한 음향 및 표시등에 의하여 72시간 이상 경보할 수 있어야 한다. 이 경우 음향경보는 1 [m] 떨어진 거리에서 70 [dB](음성안내 60 [dB]) 이상이어야 한다.
  ⑤ 단독경보형 감지기의 무선기능 화재신호는 다음 각 항목에 적합하여야 한다.
    ㄱ. 작동한 단독경보형 감지기는 화재경보가 정지하기 전까지 60초 미만 간격으로 화재신호를 발신하여야 한다.
    ㄴ. 화재신호를 수신한 단독경보형 감지기는 10초 이내에 경보를 발하여야 한다.

[단독경보형 감지기]

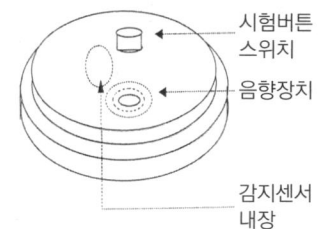
[단독경보형 감지기 각부 명칭]

○ 주기적으로 섬광하는 전원표시등에 의하여 전원의 정상 여부를 감시할 수 있는 기능이 있어야 하며, 전원의 정상상태를 표시하는 전원표시등의 섬광주기는 1초 이내의 점등과 30에서 60초 이내의 소등으로 이루어져야 한다.

02 비상경보설비 및 단독경보형 감지기 용어정리(NFTC 201) ★★★

1. "비상벨설비"란 화재발생 상황을 경종으로 경보하는 설비를 말한다.
2. "자동식 사이렌설비"란 화재발생 상황을 사이렌으로 경보하는 설비를 말한다.
3. "단독경보형 감지기"란 화재발생 상황을 단독으로 감지하여 자체에 내장된 음향장치로 경보하는 감지기를 말한다.
4. "발신기"란 화재발생신호를 수신기에 수동으로 발신하는 장치를 말한다.
5. "수신기"란 발신기에서 발하는 화재신호를 직접 수신하여 화재의 발생을 표시 및 경보하여주는 장치를 말한다.
6. "신호처리방식"은 화재신호 및 상태신호 등(이하 "화재신호 등"이라 한다)을 송수신하는 방식으로서 다음의 방식을 말한다.
   (1) "유선식"은 화재신호 등을 배선으로 송·수신하는 방식
   (2) "무선식"은 화재신호 등을 전파에 의해 송·수신하는 방식
   (3) "유·무선식"은 유선식과 무선식을 겸용으로 사용하는 방식

CHAPTER 02 연습문제

01
배점 6

비상시 경보를 발할 수 있는 비상경보설비의 종류 2가지를 쓰시오.

①

②

정답

① 비상벨설비
② 자동식 사이렌설비

02
배점 6

비상경보설비에 사용되는 축전지설비의 절연저항시험은 직류 500 [V]의 절연저항계로 측정하여 다음의 경우 몇 [MΩ] 이상이어야 하는가?

가. 축전지설비의 절연된 충전부와 외함 간의 절연저항

나. 축전지설비의 교류입력 측과 외함 간의 절연저항

다. 축전지설비의 절연된 선로 간의 절연저항

정답

가. 5 [MΩ]
나. 20 [MΩ]
다. 20 [MΩ]

03

배점 6

단독경보형 감지기의 설치기준 중 ( ) 안에 알맞은 내용을 쓰시오.

가. 각 실마다 설치하되, 바닥 면적이 (㉠) [m²]를 초과하는 경우에는 (㉡) [m²]마다 1개 이상 설치하여야 한다.

나. 이웃하는 실내의 바닥 면적이 각각 (㉢) [m²] 미만이고, 벽체의 상부의 전부 또는 일부가 개방되어 이웃하는 실내와 공기가 상호 유통되는 경우에는 이를 (㉣)개의 실로 본다.

다. 상용전원을 주전원으로 사용 시 (㉤)는 제품검사에 합격한 것을 사용한다.

정답

가. ㉠ 150, ㉡ 150
나. ㉢ 30, ㉣ 1
다. ㉤ 2차 전지

✓ 해설 : 단독경보형 감지기의 설치기준
- 각 실(이웃하는 실내의 바닥 면적이 각각 30 [m²] 미만이고, 벽체의 상부의 전부 또는 일부가 개방되어 이웃하는 실내와 공기가 상호 유통되는 경우에는 이를 1개의 실로 본다)마다 설치하되, 바닥면적 150 [m²]를 초과하는 경우에는 150 [m²]마다 1개 이상 설치할 것
- 최상층의 계단실의 천장(외기가 상통하는 계단실의 경우 제외)에 설치할 것
- 건전지를 주전원으로 사용하는 단독경보형 감지기는 정상적인 작동상태를 유지할 수 있도록 건전지를 교환할 것
- 상용전원을 주전원으로 사용하는 단독경보형 감지기의 2차 전지는 제품검사에 합격한 것을 사용할 것

CHAPTER 03 비상방송설비 (NFTC 202)

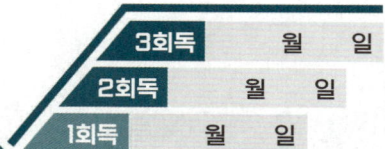

 학습목표

1 비상방송설비의 설치대상을 암기한다.
2 비상방송설비 설치기준을 이해한다.
3 비상방송설비 용어 정의를 학습한다.

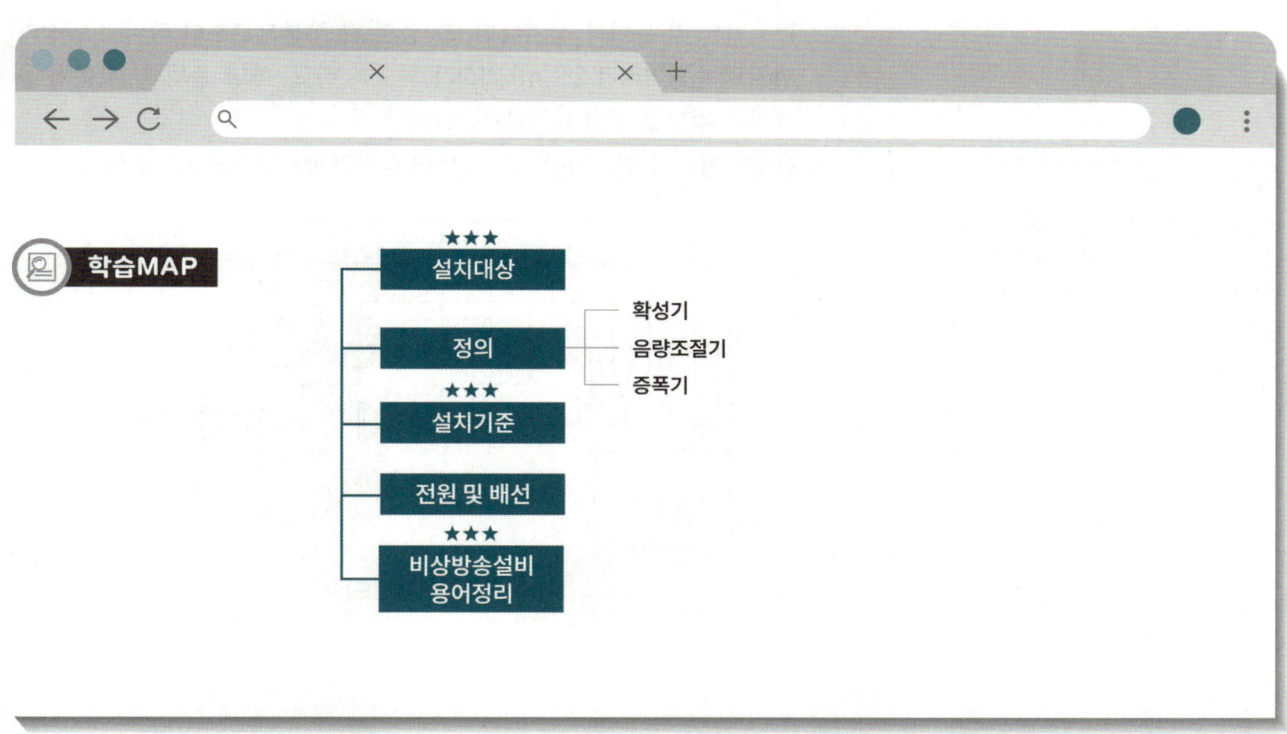

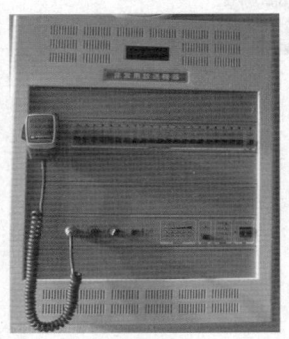

[비상방송설비 수신기]

✔ 음량조절기 = 음량조정기

📌 선생님 TIP

비상방송설비의 결선도를 완성하는 문제가 종종 출제됩니다. 긴급용은 음량조절기를 거치지 않고 확성기로 들어갑니다.

01 비상방송설비

1 설치대상 ★★★

소방대상물	설치대상
연면적 3500 [m²] 이상	모든 층
층수가 11층 이상인 것	모든 층
지하층 층수가 3층 이상인 것	모든 층

2 정의

(1) 확성기 : 소리를 크게 하여 멀리까지 전달될 수 있도록 하는 장치로서, 일명 스피커를 말한다.

(2) 음량조절기 : 가변저항을 이용하여 전류를 변화시켜 음량을 크게 하거나 작게 조절할 수 있는 장치를 말한다.

(3) 증폭기 : 전압전류의 진폭을 늘려 감도를 좋게 하고, 미약한 음성전류를 커다란 음성전류로 변화시켜 소리를 크게 하는 장치를 말한다.

3 설치기준(엘리베이터 내부에는 별도의 음향장치 설치 가능) ★★★

(1) 확성기의 음성입력은 3 [W](실내에 설치하는 것에 있어서는 1 [W]) 이상일 것

(2) 확성기는 각 층마다 설치하되, 그 층의 각 부분으로부터 하나의 확성기까지의 수평거리가 25 [m] 이하가 되도록 하고, 해당 층의 각 부분에 유효하게 경보를 발할 수 있도록 설치할 것

(3) 음량조정기를 설치하는 경우 음량조정기의 배선은 3선식으로 할 것

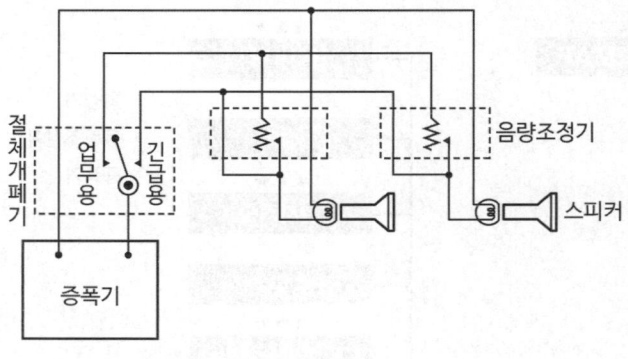

[비상방송설비 결선도]

⑷ 조작부의 조작스위치는 바닥으로부터 0.8 [m] 이상 1.5 [m] 이하의 높이에 설치할 것

⑸ 조작부는 기동장치의 작동과 연동하여 해당 기동장치가 작동한 층 또는 구역을 표시할 수 있는 것으로 할 것

⑹ 증폭기 및 조작부는 수위실 등 상시 사람이 근무하는 장소로서 점검이 편리하고 방화상 유효한 곳에 설치할 것

⑺ 층수가 11층(공동주택의 경우에는 16층) 이상의 특정소방대상물은 다음과 같은 경보를 발할 수 있어야 한다. ★★★

① 2층 이상의 층에서 발화한 때에는 발화층 및 그 직상 4개 층에 경보

② 1층에서 발화한 때에는 발화층, 그 직상 4개 층 및 지하층에 경보

③ 지하층에서 발화한 때에는 발화층, 그 직상층 및 기타 지하층 경보

⑻ 다른 방송설비와 공용하는 것에 있어서는 화재 시 비상경보 외의 방송을 차단할 수 있는 구조로 할 것

⑼ 다른 전기회로에 따라 유도장애가 생기지 아니하도록 할 것

⑽ 하나의 특정소방대상물에 2 이상의 조작부가 설치되어 있는 때에는 각각의 조작부가 있는 장소 상호 간에 동시통화가 가능한 설비를 설치하고, 어느 조작부에서도 해당 특정소방대상물의 전 구역에 방송을 할 수 있도록 할 것

⑾ 기동장치에 따른 화재신고를 수신한 후 필요한 음량으로 화재발생상황 및 피난에 유효한 방송이 자동으로 개시될 때까지의 소요시간은 10초 이하로 할 것

⑿ 음향장치는 정격전압의 80 [%] 전압에서 음향을 발할 수 있는 것으로 하고, 자동화재탐지설비의 작동과 연동하여 작동할 수 있는 것으로 할 것

4 전원 및 배선(자동화재탐지설비와 유사)

⑴ 전원 및 용량 : 자동화재 탐지설비 전원설비의 기준과 동일

⑵ 배선

① 화재로 인하여 하나의 층의 확성기 또는 배선의 단락 또는 단선되어도 다른 층의 화재통보에 지장이 없도록 할 것

② 기타 배선의 내용은 자동화재탐지설비 배선의 기준과 동일

선생님 TIP
지하층 발화 시 '직상 4개의 층'이 아닌 것을 반드시 구분합시다!

선생님 TIP
비상방송설비는 단락뿐만이 아니라 '단선'도 고려합니다!

02 비상방송설비 용어정리(NFTC 202) ★★★

1. "확성기"란 소리를 크게 하여 멀리까지 전달될 수 있도록 하는 장치로써 일명 스피커를 말한다.
2. "음량조절기"란 가변저항을 이용하여 전류를 변화시켜 음량을 크게 하거나 작게 조절할 수 있는 장치를 말한다.
3. "증폭기"란 전압전류의 진폭을 늘려 감도를 좋게 하고 미약한 음성전류를 커다란 음성전류로 변화시켜 소리를 크게 하는 장치를 말한다.
4. "기동장치"란 화재감지기, 발신기 등의 상태변화를 전송하는 장치를 말한다.
5. "몰드"란 전선을 물리적으로 보호하기 위해 사용되는 통형 구조물을 말한다.
6. "약전류회로"란 전신선, 전화선 등에 사용하는 전선이나 케이블, 인터폰, 확성기의 음성회로, 라디오·텔레비전의 시청회로 등을 포함하는 약전류가 통전되는 회로를 말한다.
7. "전원회로"란 전기·통신, 기타 전기를 이용하는 장치 등에 전력을 공급하기 위하여 필요한 기기로 이루어지는 전기회로를 말한다.
8. "절연저항"이란 전류가 도체에서 절연물을 통하여 다른 충전부나 기기로 누설되는 경우 그 누설 경로의 저항을 말한다.
9. "절연효력"이란 전기가 불필요한 부분으로 흐르지 않도록 절연하는 성능을 나타내는 것을 말한다.
10. "정격전압"이란 전기기계기구, 선로 등의 정상적인 동작을 유지시키기 위해 공급해주어야 하는 기준전압을 말한다.
11. "조작부"란 기기를 제어할 수 있도록 조작스위치, 지시계, 표시등 등을 집결시킨 부분을 말한다.
12. "풀박스"란 장거리 케이블 포설을 용이하게 하기 위해 전선관 중간에 설치하는 상자형 구조물 등을 말한다.

CHAPTER 03 연습문제

01

비상방송설비를 설치하여야 하는 특정소방대상물 3가지를 쓰시오. (단, 위험물저장 및 처리시설 중 가스시설, 사람이 거주하지 않는 동물 및 식물 관련 시설, 터널, 축사 및 지하구는 제외한다)

정답

- 연면적 3500 [m^2] 이상
- 지하층을 제외한 11층 이상
- 지하 3층 이상

☑ 해설 : 설치대상

소방대상물	설치대상
연면적 3500 [m^2] 이상	–
지하층 제외 층수가 11층 이상인 것	–
지하층 층수가 3층 이상인 것	–
위험물 저장 및 처리시설 중 가스시설, 사람이 거주하지 않는 동물 및 식물 관련 시설, 터널, 축사 및 지하구는 제외	

02

비상방송설비 설치기준에 대해 다음 물음을 답하시오.

가. 기동장치에 따른 화재신고를 수신한 후 필요한 음량으로 화재발생상황 및 피난에 유효한 방송이 자동으로 개시될 때까지의 소요시간은 몇 초 이하로 하여야 하는가?

나. 지상 11층인 특정소방대상물에 자동화재탐지설비의 음향장치를 설치하고자 한다. 5층에 화재가 발생할 경우 경보를 발하여야 하는 층수를 적으시오.

다. 실내에 설치하는 확성기는 몇 [W] 이상으로 하여야 하는가?

라. 조작부의 조작스위치는 바닥으로부터 얼마의 높이에 설치하여야 하는가?

마. 음향장치는 정격전압의 몇 [%] 전압에서 음향을 발할 수 있는가?

정답

가. 10초
나. 지상 5층, 지상 6층, 지상 7층, 지상 8층, 지상 9층
다. 1 [W]
라. 0.8 [m] 이상 1.5 [m] 이하
마. 80 [%]

핵심이론 | 비상방송설비의 설치기준

- 확성기의 음성입력은 3 [W](실내는 1 [W]) 이상일 것
- 확성기는 각 층마다 설치하되, 각 부분으로부터의 수평거리는 25 [m] 이하일 것
- 음량조정기의 배선은 3선식으로 할 것
- 조작부의 조작스위치는 바닥으로부터 0.8 [m] 이상 1.5 [m] 이하의 높이에 설치할 것
- 다른 전기회로에 의하여 유도장애가 생기지 아니하도록 할 것
- 기동장치에 의한 화재신호를 수신한 후 필요한 음량으로 방송이 개시될 때까지의 소요시간은 10초 이하로 할 것
- 층수가 11층(공동주택의 경우에는 16층) 이상의 특정소방대상물은 다음과 같은 경보를 발할 수 있어야 한다.
  ① 2층 이상의 층에서 발화한 때에는 발화층 및 그 직상 4개 층에 경보
  ② 1층에서 발화한 때에는 발화층, 그 직상 4개 층 및 지하층에 경보
  ③ 지하층에서 발화한 때에는 발화층, 그 직상층 및 기타 지하층 경보

03 [배점 8]

지상 11층인 내화구조의 업무시설에 비상방송설비를 설치하려고 한다. 다음 각 물음에 답하시오.

가. 확성기의 음성입력은 실외인 경우 몇 [W] 이상으로 하는가?

나. 기동장치에 따른 화재신고를 수신한 후 필요한 음량으로 화재발생상황 및 피난에 유효한 방송이 자동으로 개시될 때까지의 소요시간은 얼마 이하로 하여야 하는가?

다. 화재 시 적용되어야 하는 경보방식의 종류를 쓰고 발화 층에 따른 경보대상 층을 3가지로 구분하여 쓰시오.
  1) 경보방식 :
  2) 발화층에 대한 경보층의 구체적인 경우 :

발화층	경보를 발하는 층
2층 이상	
1층	
지하층	

> **정답**

가. 3 [W] 이상
나. 10초
다. 1) 우선경보방식
2)
발화층	경보를 발하는 층
2층 이상	발화층, 직상 4개의 층
1층	발화층, 직상 4개의 층, 지하층
지하층	발화층, 직상층, 기타의 지하층

04 　　　　　　　　　　　　　　　　득점 ☐ 배점 5

다음은 비상방송설비에 대한 기준이다. (　) 안에 적당한 말은?

가. 확성기의 음성입력은 실내에 설치하는 것을 제외하고 (　) 이상일 것

나. 음량조절기를 설치한 경우 음량조절기의 배선은 (　)으로 할 것

다. 조작부의 조작스위치는 바닥으로부터 (　)의 높이에 설치할 것

라. 증폭기 및 (　)는 수위실 등 상시 사람이 근무하는 장소로서 점검이 편리하고 방화상 유효한 곳에 설치할 것

마. 기동장치에 따른 화재신고를 수신한 후 필요한 음량으로 화재발생상황 및 피난에 유효한 방송이 자동으로 개시될 때까지의 소요시간은 (　) 이하로 할 것

> **정답**

가. 3 [W]
나. 3선식
다. 0.8 [m] 이상 1.5 [m] 이하
라. 조작부
마. 10초

05

다음은 비상경보설비인 방송설비에 대한 구성도이다. 다음 각 물음에 답하시오.

가. ①~③의 명칭은 무엇인가?

나. 기동장치를 기동하는 전원의 전압은 몇 [V]인가?

다. 비상방송설비에 음량조절기를 설치하는 경우 음량조절기의 배선은 몇 선식으로 하는가?

라. 기동장치 상부에 설치하는 표시등의 표시색상은 어떻게 하여야 하는가?

마. ③을 옥외에 설치할 때 음성입력은 얼마인가?

바. 구성도와 같은 방송설비가 동작할 때 경보를 우선적으로 발하여야 하는 층은? (단, 화재발생층은 1층이다)

정답

가. ① 비상전원, ② 증폭기, ③ 스피커(확성기)
나. 직류 24 [V]
다. 3선식
라. 적색
마. 3 [W] 이상
바. 발화층, 그 직상 4개의 층 및 지하층

06

비상방송설비의 3선식 배선에 대한 미완성회로이다. 다음 ①~③의 명칭을 쓰고, 이 회로의 미완성 부분을 완성하시오.

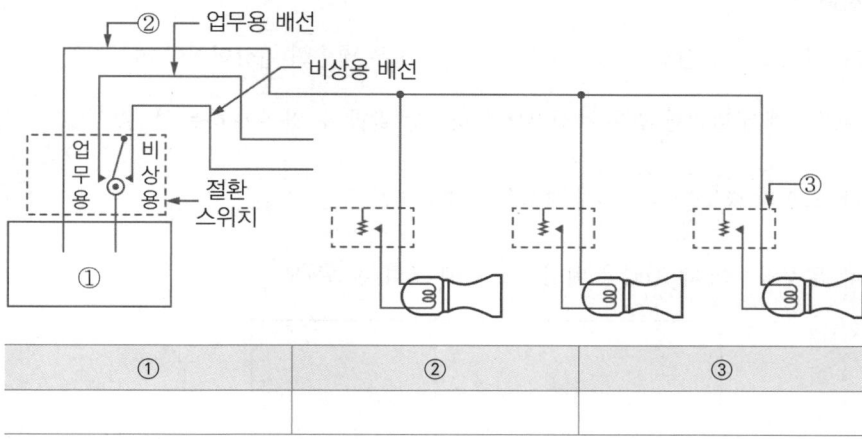

①	②	③

정답

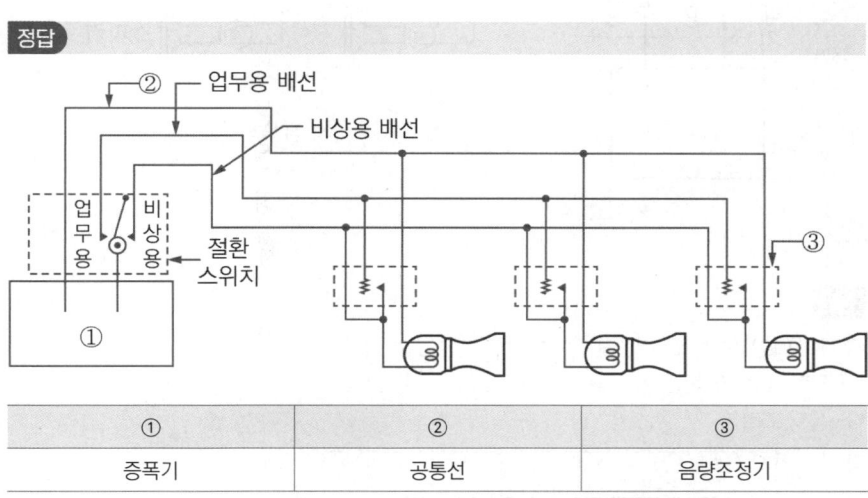

①	②	③
증폭기	공통선	음량조정기

07

답안지의 도면은 사무실 건물로 사용되는 어떤 11층 건물에서 비상방송설비를 업무용 방송설비와 겸용하는 경우의 미완성 도면이다. 도면을 보고 다음 각 물음에 답하시오.

가. 확성기의 음성입력은 실내에 설치하는 경우 몇 [W] 이상이어야 하는가?

나. 3층에서 발화한 경우 우선적으로 경보를 발할 수 있어야 하는 층은?

다. 도면의 ※표 의 명칭은 무엇인가?

라. 업무용 배선과 긴급용 배선을 도면에 그려 넣으시오.

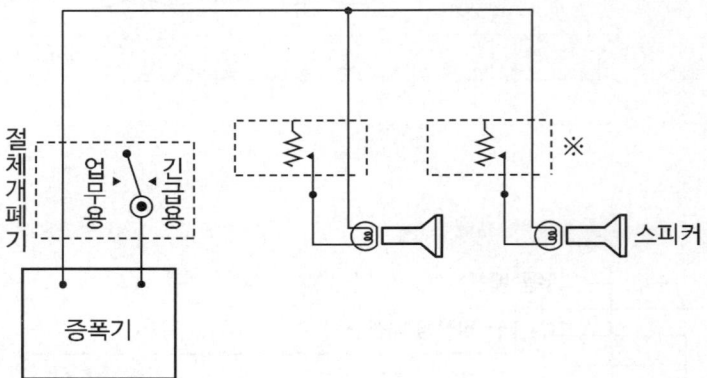

정답

가. 1 [W] 이상
나. 3층, 4층, 5층, 6층, 7층
다. 음량조절기
라.

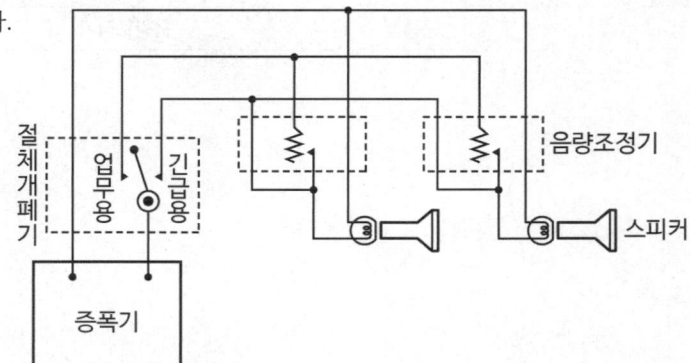

다음은 11층 건축물의 우선경보방식의 비상방송설비의 계통도를 나타내고 있다. 각 층 사이의 ①~⑤까지의 배선수와 각 배선의 용도를 쓰시오. (단, 긴급용 방송과 업무용 방송을 겸용으로 하는 설비이다)

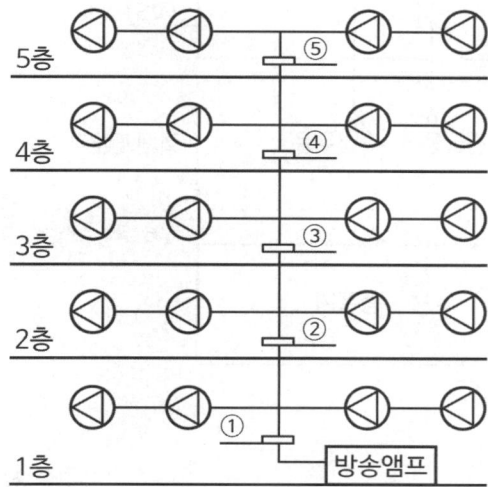

구분	배선수	배선의 용도
①		
②		
③		
④		
⑤		

정답

구분	배선수	배선의 용도
①	23	업무 1, 긴급 11, 공통 11
②	21	업무 1, 긴급 10, 공통 10
③	19	업무 1, 긴급 9, 공통 9
④	17	업무 1, 긴급 8, 공통 8
⑤	15	업무 1, 긴급 7, 공통 7

☑ 11층 건축물이기 때문에 11층부터 긴급과 공통선을 추가하면서 내려온다.

09

다음 비상방송설비의 스피커와 음량조절장치, 증폭기 간의 결선을 완성하시오.

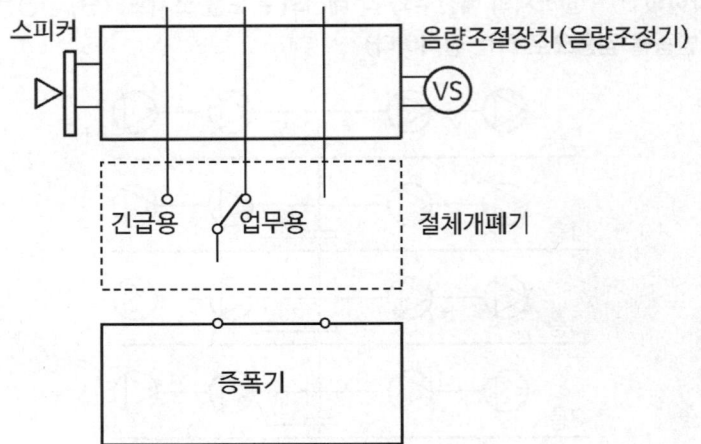

정답

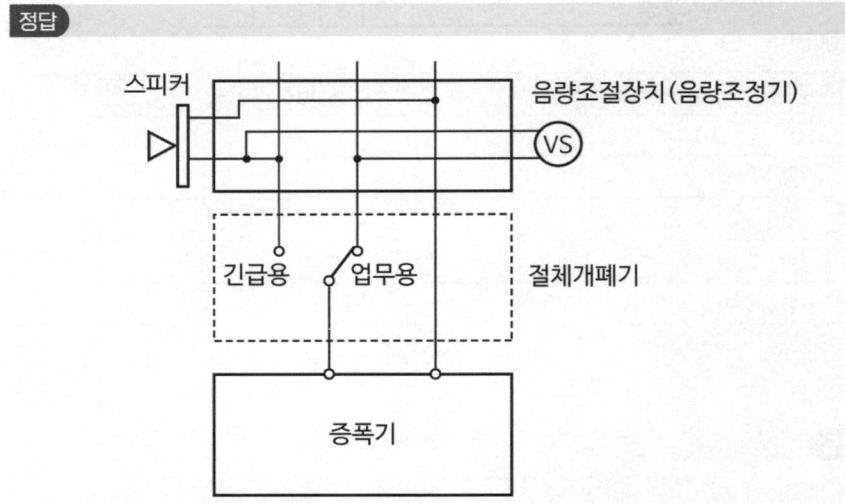

10

배점 10

다음은 5층 건축물의 일제경보방식의 비상방송설비의 계통도를 나타내고 있다. 각 층 사이의 ① ~ ⑤까지의 배선수와 각 배선의 용도를 쓰시오. (단, 긴급용 방송과 업무용 방송을 겸용으로 하는 설비이다)

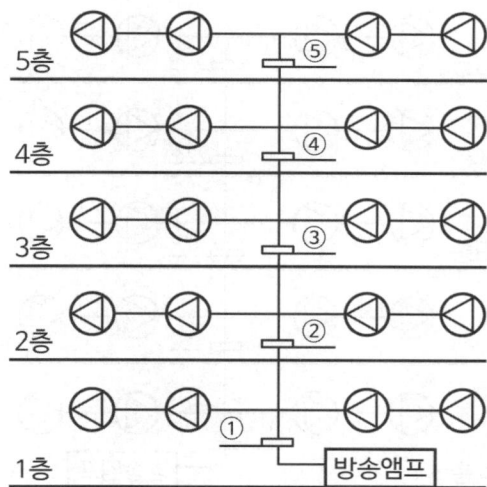

구분	배선수	배선의 용도
①		
②		
③		
④		
⑤		

정답

구분	배선수	배선의 용도
①	11	업무 1, 긴급 5, 공통 5
②	9	업무 1, 긴급 4, 공통 4
③	7	업무 1, 긴급 3, 공통 3
④	5	업무 1, 긴급 2, 공통 2
⑤	3	업무 1, 긴급 1, 공통 1

중요 ▶ 5층 건축물이므로 5층부터 긴급과 공통을 추가하면서 내려온다. 이때 배선기준(화재로 인하여 하나의 층의 확성기 또는 배선이 단락 또는 단선되어도 다른 층의 화재통보에 지장이 없도록 할 것)에서 '단선'까지 고려하였으므로 '우선경보방식'이 아니더라도 '긴급'과 '공통'은 추가해주어야 한다.

11 신유형

득점 | 배점 10

다음은 5층 건축물의 일제경보방식의 비상방송설비의 계통도를 나타내고 있다. 각 층 사이의 ① ~ ⑤까지의 배선수와 각 배선의 용도를 쓰시오. (단, 긴급용 방송만을 전용으로 하는 설비이다)

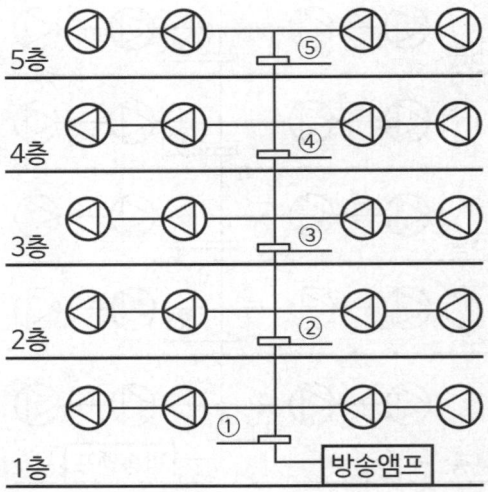

구분	배선수	배선의 용도
①		
②		
③		
④		
⑤		

정답

구분	배선수	배선의 용도
①	10	긴급 5, 공통 5
②	8	긴급 4, 공통 4
③	6	긴급 3, 공통 3
④	4	긴급 2, 공통 2
⑤	2	긴급 1, 공통 1

중요▶ 5층 건축물이므로 5층부터 긴급과 공통을 추가하면서 내려온다. 이때 업무용과 겸용하지 않았으므로(긴급용 방송만을 전용으로 하므로) 업무용 1가닥은 제외이다.

CHAPTER 04 자동화재속보설비 (NFTC 204)

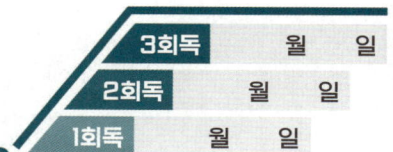

학습목표

1 자동화재속보설비의 정의에 대해 학습한다.
2 자동화재속보설비의 설치기준에 대해 이해한다.
3 속보기의 형식승인 및 제품검사의 기술기준에 대해 학습한다.

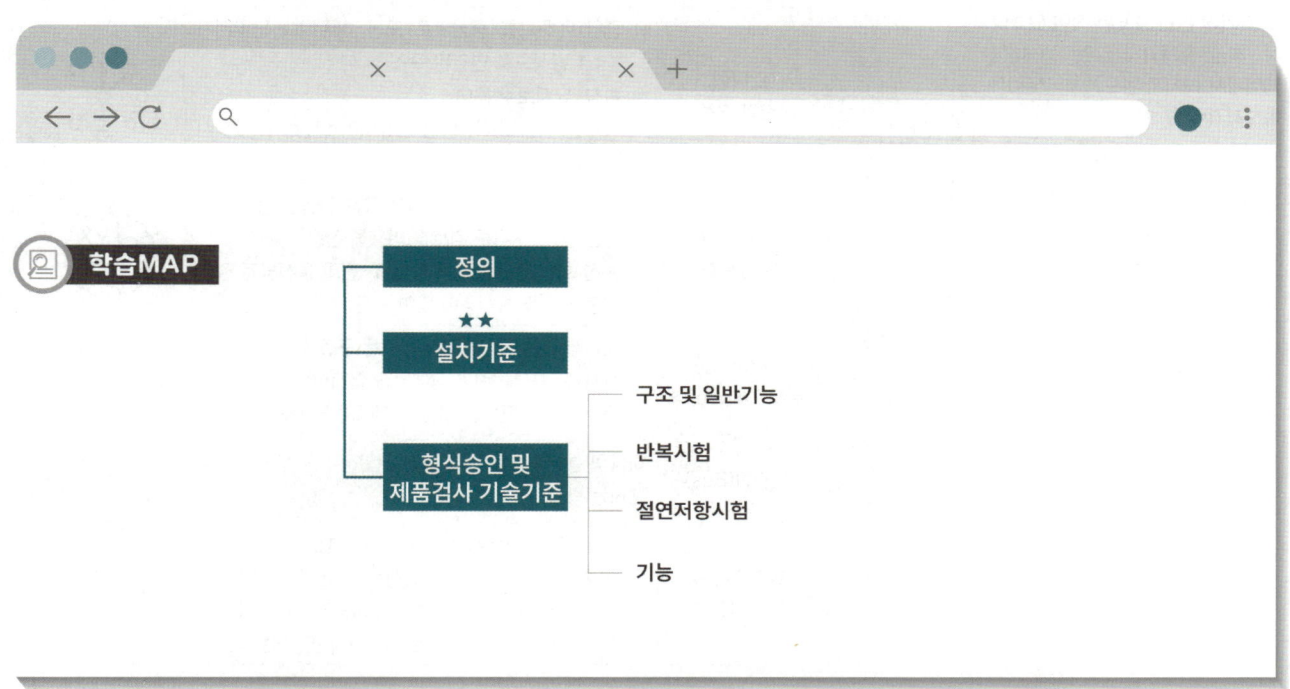

01 자동화재속보설비

1 정의

(1) 속보기 : 수동작동 또는 자동화재탐지설비 수신기와 연동으로 관계인에게 화재발생을 경보함과 동시에 소방관서에 자동적으로 통신망을 통해 화재발생 및 위치 등을 음성으로 통보하여주는 것

(2) 통신망 : 유선이나 무선 또는 유무선 겸용방식을 구성하여 음성 또는 데이터 등을 전송할 수 있는 집합체

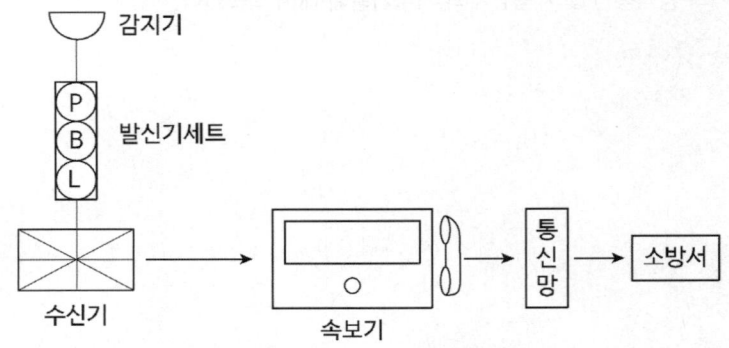

[자동화재속보설비 신호 입력]

참고 정보통신망 형태에 따른 분류(Topology, 위상)

종류	특징	그림
스타형 = 중앙 집중식	① 중앙의 허브를 중심으로 모든 컴퓨터나 단말기가 1:1 방식으로 연결된 구조 ② 확장, 유지보수 용이 　케이블 비용 증가, 중앙 컴퓨터가 고장 시 전체 시스템이 마비	
망형(Mesh) = 그물형	① 단말기와 단말기를 통신 회선으로 연결한 형태 ② 통신 장애 시 다른 경로를 이용해 전송 　통신 회선의 길이가 가장 길고 전화 통신망과 같은 공중 데이터 통신망에 많이 사용	
링형(Ring) = 루프(Loop)형	① 인접해 있는 장치들끼리 연결된 구조 ② 설치와 재구성 용이, 장애발생 쉽게 찾음 　제어 절차 복잡, 링 결함 시 네트워크 사용 불가	
버스형(Bus)	하나의 통신회선에 여러 대의 단말장치를 접속하여 사용하는 방식	
트리(Tree) = 나뭇가지형	① 분산처리 환경에서 주로 사용하는 형태 ② 중앙에 컴퓨터가 있고 일정한 지역의 노드까지는 하나의 통신회선으로 연결하고 이웃하는 단말기는 일정 지역에 설치된 단말기로부터 다시 연장되는 형태	

선생님 TIP
정보통신망 형태에 따른 분류는 완전 과거에 한번 출제된 적이 있습니다. 최근 출제되지 않았다고 하여 넘어가지 마시고 반드시 한 번은 정독하시기 바랍니다.

2 설치기준

(1) 자동화재탐지설비와 연동으로 작동하여 자동적으로 화재발생상황을 소방관서에 전달되는 것으로 할 것. 이 경우 부가적으로 특정소방대상물의 관계인에게 화재발생상황을 전달되도록 할 수 있다.
(2) 조작스위치는 바닥으로부터 0.8 [m] 이상 1.5 [m] 이하의 높이에 설치할 것
(3) 속보기는 소방관서에 통신망으로 통보하도록 하며, 데이터 또는 코드 전송방식을 부가적으로 설치할 수 있다. 단, 데이터 및 코드전송방식의 기준은 소방청장이 정하여 고시한 자동화재속보설비의 속보기의 성능인증 및 제품검사의 기술기준에 따른다.
(4) 문화유산에 설치하는 자동화재속보설비는 제1호의 기준에도 불구하고 속보기에 감지기를 직접 연결하는 방식(자동화재탐지설비 1개의 경계구역에 한함)으로 할 수 있다.

3 속보기의 형식승인 및 제품검사의 기술기준

(1) 구조 및 일반기능
① 부식방지조치 : 칠, 도금 등 내식 또는 방청가공할 것
② 전기적 기능 영향 있는 단자, 나사, 와셔, 동합금 또는 이와 동등 이상 내식성 재질을 사용할 것
③ 정격전압이 60 [V]를 넘는 기구의 금속제 외함 : 접지단자 설치할 것
④ 예비전원회로 : 단락사고 등으로부터 보호를 위하여 퓨즈를 설치할 것
⑤ 속보기 내부 : 예비전원(알칼리계 또는 리튬계 2차축전지, 무보수밀폐형 축전지)을 설치하여야 하며, 예비전원의 인출선 또는 접속단자는 오접속을 방지하기 위하여 적당한 색상에 의하여 극성을 구분할 수 있도록 하여야 한다.
⑥ 속보기 전면 : 주전원, 예비전원 상태 감시장치를 각각 설치할 것
⑦ 작동 시 그 작동시간과 작동회수를 표시할 수 있는 장치를 하여야 한다.
⑧ 수동통화용 송수화기를 설치하여야 한다.
⑨ 표시등에 전구를 사용하는 경우에는 2개를 병렬로 설치하여야 한다. 다만 발광다이오드의 경우에는 그러하지 아니하다.
⑩ 회로방식의 제한
ㄱ. 접지전극에 직류전류를 통하는 회로방식
ㄴ. 수신기에 접속되는 외부 배선과 다른 설비의 외부 배선공용회로 방식

○— 정격전압이 30 [V]를 넘는 기구의 금속제 외함에는 접지단자를 설치할 것　　Ⓧ 60 [V]

⑪ 외함의 두께
ㄱ. 강판 외함 : 1.2 [mm] 이상
ㄴ. 합성수지 외함 : 3 [mm] 이상

(2) 반복시험 : 정격전압에서 1000회의 화재작동을 반복 실시하는 경우 그 구조 또는 기능에 이상이 생기지 아니하여야 한다.

(3) 절연저항시험 : 속보기의 절연된 충전부와 외함 간의 절연저항은 직류 500 [V] 절연저항계로 측정한 값이 5 [MΩ](교류입력 측과 외함 간 및 절연된 선로 간에는 각각 20 [MΩ]) 이상이어야 함

(4) 기능

① 작동신호를 수신하거나 수동으로 동작시키는 경우 20초 이내에 소방관서에 자동적으로 신호를 발하여 통보하되, 3회 이상 속보할 수 있어야 한다.

> 작동신호를 수신하거나 수동으로 동작시키는 경우 10초 이내에 소방관서에 자동적으로 신호를 발하여 통보하되, 5회 이상 속보할 수 있어야 한다. ✗ 20초 이내 3회 이상

② 주전원이 정지한 경우에는 자동적으로 예비전원으로 전환되고, 주전원이 정상상태로 복귀한 경우에는 자동적으로 예비전원에서 주전원으로 전환되어야 한다.

③ 예비전원은 자동적으로 충전되어야 하며, 자동과충전방지장치가 있어야 한다.

④ 화재신호를 수신하거나 속보기를 수동으로 동작시키는 경우 자동적으로 적색 화재표시등이 점등되고 음향장치로 화재를 경보하여야 하며, 화재표시 및 경보는 수동으로 복구 및 정지시키지 않는 한 지속되어야 한다.

⑤ 연동 또는 수동으로 소방관서에 화재발생 음성정보를 속보 중인 경우에도 송수화장치를 이용한 통화가 우선적으로 가능하여야 한다.

⑥ 예비전원을 병렬로 접속하는 경우에는 역충전방지 등의 조치를 하여야 한다.

⑦ 예비전원은 감시상태를 60분간 지속한 후 10분 이상 동작(화재속보 후 화재표시 및 경보를 10분간 유지하는 것을 말한다)이 지속될 수 있는 용량이어야 한다.

⑧ 속보기는 연동 또는 수동 작동에 의한 다이얼링 후 소방관서와 전화접속이 이루어지지 않는 경우에는 최초 다이얼링을 포함하여 10회 이상 반복적으로 접속을 위한 다이얼링이 이루어져야 한다. 이 경우 매회 다이얼링 완료 후 호출은 30초 이상 지속되어야 한다.

⑨ 속보기의 송수화장치가 정상위치가 아닌 경우에도 연동 또는 수동으로 속보가 가능하여야 한다.

⑩ 음성으로 통보되는 속보내용을 통하여 해당 특정소방대상물의 위치, 화재발생 및 속보기에 의한 신고임을 확인할 수 있어야 한다.
⑪ 속보기는 음성속보방식 외에 데이터 또는 코드전송방식 등을 이용한 속보기능을 설치할 수 있다.

02 자동화재속보설비 용어정리(NFTC 204) ★★★

1. "속보기"란 화재신호를 통신망을 통하여 음성 등의 방법으로 소방관서에 통보하는 장치를 말한다.
2. "통신망"이란 유선이나 무선 또는 유무선 겸용 방식을 구성하여 음성 또는 데이터 등을 전송할 수 있는 집합체를 말한다.
3. "데이터전송방식"이란 전기·통신매체를 통해서 전송되는 신호에 의하여 어떤 지점에서 다른 수신 지점에 데이터를 보내는 방식을 말한다.
4. "코드전송방식"이란 신호를 표본화하고 양자화하여, 코드화한 후에 펄스 혹은 주파수의 조합으로 전송하는 방식을 말한다.

CHAPTER 04 연습문제

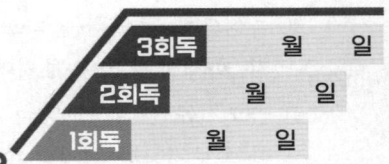

01

배점 7

자동화재속보설비에 대한 다음 각 물음에 답하시오.

가. 화재의 발생을 표시하는 표시등은 등이 켜질 때 어떤 색으로 표시되어야 하는가?

나. 속보기의 부품으로 사용되는 소형전원변압기의 정격 1차 전압은 몇 [V] 이하이어야 하는가?

다. 속보기의 예비전원에 대한 다음 물음에 답하시오.
   1) 어떤 종류의 예비전원을 사용하였는가?
   2) 용량은 감시상태를 60분간 계속한 후 몇 분 이상 계속하여 통보할 수 있는 것이어야 하는가?

정답

가. 적색
나. 300 [V] 이하
다. 1) 전지종류 : 알칼리계 2차축전지, 리튬계 2차축전지, 무보수밀폐형 연(납)축전지
    2) 용량 : 10분 이상

02

배점 4

다음은 자동화재속보설비의 절연저항에 대한 내용이다. ( )에 알맞은 내용을 쓰시오.

자동화재속보설비의 절연된 (㉠)와 외함 간의 절연저항은 직류 500 [V]의 절연저항계로 측정한 값은 (㉡) [MΩ] 이상이어야 하고, 교류입력 측과 외함 간에는 (㉢) [MΩ] 이상이어야 한다. 그리고 절연된 선로 간의 절연저항은 직류 500 [V]의 절연저항계로 측정한 값이 (㉣) [MΩ] 이상이어야 한다.

정답

㉠ 충전부, ㉡ 5, ㉢ 20, ㉣ 20

03

득점 ☐ 배점 6

하나의 단지 내에 다수동이 존재하는 경우 자동화재탐지설비의 효율적 관리와 감시를 위해 통신망을 구성하여 중앙집중관리시스템을 구성하고자 한다. 통신망의 위상(Topology)에 따른 망의 개요와 장단점을 각각 3가지만 쓰시오.

구분 \ 망의 종류	STAR형	RING형
망의 개요		
장점	① ② ③	① ② ③
단점	① ② ③	① ② ③

정답

구분 \ 망의 종류	STAR형	RING형
망의 개요	중앙의 허브를 중심으로 모든 컴퓨터나 단말기가 1 : 1 방식으로 연결된 구조	인접해 있는 장치들끼리 연결된 구조
장점	① 확장 용이 ② 유지·보수 용이 ③ 한 호스트의 고장이 전체 네트워크에 영향을 미치지 않음	① 설치와 재구성이 쉬움 ② 장애 발생 호스트를 쉽게 찾음 ③ STAR형보다 케이블링에 드는 비용이 적음
단점	① 설치 시 케이블링에 비용이 많이 듦 ② 통신량이 많은 경우 전송지연 발생 ③ 중앙전송제어장치 고장 시 네트워크 동작 불능	① 링을 제어하기 위한 절차 복잡 ② 링에 결함 발생 시 전체 네트워크 사용 불능 ③ 호스트 추가 시 링을 절단하고 호스트 추가

CHAPTER 05 누전경보기 (NFTC 205)

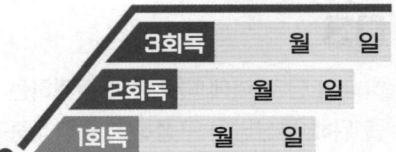

학습목표

1 누전경보기의 구성요소에 대해 학습한다.
2 누전경보기의 설치방법에 대해 학습한다.
3 누전경보기의 기능시험에 대해 이해한다.
4 누전경보기 용어 정의에 대해 학습한다.

학습MAP

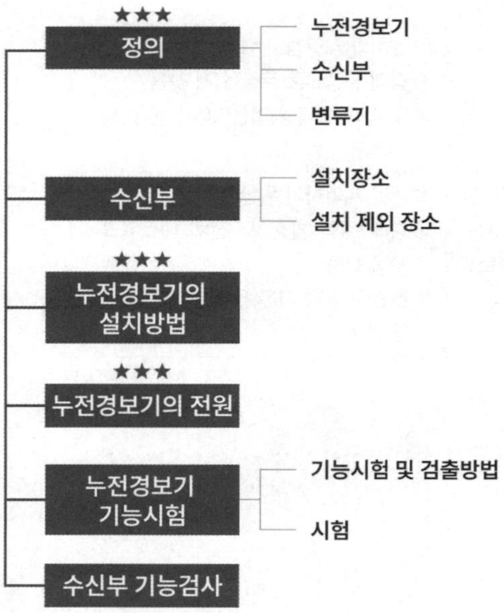

- 정의 ★★★
  - 누전경보기
  - 수신부
  - 변류기
- 수신부
  - 설치장소
  - 설치 제외 장소
- 누전경보기의 설치방법 ★★★
- 누전경보기의 전원 ★★★
- 누전경보기 기능시험
  - 기능시험 및 검출방법
  - 시험
- 수신부 기능검사

01 누전경보기 ★★★

1 정의 ★★★

(1) 누전경보기 : 내화구조가 아닌 건축물로서 벽, 바닥 또는 천장의 전부나 일부를 불연재료 또는 준불연재료가 아닌 재료에 철망을 넣어 만든 건물의 전기설비로부터 누설전류를 탐지하여 경보를 발하며, 변류기와 수신부로 구성된 것을 말함

(2) 수신부 : 변류기로부터 검출된 신호를 수신하여 누전의 발생을 당해 소방대상물의 관계자에게 경보하여주는 것(차단기구 포함)

(3) 집합형 수신부 : 2개 이상의 변류기를 연결하여 사용하는 수신부

(4) 차단기구 : 경계전로에 누설전류가 흐르는 경우 이를 수신하여 그 경계전로의 전원을 자동적으로 차단하는 장치

(5) 변류기 : 경계전로의 누설전류 자동 검출하여 이를 누전경보기의 수신부에 송신

✔ 누전경보기의 구성요소

구성요소	기능
영상변류기	누설전류 검출
수신기	누설전류 증폭
음향장치	누전 시 경보 발생
차단기(차단릴레이 포함)	누설전류 발생 시 전원차단

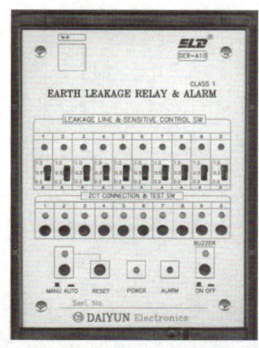

[누전경보기 수신부]

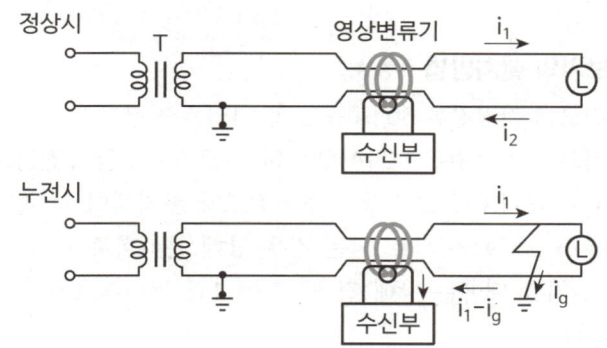

[유입전류의 합 = 유출전류의 합 ⇒ 키르히호프의 법칙]

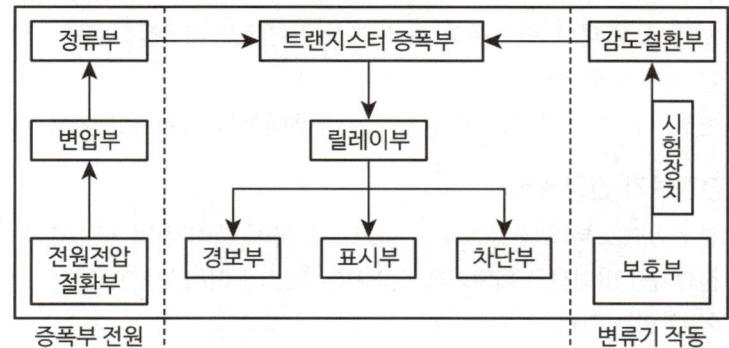

[수신기의 내부 구성도]

2 수신부

(1) 수신부 설치장소

누전경보기의 수신부는 옥내의 점검에 편리한 장소에 설치하되, 가연성의 증기·먼지 등이 체류할 우려가 있는 장소의 전기회로에는 해당 부분의 전기회로를 차단할 수 있는 차단기구를 가진 수신부를 설치하여야 한다. 이 경우 차단기구의 부분은 해당 장소 외의 안전한 장소에 설치하여야 한다.

(2) 수신부 설치 제외 장소
① 가연성의 증기·먼지·가스 등이나 부식성의 증기·가스 등이 다량 체류하는 장소
② 화약류를 제조하거나 저장 또는 취급하는 장소
③ 습도가 높은 장소
④ 온도의 변화가 급격한 장소
⑤ 대전류회로·고주파 발생회로 등에 따른 영향을 받을 우려가 있는 장소

☑ 방폭·방식·방습·방온·방진 및 정전기 차폐 등의 방호조치를 한 것은 제외

3 누전경보기의 설치방법 ★★★

(1) 경계전로의 정격전류 60 [A]를 초과 : 1급 누전경보기
(2) 경계전로의 정격전류 60 [A]를 이하 : 1급 또는 2급 누전경보기(다만 정격전류가 60 [A]를 초과하는 경계전로가 분기되어 각 분기회로의 정격전류가 60 [A] 이하로 되는 경우 당해 분기회로마다 2급 누전경보기를 설치한 때에는 당해 경계전로에 1급 누전경보기를 설치한 것으로 본다)
(3) 변류기는 특정소방대상물의 형태, 인입선의 시설방법 등에 따라 옥외 인입선의 제1지점의 부하 측 또는 제2종 접지선 측의 점검이 쉬운 위치에 설치(다만 인입선의 형태 또는 특정소방대상물의 구조상 부득이한 경우 인입구에 근접한 옥내에 설치)
(4) 변류기를 옥외의 전로에 설치하는 경우에는 옥외형으로 설치

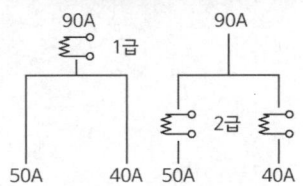

4 누전경보기 전원 ★★★

(1) 분전반으로부터 전용회로로 하고, 각 극에 개폐기 및 15 [A] 이하의 과전류차단기(배선용 차단기에 있어서는 20 [A] 이하의 것으로 각 극을 개폐할 수 있는 것)를 설치할 것
(2) 전원을 분기할 때에는 다른 차단기에 따라 전원이 차단되지 아니하도록 할 것
(3) 전원의 개폐기에는 누전경보기용임을 표시한 표지를 할 것

5 형식승인 및 제품검사의 기술기준

(1) 변류기 및 수신부의 종류
　① 변류기는 구조에 따라 옥외형과 옥내형으로 구분하고 수신부와의 호환성 유무에 따라 호환성형 및 비호환성형으로 구분
　② 수신부는 정격전류가 60 [A] 이하의 경계전로에 한하여 사용하는 것을 2급, 60 [A] 초과의 경계전로에 한하여 사용하는 것을 1급으로 구분하고, 변류기와의 호환성 유무에 따라 호환성형 및 비호환성형으로 구분한다.

(2) 절연저항시험
　① 측정장치 : DC 500 [V]의 절연저항계
　② 절연저항시험 : 5 [MΩ] 이상
　③ 측정위치
　　ㄱ. 절연된 1차권선과 2차권선 간의 절연저항
　　ㄴ. 절연된 1차권선과 외부금속부 간의 절연저항
　　ㄷ. 절연된 2차권선과 외부금속부 간의 절연저항

(3) 음향장치
　① 사용전압 80 [%]에서 음향을 발생할 것
　② 음향장치의 중심으로부터 1 [m] 위치 70 [dB] 이상, 고장표시는 60 [dB] 이상

(4) 차단기구
　① 개폐부는 원활하고, 확실하게 작동하고, 정지점이 확실할 것
　② 개폐부는 수동으로 개폐가 가능, 자동적으로 복귀하지 아니할 것

(5) 변류기 및 수신부의 종류
　① 구조에 따라 옥외형과 옥내형
　② 송신부와의 상호호환성 유무에 따라 호환성과 비호환성으로 구분
　③ 수신부는 정격전류가 60 [A] 이하의 경계전로에 한하여 사용하는 것은 2급, 그 외는 1급 사용

(6) 공칭작동전류치 : 공칭작동전류치 200 [mA] 이하일 것 ★★★

(7) 감도조정장치(감도절환부) : 최대 1 [A](조정범위는 0.2 [A], 0.5 [A], 1 [A] 구분) ★★★

(8) 전압강하방지시험 : 경계전로의 전압강하는 0.5 [V] 이하

(9) 전압 지시전기계기의 최대눈금 : 정격전압의 140 [%] 이상 200 [%] 이하

○ 변류기 절연저항시험 시 0.1 [MΩ] 이상이어야 한다. ✗ 5 [MΩ] 이상

선생님 TIP
측정위치 3가지 쓰는 문제가 2024년 3회 시험에서 출제되었습니다!

선생님 TIP
공칭작동전류치와 감도조정장치는 시험에 종종 출제되므로 반드시 암기합시다.

○ 공칭작동전류치의 정의
구성요소누전경보기를 작동시키기 위하여 필요한 누설전류의 값으로서 제조자에 의하여 표시되는 값

6 누전경보기 기능시험 ★★★

(1) 누전경보기의 기능시험 및 검출방법

시험종류	시험방법
동작시험	스위치를 시험위치에 두고 회로시험스위치로 각 구역을 선택하여 누전 시와 같은 작동이 이루어지는지 확인
도통시험	스위치를 시험위치에 두고 회로시험스위치로 각 구역을 선택하여 변류기와의 접속 이상 유무를 점검
누설전류 측정시험	스위치를 누르고 회로시험스위치 해당구역을 선택하면 누전되고 있는 전류량이 표시부에 숫자로 나타남

(2) 누전경보기시험

① 전로개폐시험 : 변류기는 출력단자에 부하저항을 접속하고, 경계전로에 당해 변류기의 정격전류의 150 [%]인 전류를 흘린 상태에서 경계전로의 개폐를 5회 반복하는 경우 그 출력전압치는 공칭작동전류치의 42 [%]에 대응하는 출력전압치 이하이어야 한다.

② 단락전류강도시험 : 변류기는 출력단자에 부하저항을 접속한 다음 경계전로의 전원 측에 과전류차단기를 설치하여, 경계전로에 당해 변류기의 정격전압에서 단락역율이 0.3에서 0.4까지인 2500 [A]의 전류를 2분 간격으로 약 0.02초간 2회 흘리는 경우 그 구조 및 기능에 이상이 생기지 아니하여야 한다.

③ 과누전시험 : 변류기는 1개의 전선을 변류기에 부착시킨 회로를 설치하고 출력단자에 부하저항을 접속한 상태로 당해 1개의 전선에 변류기의 정격전압의 20 [%]에 해당하는 수치의 전류를 5분간 흘리는 경우 그 구조 또는 기능에 이상이 생기지 아니하여야 한다.

④ 노화시험 : 변류기는 (65 ± 2) [℃]인 공기 중에 30일간 놓아두는 경우 그 구조 및 기능에 이상이 생기지 아니하여야 한다.

⑤ 방수시험 : 옥외형 변류기는 (23 ± 2) [℃], 상대습도 (50 ± 5) [%]의 상태에 24시간 방치한 후 (23 ± 2) [℃]의 맑은 물에 48시간 침지시키는 경우 내부에 물이 고이지 않아야 하며, 기능 및 절연저항 시험에 이상이 생기지 아니하여야 한다.

⑥ 절연내력시험 : 60 [Hz]의 정현파에 가까운 실효전압 1500 [V](경계전로전압이 250 [V]를 초과하는 경우에는 경계전로전압에 2를 곱한 값에 1 [kV]를 더한 값)의 교류전압을 가하는 시험에서 1분간 견디는 것이어야 한다.

선생님 TIP

최근 누전경보기시험이 신출문제로 출제되었습니다. 전부 암기하지 못하더라도 반드시 한번 눈에 익혀주시기 바랍니다.

⑦ 전압강하방지시험 : 변류기(경계전로의 전선을 그 변류기에 관통시키는 것은 제외한다)는 경계전로에 정격전류를 흘리는 경우 그 경계전로의 전압강하는 0.5 [V] 이하이어야 한다.

7 수신부 기능검사

(1) 방수시험
(2) 충격시험
(3) 절연저항시험
(4) 진동시험
(5) 충격파 내 전압시험
(6) 절연내력시험
(7) 과입력전압시험
(8) 반복시험
(9) 전원전압변동시험
(10) 개폐기 조작시험
(11) 온도특성시험

02 누전경보기 용어 정리(NFTC 205) ★★★

1. "누전경보기"란 내화구조가 아닌 건축물로서 벽, 바닥 또는 천장의 전부나 일부를 불연재료 또는 준불연재료가 아닌 재료에 철망을 넣어 만든 건물의 전기설비로부터 누설전류를 탐지하여 경보를 발하는 기기로서, 변류기와 수신부로 구성된 것을 말한다.
2. "수신부"란 변류기로부터 검출된 신호를 수신하여 누전의 발생을 해당 특정소방대상물의 관계인에게 경보하여주는 것(차단기구를 갖는 것을 포함한다)을 말한다.
3. "변류기"란 경계전로의 누설전류를 자동적으로 검출하여 이를 누전경보기의 수신부에 송신하는 것을 말한다.
4. "경계전로"란 누전경보기가 누설전류를 검출하는 대상 전선로를 말한다.
5. "과전류차단기"란 「전기설비기술기준의 판단기준」 제38조와 제39조에 따른 것을 말한다.

6. "분전반"이란 배전반으로부터 전력을 공급받아 부하에 전력을 공급해주는 것을 말한다.
7. "인입선"이란 「전기설비기술기준」 제3조 제1항 제9호에 따른 것으로서, 배전선로에서 갈라져서 직접 수용장소의 인입구에 이르는 부분의 전선을 말한다.
8. "정격전류"란 전기기기의 정격출력상태에서 흐르는 전류를 말한다.

CHAPTER 05 연습문제

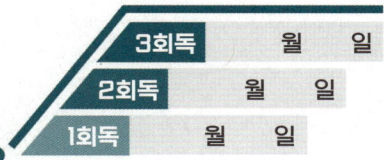

01

배점 4

누전경보기의 구성요소 4가지와 각각의 기능에 대하여 답란에 쓰시오.

구성요소	기능

정답

구성요소	기능
영상변류기	누설전류 검출
수신기	누설전류 증폭
음향장치	누전 시 경보 발생
차단기(차단릴레이 포함)	누설전류 발생 시 전원차단

02

배점 5

다음은 누전경보기에서 사용되는 용어에 대한 정의이다. ( ) 안에 알맞은 용어를 쓰시오.

가. (㉠)란 내화구조가 아닌 건축물로서 벽, 바닥 또는 천장의 전부나 일부를 불연재료 또는 준불연재료가 아닌 재료에 철망을 넣어 만든 건물의 전기설비로부터 누설전류를 탐지하여 경보를 발하며, 변류기와 수신부로 구성된 것을 말한다.

나. (㉡)란 변류기로부터 검출된 신호를 수신하여 누전의 발생을 해당 특정 소방대상물의 관계인에게 경보하여주는 것(차단기구를 갖는 것을 포함한다)을 말한다.

다. (ⓒ)란 경계전로의 누설전류를 자동적으로 검출하여 이를 누전경보기의 수신부에 송신하는 것을 말한다.

> 정답

㉠ 누전경보기, ㉡ 수신부, ㉢ 변류기

03   배점 6

누전경보기에 관한 다음 각 물음에 답하시오.

가. 누전경보기는 경계전로의 정격전류 값에 따라 1급과 2급으로 구분된다. 경계전로의 기준값이 되는 전류값[A]을 쓰시오.

나. 전원은 분전반으로부터 전용으로 하고 각 극에 개폐기 및 20 [A] 이하의 무엇을 설치하는가?

다. 영상변류기의 기능은 무엇인가?

> 정답

가. 60 [A]
나. 배선용 차단기
다. 누설전류검출

핵심이론 누전경보기

□ 경계전로 정격전류에 따른 구분

정격전류	60 [A] 초과	60 [A] 이하
경보기 종류	1급	1급, 2급

□ 누전경보기 전원
- 전원은 분전반으로부터 전용회로로 하고, 각 극에 개폐기 및 15 [A] 이하의 과전류 차단기(배선용 차단기에 있어서는 20 [A] 이하의 것으로 각 극을 개폐할 수 있는 것)를 설치할 것
- 전원을 분기할 때에는 다른 차단기에 따라 전원이 차단되지 아니하도록 할 것
- 전원의 개폐기에는 누전경보기용임을 표시한 표지를 할 것

□ 변류기(영상변류기, ZCT)
경계전로의 누설전류 자동 검출하여 이를 누전경보기의 수신부에 송신

04

누전경보기 관한 다음 물음에 답하시오.

가. 1급 누전경보기를 사용한다. 기준을 쓰시오.

나. 전원은 분전반으로부터 전용회로로 하고, 각 극을 개폐하기 위해 각 극에 설치하여야 하는 장치를 쓰시오. (단, 배선용 차단기 제외)

다. 변류기 용어의 정의를 쓰시오.

정답

가. 경계전로의 정격전류가 60 [A]를 초과하는 전로에 있어서는 1급 누전경보기를, 60 [A] 이하의 전로에 있어서는 1급 또는 2급 누전경보기를 설치할 것
나. 개폐기 및 15 [A] 이하의 과전류 차단기
다. 경계전로의 누설전류를 자동적으로 검출하여 이를 누전경보기의 수신부의 송신하는 것

05

누전경보기에 대한 다음 설명 중 ( ) 안에 적당한 것은?

가. 사용전압이 최소 (㉠) [%]인 전압에서 소리를 내어야 한다.

나. 변류기는 구조에 따라 (㉡)형과 (㉢)형으로 구분되고, 수신부와의 상호호환성 유무에 따라 호환성형 및 비호환성형으로 구분한다.

다. 누전경보기의 공칭작동전류치는 (㉣) [mA] 이하이어야 한다.

라. 수신부는 절연된 충전부와 외함 간 및 차단기구의 개폐부의 절연저항을 직류 500 [V]의 절연저항계로 측정하는 경우 (㉤) [MΩ] 이상이어야 한다.

정답

㉠ 80, ㉡ 옥외형, ㉢ 옥내형, ㉣ 200, ㉤ 5

핵심이론 | 누전경보기의 화재안전기준

□ 누전경보기 변류기 및 수신부 종류
  • 변류기는 구조에 따라 옥외형과 옥내형으로 구분하고 수신부와의 호환성 유무에 따라 호환성형 및 비호환성형으로 구분
  • 수신부는 정격전류가 60 [A] 이하의 경계전로에 한하여 사용하는 것을 2급, 60 [A] 초과의 경계전로에 한하여 사용하는 것을 1급으로 구분하고, 변류기와의 호환성유무에 따라 호환성형 및 비호환성형으로 구분한다.
□ 기타 기술기준
  • 공칭작동전류치 : 공칭작동전류치 200 [mA] 이하일 것
  • 감도조정장치(감도절환부) : 최대 1 [A](조정범위 0.2, 0.5, 1 [A]로 구분)
□ 절연저항시험
  • 측정장치 : DC 500 [V]의 절연저항계
  • 절연저항시험 : 5 [MΩ] 이상
  • 측정위치
    ① 절연된 1차권선과 2차권선 간의 절연저항
    ② 절연된 1차권선과 외부금속부 간의 절연저항
    ③ 절연된 2차권선과 외부금속부 간의 절연저항

06 [배점 5]

그림과 같은 전로에 누전경보기를 설치하고자 한다. 다음 요구사항대로 누전경보기를 설치하시오. (단, 누전경보기는  로 표현할 것)

가. 1급 누전경보기로 설치하시오.

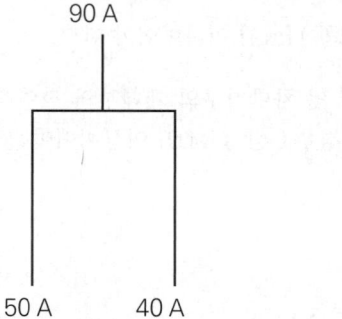

나. 2급 누전경보기로 설치하시오.

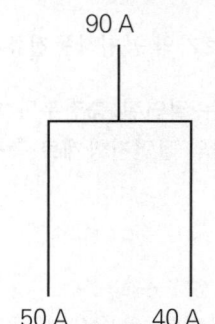

정답

가.
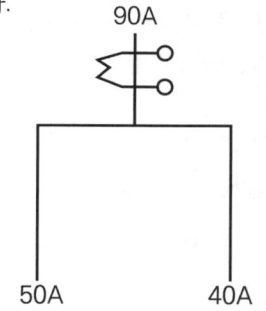
90A
50A 40A

나.
90A
50A 40A

07

득점 □ 배점 8

누전경보기에 대한 다음 각 물음에 답하시오.

가. 1급과 2급 누전경보기를 구분하는 경계전로의 정격전류는 몇 [A]인가?

나. 전원은 분전반으로부터 전용회로로 한다. 각 극에는 무엇을 설치하여야 하는가?

다. CT의 명칭은 무엇이며 CT를 점검하고자 할 때 2차 측은 어떻게 하여야 하는가?

라. 누전경보기의 공칭작동전류치는 몇 [mA] 이하이어야 하는가?

정답

가. 60 [A]
나. 개폐기 및 15 [A] 이하의 과전류차단기(배선용 차단기에 있어서는 20 [A] 이하의 것)
다. CT : 변류기
   2차 측 : 단락시켜야 한다.
라. 200 [mA]

08

도면은 누전경보기의 설치회로도이다. 이 회로를 보고 다음 물음에 답하시오. (단, 도면의 잘못된 부분은 모두 정상회로로 수정한 것으로 가정하고 답할 것)

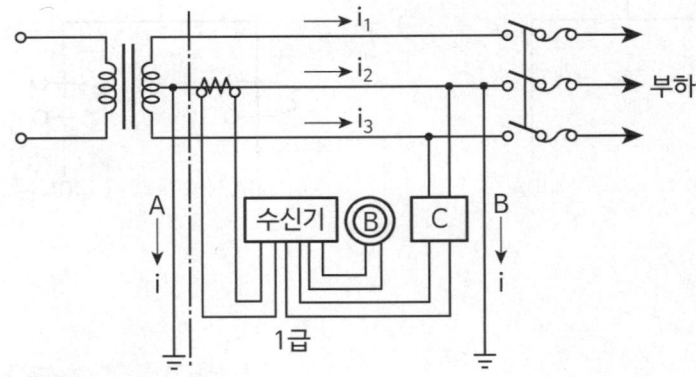

가. 회로에서 잘못된 부분을 3가지만 지적하여 올바른 방법을 설명하시오.
   - 잘못된 부분 :
   - 올바른 방법 :

나. 회로에서 ⓒ에 사용하는 과전류차단기의 용량은 몇 [A] 이하여야 하는가?

다. 회로의 음향장치는 정격전압의 몇 [%] 전압에서 음향을 발할 수 있어야 하는가?

라. 회로에서 변류기의 절연저항을 측정하였을 경우 절연저항값은 몇 [MΩ] 이상이어야 하는가? (단, 1차권선 또는 2차권선과 외부금속부와의 사이로 차단기의 개폐부에 DC 500 [V] 절연저항계를 사용한다)

마. 누전경보기의 공칭작동전류치는 몇 [mA] 이하이어야 하는가?

정답

가. 1) 잘못된 부분 : 영상변류기가 1선만 관통
   올바른 방법 : 3선을 모두 영상변류기에 관통
2) 잘못된 부분 : 접지선이 각각 영상변류기의 전원 측(A)과 부하 측(B)에 설치
   올바른 방법 : 영상변류기의 전원 측(A)만 설치
3) 잘못된 부분 : 차단기 2차 측 중성선에 퓨즈 설치
   올바른 방법 : 동선으로 직결

☑ 해설 : 올바른 회로

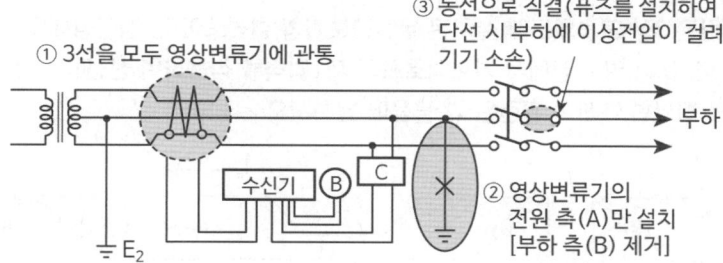

나. 15 [A] 이하
다. 80 [%]
라. 5 [MΩ] 이상
마. 200 [mA] 이하

핵심이론 ▎누전경보기의 화재안전기준

▫ 누전경보기 전원
- 전원은 분전반으로부터 전용회로로 하고, 각 극에 개폐기 및 15 [A] 이하의 과전류차단기(배선용 차단기에 있어서는 20 [A] 이하의 것으로 각 극을 개폐할 수 있는 것)를 설치할 것
- 전원을 분기할 때에는 다른 차단기에 따라 전원이 차단되지 아니하도록 할 것
- 전원의 개폐기에는 누전경보기용임을 표시한 표지를 할 것

▫ 음향장치
사용전압 80 [%]에서 음향을 발생할 것

▫ 기타 기술기준
- 공칭작동전류치 : 공칭작동전류치 200 [mA] 이하일 것
- 감도조정장치(감도절환부) : 최대 1 [A](조정범위 0.2, 0.5, 1 [A]로 구분)

▫ 절연저항시험
- 측정장치 : DC 500 [V]의 절연저항계
- 절연저항시험 : 5 [MΩ] 이상
- 측정위치
  ① 절연된 1차권선과 2차권선 간의 절연저항
  ② 절연된 1차권선과 외부금속부 간의 절연저항
  ③ 절연된 2차권선과 외부금속부 간의 절연저항

09

배점 8

다음 그림은 3상 교류회로에 설치된 누전경보기의 결선도이다. 정상상태와 누전 발생 시 a 점, b 점 및 c 점에서 키르히호프의 제1법칙을 적용하여 선전류 I_1, I_2, I_3 및 선전류의 벡터합 계산과 관련된 각 물음에 답하시오.

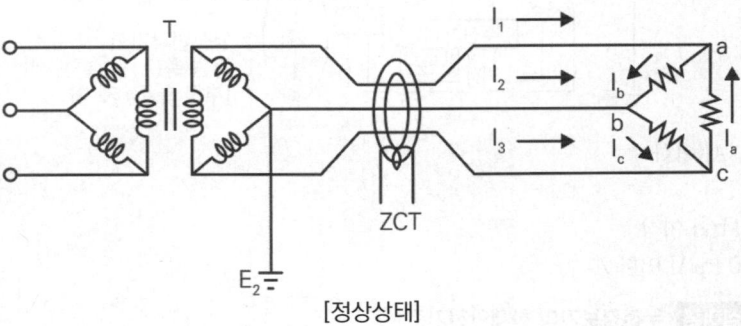

[정상상태]

가. 정상상태 시 선전류 a 점 : I_1 = ( ), b 점 : I_2 = ( ), c 점 : I_3 = ( )

나. 정상상태 시 선전류의 벡터합 $I_1 + I_2 + I_3$ = ( )

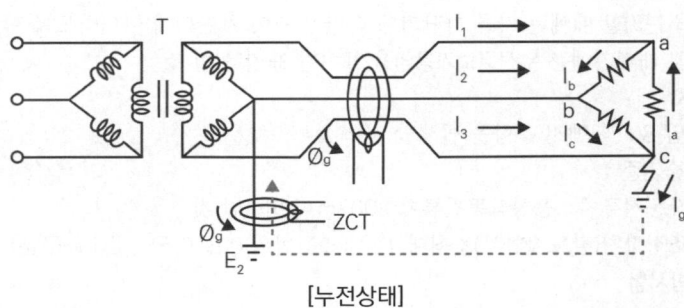

[누전상태]

다. 누전 시 선전류 a점 : I_1 = ( ), b점 : I_2 = ( ), c점 : I_3 = ( )

라. 누전 시 선전류의 벡터합 $I_1 + I_2 + I_3$ = ( )

정답

가. a점 : $I_1 = (I_b - I_a)$, b점 : $I_2 = (I_c - I_b)$, c점 : $I_3 = (I_a - I_c)$

나. $I_1 + I_2 + I_3 = (I_b - I_a + I_c - I_b + I_a - I_c = 0)$

다. a점 : $I_1 = (I_b - I_a)$, b점 : $I_2 = (I_c - I_b)$, c점 : $I_3 = (I_a - I_c + I_g)$

라. $I_1 + I_2 + I_3 = (I_b - I_a + I_c - I_b + I_a - I_c + I_g = I_g)$

10

누전경보기의 화재안전기술기준 중 전원에 대한 기준 3가지를 쓰시오.

① ② ③

정답

- 전원은 분전반으로부터 전용회로로 하고, 각 극에 개폐기 및 15 [A] 이하의 과전류차단기(배선용 차단기에 있어서는 20 [A] 이하의 것으로 각 극을 개폐 할 수 있는 것)를 설치할 것
- 전원을 분기할 때에는 다른 차단기에 따라 전원이 차단되지 아니하도록 할 것
- 전원의 개폐기에는 누전경보기용임을 표시한 표지를 할 것

11

누전경보기의 시험 중 다음에 해당하는 것의 정의를 쓰시오.

가. 전로개폐시험

나. 단락전류강도시험

다. 과누전시험

정답

가. 전로개폐시험 : 변류기는 출력단자에 부하저항을 접속하고, 경계전로에 당해 변류기의 정격전류의 150 [%]인 전류를 흘린 상태에서 경계전로의 개폐를 5회 반복하는 경우 그 출력전압치는 공칭작동전류치의 42 [%]에 대응하는 출력전압치 이하이어야 한다.

나. 단락전류강도시험 : 변류기는 출력단자에 부하저항을 접속한 다음 경계전로의 전원측에 과전류차단기를 설치하여, 경계전로에 당해 변류기의 정격전압에서 단락역율이 0.3에서 0.4까지인 2500 [A]의 전류를 2분 간격으로 약 0.02초간 2회 흘리는 경우 그 구조 및 기능에 이상이 생기지 아니하여야 한다.

다. 과누전시험 : 변류기는 1개의 전선을 변류기에 부착시킨 회로를 설치하고 출력단자에 부하저항을 접속한 상태로 당해 1개의 전선에 변류기의 정격전압의 20 [%]에 해당하는 수치의 전류를 5분간 흘리는 경우 그 구조 또는 기능에 이상이 생기지 아니하여야 한다.

핵심이론 ▎누전경보기의 시험

① 전로개폐시험 : 변류기는 출력단자에 부하저항을 접속하고, 경계전로에 당해 변류기의 정격전류의 150 [%]인 전류를 흘린 상태에서 경계전로의 개폐를 5회 반복하는 경우 그 출력전압치는 공칭작동전류치의 42 [%]에 대응하는 출력전압치 이하이어야 한다.

② 단락전류강도시험 : 변류기는 출력단자에 부하저항을 접속한 다음 경계전로의 전원 측에 과전류차단기를 설치하여, 경계전로에 당해 변류기의 정격전압에서 단락역률이 0.3에서 0.4까지인 2500 [A]의 전류를 2분 간격으로 약 0.02초간 2회 흘리는 경우 그 구조 및 기능에 이상이 생기지 아니하여야 한다.

③ 과누전시험 : 변류기는 1개의 전선을 변류기에 부착시킨 회로를 설치하고 출력단자에 부하저항을 접속한 상태로 당해 1개의 전선에 변류기의 정격전압의 20 [%]에 해당하는 수치의 전류를 5분간 흘리는 경우 그 구조 또는 기능에 이상이 생기지 아니하여야 한다.

④ 노화시험 : 변류기는 (65 ± 2) [℃]인 공기 중에 30일간 놓아두는 경우 그 구조 및 기능에 이상이 생기지 아니하여야 한다.

⑤ 방수시험 : 옥외형 변류기는 (23 ± 2) [℃], 상대습도 (50 ± 5) [%]의 상태에 24시간 방치한 후 (23 ± 2) [℃]의 맑은 물에 48시간 침지시키는 경우 내부에 물이 고이지 않아야 하며, 기능 및 절연저항시험에 이상이 생기지 아니하여야 한다.

⑥ 절연내력시험 : 60 [Hz]의 정현파에 가까운 실효전압 1500 [V](경계전로전압이 250 [V]를 초과하는 경우에는 경계전로전압에 2를 곱한 값에 1 [kV]를 더한 값)의 교류전압을 가하는 시험에서 1분간 견디는 것이어야 한다.

⑦ 전압강하방지시험 : 변류기(경계전로의 전선을 그 변류기에 관통시키는 것은 제외한다)는 경계전로에 정격전류를 흘리는 경우 그 경계전로의 전압강하는 0.5 [V] 이하이어야 한다.

CHAPTER

06 가스누설경보기 (NFTC 206)

3회독 월 일
2회독 월 일
1회독 월 일

PART 1

학습목표

1 가스누설경보기의 종류와 정의에 대해 학습한다.
2 가스누설경보기 설치기준에 대해 이해한다.
3 가스누설경보기 형식승인 및 제품검사의 기술기준에 대해 학습한다.
4 가스누설경보기 용어 정의에 대해 학습한다.

학습MAP

- 정의
  - 가스누설경보기
  - 가연성가스경보기
  - 일산화탄소경보기
  - 탐지부
  - 수신부
  - 분리형
  - 단독형
  - 가스연소기
- 설치기준
  - 가연성가스경보기 ★★★
  - 일산화탄소경보기
- 형식승인 및 제품검사의 기술기준

01 가스누설경보기

1 정의

(1) 가스누설경보기

가연성 가스 또는 불완전연소가스가 새는 것을 탐지하여 관계자나 이용자에게 경보하여주는 것을 말한다. 다만 탐지 소자 외의 방법에 의하여 가스가 새는 것을 탐지하는 것, 점검용으로 만들어진 휴대용 검지기 또는 연동기기에 의하여 경보를 발하는 것은 제외한다.

(2) 가연성 가스경보기

보일러 등 가스연소기에서 액화석유가스(LPG), 액화천연가스(LNG) 등의 가연성 가스가 새는 것을 탐지하여 관계자나 이용자에게 경보하여주는 것을 말한다. 다만 탐지 소자 외의 방법에 의하여 가스가 새는 것을 탐지하는 것, 점검용으로 만들어진 휴대용 탐지기 또는 연동기기에 의하여 경보를 발하는 것은 제외한다.

(3) 일산화탄소경보기

일산화탄소가 새는 것을 탐지하여 관계자나 이용자에게 경보하여주는 것을 말한다. 다만 탐지 소자 외의 방법에 의하여 가스가 새는 것을 탐지하는 것, 점검용으로 만들어진 휴대용 탐지기 또는 연동기기에 의하여 경보를 발하는 것은 제외한다.

(4) 탐지부

가스누설경보기(이하 "경보기"라 한다) 중 가스누설을 탐지하여 중계기 또는 수신부에 가스누설의 신호를 발신하는 부분 또는 가스누설을 탐지하여 수신부 등에 가스누설의 신호를 발신하는 부분을 말한다.

(5) 수신부

경보기 중 탐지부에서 발하여진 가스누설신호를 직접 또는 중계기를 통하여 수신하고 이를 관계자에게 음향으로써 경보하여주는 것을 말한다.

(6) 분리형 : 탐지부와 수신부가 분리되어 있는 형태의 경보기를 말한다.

(7) 단독형 : 탐지부와 수신부가 일체로 되어 있는 형태의 경보기를 말한다.

(8) 가스연소기

가스레인지 또는 가스보일러 등 가연성 가스를 이용하여 불꽃을 발생하는 장치를 말한다.

> **선생님 TIP**
> • 액화석유가스의 주성분 : 프로판, 부탄(공기보다 무거운 가스)
> • 액화천연가스의 주성분 : 메탄(공기보다 가벼운 가스)

[단독형]

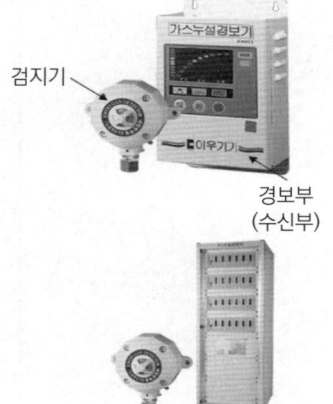

검지기
경보부
(수신부)

[분리형(영업용, 공업용)]

2 설치기준

(1) 가연성 가스경보기 ★★★

① 분리형 경보기의 수신부는 다음 각 호의 기준에 따라 설치하여야 한다.

ㄱ. 가스연소기 주위의 경보기의 상태 확인 및 유지 관리에 용이한 위치에 설치할 것

ㄴ. 가스누설 음향의 음량과 음색이 다른 기기의 소음 등과 명확히 구별될 것

ㄷ. 가스누설 음향은 수신부로부터 1 [m] 떨어진 위치에서 음압이 70 [dB] 이상일 것

ㄹ. 수신부의 조작스위치는 바닥으로부터의 높이가 0.8 [m] 이상 1.5 [m] 이하인 장소에 설치할 것

ㅁ. 수신부가 설치된 장소에는 관계자 등에게 신속히 연락할 수 있도록 비상연락 번호를 기재한 표를 비치할 것

② 분리형 경보기의 탐지부는 다음 기준에 따라 설치하여야 한다.

ㄱ. 탐지부는 가스연소기의 중심으로부터 직선거리 8 [m](공기보다 무거운 가스를 사용하는 경우에는 4 [m]) 이내에 1개 이상 설치하여야 한다.

ㄴ. 탐지부는 천장으로부터 탐지부 하단까지의 거리가 0.3 [m] 이하가 되도록 설치한다. 다만 공기보다 무거운 가스를 사용하는 경우에는 바닥면으로부터 탐지부 상단까지의 거리는 0.3 [m] 이하로 한다.

③ 단독형 경보기는 다음 각 호의 기준에 따라 설치하여야 한다.

ㄱ. 가스연소기 주위의 경보기의 상태 확인 및 유지 관리에 용이한 위치에 설치할 것

ㄴ. 가스누설 음향의 음량과 음색이 다른 기기의 소음 등과 명확히 구별될 것

ㄷ. 가스누설 음향장치는 수신부로부터 1 [m] 떨어진 위치에서 음압이 70 [dB] 이상일 것

ㄹ. 단독형 경보기는 가스연소기의 중심으로부터 직선거리 8 [m] (공기보다 무거운 가스를 사용하는 경우에는 4 [m]) 이내에 1개 이상 설치하여야 한다.

○ 가스누설 음향은 수신부로부터 1 [m] 떨어진 위치에서 음압이 70 [dB] 이상일 것 **O**

○ 공기보다 무거운 가스를 사용하는 경우에는 바닥면으로부터 탐지부 상단까지의 거리는 0.5 [m] 이하로 한다. **X** 0.3 [m]

ㅁ. 단독형 경보기는 천장으로부터 경보기 하단까지의 거리가 0.3 [m] 이하가 되도록 설치한다. 다만 공기보다 무거운 가스를 사용하는 경우에는 바닥면으로부터 단독형 경보기 상단까지의 거리는 0.3 [m] 이하로 한다.

ㅂ. 경보기가 설치된 장소에는 관계자 등에게 신속히 연락할 수 있도록 비상연락 번호를 기재한 표를 비치할 것

(2) 일산화탄소경보기
① 일산화탄소경보기를 설치하는 경우(타 법령에 따라 일산화탄소 경보기를 설치하는 경우를 포함한다)에는 가스연소기 주변(타 법령에 따라 설치하는 경우에는 해당 법령에서 지정한 장소)에 설치할 수 있다.
② 분리형 경보기의 수신부는 다음 각 호의 기준에 따라 설치하여야 한다.
 ㄱ. 가스누설 음향의 음량과 음색이 다른 기기의 소음 등과 명확히 구별될 것
 ㄴ. 가스누설 음향은 수신부로부터 1 [m] 떨어진 위치에서 음압이 70 [dB] 이상일 것
 ㄷ. 수신부의 조작스위치는 바닥으로부터의 높이가 0.8 [m] 이상 1.5 [m] 이하인 장소에 설치할 것
 ㄹ. 수신부가 설치된 장소에는 관계자 등에게 신속히 연락할 수 있도록 비상연락 번호를 기재한 표를 비치할 것
③ 분리형 경보기의 탐지부는 천장으로부터 탐지부 하단까지의 거리가 0.3 [m] 이하가 되도록 설치한다.
④ 단독형 경보기는 다음 각 호의 기준에 따라 설치하여야 한다.
 ㄱ. 가스누설 음향의 음량과 음색이 다른 기기의 소음 등과 명확히 구별될 것
 ㄴ. 가스누설 음향장치는 수신부로부터 1 [m] 떨어진 위치에서 음압이 70 [dB] 이상일 것
 ㄷ. 단독형 경보기는 천장으로부터 경보기 하단까지의 거리가 0.3 [m] 이하가 되도록 설치한다.
 ㄹ. 경보기가 설치된 장소에는 관계자 등에게 신속히 연락할 수 있도록 비상연락 번호를 기재한 표를 비치할 것
⑤ 중앙소방기술심의위원회의 심의를 거쳐 일산화탄소경보기의 성능을 확보할 수 있는 별도의 설치방법을 인정받은 경우에는 해당 설치방법을 반영한 제조사의 시방에 따라 설치할 수 있다.

분리형 경보기의 탐지부 및 단독형 경보기는 다음 장소 이외의 장소에 설치
① 출입구 부근 등으로서 외부의 기류가 통하는 곳
② 환기구 등 공기가 들어오는 곳으로부터 1.5 [m] 이내인 곳
③ 연소기의 폐가스에 접촉하기 쉬운 곳
④ 가구·보·설비 등에 가려져 누설가스의 유통이 원활하지 못한 곳
⑤ 수증기, 기름 섞인 연기 등이 직접 접촉될 우려가 있는 곳

(3) 전원

경보기는 건전지 또는 교류전압의 옥내간선을 사용하여 상시 전원이 공급되도록 하여야 한다.

3 가스누설경보기 형식승인 및 제품검사의 기술기준

(1) 용어 정의
   ① 지구경보부 : 가스누설경보기의 수신부로부터 발하여진 신호를 받아 경보음을 발하는 것으로서 가스누설경보기에 추가로 부착하여 사용하는 부분
   ② 단독형 : 탐지부와 수신부가 1개 상자 내에 넣어 일체로 되어 있는 형태의 경보기
   ③ 분리형 : 탐지부와 수신부가 분리되어 있는 형태의 가스누설경보기

(2) 경보기의 분류
   ① 구조에 따라서 단독형과 분리형으로 구분
   ② 용도에 따라서 단독형은 가정용, 분리형은 영업용, 공업용으로 구분

(3) 분리형 수신부의 기능
   ① 2회선에서 가스누설신호를 동시에 수신하는 경우 가스 누설표시
   ② 수신개시부터 가스누설표시까지 소요시간은 60초 이내일 것

(4) 수신표시

가스의 누설을 표시하는 표시등(누설등) 및 가스의 누설경계구역의 위치를 표시하는 표시등(지구등)은 등이 켜질 때 황색으로 표시할 것

(5) 표시등
   ① 전구는 사용전압의 130 [%]인 교류전압을 20시간 연속하여 가하는 경우 단선, 현저한 광속변화, 흑화, 전류의 저하 등이 발생하지 아니하여야 함
   ② 전구는 2개 이상을 병렬로 접속하여야 함. 다만 방전등 또는 발광다이오드의 경우에는 그러하지 아니함
   ③ 주위의 밝기가 300 [lx]인 장소에서 측정하여 앞면으로부터 3 [m] 떨어진 곳에서 켜진 등이 확실히 식별되어야 한다. ★★

(6) 전압 지시전기계기

최대눈금은 사용하는 회로의 정격전압의 140 [%] 이상 200 [%] 이하이어야 함

(7) 음향장치 ★★

음향장치는 중심으로부터 1 [m] 떨어진 지점에서 주음향장치는 90 [dB] 이상(단, 단독형 및 분리형 중 영업용은 70 [dB], 고장 표시는 60 [dB]) 이상

○ 예비전원
① 예비전원은 알칼리계 2차축전지, 리튬계 2차축전지 또는 무보수밀폐형 연축전지이어야 함
② 용량
  ㄱ. 1회선용(단독형 포함)의 경우는 감시상태를 20분간 계속한 후 유효하게 작동되어 10분간 경보할 수 있는 용량
  ㄴ. 2회로 이상인 경보기의 경우는 연결된 모든 회로에 대하여 감시상태를 10분간 계속한 후 2회선을 유효하게 작동시키고 10분간 경보할 수 있는 용량

(9) 반복시험

분리형 경보기의 수신부는 가스누설표시의 작동을 정격전압에서 10000회 반복 실시

(10) 절연저항시험

경보기의 절연된 충전부와 외함 간 500 [V] 직류절연저항기로 측정하여 5 [MΩ](교류입력 측과 외함 간, 절연된 선로 간의 절연저항 각각 20 [MΩ]) 이상

02 가스누설경보기 용어정리(NFTC 206) ★★★

1. "가연성 가스경보기"란 보일러 등 가스연소기에서 액화석유가스(LPG), 액화천연가스(LNG) 등의 가연성 가스가 새는 것을 탐지하여 관계자나 이용자에게 경보하여주는 것을 말한다. 다만 탐지 소자 외의 방법에 의하여 가스가 새는 것을 탐지하는 것, 점검용으로 만들어진 휴대용 탐지기 또는 연동기기에 의하여 경보를 발하는 것은 제외한다.
2. "일산화탄소경보기"란 일산화탄소가 새는 것을 탐지하여 관계자나 이용자에게 경보하여주는 것을 말한다. 다만 탐지 소자 외의 방법에 의하여 가스가 새는 것을 탐지하는 것, 점검용으로 만들어진 휴대용 탐지기 또는 연동기기에 의하여 경보를 발하는 것은 제외한다.
3. "탐지부"란 가스누설경보기(이하 "경보기"라 한다) 중 가스누설을 탐지하여 중계기 또는 수신부에 가스누설 신호를 발신하는 부분을 말한다.
4. "수신부"란 경보기 중 탐지부에서 발하여진 가스누설 신호를 직접 또는 중계기를 통하여 수신하고 이를 관계자에게 음향으로서 경보하여주는 것을 말한다.
5. "분리형"이란 탐지부와 수신부가 분리되어 있는 형태의 경보기를 말한다.
6. "단독형"이란 탐지부와 수신부가 일체로 되어 있는 형태의 경보기를 말한다.
7. "가스연소기"란 가스레인지 또는 가스보일러 등 가연성 가스를 이용하여 불꽃을 발생하는 장치를 말한다.

 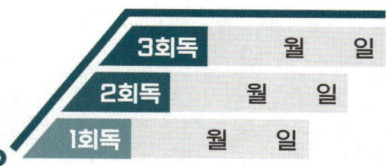

CHAPTER 06 연습문제

01
배점 4

가스누설경보기에 관한 다음 각 물음에 답하시오.

가. 지구등을 포함한 가스누설 표시등은 점등 시 어떤 색으로 표시하여야 하는가?

나. 경보기는 구조에 따라 (㉠)과 (㉡)으로 구분하며, 용도에 따라 단독형은 (㉢)으로, 분리형은 (㉣)와 (㉤)로 구분한다.

다. 가스누설을 검지하여 중계기 또는 수신부에 가스누설의 신호를 발신하는 부분은?

정답
가. 황색
나. ㉠ 단독형, ㉡ 분리형, ㉢ 가정용, ㉣ 영업용, ㉤ 공업용
다. 탐지부

02
배점 6

가스누설경보기의 탐지부를 설치하지 않아야 하는 장소 3가지를 쓰시오.

① ② ③

정답
① 출입구 부근 등으로서 외부의 기류가 통하는 곳
② 환기구 등 공기가 들어오는 곳으로부터 1.5 [m] 이내인 곳
③ 연소기의 폐가스에 접촉하기 쉬운 곳
④ 가구·보·설비 등에 가려져 누설가스의 유통이 원활하지 못한 곳
⑤ 수증기, 기름 섞인 연기 등이 직접 접촉될 우려가 있는 곳

03

가스누설경보기에 관한 다음 각 물음에 답하시오.

가. 수신 개시로부터 가스누설표시까지의 소요시간은 몇 초 이내이며, 지구등은 등이 켜질 때 어떤 색으로 표시되어야 하는지 쓰시오.

　1) 소요시간 :

　2) 색깔 :

나. 예비전원으로 사용하는 축전지의 종류를 쓰시오.

다. 예비전원의 용량에 대하여 간단히 쓰시오.

　1) 1회선용 :

　2) 2회로 이상 :

라. 경보기와 절연된 충전부와 외함 간 및 절연된 선로 간의 절연저항은 DC 500 [V] 절연저항계로 측정한 값이 각각 몇 [MΩ] 이상이어야 하는지 쓰시오.

　1) 절연된 충전부와 외함 간

　2) 절연된 선로 간

정답

가. 1) 60초 이내
　2) 황색
나. 알칼리계 2차축전지, 리튬계 2차축전지 또는 무보수밀폐형 연축전지
다. 1) 1회선용 : 감시상태를 20분간 계속한 후 유효하게 작동되어 10분간 경보할 수 있는 용량
　2) 2회로 이상 : 연결된 모든 회로에 대하여 감시상태를 10분간 계속한 후 2회선을 유효하게 작동시키고 10분간 경보할 수 있는 용량
라. 1) 절연된 충전부와 외함 간 : 5 [MΩ] 이상
　2) 절연된 선로 간 : 20 [MΩ] 이상

CHAPTER

07 기타 화재안전성능기준 및 화재안전기술기준

3회독 월 일
2회독 월 일
1회독 월 일

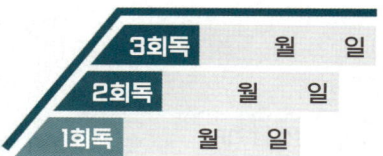

학습목표

1 화재알림설비에 대해 학습한다.
2 공동주택의 화재안전성능기준에 대해 학습한다.
3 창고시설의 화재안전성능기준에 대해 학습한다.
4 도로터널의 화재안전기술기준에 대해 학습한다.
5 지하구의 화재안전기술기준에 대해 학습한다.

학습MAP

- 화재알림설비
  - 정의
  - 수신기 적합기준
  - 수신기 설치기준
  - 중계기 설치기준
  - 화재알림형 감지기
- 공동주택의 화재안전성능기준
  - 자동화재탐지설비
  - 비상방송설비
  - 유도등
  - 비상조명등
  - 비상콘센트
- 창고시설의 화재안전성능기준
  - 비상방송설비
  - 자동화재탐지설비
  - 유도등
- 도로터널의 화재안전기술기준
  - 비상경보설비
  - 자동화재탐지설비
- 지하구의 화재안전기술기준
  - 자동화재탐지설비
  - 유도등
  - 무선통신보조설비
  - 기존 지하구에 대한 특례

01 화재알림설비(NFTC 207)

1 정의

(1) "화재알림형 감지기"란 화재 시 발생하는 열·연기·불꽃을 자동적으로 감지하는 기능 중 두 가지 이상의 성능을 가진 열·연기 또는 열·연기·불꽃 복합형 감지기로서 화재알림형 수신기에 주위의 온도 또는 연기의 양의 변화에 따라 각각 다른 전류 또는 전압 등(이하 "화재정보값"이라 한다)의 출력을 발하고, 불꽃을 감지하는 경우 화재신호를 발신하며, 자체 내장된 음향장치에 의하여 경보하는 것을 말한다.

(2) "화재알림형 중계기"란 화재알림형 감지기, 발신기 또는 전기적인 접점 등의 작동에 따른 화재정보값 또는 화재신호 등을 받아 이를 화재알림형 수신기에 전송하는 장치를 말한다.

(3) "화재알림형 수신기"란 화재알림형 감지기나 발신기에서 발하는 화재정보값 또는 화재신호 등을 직접 수신하거나 화재알림형 중계기를 통해 수신하여 화재의 발생을 표시 및 경보하고, 화재정보값 등을 자동으로 저장하여, 자체 내장된 속보기능에 의해 화재신호를 통신망을 통하여 소방관서에는 음성 등의 방법으로 통보하고, 관계인에게는 문자로 전달할 수 있는 장치를 말한다.

(4) "발신기"란 수동누름버튼 등의 작동으로 화재신호를 수신기에 발신하는 장치를 말한다.

(5) "화재알림형 비상경보장치"란 발신기, 표시등, 지구음향장치(경종 또는 사이렌 등)를 내장한 것으로 화재발생 상황을 경보하는 장치를 말한다.

(6) "원격감시서버"란 원격지에서 각각의 화재알림설비로부터 수신한 화재정보값 및 화재신호, 상태신호 등을 원격으로 감시하기 위한 서버를 말한다.

(7) "공용부분"이란 전유부분 외의 건물부분, 전유부분에 속하지 아니하는 건물의 부속물, 「집합건물의 소유 및 관리에 관한 법률」제3조 제2항 및 제3항에 따라 공용부분으로 된 부속의 건물을 말한다.

2 화재알림형 수신기 적합기준

(1) 화재알림형 감지기, 발신기 등의 작동 및 설치지점을 확인할 수 있는 것으로 설치할 것

(2) 해당 특정소방대상물에 가스누설탐지설비가 설치된 경우에는 가스누설탐지설비로부터 가스누설신호를 수신하여 가스누설경보를 할 수 있는 것으로 설치할 것

선생님 TIP

"화재알림설비(NFTC 207)"는 중요한 내용은 아니지만 간혹 시험에 출제되는 경우가 있으니 한 번씩은 읽어두는 편이 좋습니다.

(3) 화재알림형 감지기, 발신기 등에서 발신되는 화재정보·신호 등을 자동으로 저장할 수 있는 용량의 것으로 설치할 것
(4) 화재알림형 수신기에 내장된 속보기능은 화재신호를 자동적으로 통신망을 통하여 소방관서에는 음성 등의 방법으로 통보하고, 관계인에게는 문자로 전달할 수 있는 것으로 설치할 것

3 화재알림형 수신기 설치기준

(1) 상시 사람이 근무하는 장소에 설치할 것. 다만 사람이 상시 근무하는 장소가 없는 경우에는 관계인이 쉽게 접근할 수 있고 관리가 용이한 장소로서 화재 및 침수 등의 재해로 인한 피해를 받을 우려가 없는 곳에 설치하여야 한다.
(2) 화재알림형 수신기가 설치된 장소에는 화재알림설비 일람도를 비치할 것
(3) 화재알림형 수신기의 내부 또는 그 직근에 주음향장치를 설치할 것
(4) 화재알림형 수신기의 음향기구는 그 음압 및 음색이 다른 기기의 소음 등과 명확히 구별될 수 있는 것으로 할 것
(5) 화재알림형 수신기의 조작스위치는 바닥으로부터의 높이가 0.8 [m] 이상 ~ 1.5 [m] 이하인 장소에 설치할 것
(6) 하나의 특정소방대상물에 둘 이상의 화재알림형 수신기를 설치하는 경우에는 화재알림형 수신기를 상호 간 연동하여 화재발생 상황을 각 화재알림형 수신기마다 확인할 수 있도록 할 것
(7) 화재로 인하여 하나의 층의 화재알림형 비상경보장치 또는 배선이 단락되어도 다른 층의 화재통보에 지장이 없도록 각 층 배선상에 유효한 조치를 할 것

4 화재알림형 중계기 설치기준

(1) 화재알림형 수신기와 화재알림형 감지기 사이에 설치할 것
(2) 조작 및 점검에 편리하고 화재 및 침수 등의 재해로 인한 피해를 받을 우려가 없는 장소에 설치할 것
(3) 화재알림형 수신기에 따라 감시되지 않는 배선을 통하여 전력을 공급받는 것에 있어서는 전원입력 측의 배선에 과전류 차단기를 설치하고 해당 전원의 정전이 즉시 화재알림형 수신기에 표시되는 것으로 하며, 상용전원 및 예비전원의 시험을 할 수 있도록 할 것

5 화재알림형 감지기

(1) 화재알림형 감지기는 열을 감지하는 경우 공칭감지온도범위, 연기를 감지하는 경우 공칭감지농도범위, 불꽃을 감지하는 경우 공칭감시거리 및 공칭시야각 등에 따라 적합한 장소에 설치해야 한다.

○→ 화재알림형 수신기의 조작스위치는 바닥으로부터의 높이가 1.0 [m] 이상 ~ 2.0 [m] 이하인 장소에 설치할 것
　　X 0.8 [m] 이상 1.5 [m] 이하

(2) 무선식의 경우 화재를 유효하게 검출하기 위해 해당 특정소방대상물에 음영구역이 없도록 설치해야 한다.

(3) 동작된 감지기는 자체 내장된 음향장치에 의하여 경보를 발해야 하며, 음압은 부착된 화재알림형 감지기의 중심으로부터 1 [m] 떨어진 위치에서 85 [dB] 이상으로 해야 한다.

6 비화재보방지

화재알림형 수신기 또는 화재알림형 감지기는 자동보정기능이 있는 것으로 설치해야 한다.

7 화재알림형 비상경보장치

(1) 화재알림형 비상경보장치는 다음 각 호의 기준에 따라 설치해야 한다. 다만 전통시장의 경우에는 공용부분에 한하여 설치할 수 있다.

① 층수가 11층(공동주택의 경우에는 16층) 이상의 특정소방대상물은 발화층에 따라 경보하는 층을 달리하여 경보를 발할 수 있도록 할 것

② 화재알림형 비상경보장치는 특정소방대상물의 층마다 설치하되, 해당 특정소방대상물의 각 부분으로부터 하나의 화재알림형 비상경보장치까지의 수평거리가 25 [m] 이하가 되도록 하고, 해당 층의 각 부분에 유효하게 경보를 발할 수 있도록 설치할 것

③ 제2호에도 불구하고 제2호의 기준을 초과하는 경우로서 기둥 또는 벽이 설치되지 아니한 대형공간의 경우 화재알림형 비상경보장치는 설치대상 장소 중 가장 가까운 장소의 벽 또는 기둥 등에 설치할 것

④ 화재알림형 비상경보장치는 조작이 쉬운 장소에 설치하고, 발신기의 스위치는 바닥으로부터 0.8 [m] 이상 ~ 1.5 [m] 이하의 높이에 설치할 것

⑤ 화재알림형 비상경보장치의 위치를 표시하는 표시등은 함의 상부에 설치하되, 그 불빛은 부착면으로부터 15° 이상의 범위 안에서 부착지점으로부터 10 [m] 이내의 어느 곳에서도 쉽게 식별할 수 있는 적색등으로 설치할 것

(2) 화재알림형 비상경보장치는 다음 각 목의 기준에 따른 구조 및 성능의 것으로 해야 한다.

① 정격전압의 80 [%]의 전압에서 음압을 발할 수 있는 것으로 할 것

② 음압은 부착된 화재알림형 비상경보장치의 중심으로부터 1 [m] 떨어진 위치에서 90 [dB] 이상이 되는 것으로 할 것

③ 화재알림형 감지기 및 발신기의 작동과 연동하여 작동할 수 있는 것으로 할 것

(3) 하나의 특정소방대상물에 둘 이상의 화재알림형 수신기가 설치된 경우 어느 화재알림형 수신기에서도 화재알림형 비상경보장치를 작동할 수 있도록 해야 한다.

3 원격감시서버

특정소방대상물의 관계인은 원격감시서버를 보유한 관리업자에게 화재알림설비의 감시업무를 위탁할 수 있다. 다만 감시업무에서 원격제어는 제외한다.

(1) 원격감시서버의 **비상전원은 상용전원 차단 시 24시간 이상 전원을 유효하게 공급될 수 있는 것으로 설치**한다.
(2) 화재알림설비로부터 수신한 정보(주소, 화재정보, 신호 등)를 1년 이상 저장할 수 있는 용량을 확보한다.
(3) 저장된 데이터는 원격감시서버에서 확인할 수 있어야 하며, 복사 및 출력도 가능할 것
(4) 저장된 데이터는 임의로 수정이나 삭제를 방지할 수 있는 기능이 있을 것

02 공동주택의 화재안전성능기준(NFPC 608)

1 자동화재탐지설비

(1) 감지기는 다음 각 호의 기준에 따라 설치해야 한다.
　① 아날로그방식의 감지기, 광전식 공기흡입형 감지기 또는 이와 동등 이상의 기능·성능이 인정되는 것으로 설치할 것
　② 감지기의 신호처리방식은 '자동화재탐지설비 및 시각경보장치의 화재안전성능기준(NFPC 203)' 제3조의2에 따른다.
　③ 세대 내 거실(취침용도로 사용될 수 있는 통상적인 방 및 거실을 말한다)에는 연기감지기를 설치할 것
　④ 감지기회로 단선 시 고장표시가 되며, 해당 회로에 설치된 감지기가 정상 작동될 수 있는 성능을 갖도록 할 것
(2) 복층형 구조인 경우에는 출입구가 없는 층에 발신기를 설치하지 아니할 수 있다.

2 비상방송설비

(1) 확성기는 각 세대마다 설치할 것
(2) 아파트 등의 경우 실내에 설치하는 확성기 **음성입력은 2 [W] 이상일 것**

> **선생님 TIP**
> "공동주택의 화재안전성능기준(NFPC 608)"는 중요한 내용은 아니지만 간혹 시험에 출제되는 경우가 있으니 한 번씩은 읽어두는 편이 좋습니다.

3 유도등

(1) 소형피난구유도등을 설치할 것. 다만 세대 내에는 유도등을 설치하지 않을 수 있다.
(2) 주차장으로 사용되는 부분은 중형피난구유도등을 설치할 것
(3) 「건축법」 시행령 제40조 제3항 제2호 나목 및 '주택건설기준 등에 관한 규정' 제16조의2 제3항에 따라 비상문자동개폐장치가 설치된 옥상 출입문에는 대형피난구유도등을 설치할 것
(4) 내부구조가 단순하고 복도식이 아닌 층에는 '유도등 및 유도표지의 화재안전성능기준(NFPC 303)' 제5조 제3항 및 제6조 제1항 제1호 가목 기준을 적용하지 아니할 것

4 비상조명등

비상조명등은 각 거실로부터 지상에 이르는 복도·계단 및 그 밖의 통로에 설치해야 한다. 다만 공동주택의 세대 내에는 출입구 인근 통로에 1개 이상 설치한다.

5 비상콘센트

아파트 등의 경우에는 계단의 출입구(계단의 부속실을 포함하며 계단이 2개 이상 있는 경우에는 그중 1개의 계단을 말한다)로부터 5 [m] 이내에 비상콘센트를 설치하되, 그 비상콘센트로부터 해당 층의 각 부분까지의 수평거리가 50 [m]를 초과하는 경우에는 비상콘센트를 추가로 설치해야 한다.

03 창고시설의 화재안전성능기준(NFPC 609)

1 비상방송설비

(1) 확성기의 음성입력은 3 [W](실내에 설치하는 것을 포함한다) 이상으로 해야 한다.
(2) 창고시설에서 발화한 때에는 전 층에 경보를 발해야 한다.
(3) 비상방송설비에는 그 설비에 대한 감시상태를 60분간 지속한 후 유효하게 30분 이상 경보할 수 있는 축전지설비(수신기에 내장하는 경우를 포함한다. 이하 같다) 또는 전기저장장치를 설치해야 한다.

> **선생님 TIP**
> "창고시설의 화재안전성능기준(NFPC 609)"는 중요한 내용은 아니지만 간혹 시험에 출제되는 경우가 있으니 한 번씩은 읽어두는 편이 좋습니다.

2 자동화재탐지설비

(1) 감지기 작동 시 해당 감지기의 위치가 수신기에 표시되도록 해야 한다.
(2) 「개인정보 보호법」 제2조 제7호에 따른 영상정보처리기기를 설치하는 경우 수신기는 영상정보의 열람·재생 장소에 설치해야 한다.
(3) 스프링클러설비를 설치하는 창고시설의 감지기는 다음 각 호의 기준에 따라 설치해야 한다.
　① 아날로그방식의 감지기, 광전식 공기흡입형 감지기 또는 이와 동등 이상의 기능·성능이 인정되는 감지기를 설치할 것
　② 감지기의 신호처리방식은 '자동화재탐지설비 및 시각경보장치의 화재안전성능기준(NFPC 203)' 제3조의2에 따를 것
(4) 창고시설에서 발화한 때에는 전 층에 경보를 발해야 한다.
(5) 자동화재탐지설비에는 그 설비에 대한 **감시상태를 60분간 지속한 후 유효하게 30분 이상 경보**할 수 있는 비상전원으로서 축전지설비 또는 전기저장장치를 설치해야 한다. 다만 상용전원이 축전지설비인 경우에는 그렇지 않다.

3 유도등

(1) 피난구유도등과 거실통로유도등은 대형으로 설치해야 한다.
(2) 피난유도선은 연면적 15000 [m^2] 이상인 창고시설의 지하층 및 무창층에 다음 각 호의 기준에 따라 설치해야 한다.
　① 광원점등방식으로 바닥으로부터 1 [m] 이하의 높이에 설치할 것
　② 각 층 직통계단 출입구로부터 건물 내부 벽면으로 10 [m] 이상 설치할 것
　③ 화재 시 점등되며 비상전원 30분 이상을 확보할 것
　④ 피난유도선은 소방청장이 정해 고시하는 '피난유도선 성능인증 및 제품검사의 기술기준'에 적합한 것으로 설치할 것

04 도로터널의 화재안전기술기준(NFTC 603)

1 비상경보설비

(1) 발신기는 주행차로 한쪽 측벽에 50 [m] 이내의 간격으로 설치하며, 편도 2차선 이상의 양방향터널이나 4차로 이상의 일방향터널의 경우에는 양쪽의 측벽에 각각 50 [m] 이내의 간격으로 엇갈리게 설치하고, 발신기는 바닥면으로부터 0.8 [m] 이상 ~ 1.5 [m] 이하의 높이에 설치할 것

> **선생님 TIP**
> "도로터널의 화재안전기술기준(NFTC 603)"는 중요한 내용은 아니지만 간혹 시험에 출제되는 경우가 있으니 한 번씩은 읽어두는 편이 좋습니다.

(2) 음향장치는 발신기 설치위치와 동일하게 설치할 것. '비상방송설비의 화재안전기술기준(NFTC 202)'에 적합하게 설치된 방송설비를 비상경보설비와 연동하여 작동하도록 설치한 경우에는 비상경보설비의 지구음향장치를 설치하지 않을 수 있다.

(3) 음향장치의 음량은 부착된 음향장치의 중심으로부터 1 [m] 떨어진 위치에서 90 [dB] 이상이 되도록 하고, 음향장치는 터널 내부 전체에 동시에 경보를 발하도록 설치할 것

(4) 시각경보기는 주행차로 한쪽 측벽에 50 [m] 이내의 간격으로 비상경보설비의 상부 직근에 설치하고, 설치된 전체 시각경보기는 동기방식에 의해 작동될 수 있도록 할 것

2 자동화재탐지설비

(1) 터널에 설치할 수 있는 감지기의 종류는 다음의 어느 하나와 같다.
   ① 차동식 분포형 감지기
   ② 정온식 감지선형 감지기(아날로그식에 한한다. 이하 같다)
   ③ 중앙기술심의위원회의 심의를 거쳐 터널화재에 적응성이 있다고 인정된 감지기

(2) 하나의 경계구역의 길이는 100 [m] 이하로 해야 한다.

> 하나의 경계구역의 길이는 70 [m] 이하로 해야 한다.
> **X** 100 [m] 이하

(3) 위에 의한 감지기의 설치기준은 다음의 기준과 같다. 다만 중앙기술심의위원회의 심의를 거쳐 제조사의 시방서에 따른 설치방법이 터널화재에 적합하다고 인정되는 경우에는 다음의 기준에 의하지 아니하고 심의결과에 의한 제조사의 시방서에 따라 설치할 수 있다.

(4) 감지기의 감열부(열을 감지하는 기능을 갖는 부분을 말한다. 이하 같다)와 감열부 사이의 이격거리는 10 [m] 이하로, 감지기와 터널 좌·우측 벽면과의 이격거리는 6.5 [m] 이하로 설치할 것

(5) 위에도 불구하고 터널 천장의 구조가 아치형의 터널에 감지기를 터널 진행방향으로 설치하고자 하는 경우에는 감열부와 감열부 사이의 이격거리를 10 [m] 이하로 하여 아치형 천장의 중앙 최상부에 1열로 감지기를 설치해야 하며, 감지기를 2열 이상으로 설치하고자 하는 경우에는 감열부와 감열부 사이의 이격거리는 10 [m] 이하로 감지기 간의 이격거리는 6.5 [m] 이하로 설치할 것

(6) 감지기를 천장면(터널 안 도로 등에 면한 부분 또는 상층의 바닥 하부면을 말한다. 이하 같다)에 설치하는 경우에는 감지기가 천장면에 밀착되지 않도록 고정금구 등을 사용하여 설치할 것

(7) 형식승인 내용에 설치방법이 규정된 경우에는 형식승인 내용에 따라 설치할 것. 다만 감지기와 천장면과의 이격거리에 대해 제조사의 시방서에 규정되어 있는 경우에는 시방서의 규정에 따라 설치할 수 있다.

(8) 위에도 불구하고 감지기의 작동에 의하여 다른 소방시설 등이 연동되는 경우로서 해당 소방시설 등의 작동을 위한 정확한 발화 위치를 확인할 필요가 있는 경우에는 경계구역의 길이가 해당 설비의 방호구역 등에 포함되도록 설치해야 한다.

3 비상조명등

(1) 상시 조명이 소등된 상태에서 비상조명등이 점등되는 경우 터널 안의 차도 및 보도의 바닥면의 조도는 10 [lx] 이상, 그 외 모든 지점의 조도는 1 [lx] 이상이 될 수 있도록 설치할 것

(2) 비상조명등의 비상전원은 상용전원이 차단되는 경우 자동으로 비상조명등을 유효하게 60분 이상 작동할 수 있어야 할 것

(3) 비상조명등에 내장된 예비전원이나 축전지설비는 상용전원의 공급에 의하여 상시 충전상태를 유지할 수 있도록 설치할 것

4 무선통신보조설비

(1) 무선통신보조설비의 옥외안테나는 방재실 인근과 터널의 입구 및 출구, 피난연결통로 등에 설치해야 한다.

(2) 라디오 재방송설비가 설치되는 터널의 경우에는 무선통신보조설비와 겸용으로 설치할 수 있다.

5 비상콘센트설비

(1) 비상콘센트설비의 전원회로는 단상교류 220 [V]인 것으로서 그 공급용량은 1.5 [kVA] 이상인 것으로 할 것

(2) 전원회로는 주배전반에서 전용회로로 할 것. 다만 다른 설비의 회로 사고에 따른 영향을 받지 않도록 되어 있는 것은 그렇지 않다.

(3) 콘센트마다 배선용 차단기(KS C 8321)를 설치해야 하며, 충전부가 노출되지 않도록 할 것

(4) 주행차로의 우측 측벽에 50 [m] 이내의 간격으로 바닥으로부터 0.8 [m] 이상 ~ 1.5 [m] 이하의 높이에 설치할 것

05 지하구의 화재안전기술기준(NFTC 605)

1 자동화재탐지설비

(1) 먼지·습기 등의 영향을 받지 않고 발화지점(1 [m] 단위)과 온도를 확인할 수 있는 것을 설치할 것
(2) 지하구 천장의 중심부에 설치하되 감지기와 천장 중심부 하단과의 수직거리는 30 [cm] 이내로 할 것. 다만 형식승인 내용에 설치방법이 규정되어 있거나, 중앙기술심의위원회의 심의를 거쳐 제조사 시방서에 따른 설치방법이 지하구 화재에 적합하다고 인정되는 경우에는 형식승인 내용 또는 심의결과에 의한 제조사 시방서에 따라 설치할 수 있다.
(3) 발화지점이 지하구의 실제거리와 일치하도록 수신기 등에 표시할 것
(4) 공동구 내부에 상수도용 또는 냉·난방용 설비만 존재하는 부분은 감지기를 설치하지 않을 수 있다.
(5) 발신기, 지구음향장치 및 시각경보기는 설치하지 않을 수 있다.

2 유도등

사람이 출입할 수 있는 출입구(환기구, 작업구를 포함한다)에는 해당 지하구의 환경에 적합한 크기의 피난구유도등을 설치해야 한다.

3 무선통신보조설비

무선통신보조설비의 옥외안테나는 방재실 인근과 공동구의 입구 및 연소방지설비의 송수구가 설치된 장소(지상)에 설치해야 한다.

4 기존 지하구에 대한 특례

기존 지하구에 설치하는 소방시설 등에 대해 강화된 기준을 적용하는 경우에는 다음 각 호의 설치·관리 관련 특례를 적용한다.
(1) 특고압 케이블이 포설된 송·배전 전용의 지하구(공동구를 제외한다)에는 온도 확인 기능 없이 최대 700 [m]의 경계구역을 설정하여 발화지점(1 [m] 단위)을 확인할 수 있는 감지기를 설치할 수 있다.
(2) 소방본부장 또는 소방서장은 이 기준이 정하는 기준에 따라 해당 건축물에 설치해야 할 소방시설 등의 공사가 현저하게 곤란하다고 인정되는 경우에는 해당 설비의 기능 및 사용에 지장이 없는 범위 안에서 소방시설 등의 화재안전성능기준의 일부를 적용하지 않을 수 있다.

모아바 www.moa-ba.com
모아소방전기학원 www.moate.co.kr

PART 02

소화설비

CHAPTER 01	옥내소화전설비(NFTC 102)
CHAPTER 02	스프링클러설비(NFTC 103)
CHAPTER 03	가스계소화설비(NFTC 106, NFTC 107)

격차를 뛰어넘어 압도적인 격차를 만들다

○ 학습전략

최근 옥내소화전설비, 스프링클러설비, 가스계소화설비의 설치기준 말문제가 매회차 한 문제씩은 꼭 출제되고 있다. 기계설비라고해서 관련 이론을 학습하지 않고 가닥 수 산정 관련한 문제만 풀기보다는 반드시 옥내소화전설비, 스프링클러설비, 가스계소화설비의 이론도 한번씩 읽어보아야 한다. 각 설비별 가닥 수 산정 관련한 문제가 출제되었을 때 암기를 통해 문제를 풀기보다 이해를 해서 도면이 변형되더라도 이해한 개념을 접목시켜 풀어낼 수 있어야 한다.

CHAPTER 01 옥내소화전설비 (NFTC 102)

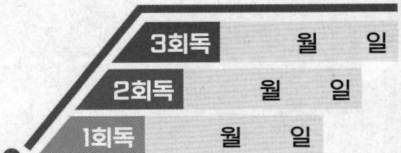

학습목표

1 옥내소화전설비의 기동방식에 따른 가닥 수에 대해 학습한다.
2 옥내소화전설비 설치기준에 대해 학습한다.
3 배선에 사용되는 전선의 종류와 공사방법에 대해 학습한다.
4 옥내소화전설비 용어 정의에 대해 학습한다.

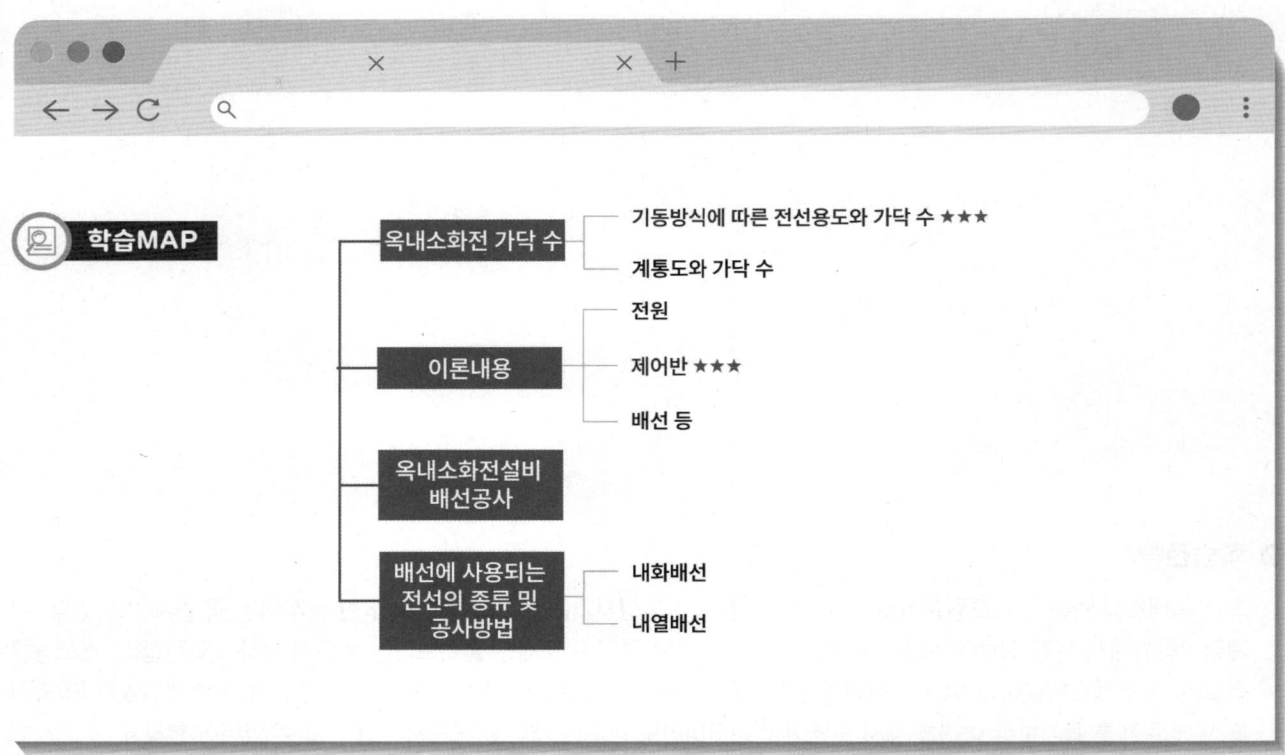

01 옥내소화전설비(NFTC 102)

1 옥내소화전 가닥 수

(1) 기동방식에 따른 가닥 수

> **선생님 TIP**
> 수동기동방식보다는 자동기동방식이 시험에 더 빈번히 출제됩니다.

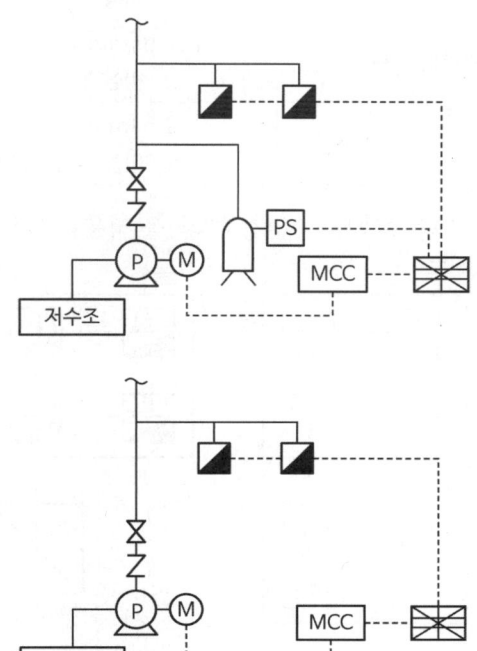

기동방식	가닥 수(용도)
자동기동방식	2가닥(기동표시 2)
수동기동방식(ON-OFF)	5가닥(기동표시 2, ON, OFF, 공통)

(2) 기동방식에 따른 전선용도와 가닥 수 ★★★

> **선생님 TIP**
> 직접 도면을 보고 가닥 수를 산정할 수 있어야 합니다!

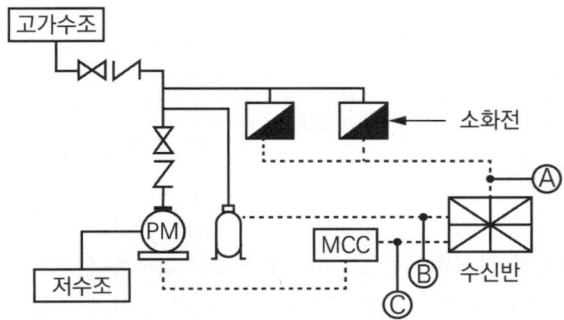

CHAPTER 01 | 옥내소화전설비(NFTC 102) **197**

기호	구분		배선수	배선 굵기	배선의 용도
Ⓐ	소화전함 ↔ 수신반	ON, OFF식	5	2.5 [mm²] 이상	기동, 정지, 공통, 기동확인 2
		수압개폐식	2	2.5 [mm²] 이상	기동확인 2
Ⓑ	압력탱크 ↔ 수신반		2	2.5 [mm²] 이상	압력스위치 2
Ⓒ	MCC ↔ 수신반		5	2.5 [mm²] 이상	공통, ON, OFF, 기동표시등, 전원감시등

(3) 계통도와 가닥 수(동별 구분경보방식을 적용할 경우)

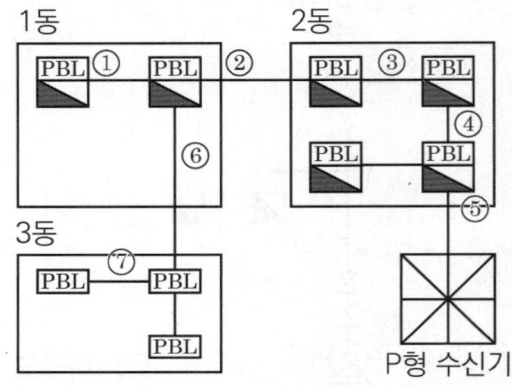

구분	지구선	지구 공통선	경종선	경종표시등 공통선	표시 등선	응답선	기동확인 표시등	합계
①	1	1	1	1	1	1	2	8
②	5	1	2	1	1	1	2	13
③	6	1	3	1	1	1	2	15
④	7	1	3	1	1	1	2	16
⑤	9	2	3	1	1	1	2	19
⑥	3	1	1	1	1	1		8
⑦	1	1	1	1	1	1		6

용어
① 지구선(= 회로선, 신호선, 감지기선, 수동발신기지구선)
② 지구공통선(= 공통선, 회로공통선, 신호공통선, 감지기공통선, 수동발신기공통선)
③ 응답선(= 발신기선, 발신기응답선, 수동발신기 응답선, 확인선)
④ 경종 및 표시등공통선(= 공동표시등공통선, 벨표시등공통선)

2 이론 내용

(1) 전원

① 옥내소화전설비에는 그 특정소방대상물의 수전방식에 따라 다음 각 호의 기준에 따른 상용전원회로의 배선을 설치하여야 한다. 다만 가압수조방식으로서 모든 기능이 20분 이상 유효하게 지속될 수 있는 경우에는 그러하지 아니하다.

ㄱ. 저압수전 : 인입개폐기의 직후에서 분기하여 전용배선으로 설치

ㄴ. 특별고압수전 또는 고압수전 : 전력용 변압기 2차 측의 주차단기 1차 측에서 분기하여 전용배선으로 설치(상용전원의 상시공급에 지장이 없을 경우에는 주차단기 2차 측에서 분기하여 전용배선으로 설치)

② 옥내소화전설비 비상전원 설치장소 ★

ㄱ. 층수가 7층 이상으로서 연면적이 2000 [m^2] 이상인 것

ㄴ. 'ㄱ'에 해당하지 아니하는 특정소방대상물로서 지하층의 바닥면적의 합계가 3000 [m^2] 이상인 것

③ 비상전원 종류 : 자가발전설비, 축전지설비(내연기관에 따른 펌프를 사용하는 경우에는 내연기관의 기동 및 제어용 축전지를 말한다) 또는 전기저장장치(외부 전기에너지를 저장해두었다가 필요한 때 전기를 공급하는 장치)

ㄱ. 비상전원 설치장소

ⓐ 점검에 편리하고 화재 및 침수 등의 재해로 인한 피해를 받을 우려가 없는 곳에 설치할 것

ⓑ 옥내소화전설비를 유효하게 20분 이상 작동할 수 있어야 할 것

ⓒ 상용전원으로부터 전력의 공급이 중단된 때에는 자동으로 비상전원으로부터 전력을 공급받을 수 있도록 할 것

ⓓ 비상전원(내연기관의 기동 및 제어용 축전기를 제외한다)의 설치장소는 다른 장소와 방화구획할 것. 이 경우 그 장소에는 비상전원의 공급에 필요한 기구나 설비 외의 것(열병합발전설비에 필요한 기구나 설비는 제외한다)을 두어서는 안 됨

ⓔ 비상전원을 실내에 설치하는 때에는 그 실내에 비상조명등을 설치할 것

(2) 제어반 ★★★

① 소화설비에는 제어반을 설치하되, 감시제어반과 동력제어반으로 구분하여 설치해야 한다. 다만 다음의 어느 하나에 해당하는 경우에는 감시제어반과 동력제어반으로 구분하여 설치하지 않을 수 있다.

ㄱ. 층수가 7층 이상으로서 연면적이 2000 [m^2] 이상이거나 이에 해당하지 아니하는 특정소방대상물로서 지하층의 바닥면적의 합계가 3000 [m^2] 이상인 것 중 어느 하나에 해당하지 않는 특정소방대상물에 설치되는 옥내소화전설비

ㄴ. 내연기관에 따른 가압송수장치를 사용하는 옥내소화전설비

ㄷ. 고가수조에 따른 가압송수장치를 사용하는 옥내소화전설비

ㄹ. 가압수조에 따른 가압송수장치를 사용하는 옥내소화전설비

☑ 다만 2 이상의 변전소에서 전력을 동시에 공급받을 수 있거나 하나의 변전소로부터 전력의 공급이 중단되는 때에는 자동으로 다른 변전소로부터 전원을 공급받을 수 있도록 상용전원을 설치한 경우와 가압수조방식에는 그러하지 아니하다.

○ 옥내소화전설비를 유효하게 10분 이상 작동할 수 있어야 할 것
☒ 20분

② 감시제어반의 기능은 다음 각 호의 기준에 적합하여야 한다. ★
　ㄱ. 각 펌프의 작동 여부를 확인할 수 있는 표시등 및 음향경보기능이 있어야 할 것
　ㄴ. 각 펌프를 자동 및 수동으로 작동시키거나 중단시킬 수 있어야 할 것
　ㄷ. 비상전원을 설치한 경우에는 상용전원 및 비상전원의 공급 여부를 확인할 수 있어야 할 것
　ㄹ. 수조 또는 물올림탱크가 저수위로 될 때 표시등 및 음향으로 경보할 것
　ㅁ. 다음의 각 확인회로마다 도통시험 및 작동시험을 할 수 있도록 할 것
　　ⓐ 기동용 수압개폐장치의 압력스위치회로
　　ⓑ 수조 또는 물올림수조의 저수위감시회로
　　ⓒ 개폐밸브의 폐쇄상태 확인회로
　　ⓓ 그 밖의 이와 비슷한 회로
　ㅂ. 예비전원이 확보되고 예비전원의 적합 여부를 시험할 수 있어야 할 것

참고 옥내소화전설비 공사

□ 옥내소화전설비 배선공사 1
　——— : 내화배선
　----- : 내열배선

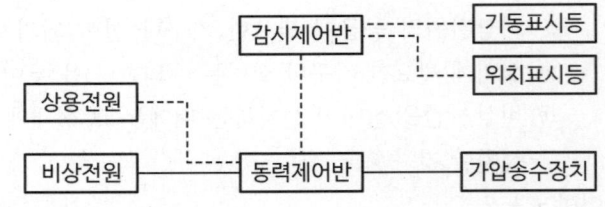

□ 옥내소화전설비 배선공사 2 ★★
　내화배선: ———, 내열배선: —·—·—, 일반배선: ------, 배관: ———

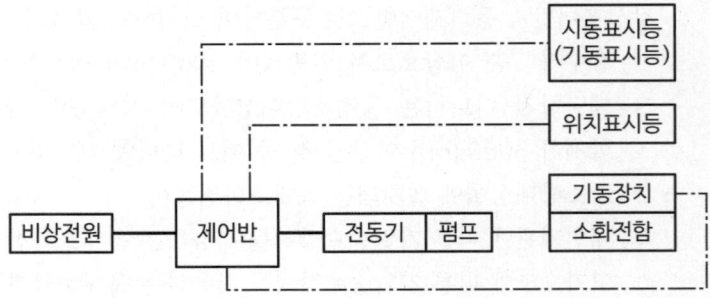

배선 등
① 비상전원으로부터 동력제어반 및 가압송수장치에 이르는 전원회로의 배선은 내화배선으로 할 것. 다만 자가발전설비와 동력제어반이 동일한 실에 설치된 경우에는 자가발전기로부터 그 제어반에 이르는 전원회로의 배선은 그러하지 아니하다.
② 상용전원으로부터 동력제어반에 이르는 배선, 그 밖의 옥내소화전설비의 감시·조작 또는 표시등회로의 배선은 내화배선 또는 내열배선으로 할 것. 다만 감시제어반 또는 동력제어반 안의 감시·조작 또는 표시등회로의 배선은 그러하지 아니하다.

□ 옥외소화전설비 배선공사

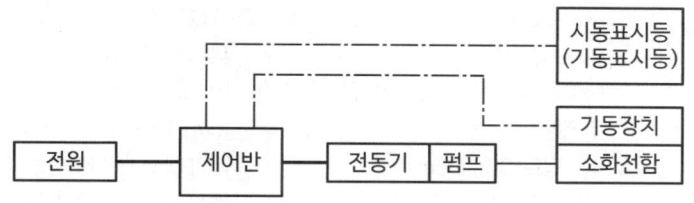

(4) 고층건축물의 옥내소화전설비

비상전원은 자가발전설비 또는 축전지설비(내연기관에 따른 펌프를 사용하는 경우에는 내연기관의 기동 및 제어용 축전지를 말한다) 또는 전기저장장치(외부 전기에너지를 저장해두었다가 필요한 때 전기를 공급하는 장치)로서 옥내소화전설비를 40분 이상 작동할 수 있을 것. 다만 50층 이상인 건축물의 경우에는 60분 이상 작동할 수 있어야 한다.

■ 참고 | 비상전원의 종류 및 용량

설비	비상전원				용량
	자가발전	축전지	전기저장장치	비상전원 수전설비	
• 옥내소화전설비 • 연결송수관설비 • 특별피난계단의 계단실·부속실 제연설비	○	○	○		• 20분 : 30층 미만 • 40분 : 30~49층 • 60분 : 50층 이상

(5) 배선에 사용되는 전선의 종류 및 공사방법(자동화재탐지설비와 동일)

① 내화배선

사용전선의 종류	공사방법
1. 450/750 [V] 저독성 난연 가교 폴리올레핀 절연 전선 2. 0.6/1 [kV] 가교 폴리에틸렌 절연 저독성 난연 폴리올레핀 시스 전력 케이블 3. 6/10 [kV] 가교 폴리에틸렌 절연 저독성 난연 폴리올레핀 시스 전력용 케이블 4. 가교 폴리에틸렌 절연 비닐시스 트레이용 난연 전력 케이블 5. 0.6/1 [kV] EP 고무절연 클로로프렌 시스 케이블	금속관·2종 금속제 가요전선관 또는 합성 수지관에 수납하여 내화구조로 된 벽 또는 바닥 등에 벽 또는 바닥의 표면으로부터 25 [mm] 이상의 깊이로 매설하여야 한다. 다만 다음 각 목의 기준에 적합하게 설치하는 경우에는 그러하지 아니하다. 1. 배선을 내화성능을 갖는 배선전용실 또는 배선용 샤프트·피트·덕트 등에 설치하는 경우

🖐 선생님 TIP

내화배선 사용전선의 종류 중 450/750 [V] 저독성 난연 가교 폴리올레핀 절연 전선은 반드시 암기합시다!

☑ 내화전선의 내화성능은 KS C IEC 60331-1과 2(온도 830[℃]/가열시간 120분) 표준 이상을 충족하고 난연성능 확보를 위해 KS C IEC 60332-3-24 성능 이상을 충족할 것

사용전선의 종류	공사방법
6. 300/500 [V] 내열성 실리콘 고무 절연전선(180 [℃]) 7. 내열성 에틸렌-비닐 아세테이트 고무 절연 케이블 8. 버스덕트(Bus Duct) 9. 기타 전기용품안전관리법 및 전기설비기술기준에 따라 동등 이상의 내화성능이 있다고 주무부장관이 인정하는 것	2. 배선전용실 또는 배선용 샤프트·피트·덕트 등에 다른 설비의 배선이 있는 경우에는 이로부터 15 [cm] 이상 떨어지게 하거나 소화설비의 배선과 이웃하는 다른 설비의 배선 사이에 배선지름(배선의 지름이 다른 경우에는 가장 큰 것을 기준으로 한다)의 1.5배 이상의 높이의 불연성 격벽을 설치하는 경우
내화전선	케이블공사의 방법에 따라 설치하여야 한다.

② 내열배선

사용전선의 종류	공사방법
1. 450/750 [V] 저독성 난연 가교 폴리올레핀 절연 전선 2. 0.6/1 [kV] 가교 폴리에틸렌 절연 저독성 난연 폴리올레핀 시스 전력 케이블 3. 6/10 [kV] 가교 폴리에틸렌 절연 저독성 난연 폴리올레핀 시스 전력용 케이블 4. 가교 폴리에틸렌 절연 비닐시스 트레이용 난연 전력 케이블 5. 0.6/1 [kV] EP 고무절연 클로로프렌 시스 케이블 6. 300/500 [V] 내열성 실리콘 고무 절연전선(180 [℃]) 7. 내열성 에틸렌-비닐 아세테이트 고무 절연 케이블 8. 버스덕트(Bus Duct) 9. 기타 전기용품안전관리법 및 전기설비기술기준에 따라 동등 이상의 내화성능이 있다고 주무부장관이 인정하는 것	금속관·금속제 가요전선관·금속덕트 또는 케이블(불연성덕트에 설치하는 경우에 한한다) 공사방법에 따라야 한다. 다만 다음 각 목의 기준에 적합하게 설치하는 경우에는 그러하지 아니하다. 1. 배선을 내화성능을 갖는 배선전용실 또는 배선용 샤프트·피트·덕트 등에 설치하는 경우 2. 배선전용실 또는 배선용 샤프트·피트·덕트 등에 다른 설비의 배선이 있는 경우에는 이로부터 15 [cm] 이상 떨어지게 하거나 소화설비의 배선과 이웃하는 다른 설비의 배선 사이에 배선지름(배선의 지름이 다른 경우에는 지름이 가장 큰 것을 기준으로 한다)의 1.5배 이상의 높이의 불연성 격벽을 설치하는 경우
내화전선	케이블공사의 방법에 따라 설치하여야 한다.

02 옥내소화전설비 용어정리(NFTC 102)

1. "고가수조"란 구조물 또는 지형지물 등에 설치하여 자연낙차의 압력으로 급수하는 수조를 말한다.
2. "압력수조"란 소화용수와 공기를 채우고 일정 압력 이상으로 가압하여 그 압력으로 급수하는 수조를 말한다.
3. "충압펌프"란 배관 내 압력손실에 따른 주펌프의 빈번한 기동을 방지하기 위하여 충압역할을 하는 펌프를 말한다.
4. "정격토출량"이란 펌프의 정격부하운전 시 토출량으로서 정격토출압력에서의 펌프의 토출량을 말한다.
5. "정격토출압력"이란 펌프의 정격부하운전 시 토출압력으로서 정격토출량에서의 펌프의 토출 측 압력을 말한다.
6. "진공계"란 대기압 이하의 압력을 측정하는 계측기를 말한다.
7. "연성계"란 대기압 이상의 압력과 대기압 이하의 압력을 측정할 수 있는 계측기를 말한다.
8. "체절운전"이란 펌프의 성능시험을 목적으로 펌프 토출 측의 개폐밸브를 닫은 상태에서 펌프를 운전하는 것을 말한다.
9. "기동용 수압개폐장치"란 소화설비의 배관 내 압력변동을 검지하여 자동적으로 펌프를 기동 및 정지시키는 것으로서 압력챔버(Pressure Chamber) 또는 기동용 압력스위치 등을 말한다.
10. "급수배관"이란 수원 또는 송수구 등으로부터 소화설비에 급수하는 배관을 말한다.
11. "분기배관"이란 배관 측면에 구멍을 뚫어 둘 이상의 관로가 생기도록 가공한 배관으로서 다음 각 목의 분기배관을 말한다.
    가. "확관형 분기배관"이란 배관의 측면에 조그만 구멍을 뚫고 소성가공으로 확관시켜 배관 용접이음자리를 만들거나 배관 용접이음자리에 배관이음쇠를 용접 이음한 배관을 말한다.
    나. "비확관형 분기배관"이란 배관의 측면에 분기호칭안지름 이상의 구멍을 뚫고 배관이음쇠를 용접 이음한 배관을 말한다.
12. "개폐표시형 밸브"란 밸브의 개폐 여부를 외부에서 식별할 수 있는 밸브를 말한다.
13. "가압수조"란 가압원인 압축공기 또는 불연성 고압기체에 따라 소방용수를 가압시키는 수조를 말한다.
14. "주펌프"란 구동장치의 회전 또는 왕복운동으로 소화수를 가압하여 그 압력으로 급수하는 주된 펌프를 말한다.
15. "예비펌프"란 주펌프와 동등 이상의 성능이 있는 별도의 펌프를 말한다.

CHAPTER 01 연습문제

01
배점 5

다음은 옥내소화전설비 감시제어반의 기능에 대한 적합기준이다. (   ) 안을 완성하시오.

가. 각 펌프의 작동 여부를 확인할 수 있는 (㉠) 및 (㉡) 기능이 있어야 할 것

나. 수조 또는 물올림탱크가 (㉢)로 될 때 표시등 및 음향으로 경보할 것

다. 각 확인회로(기동용 수압개폐장치의 압력스위치회로·수조 또는 물올림탱크의 감시회로를 말한다)마다 (㉣)시험 및 (㉤)시험을 할 수 있어야 할 것

정답
㉠ 표시등, ㉡ 음향경보, ㉢ 저수위, ㉣ 도통, ㉤ 작동

★ 핵심이론 옥내소화전설비 감시제어반의 기능
- 각 펌프의 작동 여부를 확인할 수 있는 표시등 및 음향경보 기능이 있어야 할 것
- 각 펌프를 자동 및 수동으로 작동시키거나 작동을 중단시킬 수 있어야 할 것
- 비상전원을 설치한 경우에는 상용전원 및 비상전원 공급 여부를 확인할 수 있을 것
- 수조 또는 물올림탱크가 저수위로 될 때 표시등 및 음향으로 경보할 것
- 기동용 수압개폐장치의 압력스위치회로, 수조 또는 물올림탱크의 감시회로마다 도통시험 및 작동시험을 할 수 있어야 할 것
- 예비전원이 확보되고 예비전원의 적합 여부를 시험할 수 있어야 할 것

02
배점 4

옥내소화전설비에 설치하는 비상전원의 종류를 3가지 쓰시오.

①   ②   ③

정답
① 자가발전설비, ② 축전지설비, ③ 전기저장장치

03

옥내소화전의 비상전원에 대한 다음 각 물음에 답하시오.

가. 옥내소화전설비에 비상전원을 설치해야 하는 경우이다. (   ) 안에 알맞은 내용을 쓰시오.

1) 층수가 7층으로서 연면적이 (㉠) [m^2] 이상인 것
2) '1)'에 해당하지 않는 경우로서 (㉡)의 바닥면적의 합계가 (㉢) [m^2] 이상인 것

나. 다음은 옥내소화전 비상전원의 설치기준 대한 내용이다. (   ) 안에 알맞은 내용을 쓰시오.

1) 점검에 편리하고 화재 및 침수 등의 재해로 인한 피해를 받을 우려가 없는 곳에 설치할 것
2) 옥내소화전설비를 유효하게 (㉠)분 이상 작동할 수 있어야 할 것
3) 상용전원으로부터 전력의 공급이 중단된 때에는 (㉡)으로 비상전원으로부터 전력을 공급받을 수 있도록 할 것
4) 비상전원(내연기관의 기동 및 제어용 축전기를 제외한다)의 설치장소는 다른 장소와 (㉢)할 것. 이 경우 그 장소에는 비상전원의 공급에 필요한 기구나 설비 외의 것(열병합발전설비에 필요한 기구나 설비는 제외한다)을 두어서는 아니 된다.
5) 비상전원을 실내에 설치하는 때에는 그 실내에 (㉣)을 설치할 것

정답

가. ㉠ 2000, ㉡ 지하층, ㉢ 3000
나. ㉠ 20, ㉡ 자동, ㉢ 방화구획, ㉣ 비상조명등

핵심이론 옥내소화전설비 비상전원의 설치장소

(1) 층수가 7층 이상으로서 연면적이 2000 [m^2] 이상인 것
(2) '(1)'에 해당하지 아니하는 특정소방대상물로서 지하층의 바닥면적의 합계가 3000 [m^2] 이상인 것

04

옥내소화전설비에서 비상전원의 설치를 제외할 수 있는 경우 3가지를 쓰시오.

① ② ③

정답

- 2 이상의 변전소에서 전력을 동시에 공급받을 수 있는 경우
- 가압수조방식일 경우
- 하나의 변전소로부터 전력의 공급이 중단되는 때에 자동으로 다른 변전소로부터 전원을 공급받을 수 있도록 상용전원을 설치하는 경우

핵심이론 | 비상전원 설치를 제외할 수 있는 경우

□ 옥내소화전, 스프링클러(화재조기진압용 SP), 물분무설비, 포소화설비
  - 2 이상의 변전소에서 전력을 동시에 공급받을 수 있는 경우
  - 하나의 변전소로부터 전력의 공급이 중단되는 때에는 자동으로 다른 변전소로부터 전원을 공급받을 수 있도록 상용전원을 설치한 경우
  - 가압수조방식일 경우

□ CO_2, 할론, 할로겐화합물 및 불활성기체, 분말소화설비, 제연설비
  - 2 이상의 변전소에서 전력을 동시에 공급받을 수 있는 경우
  - 하나의 변전소로부터 전력의 공급이 중단되는 때에는 자동으로 다른 변전소로부터 전원을 공급받을 수 있도록 상용전원을 설치한 경우

05

옥내소화전설비의 전기적 계통도이다. 그림을 보고 주어진 표의 ⓐ와 ⓑ의 배선수와 각 배선의 용도를 쓰시오. (단, 사용전선은 HFIX전선이며, 배선수는 운전조작상 필요한 최소 전선수를 쓰도록 한다)

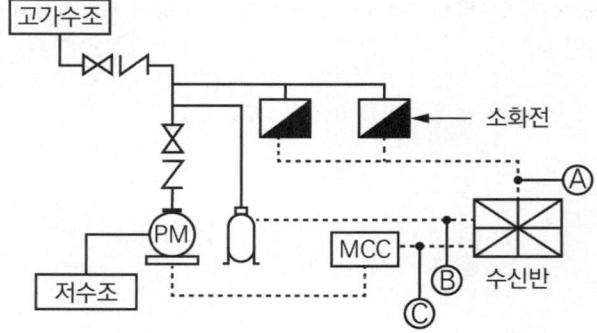

기호	구분		배선수	배선 굵기	배선의 용도
Ⓐ	소화전함 ↔ 수신반	ON, OFF식		2.5 [mm²] 이상	
		수압개폐식		2.5 [mm²] 이상	
Ⓑ	압력탱크 ↔ 수신반			2.5 [mm²] 이상	
Ⓒ	MCC ↔ 수신반		5	2.5 [mm²] 이상	공통, ON, OFF, 기동표시등, 전원감시등

정답

기호	구분		배선수	배선 굵기	배선의 용도
Ⓐ	소화전함 ↔ 수신반	ON, OFF식	5	2.5 [mm²] 이상	기동, 정지, 공통, 기동확인 2
		수압개폐식	2	2.5 [mm²] 이상	기동확인 2
Ⓑ	압력탱크 ↔ 수신반		2	2.5 [mm²] 이상	압력스위치 2
Ⓒ	MCC ↔ 수신반		5	2.5 [mm²] 이상	공통, ON, OFF, 기동표시등, 전원감시등

06   배점 9

옥내소화전설비의 감시 및 동력제어반의 연결계통도를 참고하여 다음 각 물음에 답하시오.

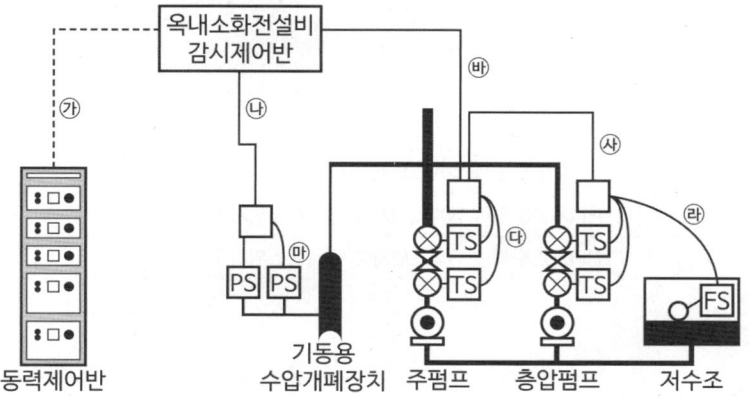

가. ㉮ ~ ㉰의 최소배선 가닥 수를 쓰시오.

㉮	㉯	㉰	㉱

나. 옥내소화전설비에는 제어반을 설치하되, 감시제어반과 동력제어반으로 구분하여 설치하여야 한다. 감시제어반의 기능은 다음의 기준에 적합하여야 한다. ( ) 안을 채우시오.
- 각 펌프의 작동 여부를 확인할 수 있는 (㉠) 및 (㉡) 기능이 있어야 할 것
- 각 펌프를 자동 및 수동으로 작동시키거나 작동을 중단시킬 수 있어야 할 것
- 비상전원을 설치한 경우에는 상용전원 및 비상전원 공급 여부를 확인할 수 있을 것
- 수조 또는 물올림탱크가 (㉢)로 될 때 표시등 및 음향으로 경보할 것
- 기동용 수압개폐장치의 압력스위치회로, 수조 또는 물올림탱크의 감시회로마다 (㉣)시험 및 (㉤)시험을 할 수 있어야 할 것

정답

가.

㉮	㉯	㉰	㉱
5	3	2	2

나. ㉠ 표시등, ㉡ 음향경보, ㉢ 저수위, ㉣ 도통, ㉤ 작동

✓ 해설 : 전선 가닥 수 및 용도

기호	내역	배선의 용도
㉮	HFIX 2.5-5	기동 1, 정지 1, 공통 1, 전원표시등 1, 기동표시등 1
㉯	HFIX 2.5-3	압력스위치 2, 공통 1
㉰	HFIX 2.5-2	탬퍼스위치 2
㉱	HFIX 2.5-2	플로트스위치 2
㉲	HFIX 2.5-2	압력스위치 2
㉳	HFIX 2.5-6	탬퍼스위치 4, 플로트스위치 1, 공통 1
㉴	HFIX 2.5-4	탬퍼스위치 2, 플로트스위치 1, 공통 1

07

득점 ☐ 배점 11

다음은 하나의 층에 옥내소화전 수압개폐방식 공장건물 내부 자동화재탐지설비이다. 그림을 보고 물음에 답하시오. (단, 경종과 표시등공통선을 하나로 한다)

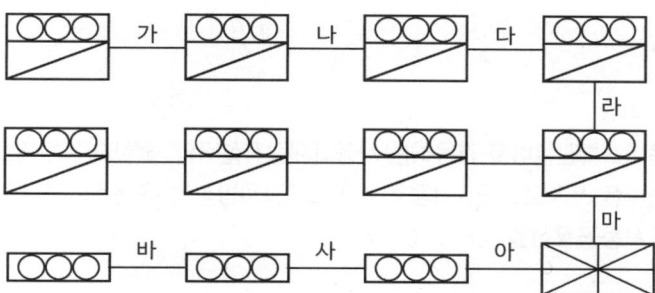

가. 가 ~ 아 가닥 수를 쓰시오.

나. ▧와 ◯◯◯의 차이점을 쓰시오.

다. ▧와 ◯◯◯의 각각 전면에 붙어 있는 기기장치 명칭을 쓰시오.

정답

가. 가 : 8, 나 : 9, 다 : 10, 라 : 11, 마 : 16, 바 : 6, 사 : 7, 아 : 8
나. 발신기세트와 일체인 옥내소화전(발신기세트 옥내소화전 내장형), 발신기세트
다. 1) 발신기, 경종, 위치표시등, 소화전 기동표시등
   2) 발신기, 경종, 위치표시등

✓ 해설 : 전선용도 및 가닥 수

기호 용도연결간수	가	나	다	라	마	바	사	아
발신기지구선	1선	2선	3선	4선	8선	1선	2선	3선
발신기공통선	1선	1선	1선	1선	2선	1선	1선	1선
발신기응답선	1선	1선	1선	1선	1선	1선	1선	1선
경종 및 표시등공통선	1선	1선	1선	1선	1선	1선	1선	1선
경종선	1선	1선	1선	1선	1선	1선	1선	1선
표시등선	1선	1선	1선	1선	1선	1선	1선	1선
기동표시등공통	1선	1선	1선	1선	1선	-	-	-
기동표시등	1선	1선	1선	1선	1선	-	-	-
합계	8선	9선	10선	11선	16선	6선	7선	8선

• 지구선(= 회로선, 신호선, 감지기선, 발신기지구선, 수동발신기지구선)
• 지구공통선(= 공통선, 회로공통선, 신호공통선, 감지기공통선, 수동발신기공통선)

- 응답선(= 발신기선, 발신기응답선, 수동발신기 응답선, 확인선)
- 경종 및 표시등공통선(= 공동표시등공통선, 벨표시등공통선)
- 기동표시등(= 기동확인표시등)

08

득점 | 배점 5

다음은 옥내소화전설비를 겸용하는 자동화재탐지설비의 계통도이다. 기호 ㉮ ~ ㉰의 최소 전선수를 쓰시오. (단, 기동용 수압개폐장치방식의 옥내소화전함을 사용하며, 경종과 표시등공통선을 하나로 한다)

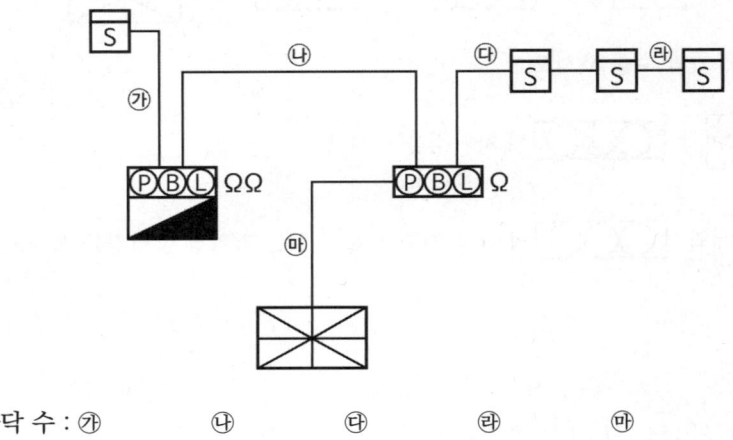

가닥 수 : ㉮   ㉯   ㉰   ㉱   ㉲

정답

㉮ 4가닥, ㉯ 9가닥, ㉰ 4가닥, ㉱ 4가닥, ㉲ 10가닥

☑ 해설 : 전선용도 및 가닥 수

용도\연결간수 기호	㉯	㉲
발신기지구선	2선	3선
발신기공통선	1선	1선
발신기응답선	1선	1선
경종 및 표시등공통선	1선	1선
경종선	1선	1선
표시등선	1선	1선
기동표시등공통선	1선	1선
기동표시등	1선	1선
합계	9선	10선

09 배점 5

다음은 자동화재탐지설비의 부대전기 설비계통도의 일부분이다. 조건을 보고 ① ~ ⑦까지의 최소 가닥 수를 산정하시오. (단, 경종과 표시등공통선을 하나로 하였으며, 화재로 인하여 하나의 층의 지구음향장치 배선이 단락이 되어도 다른 층의 화재통보에 지장이 없도록 각 층 배선상에 유효한 조치를 하였음)

[조건]
(1) 선로수는 최소로 하고 발신기공통선 : 1선, 경종 및 표시등공통선 : 1선으로 한다.
(2) 건물의 규모는 지하 3층, 지상 5층이며, 연면적은 4000 [m²]인 공장이다.
(3) 옥내소화전설비에 해당하는 가닥 수를 포함 산정하시오.
(4) 옥내소화전설비는 기동용 수압개폐방식이다.

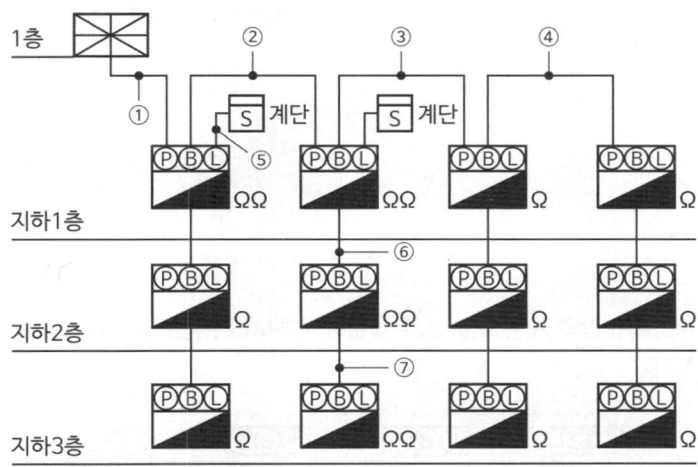

[정답]
① 25선
② 20선
③ 13선
④ 10선
⑤ 4선
⑥ 11선
⑦ 9선

> **해설**: 계통도 및 전선용도 및 가닥 수 참고

기호	가닥 수	배선내역
①	HFIX 2.5-25	지구선 16, 지구공통선 3, 경종선 1, 경종표시등공통선 1, 응답선 1, 표시등선 1, 기동확인 표시등 2
②	HFIX 2.5-20	지구선 12, 지구공통선 2, 경종선 1, 경종표시등공통선 1, 응답선 1, 표시등선 1, 기동확인 표시등 2
③	HFIX 2.5-13	지구선 6, 지구공통선 1, 경종선 1, 경종표시등공통선 1, 응답선 1, 표시등선 1, 기동확인 표시등 2
④	HFIX 2.5-10	지구선 3, 지구공통선 1, 경종선 1, 경종표시등공통선 1, 응답선 1, 표시등선 1, 기동확인 표시등 2
⑤	HFIX 1.5-4	지구, 공통 각 2가닥
⑥	HFIX 2.5-11	지구선 4, 지구공통선 1, 경종선 1, 경종표시등공통선 1, 응답선 1, 표시등선 1, 기동확인 표시등 2
⑦	HFIX 2.5-9	지구선 2, 지구공통선 1, 경종선 1, 경종표시등공통선 1, 응답선 1, 표시등선 1, 기동확인 표시등 2

[중요] 일제경보방식이며, 화재로 인하여 하나의 층의 지구음향장치 배선이 단락이 되어도 다른 층의 화재통보에 지장이 없도록 각 층 배선상에 유효한 조치를 하였기 때문에 경종선은 추가되지 않는다

10

다음 옥내소화전함의 계통도를 보고 물음에 답하시오. (단, 경종과 표시등공통선을 하나로 한다)

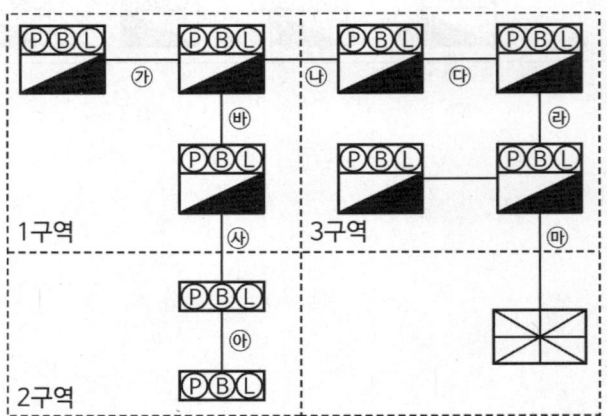

가. 다음 표의 빈칸을 완성하시오. (단, 구역구분명동방식이며, 가닥 수가 필요 없는 곳은 공란으로 둘 것)

구분	회로선	회로 공통선	경종선	경종 표시등 공통선	표시등선	응답선	기동 확인 표시등	합계
㉮	1	1	1	1	1	1	2	8
㉯	5	1	2	1	1	1	2	13
㉰	6	1	3	1	1	1	2	15
㉱	7	1	3	1	1	1	2	16
㉲								
㉳	3	1	2	1	1	1	2	11
㉴	2	1	1	1	1	1		7
㉵								

나. 수신기를 수위실 등 상시 사람이 근무하는 장소에 설치하지 못하였다. 어디에 설치해야 하는가?

다. 수신기가 설치된 장소에 무엇을 비치하여야 하는가?

라. 회로 수는 몇 회로인가? (단, 회로 산정 시 10 [%] 여유를 준다)

> **정답**
>
> 가.
>
> | 구분 | 회로선 | 회로 공통선 | 경종선 | 경종 표시등 공통선 | 표시등선 | 응답선 | 기동 확인 표시등 | 합계 |
> |---|---|---|---|---|---|---|---|---|
> | ㉮ | 1 | 1 | 1 | 1 | 1 | 1 | 2 | 8 |
> | ㉯ | 5 | 1 | 2 | 1 | 1 | 1 | 2 | 13 |
> | ㉰ | 6 | 1 | 3 | 1 | 1 | 1 | 2 | 15 |
> | ㉱ | 7 | 1 | 3 | 1 | 1 | 1 | 2 | 16 |
> | ㉲ | 9 | 2 | 3 | 1 | 1 | 1 | 2 | 19 |
> | ㉳ | 3 | 1 | 2 | 1 | 1 | 1 | 2 | 11 |
> | ㉴ | 2 | 1 | 1 | 1 | 1 | 1 | | 7 |
> | ㉵ | 1 | 1 | 1 | 1 | 1 | 1 | | 6 |
>
> 나. 관계인이 쉽게 접근할 수 있고, 관리가 용이한 장소에 설치할 수 있다.
> 다. 경계구역일람도
> 라. 9회로 × 1.1(10 [%] 할증) = 9.9 → 10회로

11

옥내소화전설비의 배선기준을 다음의 그림에 표시하시오.

배점 5

내화배선: ─────, 내열배선: ─·─·─, 일반배선: ------, 배관: ─────

▬▬▬ : 내화배선   ▨▨▨▨ : 내열배선   ───── : 내열배선

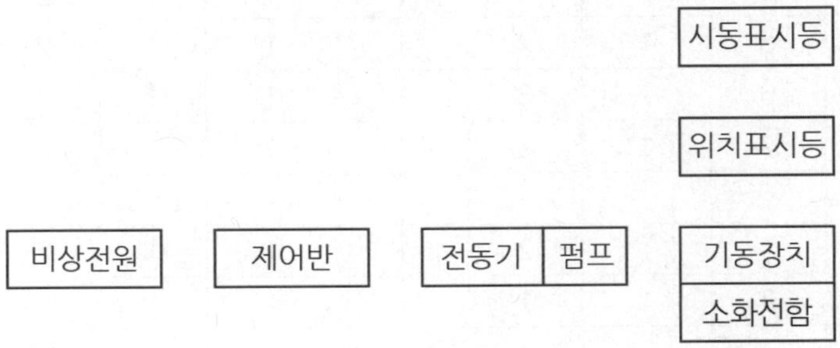

[시동표시등]

[위치표시등]

[비상전원] [제어반] [전동기][펌프] [기동장치/소화전함]

정답

내화배선: ─────, 내열배선: ─·─·─, 일반배선: ------, 배관: ─────

[시동표시등(기동표시등)]

[위치표시등]

[비상전원] ───── [제어반] ───── [전동기][펌프] ───── [기동장치/소화전함]

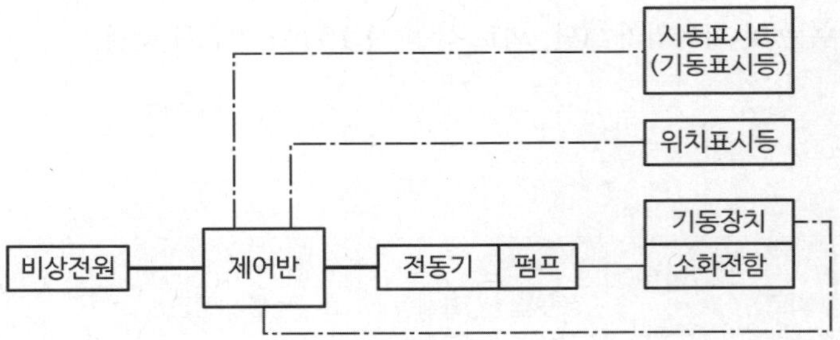

★ 핵심이론 배선공사(내화배선: ─────, 내열배선: ─·─·─, 일반배선: ------, 배관: ─────)

□ 옥내소화전설비

내화배선: ─────, 내열배선: ─·─·─, 일반배선: ------, 배관: ─────

[시동표시등(기동표시등)]

[위치표시등]

[비상전원] ───── [제어반] ───── [전동기][펌프] ───── [기동장치/소화전함]

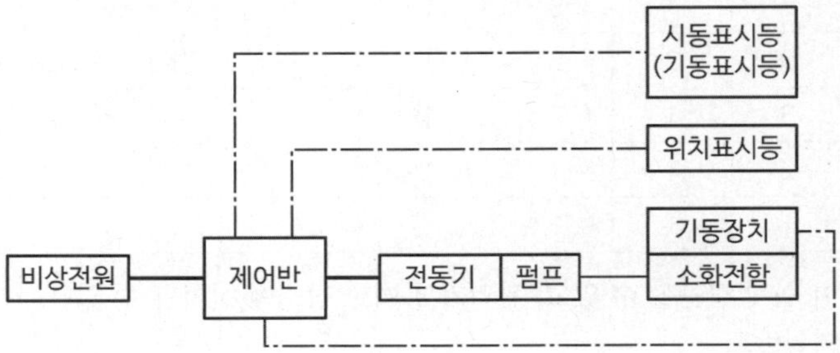

□ 옥외소화전설비

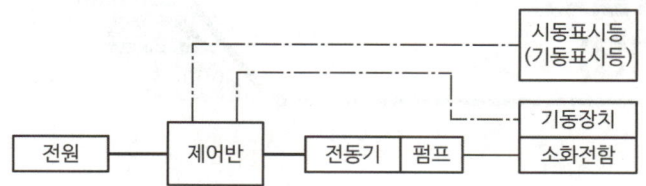

• 시동표시등 = 기동표시등

 12 득점 □ 배점 5

옥내소화전설비의 비상전원으로 자가발전설비 또는 축전지설비를 설치할 때 비상전원 설치기준 5가지를 쓰시오.

① ② ③
④ ⑤

정답

① 점검에 편리하고 화재 및 침수 등의 재해로 인한 피해를 받을 우려가 없는 곳에 설치
② 옥내소화전설비를 유효하게 20분 이상 작동할 수 있을 것
③ 상용전원으로부터 전력의 공급이 중단된 때에는 자동으로 비상전원으로부터 전력을 공급받을 수 있을 것
④ 비상전원의 설치장소는 다른 장소와 방화구획하여야 하며, 그 장소에는 비상전원의 공급에 필요한 기구나 설비 외의 것을 두지 말 것(단, 열병합발전설비에 필요한 기구나 설비 제외)
⑤ 비상전원을 실내에 설치하는 때에는 그 실내에 비상조명등 설치

핵심이론 옥내소화전설비 비상전원 설치기준

• 점검에 편리하고 화재 및 침수 등의 재해로 인한 피해를 받을 우려가 없는 곳에 설치할 것
• 옥내소화전설비를 유효하게 20분 이상 작동할 수 있어야 할 것
• 상용전원으로부터 전력의 공급이 중단된 때에는 자동으로 비상전원으로부터 전력을 공급받을 수 있도록 할 것
• 비상전원의 설치장소는 다른 장소와 방화구획할 것 이 경우 그 장소에는 비상전원의 공급에 필요한 기구나 설비 외의 것(열병합발전설비에 필요한 기구나 설비는 제외한다)을 두어서는 아니 된다.
• 비상전원을 실내에 설치하는 때에는 그 실내에 비상조명등을 설치할 것

CHAPTER 02 스프링클러설비 (NFTC 103)

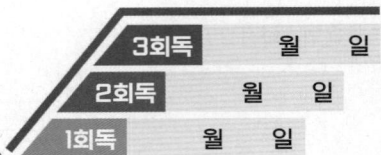

학습목표

1 스프링클러설비 종류에 따른 가닥 수 산정에 대해 학습한다.
2 스프링클러설비 설치기준에 대해 학습한다.
3 스프링클러설비 용어 정의에 대해 학습한다.

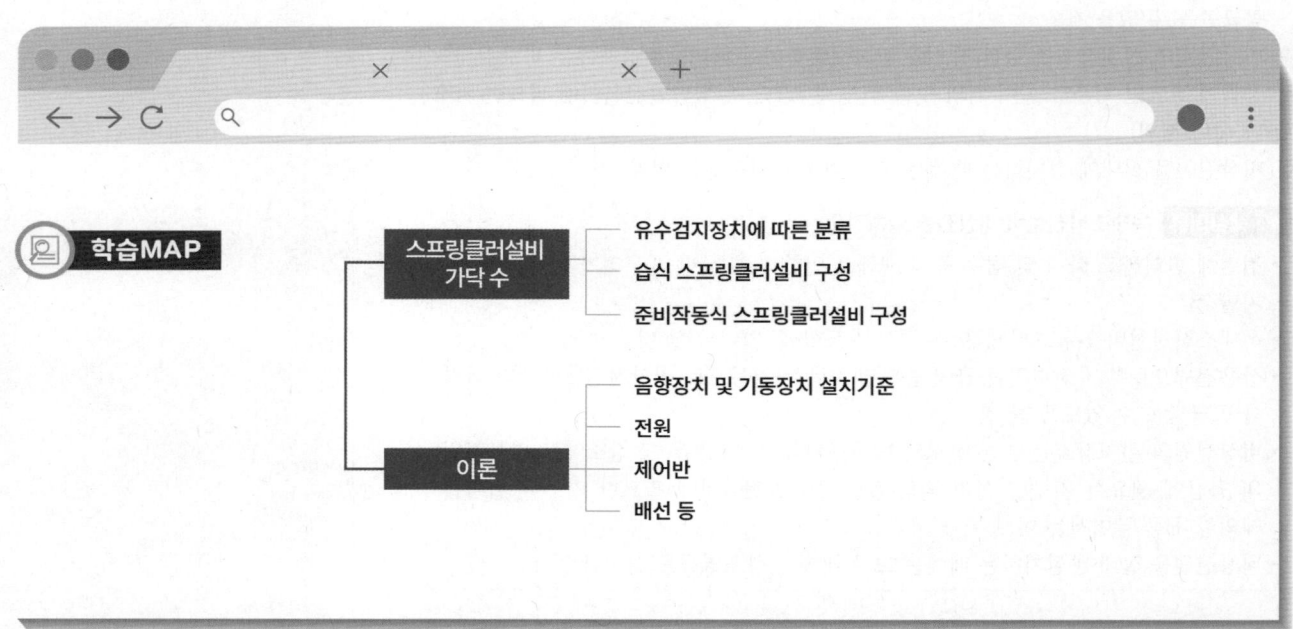

01 스프링클러설비

1 스프링클러설비 가닥 수

(1) 유수검지장치에 따른 분류

구분 \ 설비방식	유수검지장치				일제 살수식
	습식	건식	준비작동식	부압식	
밸브의 종류	습식 밸브 (알람체크 밸브)	건식 밸브 (드라이 밸브)	준비작동 밸브 (프리액션 밸브)	준비작동 밸브 (프리액션 밸브)	일제개방 밸브
사용 헤드	폐쇄형 헤드	폐쇄형 헤드	폐쇄형 헤드	폐쇄형 헤드	개방형 헤드
배관 상태 1차 측	가압수	가압수	가압수	가압수 (정압)	가압수
배관 상태 2차 측	가압수	압축공기	대기압 또는 저압공기	부압수 (부압)	대기압 (개방상태)
시스템 감지기 유무	없음	없음	있음	있음	있음

> 선생님 TIP
> 습식 스프링클러설비, 건식 스프링클러설비, 준비작동식 스프링클러설비 위주로 시험에 출제됩니다.

(2) 습식 스프링클러 설비 구성

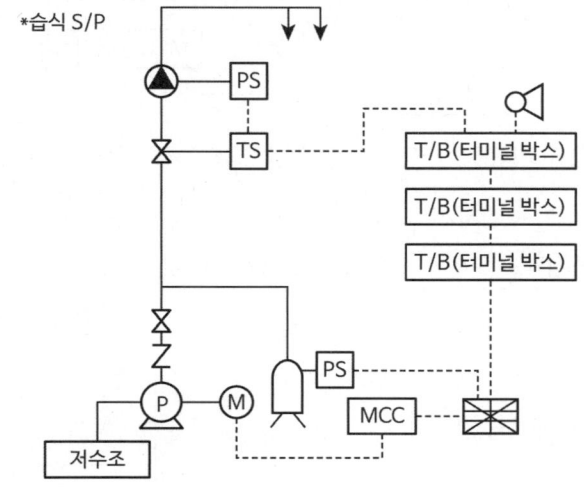

> 선생님 TIP
> 계통도를 보고 가닥 수를 직접 산정할 수 있어야 합니다!

용어
① 압력스위치 = 밸브개방확인 = PS(Pressure Switch) = 유수검지스위치
② 탬퍼스위치 = 밸브주의 = 밸브개폐감시용 스위치 = TS(Tamper Switch)

구간	전선수	전선굵기	배선의 용도
TS ↔ T/B	3	2.5 [mm²] 이상	공통, TS, PS
T/B ↔ 수신반	4	2.5 [mm²] 이상	공통, TS, PS, 사이렌
2개 구역일 경우	7	2.5 [mm²] 이상	공통, TS(2), PS(2), 사이렌(2)
수신반 ↔ 압력탱크	2	2.5 [mm²] 이상	공통, PS
MCC ↔ 수신반	5	2.5 [mm²] 이상	공통, ON, OFF, 기동표시, 전원감시

(3) 준비작동식 스프링클러 설비 구성

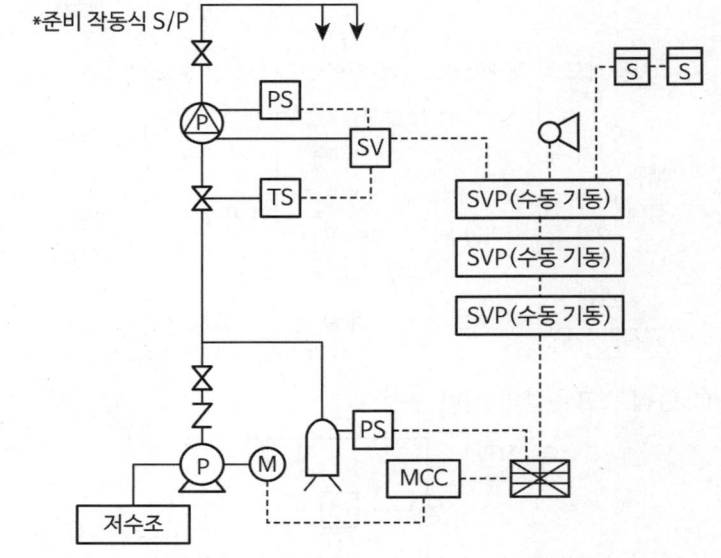

용어
① 솔레노이드밸브 = 밸브기동 = SV(Solenoid Valve) = SOL
② 압력스위치 = 밸브개방확인 = PS(Pressure Switch) = 유수검지스위치
③ 탬퍼스위치 = 밸브주의 = 밸브개폐감시용 스위치 = TS(Tamper Switch)

구간	전선수	전선굵기	배선의 용도
감지기 ↔ 감지기	4	1.5 [mm²] 이상	지구(2), 공통(2)
감지기 ↔ SVP	8	1.5 [mm²] 이상	지구(4), 공통(4)
SVP ↔ SVP	8	2.5 [mm²] 이상	전원⊕·⊖, SV, PS, TS, 사이렌, 감지기 A·B
2존일 경우	14	2.5 [mm²] 이상	전원⊕·⊖, SV(2), PS(2), TS(2), 사이렌(2), 감지기(A, B)(2).
사이렌 ↔ SVP	2	2.5 [mm²] 이상	사이렌(2)

> **참고** 준비작동식 스프링클러의 동작순서
> - 화재발생
> - 차동식 감지기 2회로(A, B) 동시작동
> - 설비수신반에 신호(화재표시등 및 지구표시등 점등)
> - 전자밸브 작동
> - 준비작동식 밸브 개방
> - 압력스위치 작동
> - 설비수신반에 신호(밸브기동표시등 및 밸브개방확인표시등 점등)
> - 사이렌 경보

> **선생님 TIP**
> 준비작동식 스프링클러설비의 동작순서가 종종 시험에 출제되므로 반드시 익혀둡시다!

2 이론 내용

(1) 음향장치 및 기동장치 설치기준

① 습식 유수검지장치 또는 건식 유수검지장치를 사용하는 설비에 있어서는 헤드가 개방되면 유수검지장치가 화재신호를 발신하고, 그에 따라 음향장치가 경보되도록 할 것

② 준비작동식 유수검지장치 또는 일제개방밸브를 사용하는 설비에는 화재감지기의 감지에 따라 음향장치가 경보되도록 할 것. 이 경우 화재감지기회로를 교차회로방식(하나의 준비작동식 유수검지장치 또는 일제개방밸브의 담당구역 내에 2 이상의 화재감지기회로를 설치하고 인접한 2 이상의 화재감지기가 동시에 감지되는 때에 준비작동식 유수검지장치 또는 일제개방밸브가 개방·작동되는 방식을 말한다)으로 하는 때에는 하나의 화재감지기회로가 화재를 감지하는 때에도 음향장치가 경보되도록 하여야 한다.

③ 음향장치는 유수검지장치 및 일제개방밸브 등의 담당구역마다 설치하되 그 구역의 각 부분으로부터 하나의 음향장치까지의 수평거리는 25 [m] 이하가 되도록 할 것

④ 음향장치는 경종 또는 사이렌으로 하되, 주위의 소음 및 다른 용도의 경보와 구별이 가능한 음색으로 할 것. 이 경우 경종 또는 사이렌은 자동화재탐지설비·비상벨설비 또는 자동식 사이렌설비의 음향장치와 겸용할 수 있다.

⑤ 주음향장치는 수신기의 내부 또는 그 직근에 설치할 것

⑥ 층수가 11층(공동주택의 경우 16층) 이상의 특정소방대상물은 다음의 기준에 따라 경보를 발할 수 있도록 해야 한다.
　ㄱ. 2층 이상의 층에서 발화한 때에는 발화층 및 그 직상 4개 층에 경보를 발할 것

○ 음향장치는 유수검지장치 및 일제개방밸브 등의 담당구역마다 설치하되 그 구역의 각 부분으로부터 하나의 음향장치까지의 수평거리는 40 [m] 이하가 되도록 할 것
　　　　　　X 25 [m]

ㄴ. 1층에서 발화한 때에는 발화층·그 4개 층 및 지하층에 경보를 발할 것

ㄷ. 지하층에서 발화한 때에는 발화층·그 직상층 및 기타의 지하층에 경보를 발할 것

⑦ 음향장치는 다음 각 목의 기준에 따른 구조 및 성능의 것으로 할 것 ★★★

ㄱ. 정격전압의 80 [%] 전압에서 음향을 발할 수 있는 것으로 할 것

ㄴ. 1 [m] 떨어진 위치에서 90 [dB] 이상이 되는 것으로 할 것

> 음향장치는 1 [m] 떨어진 위치에서 80 [dB] 이상이 되는 것으로 할 것
> ✗ 90 [dB]

(2) 스프링클러설비의 가압송수장치로서 펌프가 설치되는 경우에는 그 펌프의 작동은 다음 각 호의 어느 하나의 기준에 적합하여야 한다.

① 습식 유수검지장치 또는 건식 유수검지장치를 사용하는 설비에 있어서는 유수검지장치의 발신이나 기동용 수압개폐장치에 의하여 작동되거나 또는 이 두 가지의 혼용에 따라 작동될 수 있도록 할 것

② 준비작동식 유수검지장치 또는 일제개방밸브를 사용하는 설비에 있어서는 화재감지기의 화재감지나 기동용 수압개폐장치에 따라 작동되거나 또는 이 두 가지의 혼용에 따라 작동할 수 있도록 할 것

(3) 준비작동식 유수검지장치 또는 일제개방밸브의 작동은 다음 각 호의 기준에 적합하여야 한다.

① 담당구역 내의 화재감지기의 동작에 따라 개방 및 작동될 것

② 화재감지회로는 교차회로방식으로 할 것. 다만 다음 각목의 어느 하나에 해당하는 경우에는 그러하지 아니하다.

ㄱ. 스프링클러설비의 배관 또는 헤드에 누설경보용 물 또는 압축공기가 채워지거나 부압식 스프링클러설비의 경우

ㄴ. 화재감지기를 「자동화재탐지설비의 화재안전기술기준(NFTC 203)」 제7조 제1항 단서의 각 호의 감지기로 설치한 때

③ 준비작동식 유수검지장치 또는 일제개방밸브의 인근에서 수동기동(전기식 및 배수식)에 따라서도 개방 및 작동될 수 있게 할 것

④ 제1호 및 제2호에 따른 화재감지기의 설치기준에 관하여는 「자동화재탐지설비의 화재안전기술기준(NFTC 203)」 제7조 및 제11조를 준용할 것. 이 경우 교차회로방식에 있어서의 화재감지기의 설치는 각 화재감지기회로별로 설치하되, 각 화재감지기회로별 화재감지기 1개가 담당하는 바닥면적은 「자동화재탐지설비의 화재안전기술기준(NFTC 203)」 제7조 제3항 제5호·제8호부터 제10호까지에 따른 바닥면적으로 한다.

⑤ 화재감지기회로에는 다음 각 목의 기준에 따른 발신기를 설치할 것. 다만 자동화재탐지설비의 발신기가 설치된 경우에는 그러하지 아니하다.
   ㄱ. 조작이 쉬운 장소에 설치하고, 스위치는 바닥으로부터 0.8 [m] 이상 1.5 [m] 이하의 높이에 설치할 것
   ㄴ. 특정소방대상물의 층마다 설치하되, 해당 특정소방대상물의 각 부분으로부터 하나의 발신기까지의 수평거리가 25 [m] 이하가 되도록 할 것. 다만 복도 또는 별도로 구획된 실로서 보행거리가 40 [m] 이상일 경우에는 추가로 설치하여야 함
   ㄷ. 발신기의 위치를 표시하는 표시등은 함의 상부에 설치하되, 그 불빛은 부착 면으로부터 15° 이상의 범위 안에서 부착지점으로부터 10 [m] 이내의 어느 곳에서도 쉽게 식별할 수 있는 적색등으로 할 것

> **전원**
> 스프링클러설비에는 다음 각 호의 기준에 따른 상용전원회로의 배선을 설치하여야 한다(스프링클러, 화재조기진압용, 간이스프링클러, 옥내소화전설비 동일).
> ㄱ. 저압수전 : 인입개폐기의 직후에서 분기하여 전용배선으로 설치하며, 전용의 전선관에 보호되도록 할 것
> ㄴ. 특별고압수전 또는 고압수전 : 전력용 변압기 2차 측의 주차단기 1차 측에서 분기하여 전용배선으로 설치(상용전원의 상시공급에 지장이 없을 경우에는 주차단기 2차 측에서 분기하여 전용배선으로 설치)

> **선생님 TIP**
> 각 설비별 비상전원의 종류와 용량이 자주 출제됩니다.

참고 비상전원의 종류 및 용량

설비	비상전원				용량
	자가발전	축전지	전기저장장치	비상전원수전설비	
• 스프링클러설비 (미분무소화설비)	○	○	○	(차고, 주차장으로 바닥면적 1000 [m²] 미만인 경우)	• 20분 : 30층 미만 • 40분 : 30~49층 • 60분 : 50층 이상
• 간이스프링클러설비	○			○	• 10분 • 20분 : 근생, 복합건물, 생활형 숙박시설
• 제연설비 • CO₂설비 • 분말소화설비 • 할론소화설비 • 할로겐화합물 및 불활성기체소화설비 • 화재조기진압용 스프링클러설비 • 포소화설비	○	○	○	(호스릴포소화설비 또는 포소화전만을 설치한 차고·주차장, 포헤드설비 또는 고정포방출설비가 설치된 부분의 바닥면적 합계 1000 [m²] 미만인 경우)	• 20분 이상

(4) 비상전원 중 자가발전설비, 축전지설비(내연기관에 따른 펌프를 설치한 경우에는 내연기관의 기동 및 제어용 축전지를 말한다) 또는 전기저장장치(외부 전기에너지를 저장해두었다가 필요한 때 전기를 공급하는 장치)는 다음 각 호의 기준을, 비상전원수전설비는 「소방시설용 비상전원수전설비의 화재안전기술기준(NFTC 602)」에 따라 설치하여야 한다.

① 비상전원의 설치기준
  ㄱ. 점검에 편리하고 화재 및 침수 등의 재해로 인한 피해를 받을 우려가 없는 곳에 설치할 것
  ㄴ. 스프링클러설비를 유효하게 20분 이상 작동할 수 있어야 할 것
  ㄷ. 상용전원으로부터 전력의 공급이 중단된 때에는 자동으로 비상전원으로부터 전력을 공급받을 수 있도록 할 것
  ㄹ. 비상전원(내연기관의 기동 및 제어용 축전기를 제외한다)의 설치장소는 다른 장소와 방화구획할 것. 이 경우 그 장소에는 비상전원의 공급에 필요한 기구나 설비 외의 것(열병합발전설비에 필요한 기구나 설비는 제외한다)을 두어서는 안 됨
  ㅁ. 비상전원을 실내에 설치하는 때에는 그 실내에 비상조명등을 설치할 것
  ㅂ. 옥내에 설치하는 비상전원실에는 옥외로 직접 통하는 충분한 용량의 급배기설비를 설치할 것
  ㅅ. 비상전원실의 출입구 외부에는 실의 위치와 비상전원의 종류를 식별할 수 있도록 표지판을 부착할 것

② 비상전원의 출력용량
  ㄱ. 비상전원설비에 설치되어 동시에 운전될 수 있는 모든 부하의 합계 입력용량을 기준으로 정격출력을 선정할 것. 다만 소방전원 보존형 발전기를 사용할 경우에는 그러하지 아니함
  ㄴ. 기동전류가 가장 큰 부하가 기동될 때에도 부하의 허용최저입력전압 이상의 출력전압을 유지할 것
  ㄷ. 단시간 과전류에 견디는 내력은 입력용량이 가장 큰 부하가 최종 기동할 경우에도 견딜 수 있을 것

③ 자가발전설비 : 부하의 용도와 조건에 따라 다음 각 목 중의 하나를 설치하고 그 부하용도별 표지를 부착하여야 한다. 다만 자가발전설비의 정격출력용량은 하나의 건축물에 있어서 소방부하의 설비용량을 기준으로 하고, 나목의 경우 비상부하는 국토해양부장관이 정한 건축전기설비설계기준의 수용률 범위 중 최댓값 이상을 적용한다.

스프링클러설비를 유효하게 30분 이상 작동할 수 있어야 할 것
[X] 20분 이상

ㄱ. 소방전용 발전기 : 소방부하용량을 기준으로 정격출력용량을 산정하여 사용하는 발전기
ㄴ. 소방부하겸용 발전기 : 소방 및 비상부하 겸용으로서 소방부하와 비상부하의 전원용량을 합산하여 정격출력용량을 산정하여 사용하는 발전기
ㄷ. 소방전원보존형 발전기 : 소방 및 비상부하 겸용으로서 소방부하의 전원용량을 기준으로 정격출력용량을 산정하여 사용하는 발전기

(5) 제어반

① 소화설비에는 제어반을 설치하되, 감시제어반과 동력제어반으로 구분하여 설치해야 한다. 다만 다음의 어느 하나에 해당하는 경우에는 감시제어반과 동력제어반으로 구분하여 설치하지 않을 수 있다.

ㄱ. 층수가 7층 이상으로서 연면적이 2000 [m²] 이상이거나 이에 해당하지 아니하는 특정소방대상물로서 지하층의 바닥면적의 합계가 3000 [m²] 이상인 것 중 어느 하나에 해당하지 않는 특정소방대상물에 설치되는 경우
ㄴ. 내연기관에 따른 가압송수장치를 사용하는 경우
ㄷ. 고가수조에 따른 가압송수장치를 사용하는 경우
ㄹ. 가압수조에 따른 가압송수장치를 사용하는 경우

② 감시제어반의 기능은 다음 각 호의 기준에 적합하여야 한다.

ㄱ. 각 펌프의 작동 여부를 확인할 수 있는 표시등 및 음향경보기능이 있어야 할 것

○ 감시제어반은 각 펌프의 작동 여부를 확인할 수 있는 표시등 및 음향경보기능이 있어야 할 것 **O**

ㄴ. 각 펌프를 자동 및 수동으로 작동시키거나 중단시킬 수 있어야 할 것
ㄷ. 비상전원을 설치한 경우에는 상용전원 및 비상전원의 공급 여부를 확인할 수 있어야 할 것
ㄹ. 수조 또는 물올림탱크가 저수위로 될 때 표시등 및 음향으로 경보할 것

○ 수조 또는 물올림탱크가 고수위로 될 때 표시등 및 음향으로 경보할 것 **X** 저수위

ㅁ. 각 확인회로(기동용 수압개폐장치의 압력스위치회로·수조 또는 물올림탱크의 감시회로·유수검지장치 또는 일제개방밸브의 압력스위치회로·일제개방밸브를 사용하는 설비의 화재감지기회로·개폐밸브의 폐쇄상태 확인회로를 말한다)마다 도통시험 및 작동시험을 할 수 있어야 할 것
ㅂ. 예비전원이 확보되고 예비전원의 적합 여부를 시험할 수 있어야 할 것

(6) 배선 등
① 배선 설치기준
ㄱ. 비상전원으로부터 동력제어반 및 가압송수장치에 이르는 전원회로배선은 내화배선으로 할 것. 다만 자가발전설비와 동력제어반이 동일한 실에 설치된 경우에는 자가발전기로부터 그 제어반에 이르는 전원회로배선은 그러하지 아니하다.
ㄴ. 상용전원으로부터 동력제어반에 이르는 배선, 그 밖의 스프링클러설비의 감시·조작 또는 표시등회로의 배선은 내화배선 또는 내열배선으로 할 것. 다만 감시제어반 또는 동력제어반 안의 감시·조작 또는 표시등회로의 배선은 그러하지 아니하다.
② 내화배선 및 내열배선에 사용되는 전선 및 설치방법은 「옥내소화전설비의 화재안전기술기준(NFTC 102)」의 별표 1의 기준에 따른다.
③ 스프링클러설비의 과전류차단기 및 개폐기에는 "스프링클러설비용"이라고 표시한 표지를 하여야 한다.
④ 스프링클러설비용 전기배선의 양단 및 접속단자에는 다음 각 호의 기준에 따라 표지하여야 한다.
ㄱ. 단자에는 "스프링클러설비단자"라고 표시한 표지를 부착할 것
ㄴ. 스프링클러설비용 전기배선의 양단에는 다른 배선과 식별이 용이하도록 표시할 것

스프링클러설비의 과전류차단기 및 개폐기에는 "옥내소화전설비용"이라고 표시한 표지를 하여야 한다.
X "스프링클러설비용"

▶참고 스프링클러설비·물분무소화설비·포소화설비 배선공사
(내화배선 : ▬▬▬, 내열배선 : ▬ ▪ ▬, 일반배선 : ▪▪▪▪, 배관 : ▬▬▬)

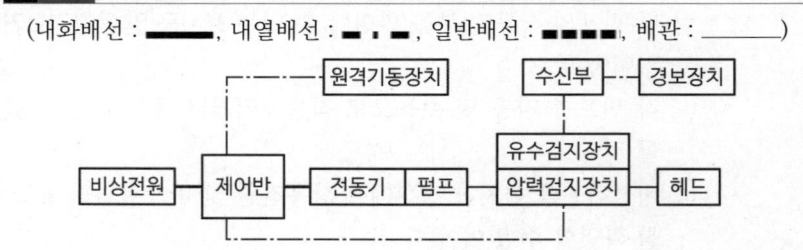

02 스프링클러설비 용어정리(NFTC 102)

1. "습식 스프링클러설비"란 가압송수장치에서 폐쇄형 스프링클러헤드까지 배관 내에 항상 물이 가압되어 있다가 화재로 인한 열로 폐쇄형 스프링클러헤드가 개방되면 배관 내에 유수가 발생하여 습식 유수검지장치가 작동하게 되는 스프링클러설비를 말한다.
2. "부압식 스프링클러설비"란 가압송수장치에서 준비작동식 유수검지장치의 1차 측까지는 항상 정압의 물이 가압되고, 2차 측 폐쇄형 스프링클러헤드까지는 소화수가 부압으로 되어 있다가 화재 시 감지기의 작동에 의해 정압으로 변하여 유수가 발생하면 작동하는 스프링클러설비를 말한다.
3. "준비작동식 스프링클러설비"란 가압송수장치에서 준비작동식 유수검지장치 1차 측까지 배관 내에 항상 물이 가압되어 있고, 2차 측에서 폐쇄형 스프링클러헤드까지 대기압 또는 저압으로 있다가 화재발생 시 감지기의 작동으로 준비작동식 밸브가 개방되면 폐쇄형 스프링클러헤드까지 소화수가 송수되고, 폐쇄형 스프링클러헤드가 열에 의해 개방되면 방수가 되는 방식의 스프링클러설비를 말한다.
4. "건식 스프링클러설비"란 건식 유수검지장치 2차 측에 압축공기 또는 질소 등의 기체로 충전된 배관에 폐쇄형 스프링클러헤드가 부착된 스프링클러설비로서, 폐쇄형 스프링클러헤드가 개방되어 배관 내의 압축공기 등이 방출되면 건식 유수검지장치 1차 측의 수압에 의하여 건식 유수검지장치가 작동하게 되는 스프링클러설비를 말한다.
5. "일제살수식 스프링클러설비"란 가압송수장치에서 일제개방밸브 1차 측까지 배관 내에 항상 물이 가압되어 있고 2차 측에서 개방형 스프링클러헤드까지 대기압으로 있다가 화재 시 자동감지장치 또는 수동식 기동장치의 작동으로 일제개방밸브가 개방되면 스프링클러헤드까지 소화수가 송수되는 방식의 스프링클러설비를 말한다.
6. "반사판(디플렉터)"이란 스프링클러헤드의 방수구에서 유출되는 물을 세분시키는 작용을 하는 것을 말한다.
7. "건식 유수검지장치"란 건식 스프링클러설비에 설치되는 유수검지장치를 말한다.
8. "습식 유수검지장치"란 습식 스프링클러설비 또는 부압식 스프링클러설비에 설치되는 유수검지장치를 말한다.
9. "준비작동식 유수검지장치"란 준비작동식 스프링클러설비에 설치되는 유수검지장치를 말한다.

CHAPTER 02 연습문제

01
배점 5

교차회로방식의 준비작동식 스프링클러설비에서 감지기가 1개만 작동할 때와 2개가 동시에 작동할 때의 상황을 설명하라.

가. 한 개 감지기 동작 시

나. 두 개 감지기 동작 시

정답
가. 한 개 감지기 동작 시 : 음향장치 경보
나. 두 개 감지기 동작 시 : 소화설비 작동

핵심이론 감지기 교차회로방식
- 자동화재탐지설비의 교차회로방식
  하나의 담당구역 내에 2 이상의 감지기회로를 설치하고 2 이상의 감지기회로가 동시에 감지되는 때에 설비가 작동하는 방식
- 교차회로방식으로 감지기를 설치하여야 하는 자동식 소화설비
  분말소화설비, 할론소화설비, 할로겐화합물 및 불활성기체소화설비, 이산화탄소소화설비, 준비작동식 스프링클러설비, 일제살수식 스프링클러설비

02
배점 8

그림은 습식 스프링클러설비의 전기적 계통도이다. 그림을 보고 답란의 A ~ D까지의 배선수와 각 배선의 용도를 쓰시오.

조건
(1) 각 유수검지장치에는 밸브 개폐 감시용 스위치는 부착되어 있는 것으로 한다.
(2) 사용전선은 HFIX 전선이다.
(3) 배선수는 운전조작상 필요한 최소 전선수를 쓰도록 한다.

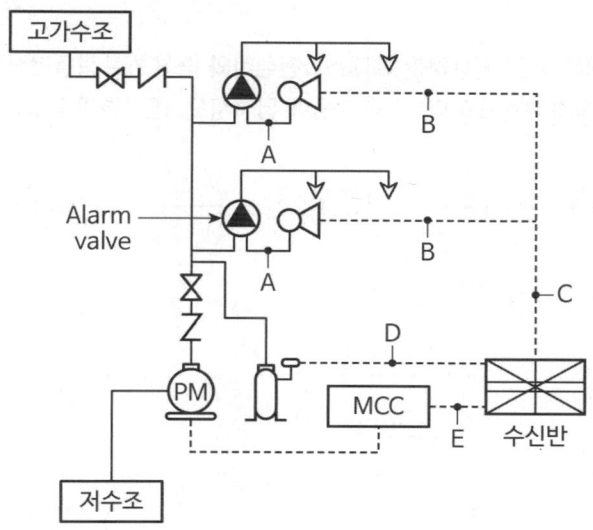

기호	구분	배선수	배선의 용도
A	알람밸브 ↔ 사이렌		
B	사이렌 ↔ 수신반		
C	2개 구역일 경우		
D	수신반 ↔ 압력탱크		
E	MCC ↔ 수신반	5	공통, ON, OFF, 기동표시, 전원감시

정답

기호	구분	배선수	배선의 용도
A	알람밸브 ↔ 사이렌	3	공통, PS, TS
B	사이렌 ↔ 수신반	4	공통, PS, TS, 사이렌
C	2개 구역일 경우	7	공통, PS(2), TS(2), 사이렌(2)
D	수신반 ↔ 압력탱크	2	공통, PS
E	MCC ↔ 수신반	5	공통, ON, OFF, 기동표시, 전원감시

03

기동용 수압개폐장치를 사용하는 옥내소화전설비와 습식 스프링클러설비가 설치된 지상 1층인 공장의 계통도이다. 다음 물음에 답하시오. (단, 경종과 표시등공통선을 같이한다)

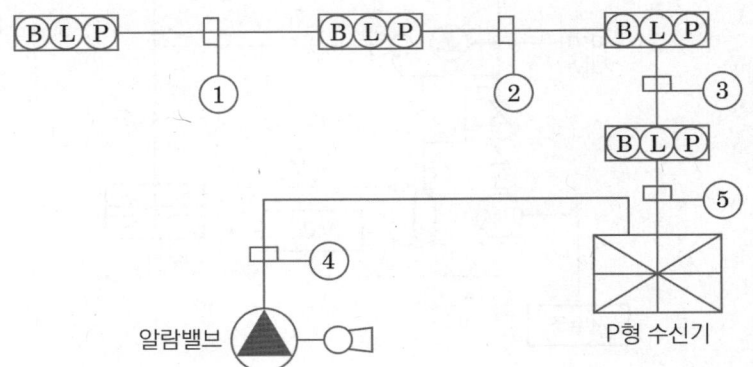

가. ① ~ ⑤까지의 최소배선 가닥 수를 쓰시오.

나. ④의 배선내역을 적으시오.

다. 사이렌은 소방시설의 어떤 기구가 작동한 후에 작동하는지 그 시점을 쓰시오.

정답

가. ① 8가닥, ② 9가닥, ③ 10가닥, ④ 4가닥, ⑤ 11가닥
나. 압력스위치 1, 탬퍼스위치 1, 사이렌 1, 공통 1
다. 압력스위치

✓ 해설

구분	회로선	회로공통선	경종선	경종표시등공통선	표시등선	응답선	기동확인표시등	탬퍼스위치	압력스위치	사이렌	공통	합계
①	1	1	1	1	1	1	2					8
②	2	1	1	1	1	1	2					9
③	3	1	1	1	1	1	2					10
④								1	1	1	1	4
⑤	4	1	1	1	1	1	2					11

- 옥내소화전설비의 기동방식 2가지
  ① ON, OFF 기동방식 : 5가닥(기동, 정지, 공통, 기동확인 2)
  ② 기동용 수압개폐장치방식 : 2가닥(기동표시등 2)
- 펌프기동표시등(= 기동표시등, 기동확인표시등, 기동확인등)

04

배점 8

다음은 기동용 수압개폐장치를 사용하는 옥내소화전함과 습식 스프링클러설비가 설치된 지상 6층의 호텔계통도이다. 다음 각 물음에 답하시오. (단, 경종과 표시등 공통선을 같이하였으며, 화재로 인하여 하나의 층의 지구음향장치 배선이 단락이 되어도 다른 층의 화재통보에 지장이 없도록 각 층 배선상에 유효한 조치를 하였음)

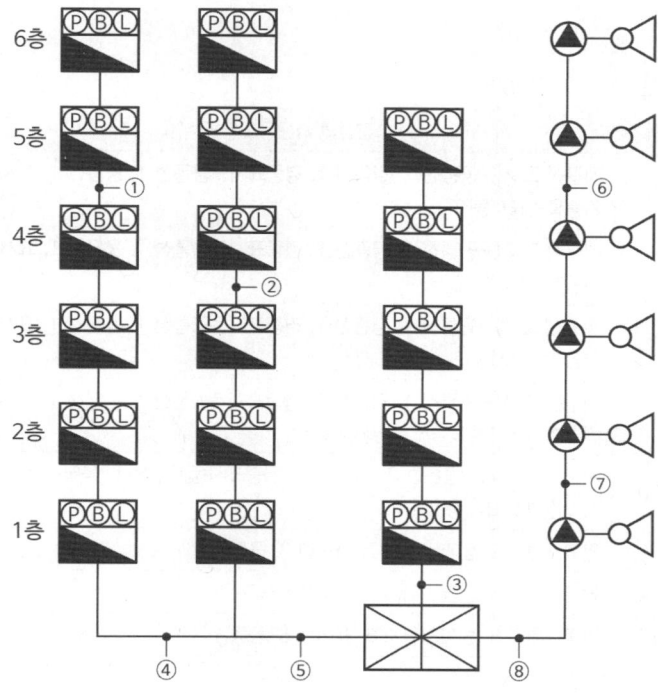

가. 기호 ① ~ ⑧의 가닥 수를 쓰시오.

기호	①	②	③	④	⑤	⑥	⑦	⑧
가닥 수								

나. 경계구역이 7경계구역을 넘을 경우 추가되는 배선의 명칭을 쓰시오.

다. 기호 ⑤에 들어가는 회로선은 몇 가닥인지 쓰시오.

라. 기호 ④에 들어가는 경종선은 몇 가닥인지 쓰시오.

마. 기호 ⑤에 들어가는 경종선은 몇 가닥인지 쓰시오.

정답

가.

기호	①	②	③	④	⑤	⑥	⑦	⑧
가닥 수	9	10	12	13	20	7	16	19

나. 지구공통선

다. 12가닥

라. 1가닥

마. 1가닥

✓ 해설 : 전선 가닥 수 및 용도

기호	가닥 수	전선의 사용용도(가닥 수)
①	9	지구선 2, 지구공통선 1, 경종선 1, 경종표시등공통선 1, 응답선 1, 표시등선 1, 기동확인표시등 2
②	10	지구선 3, 지구공통선 1, 경종선 1, 경종표시등공통선 1, 응답선 1, 표시등선 1, 기동확인표시등 2
③	12	지구선 5, 지구공통선 1, 경종선 1, 경종표시등공통선 1, 응답선 1, 표시등선 1, 기동확인표시등 2
④	13	지구선 6, 지구공통선 1, 경종선 1, 경종표시등공통선 1, 응답선 1, 표시등선 1, 기동확인표시등 2
⑤	20	지구선 12, 지구공통선 2, 경종선 1, 경종표시등공통선 1, 응답선 1, 표시등선 1, 기동확인표시등 2
⑥	7	압력스위치 2, 탬퍼스위치 2, 사이렌 2, 공통 1
⑦	16	압력스위치 5, 탬퍼스위치 5, 사이렌 5, 공통 1
⑧	19	압력스위치 6, 탬퍼스위치 6, 사이렌 6, 공통 1

중요 ▶ 일제경보방식이며, 화재로 인하여 하나의 층의 지구음향장치 배선이 단락이 되어도 다른 층의 화재통보에 지장이 없도록 각 층 배선상에 유효한 조치를 하였기 때문에 경종선은 추가되지 않는다.

05

그림은 준비작동식 스프링클러설비에 관한 배선연결계통도이다. 다음 각 물음에 답하시오.

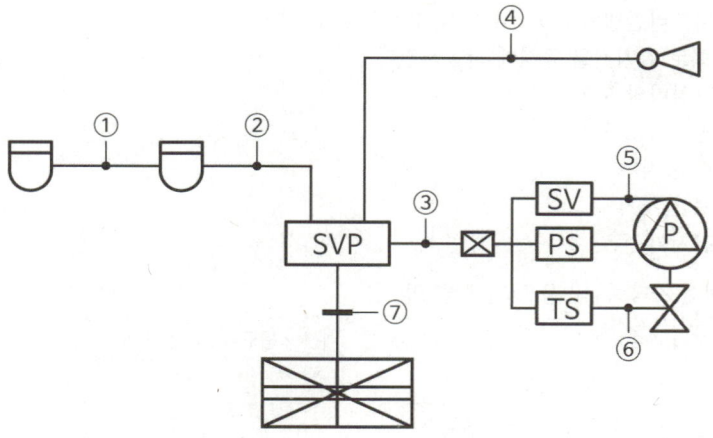

가. ① ~ ⑦까지의 가닥 수는?

기호	①	②	③	④	⑤	⑥	⑦
가닥 수							

나. ④의 음향장치는 어떤 경우에 작동하는지 쓰시오.

다. 준비작동밸브의 2차 측 주밸브를 잠근 상태에서 유수검지장치의 전기적 작동방법 2가지를 쓰시오.

라. 감지기의 회로방식을 감지기 A·B회로로 구분하여 결선하는 이유는 무엇이며, 이와 같은 회로방식을 무슨 회로방식이라고 하는가?

　1) 이유 :

　2) 회로방식 :

마. '라'와 같은 회로방식을 적용하지 않고 하나의 회로로 구성하여도 무방한 감지기의 종류 3가지를 쓰시오.

정답

가.

기호	①	②	③	④	⑤	⑥	⑦
가닥 수	4	8	4	2	2	2	8

나. 감지기 A회로 작동 후

다. 1) 슈퍼비조리판넬의 기동스위치를 수동으로 누른다.
   2) A·B회로 감지기를 동시에 작동시킨다.

라. 1) 이유 : 설비의 오동작방지
   2) 회로방식 : 교차회로방식

마. 1) 분포형 감지기
   2) 복합형 감지기
   3) 불꽃감지기

☑ 해설 : 전선 가닥 수 및 용도(일제경보방식)

기호	가닥 수	배선의 용도
①	4	지구선 2, 공통선 2
②	8	지구선 4, 공통선 4
③	4	솔레노이드밸브(SV) 1, 압력스위치(PS) 1, 탬퍼스위치(TS) 1, 공통선 1
④	2	사이렌 2
⑤	2	솔레노이드밸브 2
⑥	2	탬퍼스위치 2
⑦	8	전원 ⊕·⊖, 사이렌, 감지기 A·B, 솔레노이드밸브(SV), 압력스위치(PS), 탬퍼스위치(TS)

- 솔레노이드밸브 = 밸브기동 = SV(Solenoid Valve)
- 압력스위치 = 밸브개방확인 = PS(Pressure Switch)
- 탬퍼스위치 = 밸브주의 = 밸브개폐감시용 스위치 = TS(Tamper Switch)

06

| 득점 | 배점 8 |

자동화재탐지설비와 스프링클러설비 프리액션밸브의 간선계통도이다. 다음 각 물음에 답하시오. (단, 경종과 표시등공통선을 같이 하였음)

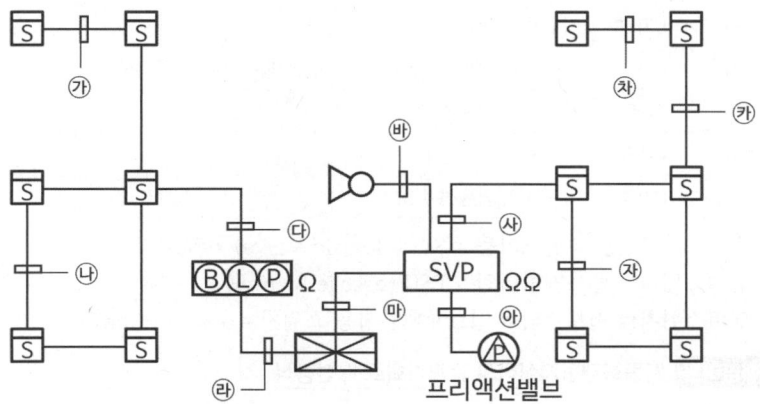

가. ㉮ ~ ㉰까지의 배선 가닥 수를 쓰시오. (단, 프리액션밸브용 감지기공통선과 전원공통선은 분리해서 사용하고 압력스위치, 탬퍼스위치 및 솔레노이드밸브용 공통선은 1가닥을 사용하는 조건이다)

답 란	㉮	㉯	㉰	㉱	㉲	㉳	㉴	㉵	㉶	㉷	㉸

나. ㉲의 배선별 용도를 쓰시오. (단, 해당 가닥 수까지만 기록)

정답

가.

답 란	㉮	㉯	㉰	㉱	㉲	㉳	㉴	㉵	㉶	㉷	㉸
	4	2	4	6	9	2	8	4	4	4	8

나. 전원 ⊕·⊖, 사이렌, 솔레노이드밸브(SV), 압력스위치(PS), 탬퍼스위치(TS), 감지기 A·B, 감지기공통

☑ 해설 : 전선 가닥 수 및 용도

기호	가닥 수	배선내역
㉮	4가닥	지구선 2, 공통선 2
㉯	2가닥	지구선 1, 공통선 1
㉰	4가닥	지구선 2, 공통선 2
㉱	6가닥	지구선 1, 지구공통선 1, 경종선 1, 경종표시등공통선 1, 응답선 1, 표시등선 1

기호	가닥 수	배선내역
㉮	9가닥	전원 ⊕·⊖, 사이렌, 솔레노이드밸브, 압력스위치, 탬퍼스위치, 감지기 A·B, 감지기공통
㉯	2가닥	사이렌 2
㉰	8가닥	지구선 4, 공통선 4
㉱	4가닥	솔레노이드밸브 1, 압력스위치 1, 탬퍼스위치 1, 공통선 1
㉲	4가닥	지구선 2, 공통선 2
㉳	4가닥	지구선 2, 공통선 2
㉴	8가닥	지구선 4, 공통선 4

- 솔레노이드밸브 = 밸브기동 = SV(Solenoid Valve) = SOL
- 압력스위치 = 밸브개방확인 = PS(Pressure Switch)
- 탬퍼스위치 = 밸브주의 = 밸브개폐감시용 스위치 = TS(Tamper Switch)

핵심이론 자동화재탐지설비의 감지기회로 배선방식

□ **자동화재탐지설비의 송배선방식**
도통시험을 용이하게 하기 위해 배선의 도중에서 분기하지 않는 방식

□ **자동화재탐지설비의 교차회로방식**
하나의 담당구역 내에 2 이상의 감지기회로를 설치하고 2 이상의 감지기회로가 동시에 감지되는 때에 설비가 작동하는 방식

□ **교차회로방식으로 감지기를 설치하여야 하는 자동식 소화설비**
분말소화설비, 할론소화설비, 할로겐화합물 및 불활성기체소화설비, 이산화탄소소화설비, 준비작동식 스프링클러설비, 일제살수식 스프링클러설비

07 배점 6

주차장에 준비작동식 스프링클러설비를 설치하고, 차동식 스포트형 감지기 2종을 설치하여 소화설비와 연동하는 감지기를 공사하고자 한다. 미완성 평면도를 참고하여 다음 각 물음에 답하시오. (단, 층고는 3.5 [m]이며 내화구조이다)

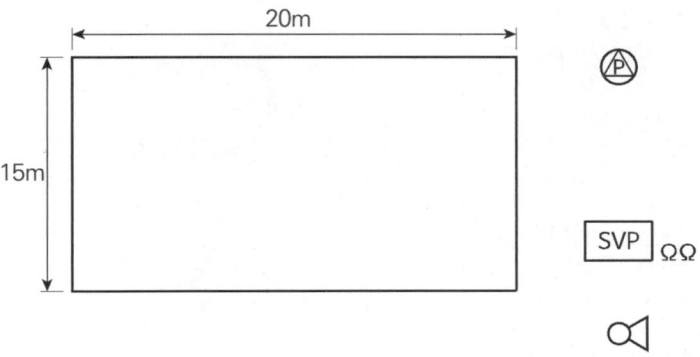

가. 본 설비에 필요한 감지기 수량을 산정하시오.
- 계산과정 :
- 답 :

나. 각 설비 및 감지기간 배선도를 평면도에 작성하고, 배선에 필요한 가닥 수를 표시하시오. (단, SVP와 프리액션밸브 간의 공통선은 겸용으로 사용하지 않는다)

정답

가. 계산과정 : $\dfrac{20 \times 15}{70} = 4.28$ → 절상해서 5개, 교차회로이므로 5 × 2 = 10개

답 | 10개

☑ 해설
차동식 스포트형 2종(층고 4 [m] 미만, 내화구조) = 70 [m²]마다 설치한다.

나.

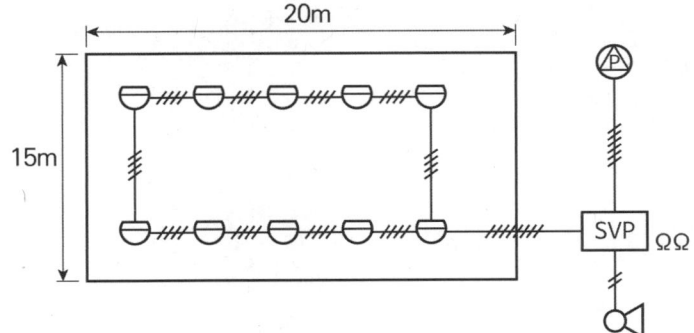

해설
- SVP와 프리액션밸브 간 전선 가닥 수 및 용도(공통선 겸용으로 사용하지 않음)
- 6가닥 : 솔레노이드밸브(SV) 1, 공통선 1, 압력스위치(PS) 1, 공통선 1, 탬퍼스위치(TS) 1, 공통선 1

핵심이론 감지기

□ 열감지기의 설치면적 (단위 : [m²])

부착높이 및 특정소방대상물의 구분		감지기의 종류						
		차동식 스포트형		보상식 스포트형		정온식 스포트형		
		1종	2종	1종	2종	특종	1종	2종
4 [m] 미만	내화구조	90	70	90	70	70	60	20
	기타구조	50	40	50	40	40	30	15
4 [m] 이상 8 [m] 미만	내화구조	45	35	45	35	35	30	
	기타구조	30	25	30	25	25	15	

□ 자동화재탐지설비의 교차회로방식
하나의 담당구역 내에 2 이상의 감지기회로를 설치하고, 2 이상의 감지기회로가 동시에 감지되는 때에 설비가 작동하는 방식

□ 교차회로방식으로 감지기를 설치하여야 하는 자동식 소화설비
분말소화설비, 할론소화설비, 할로겐화합물 및 불활성기체소화설비, 이산화탄소소화설비, 준비작동식 스프링클러설비, 일제살수식 스프링클러설비

08 배점 3
스프링클러설비의 음향장치는 정격전압의 몇 [%] 전압에서 음향을 발할 수 있는 것으로 하여야 하는가?

정답
80 [%]

핵심이론
음향장치의 구조 및 성능(스프링클러, 간이스프링클러, 화재조기진압용 스프링클러설비)
- 정격전압의 80 [%] 전압에서 음향을 발할 수 있는 것으로 할 것
- 음량은 부착된 음향장치의 중심으로부터 1 [m] 떨어진 위치에서 90 [dB] 이상이 되는 것으로 할 것

09

사무실(1구역)과 공장(2구역)으로 구분되어 있는 건물에 자동화재탐지설비의 발신기세트와 옥내소화전부설된 것과 습식 스프링클러설비를 설치하고, 수신기는 경비실에 설치하였다. 경보방식은 동별 구분 경보방식을 채택하며, 옥내소화전의 가압송수 장치는 기동용 수압개폐방식을 사용한다.

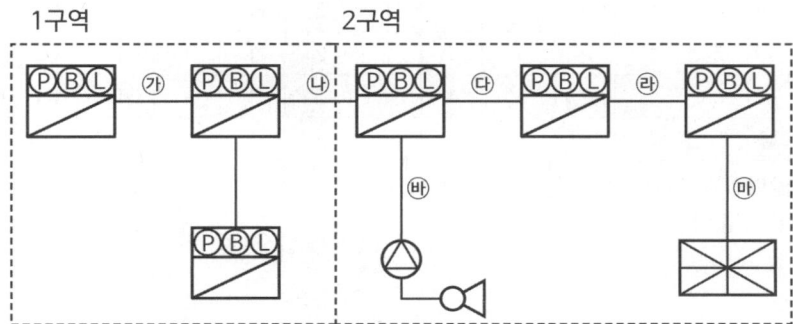

가. 다음 빈칸을 완성하시오.

구분	회로선	회로공통선	경종선	경종표시등공통선	표시등선	응답선	기동확인표시등	탬퍼스위치	압력스위치	사이렌	공통	합계
㉮	1	1	1	1	1	1	2					8
㉯	3	1	1	1	1	1	2					10
㉰	4	1	2	1	1	1	2					
㉱	5	1	2	1	1	1	2					
㉲	6	1	2	1	1	1	2					
㉳												

나. 패쇄형 습식 스프링클러의 유수검지장치용 음향장치는 어떤 경우에 울리게 되는가?

다. 경보장치는 수평거리 몇 [m]인가?

정답

가.

구분	회로선	회로공통선	경종선	경종표시등공통선	표시등선	응답선	기동확인표시등	탬퍼스위치	압력스위치	사이렌	공통	합계
㉮	1	1	1	1	1	1	2	-	-	-	-	8
㉯	3	1	1	1	1	1	2	-	-	-	-	10
㉰	4	1	2	1	1	1	2	1	1	1	1	16
㉱	5	1	2	1	1	1	2	1	1	1	1	17
㉲	6	1	2	1	1	1	2	1	1	1	1	18
㉳	-	-	-	-	-	-	-	1	1	1	1	4

나. 압력스위치 작동 시 또는 헤드 개방 시
다. 25 [m] 이하

10

지하 1층, 지하 2층의 주차장에 준비작동식 스프링클러설비를 하였다. 다음 각 물음에 답하시오. (단, 전원 ⊖선은 감지기공통선과 함께 사용하고, 프리액션밸브의 공통선은 별도로 한다)

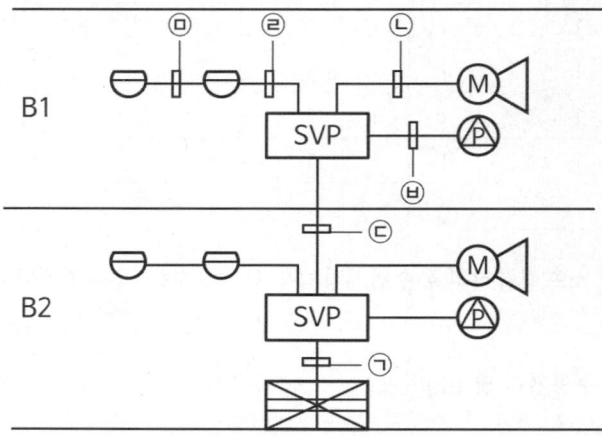

가. ㉠ ~ ㉥의 가닥 수를 쓰시오.

기호	㉠	㉡	㉢	㉣	㉤	㉥
가닥 수						

나. 준비작동식 밸브에 설치되는 기기 명칭과 기능을 다음 빈칸에 쓰시오.

기기 명칭	기능

다. ㉢의 배선내역을 쓰시오.

라. 슈퍼비조리판넬에 종단저항은 몇 개인지 쓰시오.

마. ㉠의 사용전선과 굵기를 쓰시오.

1) 사용전선 :

2) 굵기 :

정답

가.

기호	㉠	㉡	㉢	㉣	㉤	㉥
가닥 수	14가닥	2가닥	8가닥	8가닥	4가닥	6가닥

나.

기기 명칭	기능
압력스위치	유수검지장치 2차 측의 유수를 검지 후 수신반에 신호
탬퍼스위치	개폐표시형 밸브 개방 및 폐쇄 유무 확인
솔레노이드밸브	프리액션밸브 기동

다. 전원 ⊕·⊖, 감지기 A·B, 모터사이렌(도시기호 꼭 확인), 밸브기동, 밸브개방확인, 밸브주의

라. 2개

마. 1) 사용전선 : 450/750 [V] 저독성 난연 가교폴리올레핀 절연전선

　　2) 굵기 : 2.5 [mm²]

✓ 해설 : 전선용도 및 가닥 수

기호	가닥 수	배선내역
㉠	14가닥	전원 ⊕·⊖, (감지기 A·B, 모터사이렌, 밸브기동, 밸브개방확인, 밸브주의) × 2
㉡	2가닥	모터사이렌 2
㉢	8가닥	전원 ⊕·⊖, 감지기 A·B, 모터사이렌, 밸브기동, 밸브개방확인, 밸브주의
㉣	8가닥	지구선 4, 공통선 4
㉤	4가닥	지구선 2, 공통선 2
㉥	6가닥	밸브기동 2, 밸브개방확인 2, 밸브주의 2

11

도면은 준비작동식 스프링클러소화설비에 사용되는 Super Visory Panel에서 수신기까지의 내부결선도이다. 물음에 답하시오.

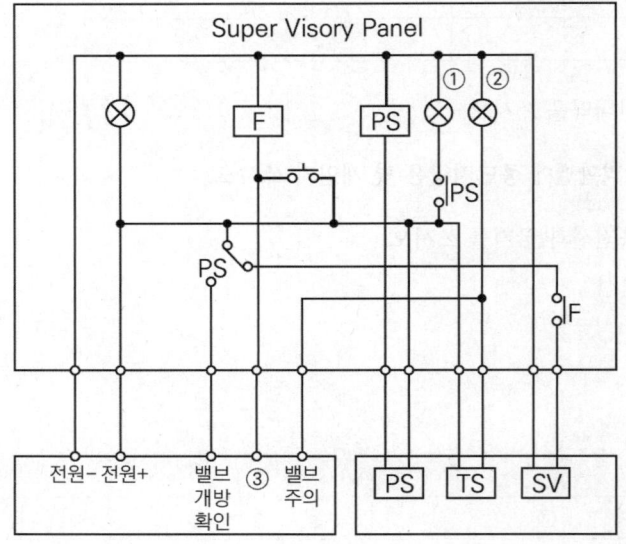

가. PS, TS, SOL은 실제 어디에 붙어 있는가?

나. ① 표시등은 언제 켜지는가?

다. RF은 어떤 종류의 기기의 명칭인가?

라. ②번 표시등은 어떤 밸브의 표시등인가?

마. ③번은 어떤 기능을 갖는 전선인가?

바. 작동과정을 설명하시오.

정답

가. 준비작동식(프리액션) 밸브
나. 준비작동식 밸브가 개방되면 압력스위치가 작동하여 밸브개방확인등이 점등된다.
다. 화재릴레이
라. 개폐표시형 밸브(게이트밸브)
마. 밸브기동

바. 1) 푸시버튼스위치를 누르면 화재릴레이(F)가 동작하여 솔레노이드밸브(SOL)가 동작한다.
2) 솔레노이드밸브(SOL)에 의해 준비작동식 밸브가 기동되어 압력스위치가 작동하여 릴레이(PS)가 동작하여 밸브개방확인등을 점등시키고 밸브개방확인신호를 보낸다.
3) 평상시 개폐표시형 밸브(게이트밸브)가 닫혀 있으면 탬퍼스위치(TS)가 폐로되어 밸브주의등이 점등된다.

12

득점 ___ 배점 5

다음 그림은 스프링클러설비의 블록다이어그램이다. 각 구성요소 간 배선을 내화배선, 내열배선, 일반배선으로 구분하여 블록다이어그램을 완성하시오. (단, 내화배선 : ■■■■, 내열배선 : ☐☐☐☐, 일반배선 : ■■■■■■)

[블록다이어그램: 원격기동장치, 수신부, 경보장치, 비상전원, 제어반, 전동기, 펌프, 유수검지장치/압력검지장치, 헤드]

정답

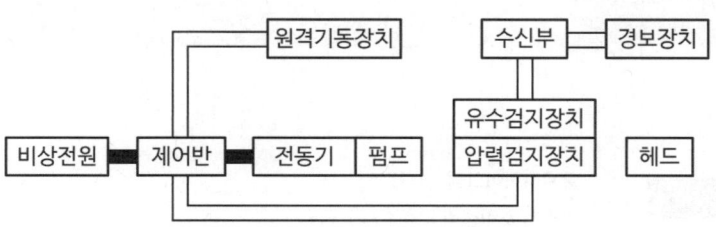

핵심이론 배선공사(내화배선 : ____, 내열배선 : _ . _, 일반배선 : _ _ _ _, 배관 : ____)

스프링클러설비 · 물분무소화설비 · 포소화설비

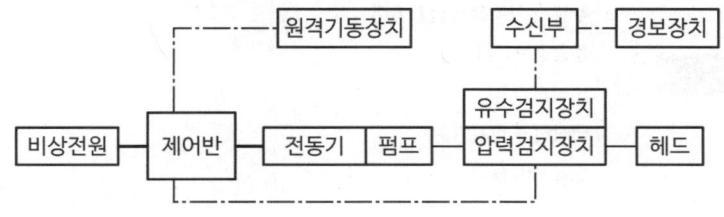

CHAPTER 03 가스계소화설비 (NFTC 106, NFTC 107)

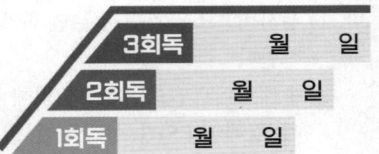

학습목표

1 가스계소화설비 가닥 수에 대해 학습한다.
2 가스계소화설비 설치기준에 대해 이해한다.
3 가스계소화설비 배선에 대해 학습한다.
4 가스계소화설비 용어 정의에 대해 학습한다.

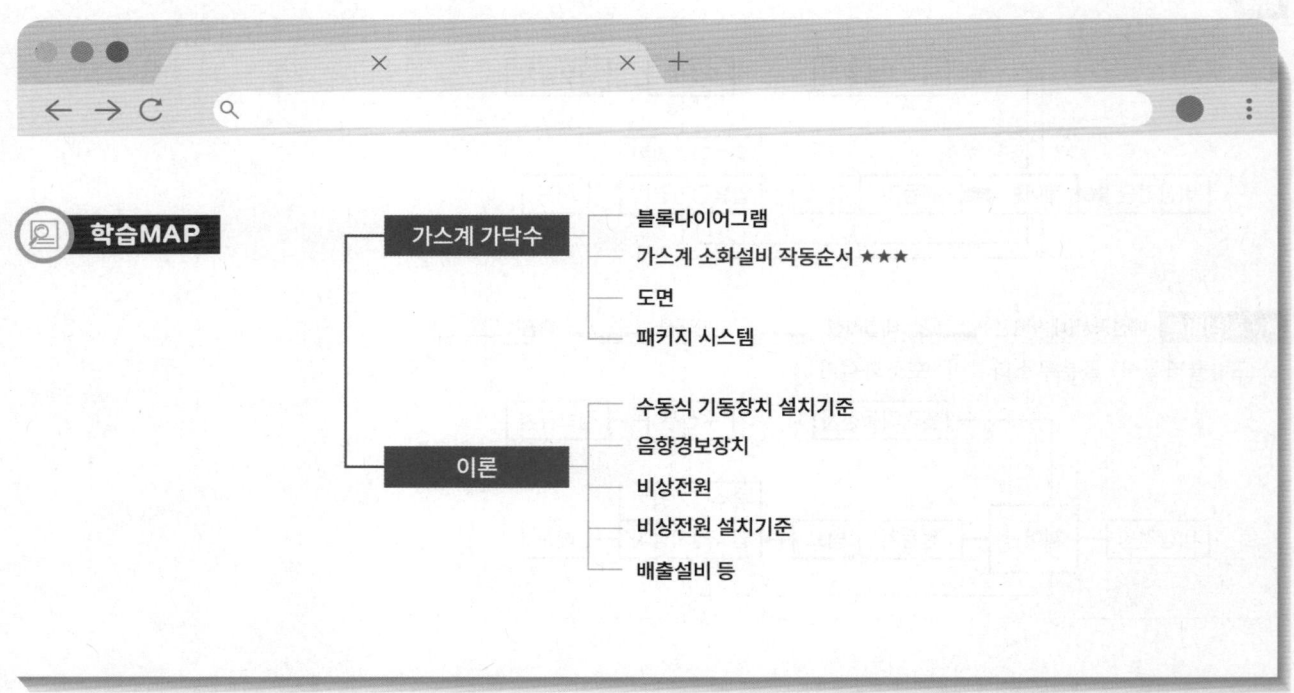

01 가스계소화설비(NFTC 106, NFTC 107)

1 가스계 가닥 수

(1) CO_2 설비의 블록다이어그램

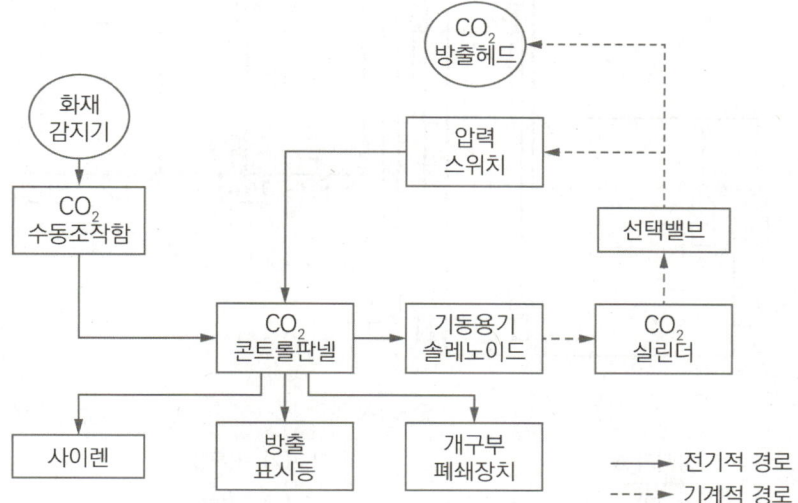

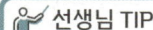 전기적 경로
 기계적 경로

① 기능 ★★★

ㄱ. 압력스위치 : 선택밸브의 개방에 의해 소화약제가 방출되면 이 압력에 의해 콘트롤판넬에 신호를 보냄

ㄴ. 방출표시등 : 소화가스의 방출을 알려 실내로의 입실 금지, 실외 출입구 상부설치(실 밖의 출입문 상부에 설치)

ㄷ. 사이렌 : 방호구역 내의 인원대피 위함, 방호구역 내 설치

ㄹ. 수동조작반 : 조작자가 쉽게 피난할 수 있는 곳에 설치(방호구역 외 출입구 근처설치), 바닥으로부터 0.8 [m] 이상 1.5 [m] 이하에 설치

② 가스소화설비 작동순서(CO_2설비, 할론소화설비, 할로겐화합물 및 불활성기체소화설비) ★★★

ㄱ. 감지기(A·B) 동시작동(또는 수동조작함 기동)

ㄴ. 수신반에 신호(화재등 및 지구등 점등) 및 사이렌경보

ㄷ. 기동용 솔레노이드밸브 작동

ㄹ. 소화약제 방출

ㅁ. 압력스위치 작동

ㅂ. 수신반에 신호

ㅅ. 방출표시등 점등

> **선생님 TIP**
> 방출표시등과 사이렌의 설치위치와 그 이유를 잘 구분하여 학습하시기 바랍니다!

> **선생님 TIP**
> 가스계소화설비의 작동순서가 시험에 종종 출제됩니다.

(2) 가스계 설비구성

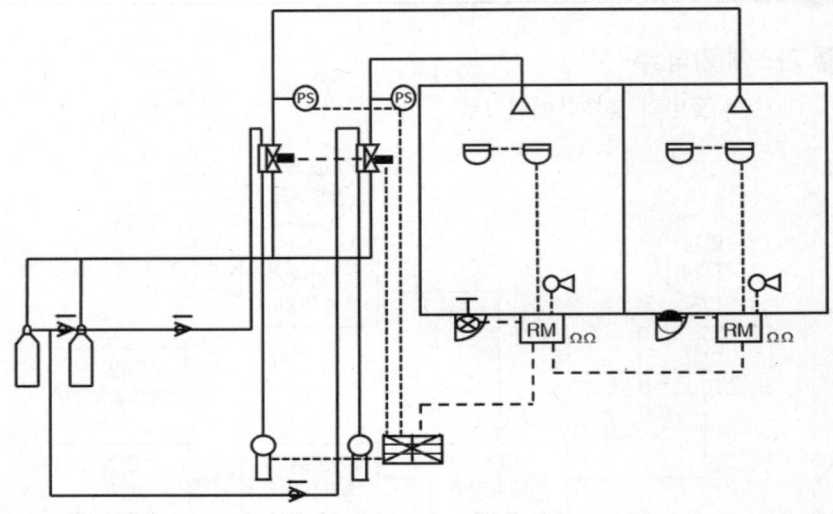

용어
① 솔레노이드밸브 = 밸브기동 = SV(Solenoid Valve) = SOL
② 압력스위치 = 밸브개방확인 = PS(Pressure Switch)
③ 방출지연스위치
④ 방출표시등 = 방출확인등

구간	전선수	배선의 용도
감지기 A	4	지구(2), 공통(2)
감지기 A, B ↔ 수동조작반	8	지구(4), 공통(4)
사이렌 ↔ 수동조작반	2	사이렌(2)
방출표시등 ↔ 수동조작반	2	방출표시등, 공통
수동조작반 ↔ 수동조작반	8	전원($\oplus \cdot \ominus$) 2, 방출지연스위치 1, 기동 1, 사이렌 1, 방출표시등 1, 감지기(A·B)
2존일 경우에 수동조작반 ↔ 수신반	13	전원($\oplus \cdot \ominus$) 2, 방출지연스위치 1, 기동 2, 사이렌 2, 방출표시등 2, 감지기(A·B) × 2
기동용기 SV	2	SV, 공통
2존일 경우에 기동용기 SV	3	SV(2), 공통
PS	2	PS, 공통
2존일 경우에 PS	3	PS(2), 공통

(3) 수동조작함과 계통도

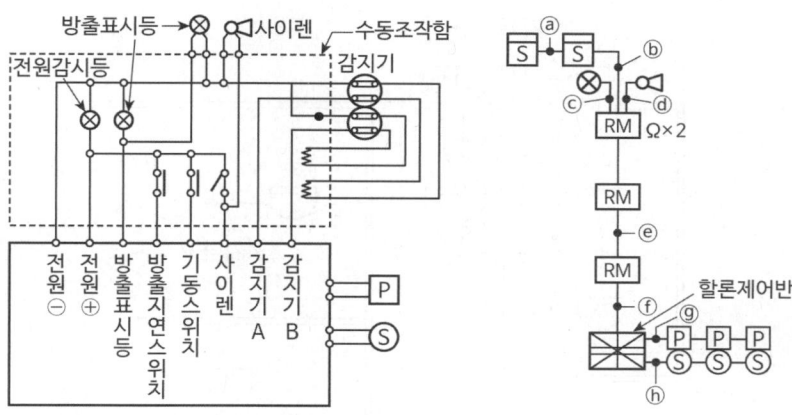

구간	전선수	배선의 용도
ⓐ 감지기 A	4	지구(2), 공통(2)
ⓑ 감지기 A, B ↔ 수동조작반	8	지구(4), 공통(4)
ⓒ 방출표시등 ↔ 수동조작반	2	방출표시등, 공통
ⓓ 사이렌 ↔ 수동조작반	2	사이렌(2)
수동조작반 ↔ 수동조작반	8	전원(⊕·⊖) 2, 방출지연스위치 1, 기동 1, 사이렌 1, 방출표시등 1, 감지기 (A·B)
ⓔ 2존, 수동조작반 ↔ 수동조작반	13	전원(⊕·⊖) 2, 방출지연스위치 1, 기동 2, 사이렌 2, 방출표시등 2, 감지기 (A·B) × 2
ⓕ 3존, 수동조작반 ↔ 수동조작반	18	전원(⊕·⊖) 2, 방출지연스위치 1, 기동 3, 사이렌 3, 방출표시등 3, 감지기 (A·B) × 3
ⓗ 3존. 기동용기 SV	4	SV(3), 공통
ⓖ 3존, PS	4	PS(3), 공통

(4) 도면

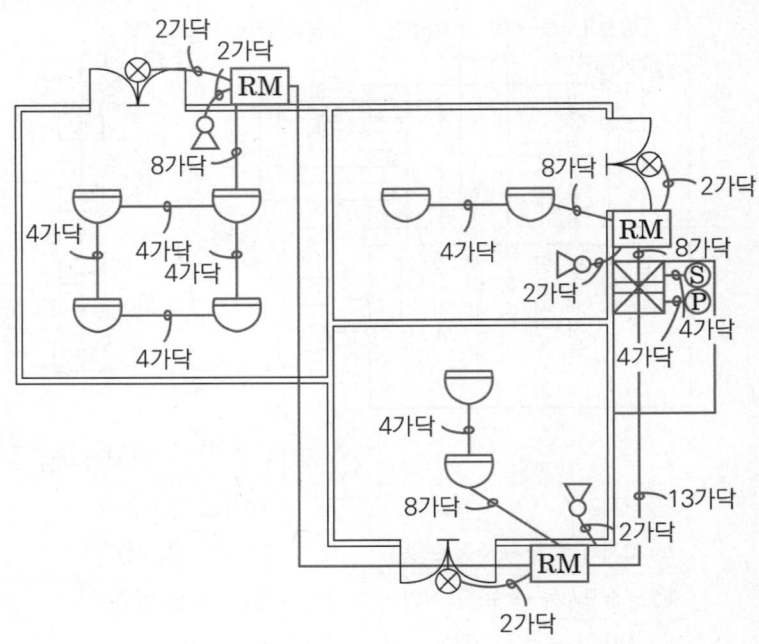

구간	가닥 수	용도
감지기 A	4	지구선 2, 공통선 2
감지기 A, B ↔ 수동조작반	8	지구선 4, 공통선 4
방출표시등 ↔ 수동조작반	2	방출표시등 2
3존, 기동용기 SV	4	솔레노이드밸브 기동 3, 공통선 2
3존, PS	4	압력스위치 3, 공통선 1
수동조작반 ↔ 수동조작반	8	전원(⊕·⊖) 2, 방출지연스위치1, 기동 1, 사이렌 1, 방출표시등1, 감지기(A·B)
2존, 수동조작반 ↔ 수동조작반	13	전원(⊕·⊖) 2, 방출지연스위치 1, 기동 2, 사이렌 2, 방출표시등 2, 감지기(A·B) × 2
사이렌 ↔ 수동조작반	2	사이렌 2

선생님 TIP

도면을 보고 직접 가닥 수를 산정할 수 있어야 합니다!

용어
① 솔레노이드밸브 = 밸브기동 = SV(Solenoid Valve) = SOL
② 압력스위치 = 밸브개방확인 = PS(Pressure Switch)
③ 탬퍼스위치 = 밸브주의 = TS(Tamper Switch)
④ 방출표시등 = 방출확인등

(5) 패키지 시스템(Package System)

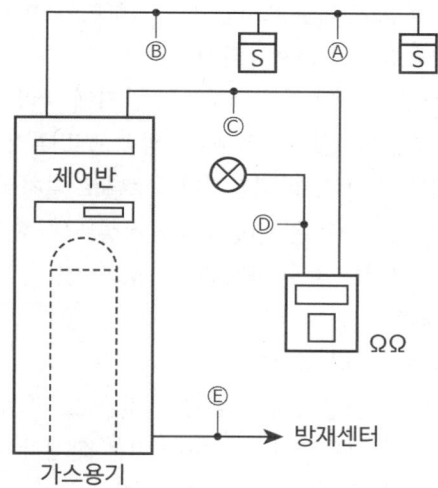

기호	구분	배선수	배선의 용도
A	감지기 ↔ 감지기	4	지구 2, 공통 2
B	감지기 ↔ Package	8	지구 4, 공통 4
C	Package ↔ 수동조작함	7	전원(⊕·⊖) 2, 기동 1, 방출지연스위치 1, 방출표시등 1, 감지기(A·B) 2
D	수동조작함 ↔ 방출등	2	공통 1, 방출표시등 1
E	Package ↔ 방재센터	4	공통 1, 감지기(A·B) 2, 방출표시등 1

2 이론 내용

(1) 수동식 기동장치 설치기준(비상스위치[약제방출지연] 부근에 설치)
  ① 전역방출방식은 방호구역마다, 국소방출방식은 방호대상물마다 설치할 것
  ② 해당방호구역의 출입구부분 등 조작을 하는 자가 쉽게 피난할 수 있는 장소에 설치할 것
  ③ 기동장치의 조작부는 바닥으로부터 높이 0.8 [m] 이상 ~ 1.5 [m] 이하의 위치에 설치하고, 보호판 등에 따른 보호장치를 설치할 것
  ④ 기동장치에는 가까운 곳의 보기 쉬운 곳에 "이산화탄소소화설비 기동장치"라고 표시한 표지를 할 것
  ⑤ 전기를 사용하는 기동장치에는 전원표시등을 설치할 것
  ⑥ 기동장치의 방출용 스위치는 음향경보장치와 연동하여 조작될 수 있는 것으로 할 것

○ 기동장치의 조작부는 바닥으로부터 높이 0.5 [m] 이상 ~ 1.5 [m] 이하의 위치에 설치하고, 보호판 등에 따른 보호장치를 설치할 것
  ✗ 0.8 [m] 이상 1.5 [m] 이하

(2) 가스계소화설비가 설치된 부분의 출입구 등의 보기 쉬운 곳에 소화약제의 방사를 표시하는 표시등을 설치하여야 한다.

(3) 자동식 기동장치의 화재감지기
   ① 각 방호구역 내의 화재감지기의 감지에 따라 작동
   ② 화재감지기의 회로는 교차회로방식으로 설치
   ③ 교차회로 내의 각 화재감지기회로별로 설치된 화재감지기 1개가 담당하는 바닥면적은 자동화재탐지설비의 화재안전기술기준(NFTC 203)의 규정에 따른 바닥면적으로 할 것

(4) 음향경보장치
   ① 음향경보장치의 설치기준
      ㄱ. 수동식 기동장치를 설치한 것은 그 기동장치의 조작과정에서, 자동식 기동장치를 설치한 것은 화재감지기와 연동하여 자동으로 경보를 발하는 것으로 할 것
      ㄴ. 소화약제의 방사개시 후 1분 이상 경보를 계속할 수 있는 것으로 할 것
      ㄷ. 방호구역 또는 방호대상물이 있는 구획 안에 있는 자에게 유효하게 경보할 수 있는 것으로 할 것
   ② 방송에 따른 경보장치를 설치할 경우
      ㄱ. 증폭기 재생장치는 화재 시 연소의 우려가 없고, 유지관리가 쉬운 장소에 설치할 것
      ㄴ. 방호구역 또는 방호대상물이 있는 구획의 각 부분으로부터 하나의 확성기까지의 수평거리는 25 [m] 이하가 되도록 할 것
      ㄷ. 제어반의 복구스위치를 조작하여도 경보를 계속 발할 수 있는 것으로 할 것

> 방호구역 또는 방호대상물이 있는 구획의 각 부분으로부터 하나의 확성기까지의 수평거리는 40 [m] 이하가 되도록 할 것 ✗ 25 [m] 이하

(5) 비상전원
   ① 비상전원 종류 : 자가발전설비, 축전지설비, 전기저장장치(다만 2 이상의 변전소에서 전력을 동시에 공급받을 수 있거나 하나의 변전소로부터 전력의 공급이 중단되는 때에는 자동으로 다른 변전소로부터 전력을 공급받을 수 있도록 상용전원을 설치한 경우에는 비상전원을 설치하지 아니할 수 있다)
   ② 비상전원 설치기준
      ㄱ. 점검에 편리하고 화재 및 침수 등의 재해로 인한 피해를 받을 우려가 없는 곳에 설치할 것
      ㄴ. 이산화탄소소화설비를 유효하게 20분 이상 작동할 수 있어야 할 것

ㄷ. 상용전원으로부터 전력의 공급이 중단된 때에는 자동으로 비상전원으로부터 전력을 공급받을 수 있도록 할 것

ㄹ. 비상전원의 설치장소는 다른 장소와 방화구획할 것. 이 경우 그 장소에는 비상전원의 공급에 필요한 기구나 설비 외의 것(열병합발전설비에 필요한 기구나 설비는 제외한다)을 두어서는 아니 된다.

ㅁ. 비상전원을 실내에 설치하는 때에는 그 실내에 비상조명등을 설치할 것. 자가발전설비 또는 축전지설비 또는 전기저장장치

참고 비상전원의 종류 및 용량

설비	비상전원				용량
	자가발전	축전지	전기저장장치	비상전원수전설비	
• 제연설비 • CO_2설비 • 분말소화설비 • 할론소화설비 • 할로겐화합물 및 불활성기체소화설비 • 화재조기진압용 스프링클러설비 • 포소화설비	○	○	○	(호스릴포소화설비 또는 포소화전만을 설치한 차고·주차장, 포헤드설비 또는 고정포방출설비가 설치된 부분의 바닥면적 합계 1000[m²] 미만인 경우)	20분 이상

○ 제연설비의 비상전원 용량은 10분 이상이다. **X** 20분 이상

(6) 배출설비 등

① 배출설비(이산화탄소소화설비) : 지하층, 무창층 및 밀폐된 거실 등에 이산화탄소소화설비를 설치한 경우에는 소화약제의 농도를 희석시키기 위한 배출설비를 갖추어야 한다.

② 과압배출구(이산화탄소소화설비·할로겐화합물 및 불활성기체소화설비) : 이산화탄소소화설비·할로겐화합물 및 불활성기체소화설비의 방호구역에 소화약제가 방출 시 과압으로 인하여 구조물 등에 손상이 생길 우려가 있는 장소에는 다음의 내용을 검토하여 과압배출구를 설치하여야 한다.

ㄱ. 방호구역 누설면적
ㄴ. 방호구역의 최대허용압력
ㄷ. 소화약제 방출 시의 최고압력
ㄹ. 소화농도 유지시간

③ 설계프로그램(이산화탄소소화설비·할로겐화합물 및 불활성기체소화설비·할론소화설비) : 컴퓨터프로그램을 이용하여 설계할 경우에는 '가스계소화설비의 설계프로그램 성능인증 및 제품검사의 기술기준'에 적합한 설계프로그램을 사용하여야 한다.

④ 안전시설 등(이산화탄소소화설비) : 이산화탄소소화설비가 설치된 장소에는 다음 각 호의 기준에 따른 안전시설을 설치하여야 한다.

　ㄱ. 소화약제 방출 시 방호구역 내와 부근에 가스 방출 시 영향을 미칠 수 있는 장소에 시각경보장치를 설치하여 소화약제가 방출되었음을 알도록 할 것

　ㄴ. 방호구역의 출입구 부근 잘 보이는 장소에 약제방출에 따른 위험경고표지를 부착할 것

⑤ 부취발생기 : 방호구역 내에 이산화탄소소화약제가 방출되는 경우 후각을 통해 이를 인지할 수 있도록 부취발생기를 다음의 어느 하나에 해당하는 방식으로 설치해야 한다.

　ㄱ. 부취발생기를 소화약제 저장용기실 내의 소화배관에 설치하여 소화약제의 방출에 따라 부취제가 혼합되도록 하는 방식

　ㄴ. 소화약제 저장용기실 내의 소화배관에 설치할 것

　ㄷ. 점검 및 관리가 쉬운 위치에 설치할 것

　ㄹ. 방호구역별로 선택밸브 직후 2차 측 배관에 설치할 것. 다만 선택밸브가 없는 경우에는 집합배관에 설치할 수 있다.

　ㅁ. 방호구역 내에 부취발생기를 설치하여 이산화탄소소화설비의 기동에 따라 소화약제 방출 전에 부취제가 방출되도록 하는 방식

3 배선 등

> **참고** 이산화탄소소화설비·할로겐화합물소화설비·분말소화설비 배선공사
> (내화배선 : ━━━, 내열배선 : ━·━, 일반배선 : ▬▬▬, 배관 : ────)

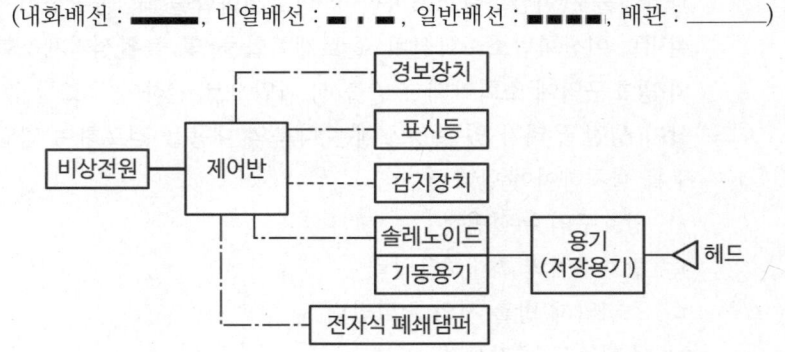

02 가스계소화설비 용어정리(NFTC 106, NFTC 107)

1. "전역방출방식"이란 소화약제 공급장치에 배관 및 분사헤드 등을 고정 설치하여 밀폐 방호구역 내에 소화약제를 방출하는 방식을 말한다.
2. "국소방출방식"이란 소화약제 공급장치에 배관 및 분사헤드를 설치하여 직접 화점에 소화약제를 방출하는 방식을 말한다.
3. "호스릴방식"이란 소화수 또는 소화약제 저장용기 등에 연결된 호스릴을 이용하여 사람이 직접 화점에 소화수 또는 소화약제를 방출하는 방식을 말한다.
4. "충전비"란 소화약제 저장용기의 내부 용적과 소화약제의 중량과의 비(용적/중량)를 말한다.
5. "심부화재"란 종이·목재·석탄·섬유류 및 합성수지류와 같은 고체가연물에서 발생하는 화재형태로서 가연물 내부에서 연소하는 화재를 말한다.
6. "표면화재"란 가연성 액체 및 가연성 가스 등 가연성 물질의 표면에서 연소하는 화재를 말한다.
7. "교차회로방식"이란 하나의 방호구역 내에 둘 이상의 화재감지기회로를 설치하고 인접한 둘 이상의 화재감지기에 화재가 감지되는 때에 소화설비가 작동하는 방식을 말한다.
8. "방화문"이란 「건축법 시행령」 제64조의 규정에 따른 60분+ 방화문, 60분 방화문 또는 30분 방화문을 말한다.
9. "방호구역"이란 소화설비의 소화범위 내에 포함된 영역을 말한다.
10. "선택밸브"란 둘 이상의 방호구역 또는 방호대상물이 있어 소화수 또는 소화약제를 해당하는 방호구역 또는 방호대상물에 선택적으로 방출되도록 제어하는 밸브를 말한다.
11. "설계농도"란 방호대상물 또는 방호구역의 소화약제 저장량을 산출하기 위한 농도로서 소화농도에 안전율을 고려하여 설정한 농도를 말한다.
12. "소화농도"란 규정된 실험 조건의 화재를 소화하는데 필요한 소화약제의 농도(형식승인대상의 소화약제는 형식승인된 소화농도)를 말한다.
13. "호스릴"이란 원형의 소방호스를 원형의 수납장치에 감아 정리한 것을 말한다.

CHAPTER 03 연습문제

01

그림은 전기실 등에 설치되는 고정식 할론가스소화설비의 전기식 계통도이다. Ⓐ ~ Ⓗ까지 배선수와 각 배선의 용도를 다음 표의 빈칸에 쓰도록 하시오.

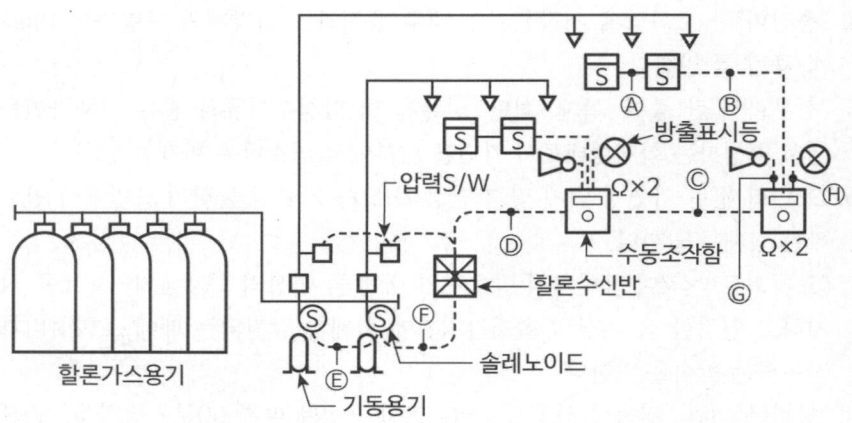

기호	구분	배선수	배선의 용도
Ⓐ	감지기 ↔ 감지기		
Ⓑ	감지기 ↔ 수동조작반		
Ⓒ	수동조작반 ↔ 수동조작반		
Ⓓ	2존일 경우		
Ⓔ	솔레노이드 ↔ 솔레노이드		
Ⓕ	솔레노이드 ↔ 할론수신반		
Ⓖ	사이렌 ↔ 수동조작반		
Ⓗ	방출표시등 ↔ 수동조작반		

정답

기호	구분	배선수	배선의 용도
Ⓐ	감지기 ↔ 감지기	4	지구(2), 공통(2)
Ⓑ	감지기 ↔ 수동조작반	8	지구(4), 공통(4)
Ⓒ	수동조작반 ↔ 수동조작반	8	전원($\oplus \cdot \ominus$) 2, 기동 1, 방출지연스위치 1, 사이렌 1, 방출표시등 1, 감지기(A·B)
Ⓓ	2존일 경우	13	전원($\oplus \cdot \ominus$) 2, 기동 2, 방출지연스위치 1, 사이렌 2, 방출표시등 2, 감지기(A·B) × 2
Ⓔ	솔레노이드 ↔ 솔레노이드	2	SV, 공통
Ⓕ	솔레노이드 ↔ 할론수신반	3	SV(2), 공통
Ⓖ	사이렌 ↔ 수동조작반	2	사이렌, 공통
Ⓗ	방출표시등 ↔ 수동조작반	2	방출표시등, 공통

02

독점 | 배점 6

다음 CO_2소화설비의 도면을 완성하고 예시와 같이 배선의 가닥 수를 표기하시오.

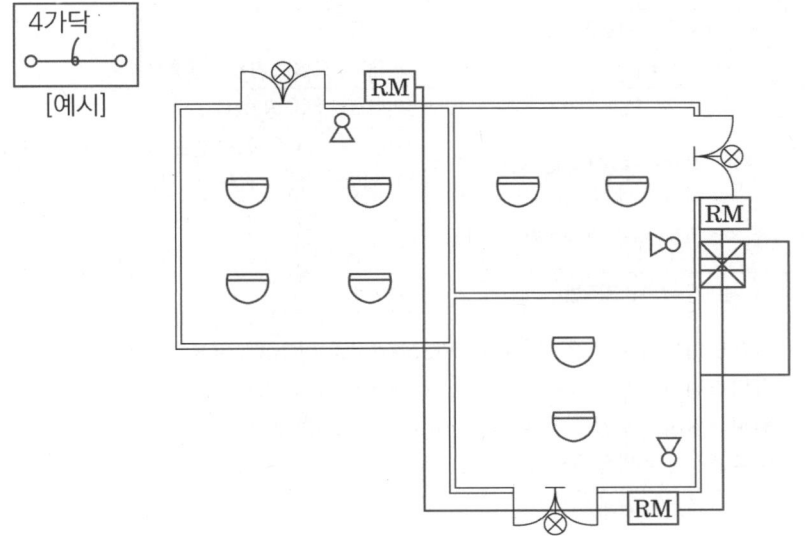

정답

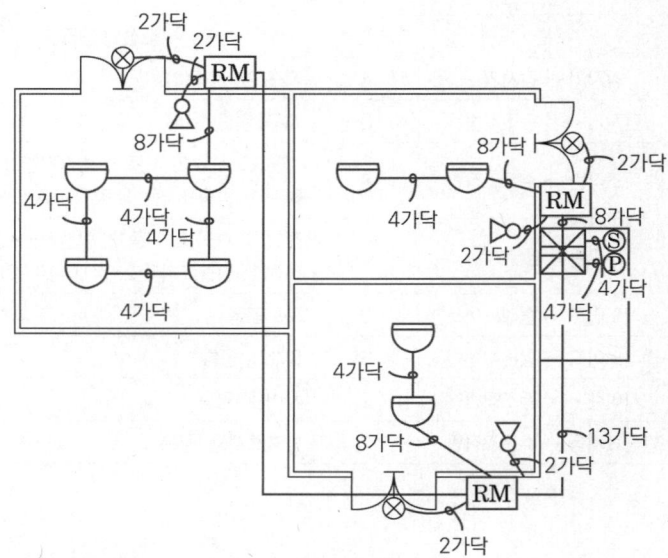

☑ 해설 : 전선 가닥 수 및 용도

구간	가닥 수	용도
감지기 A	4	지구선 2, 공통선 2
감지기 A·B ↔ 수동조작반	8	지구선 4, 공통선 4
방출표시등 ↔ 수동조작반	2	방출표시등 2
3존, 기동용기 SV	4	솔레노이드밸브 기동 3, 공통선 1
3존, PS	4	압력스위치 3, 공통선 1
수동조작반 ↔ 수동조작반	8	전원(⊕·⊖) 2, 방출지연스위치 1, 기동 1, 사이렌 1, 방출표시등 1, 감지기(A·B)
2존, 수동조작반 ↔ 수동조작반	13	전원(⊕·⊖) 2, 방출지연스위치 1, 기동 2, 사이렌 2, 방출표시등 2, 감지기(A·B) × 2
사이렌 ↔ 수동조작반	2	사이렌 2

- 솔레노이드밸브 = 밸브기동 = SV(Solenoid Valve) = SOL
- 압력스위치 = 밸브개방확인 = PS(Pressure Switch)
- 탬퍼스위치 = 밸브주의 = TS(Tamper Switch)
- 방출표시등 = 방출확인등

03

득점 | 배점 13

다음은 이산화탄소소화설비의 간선계통이다. 각 물음에 답하시오. (단, 감지기공통선과 전원공통선은 각각 분리해서 사용하는 조건이다)

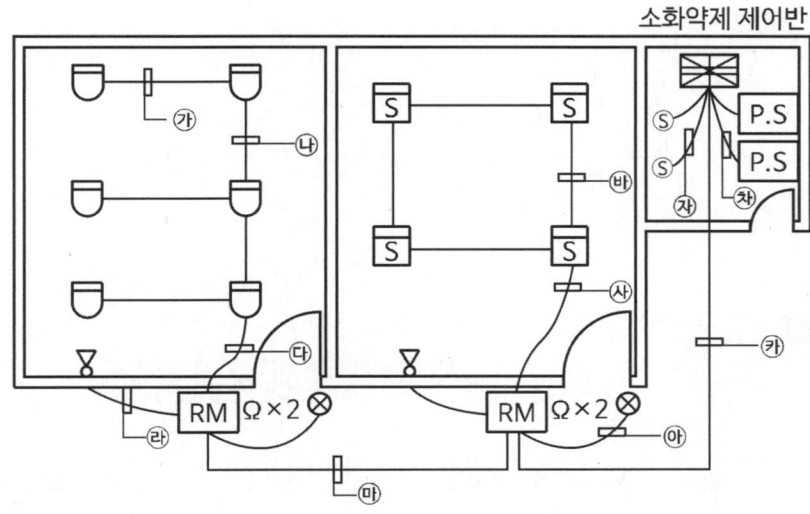

가. ㉮ ~ ㉯까지의 배선 가닥 수를 쓰시오.

㉮	㉯	㉰	㉱	㉲	㉳	㉴	㉵	㉶	㉷	㉸

나. ㉲의 배선별 용도를 쓰시오. (단, 해당 배선 가닥 수까지만 기록)

번호	배선의 용도	번호	배선의 용도
1		6	
2		7	
3		8	
4		9	
5		10	

다. ㉕의 배선 중 ㉤의 배선과 병렬로 접속하지 않고 추가해야 하는 배선의 용도는?

번호	배선의 용도
1	
2	
3	
4	
5	

정답

가.

㉮	㉯	㉰	㉱	㉲	㉳	㉴	㉵	㉶	㉷	㉸
4	8	8	2	9	4	8	2	2	2	14

나.

번호	배선의 용도	번호	배선의 용도
1	전원 ⊕ 1가닥	6	감지기 B 1가닥
2	전원 ⊖ 1가닥	7	기동스위치 1가닥
3	방출지연스위치 1가닥	8	사이렌 1가닥
4	감지기공통 1가닥	9	방출표시등 1가닥
5	감지기 A 1가닥	10	

다.

번호	배선의 용도
1	감지기 A
2	감지기 B
3	기동스위치
4	사이렌
5	방출표시등

☑ 해설 : 전선 가닥 수 및 용도 '가', '나'

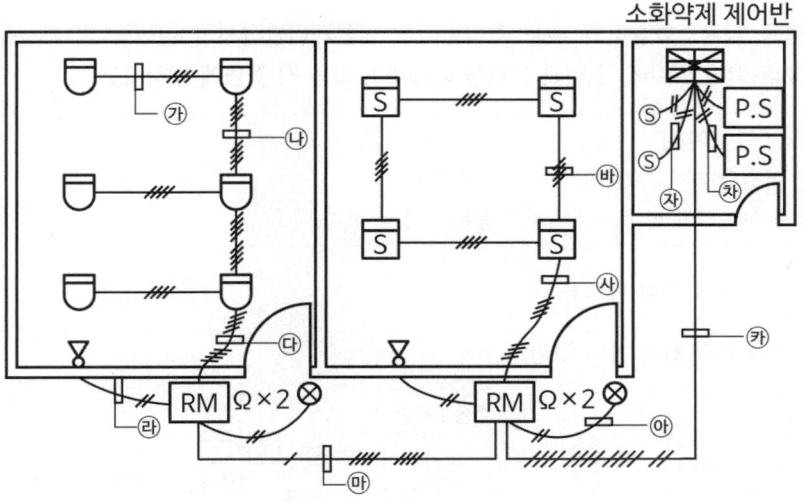

기호	가닥 수	용도
㉮, ㉡	4	지구선 2, 공통선 2
㉯, ㉰, ㉠	8	지구선 4, 공통선 4
㉭	2	사이렌 2
㉤	9	전원 ⊕·⊖, 방출지연스위치, 감지기공통, 감지기 A·B, 기동스위치, 사이렌, 방출표시등
㉣	2	방출표시등 2
㉢	2	솔레노이드밸브 기동 2
㉧	2	압력스위치 2
㉦	14	전원 ⊕·⊖, 방출지연스위치, 감지기공통, (감지기 A·B, 기동스위치, 사이렌, 방출표시등) × 2

04 배점 11

도면은 할론소화설비의 수동 조작함에서 할론제어반까지의 결선도 및 계통도(3 ZONE)이다. 주어진 도면과 조건을 이용하여 다음 각 물음에 답하시오.

[답안 작성 예시]
① 전선의 가닥 수는 최소 가닥 수로 한다.
② 복구스위치 및 도어스위치는 없는 것으로 한다.

가. ① ~ ⑧의 전선 명칭은?

나. ⓐ ~ ⓗ의 전선 가닥 수는?

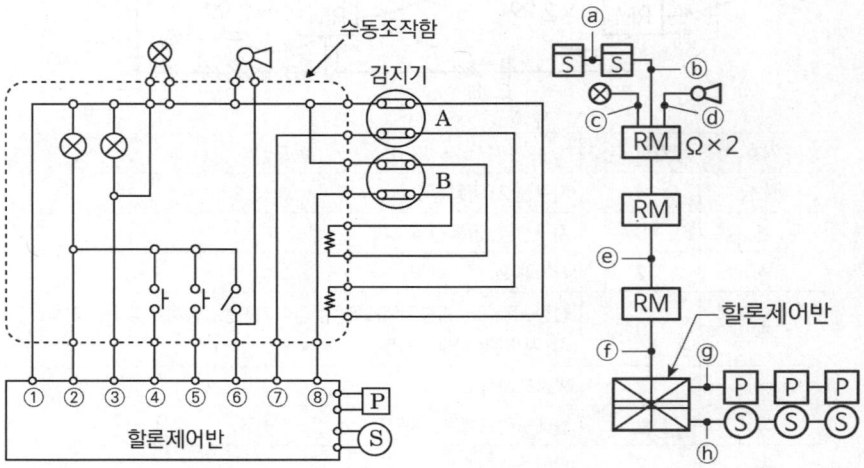

정답

가. ① 전원 ⊖, ② 전원 ⊕, ③ 방출표시등, ④ 기동, ⑤ 방출지연스위치,
⑥ 사이렌, ⑦ 감지기 A, ⑧ 감지기 B

나. ⓐ 4가닥, ⓑ 8가닥, ⓒ 2가닥, ⓓ 2가닥, ⓔ 13가닥, ⓕ : 18가닥, ⓖ 4가닥
ⓗ 4가닥

ⓔ의 전선내역 : 13선[전원(⊕·⊖)2, 기동2, 방출지연스위치1, 사이렌2,
방출표시등2, 감지기(A·B)4]

ⓕ의 전선내역 : 18선[전원(⊕·⊖)2, 기동3, 방출지연스위치1, 사이렌3,
방출표시등3, 감지기(A·B)6]

05

배점 2

Halon 1301 설비에 설치되는 방출지연스위치의 기능에 대하여 설명하시오.

정답

자동복귀형 스위치로서 수동 기동장치의 타이머를 순간 정지

06

배점 4

이산화탄소소화설비의 음향경보장치에 관한 내용이다. 다음 각 물음에 답하시오.

가. 방호구역 또는 방호대상물이 있는 구획의 각 부분으로부터 하나의 확성기까지의 수평거리는 몇 [m] 이하로 하여야 하는가?

나. 소화약제의 방사 개시 후 몇 분 이상 경보를 발하여야 하는가?

정답

가. 25 [m]
나. 1분

핵심이론 | 음향경보장치

- 음향경보장치의 설치기준
  - 수동식 기동장치를 설치한 것은 그 기동장치의 조작과정에서, 자동식 기동장치를 설치한 것은 화재감지기와 연동하여 자동으로 경보를 발하는 것으로 할 것
  - 소화약제의 방사개시 후 1분 이상 경보를 계속할 수 있는 것으로 할 것
  - 방호구역 또는 방호대상물이 있는 구획 안에 있는 자에게 유효하게 경보할 수 있는 것으로 할 것
- 방송에 따른 경보장치를 설치할 경우에는 다음 각 호의 기준에 따라야 한다.
  - 증폭기 재생장치는 화재 시 연소의 우려가 없고, 유지관리가 쉬운 장소에 설치할 것
  - 방호구역 또는 방호대상물이 있는 구획의 각 부분으로부터 하나의 확성기까지의 수평거리는 25 [m] 이하가 되도록 할 것
  - 제어반의 복구스위치를 조작하여도 경보를 계속 발할 수 있는 것으로 할 것

07

할론1301 소화설비를 나타낸 것이다. 다음 각 물음에 답하시오.

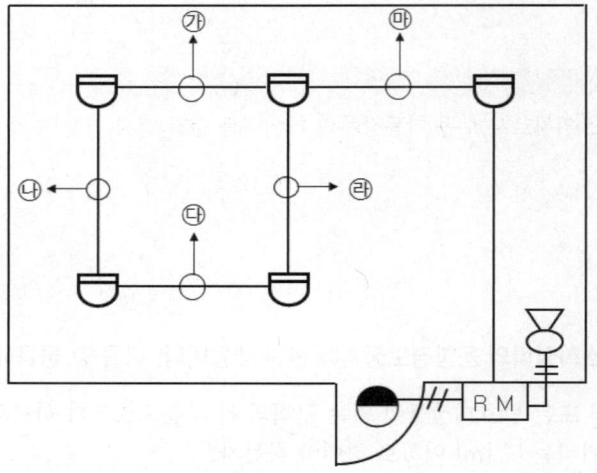

가. ㉮ ~ ㉲의 전선 가닥 수를 쓰시오.

나. 사이렌의 설치목적과 설치위치기준을 쓰시오.
  1) 설치목적 :
  2) 설치위치 :

다. 방출표시등의 설치목적과 설치위치기준을 쓰시오.
  1) 설치목적 :
  2) 설치위치 :

라. 수동조작반의 설치높이와 설치위치기준을 쓰시오.
  1) 설치목적 :
  2) 설치위치 :

정답

가. ㉮ 4가닥, ㉯ 4가닥, ㉰ 4가닥, ㉱ 4가닥, ㉲ 8가닥
나. 사이렌
  1) 설치목적 : 방호구역 내의 인원대피 위함
  2) 설치위치 : 방호구역 내 설치

다. 방출표시등
   1) 설치목적 : 약제가 방출되니 실내 진입금지
   2) 설치위치 : 실외 출입구 상부설치(실 밖의 출입문 상부에 설치)
라. 수동조작반
   1) 설치높이 : 바닥으로부터 0.8 [m] 이상 1.5 [m] 이하
   2) 설치위치 : 조작자가 쉽게 피난할 수 있는 곳에 설치(방호구역 실외 출입구 근처 설치)

08   배점 12

할론1301 소화설비이다. 다음 물음에 답하시오.

조건
(1) 건축물은 내화구조이며, 천장의 높이는 3.5 [m]이다.
(2) 방사구역은 통신실이며, 바닥면적은 600 [m²]이다.

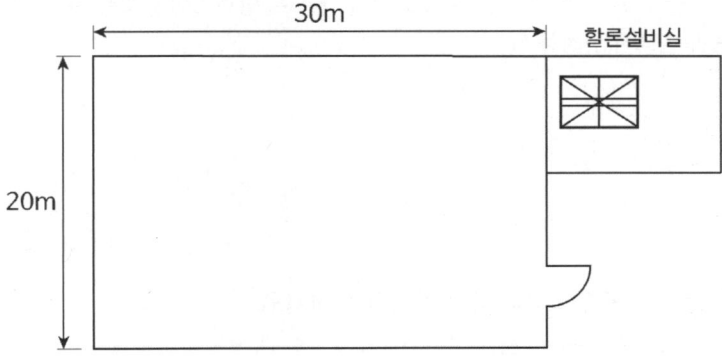

가. 감지기의 종류와 수량을 구하시오.

나. 수동조작함의 종단저항은 몇 개인가?

다. 감지기회로의 방식과 목적을 쓰시오.

라. 미완성된 도면(전역방출방식, 천장은폐배선 후강전선관 사용)을 완성하시오.

마. 작동순서를 나열하시오.

> **정답**

가. 연기식 2종 감지기 $\frac{600}{150}$ = 4개 × 2 = 8개

나. 2개

다. 교차회로방식, 감지기 오동작으로 인한 소화설비의 작동방지

라.

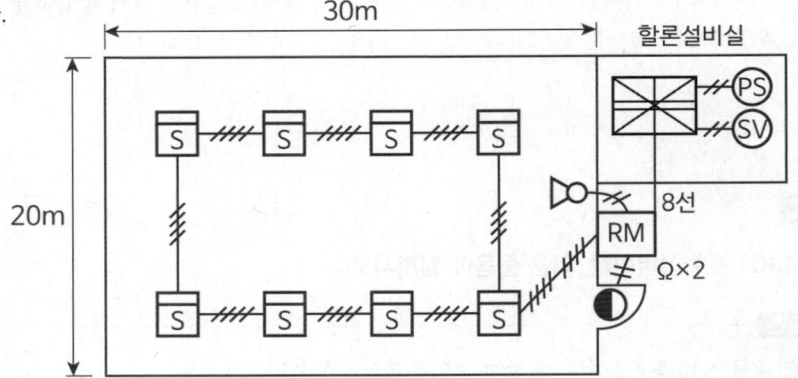

마. 감지기(A·B) 동시작동 → 수신반에 신호(화재등 및 지구등 점등) → 사이렌경보 → 기동용 솔레노이드밸브 작동 → 소화약제 방출 → 압력스위치 작동 → 수신반에 신호 → 방출표시등 점등

중요▶ 컴퓨터실, 전기실, 전화기기실, 통신실 등에 적응성 있는 감지기 : 연기 감지기(이온화식, 광전식)

09

배점 9

다음 그림은 CO_2평면도이다. 다음 물음에 답하시오.

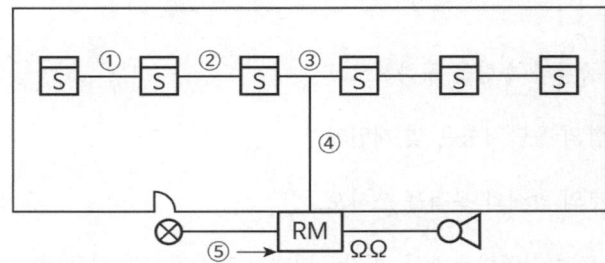

가. ①, ②, ③, ④의 전선 가닥 수는?

나. ⑤의 명칭은?

다. 잘못된 곳을 찾고 그 이유를 적으시오.

라. 천장슬라브 매립배관을 공사하였다. 가장 많이 사용하는 배관은 어떤 것인가?

정답

가. ① 4가닥, ② 8가닥, ③ 8가닥, ④ 8가닥
나. 수동조작반(수동기동장치)
다. 1) 잘못된 곳 : 사이렌이 방호구역 외에 설치되어 있음
　　2) 이유 : 화재발생 시 방호구역 내 인원을 대피시킬 수 없음
라. 후강전선관

✔ 해설

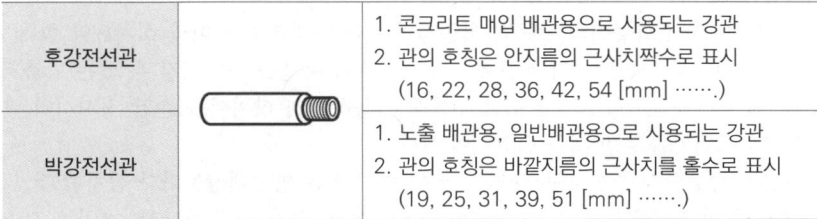

후강전선관	1. 콘크리트 매입 배관용으로 사용되는 강관 2. 관의 호칭은 안지름의 근사치짝수로 표시 　(16, 22, 28, 36, 42, 54 [mm] …….)
박강전선관	1. 노출 배관용, 일반배관용으로 사용되는 강관 2. 관의 호칭은 바깥지름의 근사치를 홀수로 표시 　(19, 25, 31, 39, 51 [mm] …….)

신유형! 10 　　득점　　　배점 4

이산화탄소소화설비의 음향경보장치는 다음의 기준에 따라 설치해야 한다. 괄호 안에 들어갈 알맞은 용어를 쓰시오.

가. 수동식 기동장치를 설치한 것은 그 기동장치의 조작과정에서, 자동식 기동장치를 설치한 것은 화재감지기와 연동하여 자동으로 경보를 발하는 것으로 할 것

나. 소화약제의 방출개시 후 (㉠) 경보를 계속할 수 있는 것으로 할 것

다. 이산화탄소소화설비의 수동식 기동장치의 방출용 스위치는 (㉡)와 연동하여 조작될 수 있는 것으로 할 것

정답

㉠ 1분 이상
㉡ 음향경보장치

📌 핵심이론 | 이산화탄소소화설비의 화재안전기술기준(NFTC 106)

□ 음향경보장치
- 수동식 기동장치를 설치한 것은 그 기동장치의 조작과정에서, 자동식 기동장치를 설치한 것은 화재감지기와 연동하여 자동으로 경보를 발하는 것으로 할 것
- <u>소화약제의 방출개시 후 1분 이상 경보를 계속할 수 있는 것으로 할 것</u>
- 방호구역 또는 방호대상물이 있는 구획 안에 있는 자에게 유효하게 경보할 수 있는 것으로 할 것

□ 기동장치

이산화탄소소화설비의 수동식 기동장치는 다음의 기준에 따라 설치해야 한다. 이 경우 수동식 기동장치의 부근에는 소화약제의 방출을 지연시킬 수 있는 방출지연스위치(자동복귀형 스위치로서 수동식 기동장치의 타이머를 순간 정지시키는 기능의 스위치를 말한다)를 설치해야 한다.
- 전역방출방식은 방호구역마다, 국소방출방식은 방호대상물마다 설치할 것
- 해당 방호구역의 출입구 부근 등 조작을 하는 자가 쉽게 피난할 수 있는 장소에 설치할 것
- 기동장치의 조작부는 바닥으로부터 0.8 [m] 이상 1.5 [m] 이하의 위치에 설치하고, 보호판 등에 따른 보호장치를 설치할 것
- 기동장치 인근의 보기 쉬운 곳에 "이산화탄소소화설비 수동식 기동장치"라는 표지를 할 것
- 전기를 사용하는 기동장치에는 전원표시등을 설치할 것
- <u>기동장치의 방출용 스위치는 음향경보장치와 연동하여 조작될 수 있는 것으로 할 것</u>

모아바 www.moa-ba.com
모아소방전기학원 www.moate.co.kr

PART 03
피난구조설비

CHAPTER 01 유도등 및 유도표지(NFTC 303)

CHAPTER 02 비상조명등(NFTC 304)

격차를 뛰어넘어 압도적인 격차를 만들다

○ 학습전략

PART 03에서는 유도등 및 유도표지 관련 문제가 종종 출제되고 있으므로 유도등의 종류와 각 유도등별 설치기준은 반드시 암기해야 한다. 또한 유도등 및 유도표지의 설치 제외에 관한 내용도 말문제로 출제될 가능성이 높으니 눈에 익혀야 하며, 유도등 산정방법과 몇 개의 유도등을 설치해야 하는지 관련 계산공식도 암기해야 한다. 최근 2025년도 3회차에는 유도등의 소방시설 도시기호도 출제되었으므로 도시기호 또한 꼭 학습해야 한다.

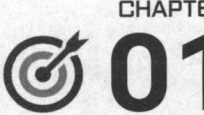

CHAPTER 01

유도등 및 유도표지 (NFTC 303)

3회독	월	일
2회독	월	일
1회독	월	일

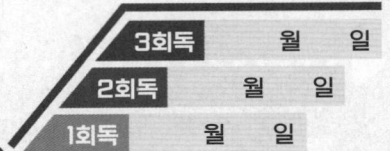

학습목표

1 유도등 및 유도표지의 종류에 대해 학습한다.

2 유도등 및 유도표지 설치기준에 대해 학습한다.

3 유도등 및 유도표지 설치 제외사항에 대해 학습한다.

4 유도등 및 유도표지 용어 정의에 대해 학습한다.

학습MAP

- ★★★ 정의
- ★★★ 유도등 및 유도표지의 종류
- ★★★ 유도등 및 유도표지 설치기준
  - 피난구유도등
  - 통로유도등
  - 객석유도등
  - 유도표지
  - 피난유도선
- 유도등 전원 및 배선
- 유도등 및 유도표지 제외
  - 피난구유도등 설치 제외
  - 통로유도등 설치 제외
  - 객석유도등 설치 제외

01 유도등 및 유도표지

1 정의 ★★★

(1) 유도등 : 화재 시에 피난을 유도하기 위한 등으로서 정상상태에서는 상용전원에 따라 켜지고 상용전원이 정전되는 경우에는 비상전원으로 자동전환되어 켜지는 등을 말한다.

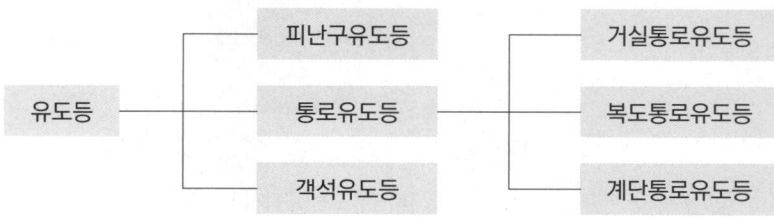

> 🧑‍🏫 **선생님 TIP**
> 유도등 종류별 특징에 대해 구분하여 학습하시기 바랍니다.

(2) 피난구유도등 : 피난구 또는 피난경로로 사용되는 출입구를 표시하여 피난을 유도하는 등

(3) 통로유도등 : 피난통로를 안내하기 위한 유도등으로 복도통로유도등, 거실통로유도등, 계단통로유도등

(4) 객석유도등 : 객석의 통로, 바닥 또는 벽에 설치하는 유도등을 말한다.

(5) 거실통로유도등 : 거주, 집무, 작업, 집회, 오락 그 밖에 이와 유사한 목적을 위하여 계속적으로 사용하는 거실, 주차장 등 개방된 통로에 설치하는 유도등으로 피난의 방향을 명시하는 것

(6) 복도통로유도등 : 피난통로가 되는 복도에 설치하는 통로유도등으로서 피난구의 방향을 명시하는 것

(7) 계단통로유도등 : 피난통로가 되는 계단이나 경사로에 설치하는 통로유도등으로 바닥면 및 디딤 바닥면을 비추는 것

(8) 피난구유도표지 : 피난구 또는 피난경로로 사용되는 출입구를 표시하여 피난을 유도하는 표지

(9) 통로유도표지 : 피난통로가 되는 복도, 계단 등에 설치하는 것으로서 피난구의 방향을 표시하는 유도표지

(10) 피난유도선 : 햇빛이나 전등불에 따라 축광("축광방식")하거나 전류에 따라 빛을 발하는 "광원점등방식" 유도체로서 어두운 상태에서 피난을 유도할 수 있도록 띠 형태로 설치되는 피난유도시설

(11) 입체형 : 유도등 표시면을 2면 이상으로 하고 각 면마다 피난유도표시가 있는 것

○— 주, 집무, 작업, 집회, 오락 그 밖에 이와 유사한 목적을 위하여 계속적으로 사용하는 거실, 주차장 등 개방된 통로에 설치하는 유도등으로 피난의 방향을 명시하는 것은 복도통로유도등이다.
　　　　　　　　X 거실통로유도등

[유도등]

[피난유도선(축광식)]

❷ 유도등 및 유도표지의 종류 ★★★

설치장소	유도등 및 유도표지의 종류
1. 공연장·집회장(종교집회장 포함)·관람장·운동시설	• 대형피난구유도등 • 통로유도등 • 객석유도등
2. 유흥주점영업시설(유흥주점영업중 손님이 춤을 출 수 있는 무대가 설치된 카바레, 나이트클럽 등 영업시설만 해당)	• 대형피난구유도등 • 통로유도등 • 객석유도등
3. 위락시설·판매시설·운수시설·관광숙박업·의료시설·장례식장·방송통신시설·전시장·지하상가·지하철역사	• 대형피난구유도등 • 통로유도등
4. 숙박시설 (관광숙박업 외의 것)·오피스텔	• 중형피난구유도등 • 통로유도등
5. 1~3 외 건축물로서 지하층·무창층 또는 층수가 11층 이상 특정소방대상물	• 중형피난구유도등 • 통로유도등
6. 1~5 외 건축물로서 근린생활시설·노유자시설·업무시설·발전시설·종교시설(집회장 용도로 사용하는 부분 제외)·교육연구시설·수련시설·공장·교정 및 군사시설 (국방·군사시설 제외)·자동차정비공장·운전학원 및 정비학원·다중이용업소·복합건축물	• 소형피난구유도등 • 통로유도등
7. 그 밖의 것	• 피난구유도표지 • 통로유도표지

[비고]
1. 소방서장은 특정소방대상물의 위치·구조 및 설비의 상황을 판단하여 대형피난구유도등을 설치하여야 할 장소에 중형피난구유도등 또는 소형피난구유도등을 설치하게 할 수 있다.
2. 복합건축물의 경우 주택의 세대 내에는 유도등을 설치하지 아니할 수 있다.

선생님 TIP

불특정 다수인이 있는 곳은 대형피난구유도등을 설치하며, 특정한 소수인이 있는 곳은 소형피난구유도등을 설치합니다.

☑ 공동주택에는 소형피난구유도등을 설치한다. ★★★

3 유도등 및 유도표지 설치기준 ★★★

(1) 피난구유도등(녹색바탕에 백색문자) ★★★

① 설치장소

ㄱ. 옥내로부터 직접 지상으로 통하는 출입구 및 그 부속실 출입구

ㄴ. 직통계단·직통계단의 계단실 및 그 부속실의 출입구

ㄷ. 'ㄱ'과 'ㄴ'에 따른 출입구에 이르는 복도 또는 통로로 통하는 출입구

ㄹ. 안전구획된 거실로 통하는 출입구

ㅁ. 피난층으로 향하는 피난구의 위치를 안내할 수 있도록 'ㄱ' 또는 'ㄴ'의 출입구 인근 천장에 'ㄱ' 또는 'ㄴ'에 따라 설치된 피난구유도등의 면과 수직이 되도록 피난구유도등을 추가로 설치(다만 'ㄱ' 또는 'ㄴ'에 따라 설치된 피난구유도등이 입체형인 경우 제외)

ㅂ. 위에 따라 추가로 설치하는 피난구유도등은 피난구의 식별이 용이하도록 피난구 방향의 화살표가 함께 표시된 것으로 설치해야 한다.

② 설치높이 : 바닥으로부터 높이 1.5 [m] 이상 위치에 설치

③ 추가 설치 : 피난층으로 향하는 피난구의 위치를 안내할 수 있도록 '①'의 'ㄱ' 또는 '①'의 'ㄴ'의 출입구 인근 천장에 설치된 피난구유도등의 면과 수직이 되도록 피난구유도등을 추가로 설치하여야 함. 다만 피난구유도등이 입체형인 경우에는 그러하지 아니함

(2) 통로유도등(복도/거실/계단)[백색바탕에 녹색문자] ★★★

① 복도통로유도등

ㄱ. 설치기준

ⓐ 복도에 설치할 것

ⓑ 옥내로부터 직접 지상으로 통하는 출입구 및 그 부속실의 출입구 또는 직통계단·직통계단의 계단실 및 그 부속실의 출입구의 경우 피난구유도등이 설치된 출입구의 맞은편 복도에는 입체형으로 설치하거나 바닥에 설치할 것

ⓒ 구부러진 모퉁이 및 위에 따라 설치된 통로유도등 기점으로 보행거리 20 [m]마다 설치할 것

ⓓ 바닥에 설치하는 통로 유도등은 하중에 따라 파괴되지 않는 강도의 것으로 할 것

[피난구유도등]

○ 형식승인 및 제품검사기술기준(거실통로유도등 동일)

ㄱ. 상용전원 점등 시 : 직선거리 30 [m] 위치, 10~30 [lx][글자, 색채, 화살표 확인]

ㄴ. 비상전원 점등 시 : 직선거리 20 [m] 위치, 0~1 [lx]

[복도통로유도등]

○ 형식승인 및 제품검사기술기준

ⓐ 상용전원 점등 시 : 직선거리 20 [m] 위치(표시면 화살표 식별 가능)

ⓑ 비상전원 점등 시 : 직선거리 15 [m] 위치(표시면 화살표 식별 가능)

ㄴ. 설치높이
ⓐ 바닥으로부터 높이 1 [m] 이하의 위치에 설치할 것(다만 지하층 또는 무창층의 용도가 도매시장·소매시장·여객자동차터미널·지하역사 또는 지하상가인 경우에는 복도·통로 바닥에 설치)
ⓑ 바닥에 설치하는 통로유도등은 하중에 따라 파괴되지 아니하는 강도의 것으로 할 것
② 거실통로유도등 ★★★
ㄱ. 설치기준
ⓐ 거실의 통로에 설치할 것(다만 거실의 통로가 벽체 등으로 구획 시 복도통로유도등을 설치하여야 한다)
ⓑ 구부러진 모퉁이 및 보행거리 20 [m]마다 설치할 것
ㄴ. 설치높이 : 바닥으로부터 높이 1.5 [m] 이상의 위치에 설치(다만 거실통로에 기둥이 설치 시 기둥부분의 바닥으로부터 1.5 [m] 이하의 위치에 설치 가능)
③ 계단통로유도등 ★★
ㄱ. 설치기준 : 각 층의 경사로 참 또는 계단참마다(1개 층에 경사로 참 또는 계단참이 2 이상 있는 경우에는 2개의 계단참마다) 설치할 것
ㄴ. 설치높이 : 바닥으로부터 높이 1 [m] 이하의 위치에 설치할 것

(3) 객석유도등
① 설치기준 : 객석의 통로, 바닥 또는 벽에 설치하여야 한다.
② 객석 내의 통로가 경사로 또는 수평로로 되어 있는 부분에 있어서는 다음의 식에 따라 산출한 수(소수점 이하의 수는 1로 본다)의 유도등을 설치하여야 한다.

$$\text{설치개수} = \frac{\text{객석의 통로 직선부분의 길이}\,[m]}{4} - 1$$

③ 객석 내의 통로가 옥외 또는 이와 유사한 부분에 있는 경우에는 해당 통로 전체에 미칠 수 있는 수의 유도등을 설치하여야 한다.

(4) 유도표지
① 설치기준
ㄱ. 계단에 설치하는 것을 제외하고는 각 층마다 복도 및 통로의 각 부분으로부터 하나의 유도표지까지의 보행거리가 15 [m] 이하가 되는 곳과 구부러진 모퉁이의 벽에 설치할 것
ㄴ. 주위에는 이와 유사한 등화·광고물·게시물 등을 설치하지 아니할 것

[거실통로유도등]

[계단통로유도등]

[객석유도등]

[유도표지]

ㄷ. 유도표지는 부착판 등을 사용하여 쉽게 떨어지지 아니하도록 설치할 것

ㄹ. 축광방식의 유도표지는 외광 또는 조명장치에 의하여 상시 조명이 제공되거나 비상조명등에 의한 조명이 제공되도록 설치할 것

② 설치높이 : 출입구 상단에 설치하고, 통로유도표지는 바닥으로부터 높이 1 [m] 이하의 위치에 설치할 것

③ 축광표지의 성능인증 및 제품검사의 기술기준

ㄱ. 방사성 물질 사용 시 유도표지는 쉽게 파괴되지 아니하는 재질로 처리할 것

ㄴ. 유도표지의 표시면은 쉽게 변형·변질 또는 변색되지 아니할 것

ㄷ. 식별도 : 주위 조도 0 [lx]에서 60분간 발광 후 직선거리 20 [m] (위치표지 10 [m]) 떨어진 위치에서 보통시력으로 유도표지가 있다는 것이 식별 3 [m] 거리에서 표시면의 문자 또는 화살표 등을 쉽게 식별할 수 있는 것으로 할 것

ㄹ. 휘도 : 조도 0 [lx]에서 60분간 발광 후 7 [mcd/m^2] 이상으로 할 것

(5) 피난유도선

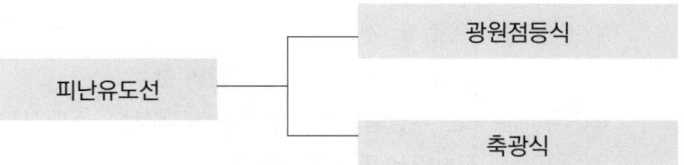

① 축광방식의 피난유도선 설치기준 ★★★

ㄱ. 구획된 각 실로부터 주출입구 또는 비상구까지 설치할 것

ㄴ. 바닥으로부터 높이 50 [cm] 이하의 위치 또는 바닥 면에 설치할 것

ㄷ. 피난유도 표시부는 50 [cm] 이내의 간격으로 연속되도록 설치

ㄹ. 부착대에 의하여 견고하게 설치할 것

ㅁ. 외광 또는 조명장치에 의하여 상시 조명이 제공되거나 비상조명등에 의한 조명이 제공되도록 설치할 것

[축광방식 피난유도선]

선생님 TIP

피난유도선 설치기준이 최근 빈번히 출제되고 있습니다. 따라서 축광방식과 광원점등방식을 잘 구분하여 학습하시기 바랍니다!

[광원점등방식 피난유도선]

유도등 비상전원은 용량을 30분 이상 유효하게 작동시킬 수 있는 것으로 할 것　　❌ 20분 이상

🧑‍🏫 **선생님 TIP**
③, ④는 모든 문장을 직접 쓸 수 있을 정도로 암기하시기 바랍니다.

② 광원점등방식의 피난유도선 설치기준 ★★★
　ㄱ. 구획된 각 실로부터 주출입구 또는 비상구까지 설치할 것
　ㄴ. 피난유도 표시부는 바닥으로부터 높이 1 [m] 이하의 위치 또는 바닥 면에 설치할 것
　ㄷ. 피난유도 표시부는 50 [cm] 이내의 간격으로 연속되도록 설치하되 실내장식물 등으로 설치가 곤란할 경우 1 [m] 이내로 설치할 것
　ㄹ. 수신기로부터의 화재신호 및 수동조작에 의하여 광원이 점등되도록 설치할 것
　ㅁ. 비상전원이 상시 충전상태를 유지하도록 설치할 것
　ㅂ. 바닥에 설치되는 피난유도 표시부는 매립하는 방식을 사용할 것
　ㅅ. 피난유도 제어부는 조작 및 관리가 용이하도록 바닥으로부터 0.8 [m] 이상 1.5 [m] 이하의 높이에 설치할 것

4 유도등 전원 및 배선

(1) 상용전원 : 축전지, 전기저장장치 또는 교류전압의 옥내간선(전원까지 배선 전용)

(2) 비상전원 : 축전지
　① 용량 : 유도등을 20분 이상 유효하게 작동시킬 수 있는 것(다만 다음의 특정소방대상물의 경우 유도등을 60분 이상 유효하게 작동시킬 수 있는 용량으로 할 것)
　　ㄱ. 지하층을 제외한 층수가 11층 이상의 층
　　ㄴ. 지하층 또는 무창층으로서 용도가 도매시장·소매시장·여객자동차터미널·지하역사 또는 지하상가

(3) 배선
　① 유도등의 인입선과 옥내배선은 직접 연결할 것
　② 유도등은 전기회로에 점멸기를 설치하지 아니하고 항상 점등상태를 유지할 것
　③ 다만 다음 각 목의 어느 하나에 해당하는 장소로서 3선식 배선에 따라 상시 충전되는 구조인 경우에는 제외(3선식 배선 적용 장소)
　　ㄱ. 특정소방대상물 또는 그 부분에 사람이 없는 장소
　　ㄴ. 외부광에 따라 피난구 또는 피난방향을 쉽게 식별할 수 있는 장소
　　ㄷ. 공연장, 암실 등으로서 어두워야 할 필요가 있는 장소
　　ㄹ. 특정소방대상물의 관계인 또는 종사원이 주로 사용하는 장소
　④ 3선식 배선으로 상시 충전되는 유도등의 전기회로에 점멸기를 설치하는 경우에는 다음 각 호의 어느 하나에 해당되는 경우에 점등되도록 하여야 한다.

ㄱ. 자동화재탐지설비의 감지기 또는 발신기가 작동되는 때
ㄴ. 비상경보설비의 발신기가 작동되는 때
ㄷ. 상용전원이 정전되거나 전원선이 단선되는 때
ㄹ. 방재업무를 통제하는 곳 또는 전기실의 배전반에서 수동으로 점등하는 때
ㅁ. 자동소화설비가 작동되는 때

참고 최소 설치개수 구하는 식(소수점 절상) ★★★

구분	공식
객석유도등	$\dfrac{\text{객석통로의 직선부분의 길이 [m]}}{4} - 1$
유도표지	$\dfrac{\text{구부러진 곳이 없는 부분의 보행거리 [m]}}{15} - 1$
복도통로유도등, 거실통로유도등	$\dfrac{\text{구부러진 곳 없는 부분의 보행거리 [m]}}{20} - 1$

참고 유도등의 결선방법 및 특징

▫ 유도등 2선식과 3선식 ★★★

구분	2선식	3선식
배선	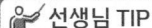	
점등상태	상시 점등	평상시는 소등상태, 비상시에만 점등
충전상태	점등상태에서만 충전 가능	소등상태에서도 충전 가능

선생님 TIP

2선식과 3선식의 결선도를 직접 완성할 수 있어야 합니다.

▫ 유도등 2선식과 3선식 특징

2선식	3선식
• 평상시는 상시 점등 • 전선소모 적음 • 전력소모 많음 • 원격스위치 불필요	• 평상시는 소등상태, 비상시에만 점등 • 전선소모 많음 • 전력소모 적음 • 원격스위치 필요

5 유도등 및 유도표지 제외

(1) 피난구유도등 설치 제외
   ① 바닥면적이 1000 [m^2] 미만인 층으로서 옥내로부터 직접 지상으로 통하는 출입구(외부의 식별이 용이한 경우에 한한다)
   ② 대각선 길이가 15 [m] 이내인 구획된 실의 출입구
   ③ 거실 각 부분으로부터 하나의 출입구에 이르는 보행거리가 20 [m] 이하이고, 비상조명등과 유도표지가 설치된 거실의 출입구
   ④ 출입구가 3 이상 있는 거실로서 그 거실 각 부분으로부터 하나의 출입구에 이르는 보행거리가 30 [m] 이하인 경우에는 주된 출입구 2개소 외의 출입구(유도표지가 부착된 출입구를 말한다)(다만 공연장·집회장·관람장·전시장·판매시설·운수시설·숙박시설·노유자시설·의료시설·장례식장의 경우에는 그러하지 아니하다)

(2) 통로유도등 설치 제외
   ① 구부러지지 아니한 복도 또는 통로로서 길이가 30 [m] 미만인 복도 또는 통로
   ② '①'에 해당하지 아니하는 복도 또는 통로로서 보행거리가 20 [m] 미만이고, 그 복도 또는 통로와 연결된 출입구 또는 그 부속실의 출입구에 피난구유도등이 설치된 복도 또는 통로

(3) 객석유도등 설치 제외
   ① 주간에만 사용하는 장소로서 채광이 충분한 객석
   ② 거실 등의 각 부분으로부터 하나의 거실출입구에 이르는 보행거리가 20 [m] 이하인 객석의 통로로서 그 통로에 통로유도등이 설치된 객석

6 유도등 전원

(1) 예비전원
   ① 종류 : 알칼리계, 리튬계 2차축전지 또는 콘덴서
   ② 용량 : 방전을 개시한 후 20(분) 이상 점등
   ③ 정전 시 상용전원에서 비상전원으로, 복전 시 비상전원에서 상용전원으로 자동전환되는 구조
   ④ 비상전원의 상태를 감시할 수 있는 장치 필요(단, 객석유도등은 제외)

> **선생님 TIP**
> 각 설비별 예비전원의 종류와 용량이 자주 출제됩니다. 어떤 설비가 10분, 20분, 30분, 60분인지 구분하여 학습하시기 바랍니다.

> **참고** 유도등의 비상전원(예비전원) 상태 감시장치
> - 감시램프 소등상태 : 축전지 충전 완료상태
> - 감시램프 점등상태 : 축전지 이상상태
>   ① 축전지의 접촉불량
>   ② 축전지의 불량
>   ③ 축전지의 누락
>   ④ 축전지의 단자 불량
>   ⑤ 비상전원용 퓨즈 또는 전선의 단선 등

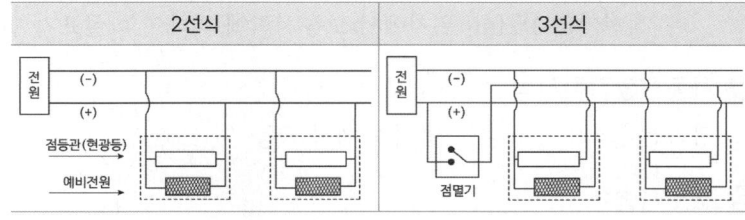

7 복도통로유도등의 구조
(1) 표시면과 조사면 복도부분에 돌출되는 구조
(2) 돌출치수(옆 방향에서도 표시면의 일부가 보여야 함)
   소형 : 10 ~ 60 [mm], 중형 : 20 ~ 80 [mm], 대형 : 30 ~ 100 [mm]
(3) 벽이나 바닥에 매립한 것은 통행에 지장이 없도록 적당히 둥글게
(4) 벽에 매립하는 것은 바닥 또는 피난방향을 비출 수 있어야 함
(5) 거실통로유도등 : 외함에서 10 [mm] 이상 돌출

8 객석유도등의 구조
(1) 바닥, 벽, 의자 등에 견고히 부착, 바닥을 비출 수 있어야 함
(2) 비상전원은 속에 장치하지 아니하고 겉에 장치

9 절연저항시험
유도등의 교류입력 측과 외함 사이, 절연된 교류입력 측과 충전부 사이 및 절연된 충전부와 외함 사이는 직류 500 [V] 절연저항계로 측정하여 5 [MΩ] 이상

> **선생님 TIP**
> 누전경보기, 유도등, 비상조명등은 절연저항 5 [MΩ] 이상으로 암기합시다.

🔟 식별도시험

(1) 피난구유도등과 거실통로유도등
상용전원을 켜는 경우 직선거리 30 [m] 위치에서 10 ~ 30 [lx] 범위 글자, 색채, 화살표를 쉽게 확인(비상전원은 직선거리 20 [m] 위치에서 0 ~ 1 [lx] 범위)

(2) 복도통로유도등
상용전원을 켜는 경우 직선거리 20 [m] 위치에서, 비상전원을 켜는 경우 직선거리 15 [m] 위치에서 보통시력에 의하여 화살표가 쉽게 식별

🔟1 자동전환장치시험

정격전압의 80 [%] 이하 범위 내에서 작동

🔟2 조도시험

통로유도등 및 객석유도등은 비상전원의 성능에 따라 유효점등시간 동안 등을 켠 후 주위조도가 0 [lx]인 상태에서 다음과 같은 방법으로 측정하는 경우 그 조도는 각각 다음 각 호에 적합하여야 한다.

(1) 계단통로유도등은 바닥면 또는 디딤바닥면으로부터 높이 2.5 [m]의 위치에 그 유도등을 설치하고 그 유도등의 바로 밑으로부터 수평거리로 10 [m] 떨어진 위치에서의 법선조도가 0.5 [lx] 이상이어야 한다.

(2) 복도통로유도등은 바닥면으로부터 1 [m] 높이에, 거실통로유도등은 바닥면으로부터 2 [m] 높이에 설치하고 그 유도등의 중앙으로부터 0.5 [m] 떨어진 위치의 바닥면 조도와 유도등의 전면 중앙으로부터 0.5 [m] 떨어진 위치의 조도가 1 [lx] 이상이어야 한다. 다만 바닥면에 설치하는 통로유도등은 그 유도등의 바로 윗부분 1 [m]의 높이에서 법선조도가 1 [lx] 이상이어야 한다.

(3) 객석유도등은 바닥면 또는 디딤 바닥면에서 높이 0.5 [m]의 위치에 설치하고 그 유도등의 바로 밑에서 0.3 [m] 떨어진 위치에서의 수평조도가 0.2 [lx] 이상이어야 한다.

용어
1. 조도 : 빛 밝기의 정도
2. 광도 : 광원으로부터 한 방향으로 방출되는 광속
3. 휘도 : 눈부심의 정도, 대상면에서 반사되는 빛의 양
4. 광속 : 광원에서 방출되는 빛의 총량

참고 | 유도등의 조도 측정

구분	복도통로유도등	
설치장소	벽면 : 바닥으로부터 높이 1 [m]에 설치	바닥
측정높이	유도등의 중앙으로부터 0.5 [m] 떨어진 위치	유도등의 바로 윗부분 1 m의 높이
측정조도	조도 1 [lx] 이상	법선조도 1 [lx] 이상

구분	거실통로유도등	계단통로유도등
설치장소	바닥면으로부터 2 [m] 높이에 설치	바닥면 또는 디딤바닥 면으로부터 높이 2.5 [m]의 위치에 설치
측정높이	유도등의 중앙으로부터 0.5 [m] 떨어진 위치	유도등의 바로 밑으로부터 수평거리로 10 [m] 떨어진 위치
측정조도	조도가 1 [lx] 이상	법선조도가 0.5 [lx] 이상

02 유도등 및 유도표지 용어정리(NFTC 303) ★★★

1. "유도등"이란 화재 시에 피난을 유도하기 위한 등으로서 정상상태에서는 상용전원에 따라 켜지고 상용전원이 정전되는 경우에는 비상전원으로 자동전환되어 켜지는 등을 말한다.
2. "피난구유도등"이란 피난구 또는 피난경로로 사용되는 출입구를 표시하여 피난을 유도하는 등을 말한다.
3. "통로유도등"이란 피난통로를 안내하기 위한 유도등으로 복도통로유도등, 거실통로유도등, 계단통로유도등을 말한다.
4. "복도통로유도등"이란 피난통로가 되는 복도에 설치하는 통로유도등으로서 피난구의 방향을 명시하는 것을 말한다.
5. "거실통로유도등"이란 거주, 집무, 작업, 집회, 오락 그 밖에 이와 유사한 목적을 위하여 계속적으로 사용하는 거실, 주차장 등 개방된 통로에 설치하는 유도등으로 피난의 방향을 명시하는 것을 말한다.
6. "계단통로유도등"이란 피난통로가 되는 계단이나 경사로에 설치하는 통로유도등으로 바닥면 및 디딤 바닥면을 비추는 것을 말한다.
7. "객석유도등"이란 객석의 통로, 바닥 또는 벽에 설치하는 유도등을 말한다.
8. "피난구유도표지"란 피난구 또는 피난경로로 사용되는 출입구를 표시하여 피난을 유도하는 표지를 말한다.
9. "통로유도표지"란 피난통로가 되는 복도, 계단 등에 설치하는 것으로서 피난구의 방향을 표시하는 유도표지를 말한다.
10. "피난유도선"이란 햇빛이나 전등불에 따라 축광(이하 "축광방식"이라 한다)하거나 전류에 따라 빛을 발하는(이하 "광원점등방식"이라 한다) 유도체로서 어두운 상태에서 피난을 유도할 수 있도록 띠 형태로 설치되는 피난유도시설을 말한다.
11. "입체형"이란 유도등 표시면을 2면 이상으로 하고 각 면마다 피난유도표시가 있는 것을 말한다.
12. "3선식 배선"이란 평상시에는 유도등을 소등상태로 유도등의 비상전원을 충전하고, 화재 등 비상시 점등신호를 받아 유도등을 자동으로 점등되도록 하는 방식의 배선을 말한다.

CHAPTER 01 연습문제

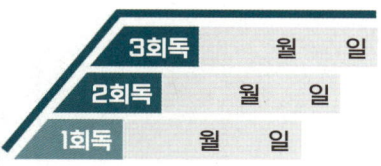

01 [배점 5]

유도등에 대한 다음 각 물음에 답하시오.

가. 거실통로유도등의 설치높이를 바닥으로부터 1.5 [m] 이하의 위치에 설치할 수 있는 경우에 대하여 쓰시오.

나. 피난구유도등과 복도통로유도등의 바탕색과 문자색은 무엇인지 쓰시오.

정답

가. 거실통로에 기둥이 설치 시 기둥부분에 설치 가능
나. 피난구유도등 : 녹색바탕에 백색문자
　　복도통로유도등 : 백색바탕에 녹색문자

핵심이론 통로유도등의 설치기준 및 유도등의 색상

□ 통로유도등의 설치기준

구분	복도통로유도등	거실통로유도등	계단통로유도등
설치장소	복도	거실의 통로	계단
설치방법	① 출입구에 피난구유도등 있는 복도 : 맞은편 복도에 입체형 또는 바닥 ② 구부러진 모퉁이 ③ '①' 통로유도등 기점으로 보행거리 20 [m]마다	구부러진 모퉁이 및 보행거리 20 [m]마다	각 층의 경사로참 또는 계단참마다
설치높이	바닥으로부터 높이 1 [m] 이하	바닥으로부터 높이 1.5 [m] 이상(단, 기둥에 설치 시 : 바닥으로부터 1.5 [m] 이하)	바닥으로부터 높이 1 [m] 이하

- 출입구에 피난구유도등 : 직접 지상으로 통하는 출입구·계단실 또는 그 부속실 출입구

- 복도통로유도등 바닥에 설치 시
  ① 지하층/무창층 용도 도소매시장·여객자동차터미널·지하역사 또는 지하상가인 경우 복도·통로의 바닥 설치 가능
  ② 바닥에 설치하는 통로유도등은 하중에 따라 파괴되지 아니하는 강도의 것으로 할 것
- 유도등의 표시면 색상
  - 피난구유도등 : 녹색바탕에 백색문자
  - 통로유도등 : 백색바탕에 녹색문자

02   배점 6

다음은 통로유도등에 관한 사항이다. 다음 각 물음에 답하시오.

가. 기호 ㉠ ~ ㉢에 알맞은 내용을 쓰시오.

구분	복도통로유도등	거실통로유도등	계단통로유도등
설치장소	복도	(㉠)	계단
설치방법	구부러진 모퉁이 및 보행거리 20 [m]마다	(㉡)	각 층의 경사로참 또는 계단참마다
설치높이	(㉢)	바닥으로부터 높이 1.5 [m] 이상	바닥으로부터 높이 1 [m] 이하

나. 벽면에 설치하는 통로유도등과 바닥에 매설하는 통로유도등의 조도의 측정방법과 조도기준에 대하여 각각 쓰시오.

  1) 벽면설치 통로유도등 :

  2) 바닥매설 통로유도등 :

다. 통로유도등 표시면의 바탕색은 무엇인지 쓰시오.

정답

가. ㉠ 거실의 통로
    ㉡ 구부러진 모퉁이 및 보행거리 20 [m]마다
    ㉢ 바닥으로부터 높이 1 [m] 이하

나. 1) 벽면설치 통로유도등 : 통로유도등의 중앙으로부터 바로 밑의 바닥으로부터 수평으로 0.5 [m] 떨어진 지점에서 측정하여 1 [lx] 이상
    2) 바닥매설 통로유도등 : 통로유도등의 직상부 1 [m]의 높이에서 측정하여 법선조도가 1 [lx] 이상

다. 백색

핵심이론 유도등의 도조측정

구분	복도통로유도등	
측정방법	벽면 : 바닥으로부터 높이 1 [m]에 설치	바닥
측정위치	유도등의 중앙으로부터 0.5 [m] 떨어진 위치의 바닥면 조도와 유도등의 전면 중앙으로부터 0.5 [m] 떨어진 위치	유도등의 바로 윗부분 1 [m]의 높이
조도기준	조도 1 [lx] 이상 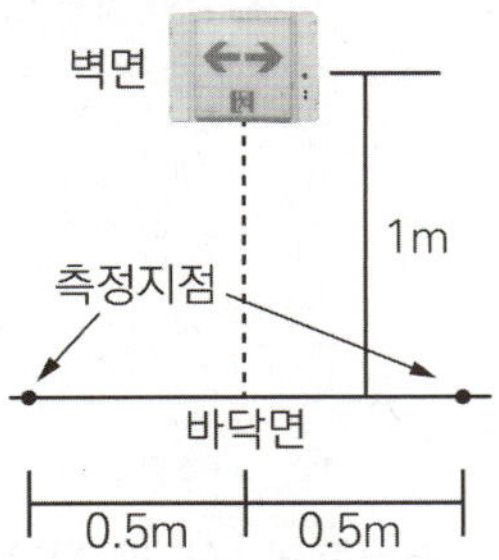	법선조도 1 [lx] 이상 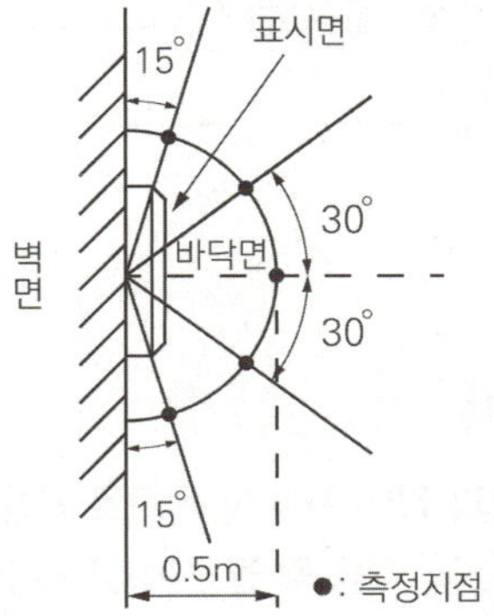

03

배점 4

유도등 및 유도표지의 화재안전기준 중 복도통로유도등의 설치기준을 4가지만 쓰시오.

①
②
③
④

정답

① 복도에 설치할 것
② 구부러진 모퉁이 및 보행거리 20 [m]마다 설치할 것
③ 바닥으로부터 높이 1 [m] 이하의 위치에 설치할 것
④ 바닥에 설치하는 통로유도등은 하중에 따라 파괴되지 아니하는 강도의 것으로 할 것

핵심이론 복도통로유도등 설치기준

- 복도에 설치할 것
- 옥내로부터 직접 지상으로 통하는 출입구 및 그 부속실의 출입구와 직통계단·직통계단의 계단실 및 그 부속실의 출입구에 설치된 피난구유도등 맞은편 복도에 입체형으로 설치하거나 바닥에 설치할 것
- 구부러진 모퉁이 및 옥내로부터 직접 지상으로 통하는 출입구 및 그 부속실과 직통계단실 및 그 부속실에 설치된 피난구유도등을 기점으로 보행거리 20 [m]마다 설치할 것
- 바닥으로부터 높이 1 [m] 이하의 위치에 설치할 것
- 바닥에 설치하는 통로유도등은 하중에 따라 파괴되지 아니하는 강도의 것으로 할 것

04

그림과 같이 사무실 용도로 사용되고 있는 건축물의 복도에 통로유도등을 설치하고자 한다. 다음 각 물음에 답하시오.

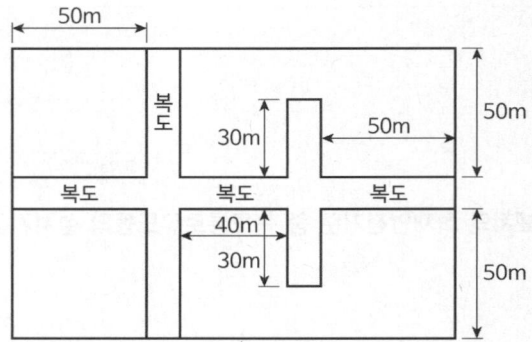

가. 통로유도등을 설치하여야 할 곳을 작은 점(●)으로 표시하시오.

나. 통로유도등은 총 몇 개가 소요되는가?
- 계산과정 :
- 답 :

정답

가.

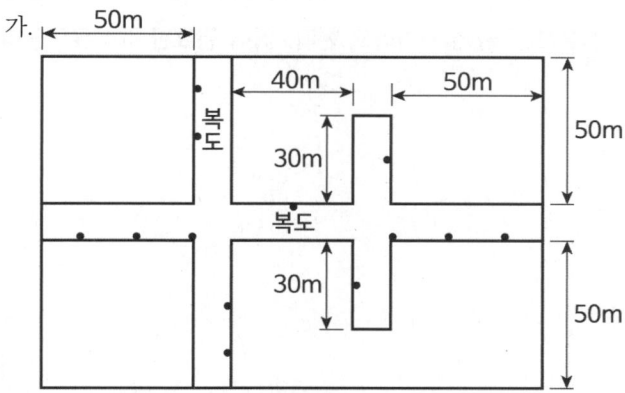

나. 계산과정

- 50 [m] 부분 : $\dfrac{50}{20} - 1 = 1.5$ → 절상해서 2개

  50 [m] 부분이 4개 있으므로 2 × 4 = 8개

- 40 [m] 부분 : $\dfrac{40}{20} - 1 = 1$개

- 30 [m] 부분 : $\dfrac{30}{20} - 1 = 0.5$ → 절상해서 1개

  30 [m] 부분이 2개 있으므로 1 × 2 = 2개

- 구부러진 모퉁이 2개 설치

  ∴ 8 + 1 + 2 + 2 = 13개

답 | 13개

★ 핵심이론 | 통로유도등(복도통로유도등, 거실통로유도등) 설치개수 산정식(절상)

$$\text{설치개수} = \dfrac{\text{구부러진 곳 없는 부분의 보행거리} \,[m]}{20} - 1$$

05

배점 4

길이 18 [m]의 통로에 객석유도등을 설치하려고 한다. 이때 필요한 객석유도등의 수량은 최소 몇 개인가?

○ 계산과정 :

○ 답 :

정답

☑ 계산과정

$$\frac{18}{4} - 1 = 3.5 \rightarrow 절상해서 \ 4개$$

답 | 4개

06

배점 6

그림과 같은 건축물의 평면도에 객석유도등을 설치하고자 한다. 다음 각 물음에 답하시오.

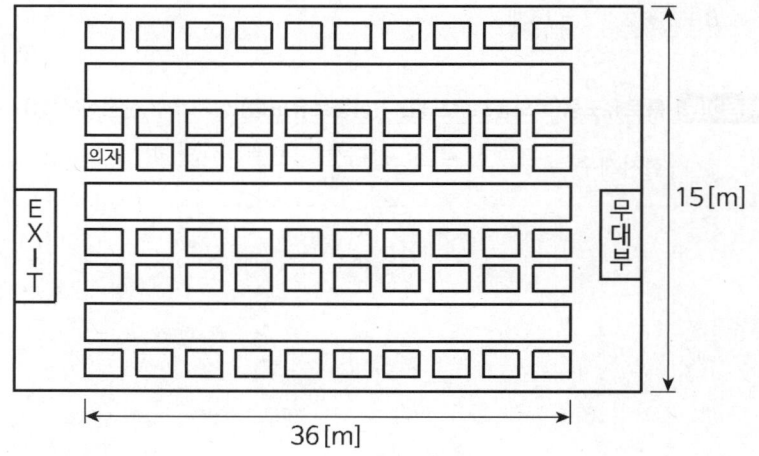

가. 설치하여야 할 객석유도등의 수량을 산출하시오.

○ 계산과정 :

○ 답 :

나. 강당의 중앙 및 좌우 통로에 객석유도등을 설치하시오. (단, 유도등 표시는 ● 로 표기할 것)

정답

가. 계산과정 : $\dfrac{36}{4} - 1 = 8개$, $8 \times 통로\ 3개 = 24개$

답 | 24개

나.

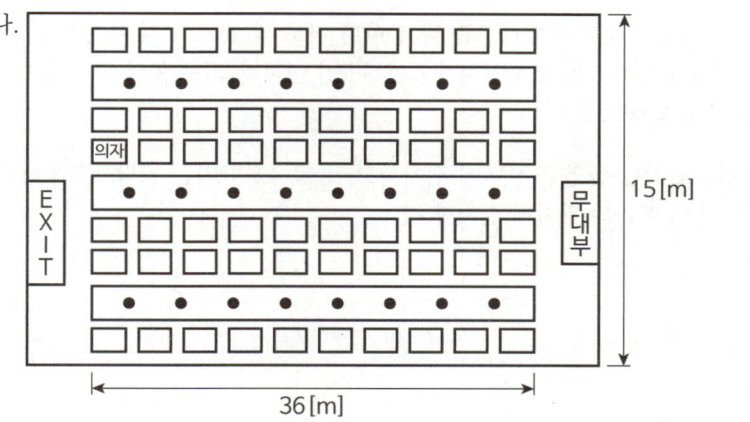

핵심이론 객석유도등 설치개수 산정식(절상)

$$설치개수 = \dfrac{객석통로의\ 직선부분의\ 길이\ [m]}{4} - 1$$

07

| 득점 | | 배점 | 4 |

객석유도등이 설치 제외되는 경우를 2가지 쓰시오.

①

②

정답

① 채광이 충분한 객석(주간에만 사용)
② 통로유도등이 설치된 객석(거실 각 부분에서 거실 출입구까지의 보행거리 20 [m] 이하)

핵심이론 객석유도등 설치 제외

- 채광이 충분한 객석(주간에만 사용)
- 통로유도등이 설치된 객석(거실 각 부분에서 거실 출입구까지의 보행거리 20 [m] 이하)

08

유도표지의 설치기준에 관한 다음 (   ) 안을 완성하시오.

가. 계단에 설치하는 것을 제외하고는 각 층마다 복도 및 통로의 각 부분으로부터 하나의 유도표지까지의 보행거리가 (㉠) [m] 이하가 되는 곳과 구부러진 모퉁이의 벽에 설치할 것

나. 피난구유도표지는 출입구 상단에 설치하고, 통로유도표지는 바닥으로부터 높이 (㉡) [m] 이하의 위치에 설치할 것

정답

㉠ 15, ㉡ 1

핵심이론 유도표지의 설치기준

□ 유도표지 설치기준
- 계단에 설치하는 것을 제외하고는 각 층마다 복도 및 통로의 각 부분으로부터 하나의 유도표지까지의 보행거리가 15 [m] 이하가 되는 곳과 구부러진 모퉁이의 벽에 설치할 것
- 주위에는 이와 유사한 등화·광고물·게시물 등을 설치하지 아니할 것
- 유도표지는 부착판 등을 사용하여 쉽게 떨어지지 아니하도록 설치할 것
- 축광방식의 유도표지는 외광 또는 조명장치에 의하여 상시 조명이 제공되거나 비상조명등에 의한 조명이 제공되도록 설치할 것

□ 유도표지 설치높이
- 피난구유도표지 : 출입구 상단에 설치
- 통로유도표지 : 바닥으로부터 높이 1 [m] 이하의 위치에 설치

09

구부러지지 않은 복도의 길이가 31 [m]일 때 설치하여야 하는 복도통로유도표지의 최소 설치개수를 구하시오.

○ 계산과정 :

○ 답 :

정답

☑ 계산과정

$\dfrac{31}{15} - 1 = 1.066 \rightarrow$ 절상해서 2개

답 | 2개

핵심이론 유도표지의 설치기준

▫ 유도표지 설치기준

유도표지는 계단에 설치하는 것을 제외하고 각 층마다 복도 및 통로의 각 부분으로부터 하나의 유도표지까지 보행거리가 15 [m] 이하가 되는 곳과 구부러진 모퉁이의 벽에 설치

▫ 최소 설치개수 구하는 식(소수점 절상)

구분	공식
객석유도등	$\dfrac{\text{객석통로의 직선부분의 길이 [m]}}{4} - 1$
유도표지	$\dfrac{\text{구부러진 곳이 없는 부분의 보행거리 [m]}}{15} - 1$
복도통로유도등, 거실통로유도등	$\dfrac{\text{구부러진 곳 없는 부분의 보행거리 [m]}}{20} - 1$

10

득점 / 배점 4

다음 평면도는 복도이다. 이곳에 유도표지를 설치하려고 한다. 최소 설치개수는 얼마인지 구하시오.

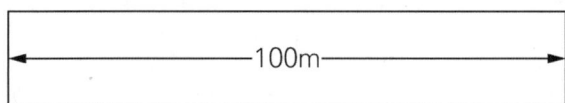

○ 계산과정 :

○ 답 :

정답

☑ 계산과정

$\dfrac{100}{15} - 1 = 5.6 \rightarrow$ 절상해서 6개

답 | 6개

11

다음 유도등의 2선식과 3선식을 결선하고 두 결선방식을 비교하여 두 가지를 쓰시오.

가.

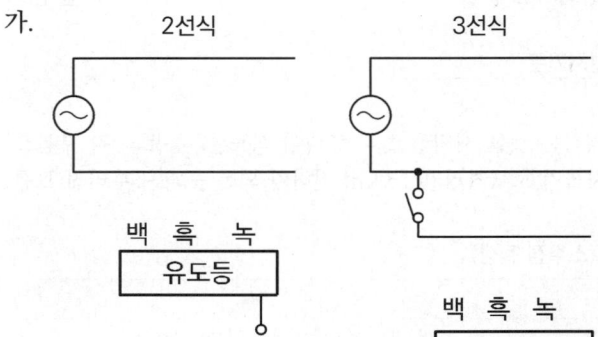

나.

구분 내용	2선식	3선식
점등상태		
충전상태		

정답

가.

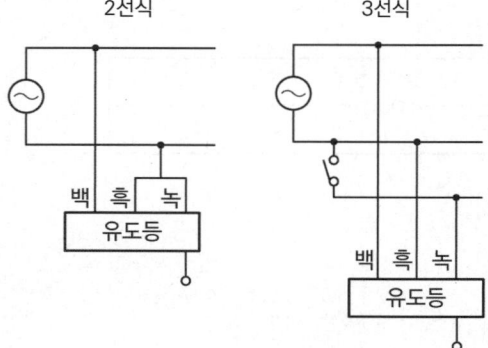

나.

구분	2선식	3선식
점등상태	상시 점등	평상시는 소등상태 비상시에만 점등
충전상태	점등상태에서만 충전 가능	소등상태에서도 충전 가능

12

유도등에 관한 다음 각 물음에 답하시오.

가. 유도등의 3선식 배선 미완성결선도이다. 결선을 완성하시오.

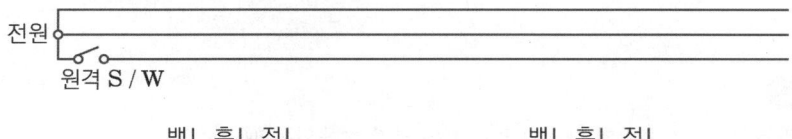
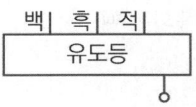
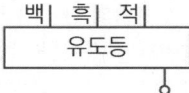

나. 2선식 배선의 특징 4가지를 쓰시오.

다. 3선식 배선의 특징 4가지를 쓰시오.

정답

가.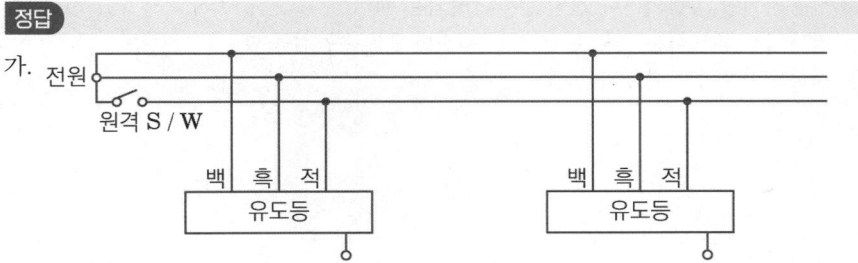

나. 1) 평상시는 상시 점등
2) 전선소모 적음
3) 전력소모 많음
4) 원격스위치 불필요

다. 1) 평상시는 소등상태, 비상시에만 점등
2) 전선소모 많음
3) 전력소모 적음
4) 원격스위치 필요

☑ 해설 '나', '다' : 유도등 2선식과 3선식 특징

2선식	3선식
• 평상시는 상시 점등 • 전선소모 적음 • 전력소모 많음 • 원격스위치 불필요	• 평상시는 소등상태, 비상시에만 점등 • 전선소모 많음 • 전력소모 적음 • 원격스위치 필요

13

3선식 배선에 의하여 상시 충전되는 유도등의 전기회로에 점멸기를 설치하는 경우에는 어느 때에 점등되도록 하여야 하는지 그 기준을 5가지 쓰시오.

배점 5

정답

① 자동화재탐지설비의 감지기 또는 발신기가 작동되는 때
② 비상경보설비의 발신기가 작동되는 때
③ 상용전원이 정전되거나 전원선이 단선되는 때
④ 방재업무를 통제하는 곳 또는 전기실의 배전반에서 수동으로 점등하는 때
⑤ 자동소화설비가 작동되는 때

핵심이론 3선식 유도등 점등조건(3선식 배선회로에 점멸기를 설치할 경우 다음 경우에 점등되어야 함)
- 자동화재탐지설비의 감지기 또는 발신기가 작동되는 때
- 비상경보설비의 발신기가 작동되는 때
- 상용전원이 정전되거나 전원선이 단선되는 때
- 방재업무 통제하는 곳 또는 전기실 배전반에서 수동점등 때
- 자동소화설비가 작동되는 때

14 신유형!

유도등의 3선식 배선이 가능한 장소를 3가지 쓰시오. (단, 3선식 배선에 따라 상시 충전되는 구조인 경우이다)

배점 6

정답

① 외부광에 따라 피난구 또는 피난방향을 쉽게 식별할 수 있는 장소
② 공연장, 암실 등으로서 어두워야 할 필요가 있는 장소
③ 특정소방대상물의 관계인 또는 종사원이 주로 사용하는 장소

핵심이론 유도등의 3선식 배선이 가능한 장소
- 외부광에 따라 피난구 또는 피난방향을 쉽게 식별할 수 있는 장소
- 공연장, 암실 등으로서 어두워야 할 필요가 있는 장소
- 특정소방대상물의 관계인 또는 종사원이 주로 사용하는 장소

15

피난구유도등의 설치 제외 장소에 대하여 그 기준을 3가지만 쓰시오.

가. 바닥면적이 (㉠) [m²] 미만인 층으로서 옥내로부터 직접 지상으로 통하는 출입구(외부의 식별이 용이한 경우에 한한다)

나. 대각선 길이가 15 [m] 이내인 구획된 실의 출입구

다. 거실 각 부분으로부터 하나의 출입구에 이르는 보행거리가 (㉡) [m] 이하이고, 비상조명등과 유도표지가 설치된 거실의 출입구

라. 출입구가 3 이상 있는 거실로서 그 거실 각 부분으로부터 하나의 출입구에 이르는 보행거리가 (㉢) [m] 이하인 경우에는 주된 출입구 2개소 외의 출입구(유도표지가 부착된 출입구를 말한다). 다만 공연장·집회장·관람장·전시장·판매시설 및 영업시설·숙박시설·노유자시설·의료시설의 경우에는 그러하지 아니하다.

정답

㉠ 1000, ㉡ 20, ㉢ 30

핵심이론 | 피난구유도등 설치 제외 장소

- 바닥면적이 1000 [m²] 미만인 층으로서 옥내로부터 직접 지상으로 통하는 출입구(외부의 식별이 용이한 경우에 한한다)
- 대각선 길이가 15 [m] 이내인 구획된 실의 출입구
- 거실 각 부분으로부터 하나의 출입구에 이르는 보행거리가 20 [m] 이하이고, 비상조명등과 유도표지가 설치된 거실의 출입구
- 출입구가 3 이상 있는 거실로서 그 거실 각 부분으로부터 하나의 출입구에 이르는 보행거리가 30 [m] 이하인 경우에는 주된 출입구 2개소 외의 출입구(유도표지가 부착된 출입구)(다만 공연장·집회장·관람장·전시장·판매시설·운수시설·숙박시설·노유자시설·의료시설·장례식장의 경우 제외)

16

배점 4

지하층 또는 무창층으로서 용도가 도매시장·소매시장·여객자동차터미널·지하역사 또는 지하상가인 경우 유도등의 비상전원은 어느 것으로 하며 그 용량은 해당 유도등을 유효하게 몇 분 이상 작동시킬 수 있어야 하는가?

정답

가. 비상전원 : 축전지설비
나. 용량 : 60분 이상

핵심이론 비상전원 종류 및 용량

설비	비상전원				용량
	자가발전	축전지	전기저장장치	비상전원수전설비	
유도등		○			• 20분 이상 • 60분 이상(지하층 제외 11층 이상, 지하층·무창층으로 도·소매시장, 여객자동차터미널, 지하역사, 지하상가)
비상조명등	○	○	○		

17

배점 6

유도등의 전원에 대한 다음 각 물음에 답하시오.

가. 전원으로 이용되는 것을 2가지 쓰시오.

나. 비상전원을 쓰시오.

다. 다음의 층수 및 용도에 해당하는 비상전원의 용량을 쓰시오.
   1) 11층 미만
   2) 11층 이상
   3) 지하층으로서 용도가 지하상가

정답

가. 1) 축전지
    2) 전기저장장치
나. 축전지
다. 1) 11층 미만 : 20분
    2) 11층 이상 : 60분
    3) 지하층으로서 용도가 지하상가 : 60분

18

득점   배점   7

유도등의 설치 등에 대한 다음 물음에 답하시오.

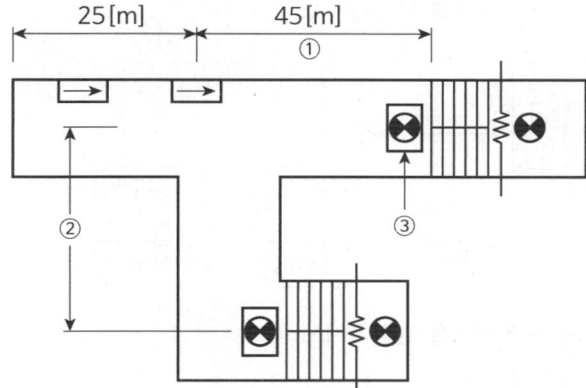

가. 이 설비에서 정상으로 동작하다가 상용전원이 차단되었을 때 비상전원이 동작하여야 할 시간은 얼마 이상인가?

나. ① 부분의 유도등 설치수량은 얼마로 하여야 하는가?

다. 통로유도등은 피난구까지의 보행거리 ②가 얼마를 넘을 때 시설하여야 하는가?

라. ③은 어떤 종류의 유도등이라 할 수 있는가?

마. ③의 설치에 적당한 곳을 쓰시오.

정답

가. 지하층을 제외한 층수가 11층 이상의 층 지하층 또는 무창층으로서 용도가 도매시장, 소매시장, 여객자동차터미널, 지하역사 또는 지하상가는 60분 이상이고 기타는 20분 이상 작동시킬 수 있을 것
나. 보행거리 20 [m] 이내이므로 2개
다. 20 [m]
라. 피난구유도등
마. 바닥으로부터 높이 1.5 [m] 이상으로서 출입구에 인접한 곳

19

유도등 및 피난유도선에 대한 다음 각 물음에 답하시오.

가. 2선식 유도등의 결선도를 완성하시오.

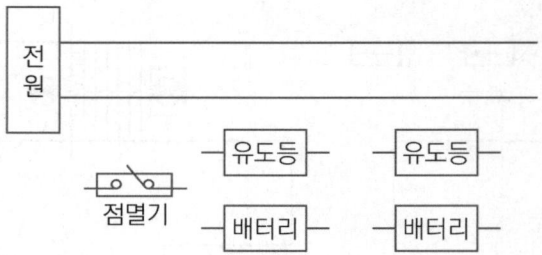

나. 3선식 유도등의 결선도를 완성하시오

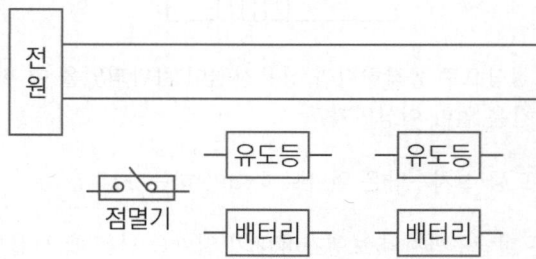

다. 3선식 유도등의 전기회로에 점멸기를 설치하는 경우 어떠한 때에 반드시 점등되어야 하는지 4가지만 쓰시오.

라. 피난 유도선은 햇빛이나 전등불에 따라 축광하거나 전류에 따라 빛을 발하는 유도체로서 어두운 상태에서 피난을 유도할 수 있도록 띠 형태로 설치되는 피난유도시설이다. 피난유도선 중 광원점등방식의 피난유도선의 설치기준 4가지만 쓰시오.

정답

가.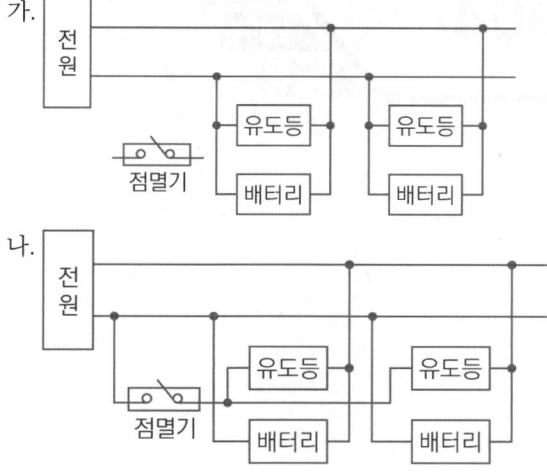

나.

다. 1) 자동화재탐지설비의 감지기 또는 발신기가 작동되는 때
　　2) 비상경보설비의 발신기가 작동되는 때
　　3) 상용전원이 정전되거나 전원선이 단선되는 때
　　4) 자동소화설비가 작동되는 때
　　5) 방재업무 통제하는 곳 또는 전기실 배전반에서 수동점등 때

라. 1) 구획된 각 실로부터 주출입구 또는 비상구까지 설치할 것
　　2) 피난유도 표시부는 바닥으로부터 높이 1 [m] 이하의 위치 또는 바닥 면에 설치
　　3) 피난유도 표시부는 50 [cm] 이내의 간격으로 연속되도록 설치하되 실내장식물 등으로 설치가 곤란할 경우 1 [m] 이내로 설치
　　4) 수신기로부터의 화재신호 및 수동조작에 의하여 광원이 점등되도록 설치
　　5) 비상전원이 상시 충전상태를 유지하도록 설치
　　6) 바닥에 설치되는 피난유도 표시부는 매립하는 방식을 사용할 것
　　7) 피난유도 제어부는 조작 및 관리가 용이하도록 바닥으로부터 0.8 [m] 이상 1.5 [m] 이하의 높이에 설치

CHAPTER

02 비상조명등(NFTC 304)

3회독 월 일
2회독 월 일
1회독 월 일

학습목표

1 비상조명등 및 휴대용 비상조명등 정의에 대해 학습한다.
2 비상조명등의 설치기준에 대해 학습한다.
3 휴대용 비상조명등의 설치기준에 대해 학습한다.

학습MAP

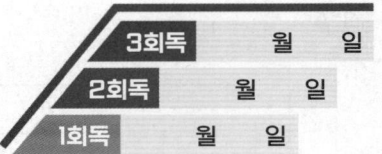

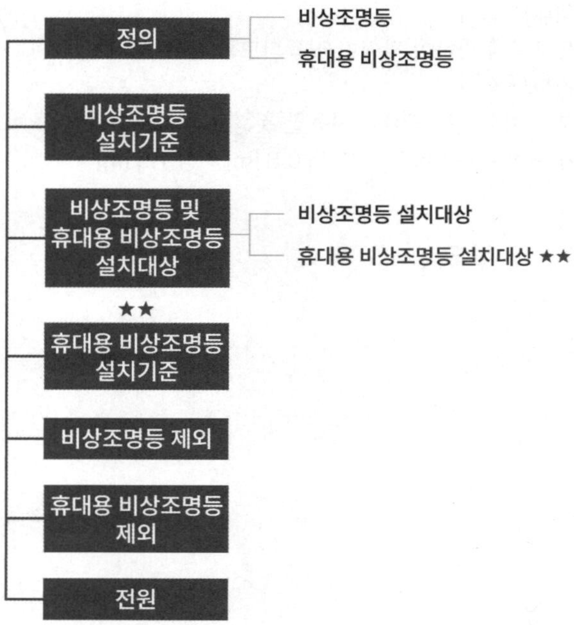

01 비상조명등 및 휴대용 비상조명등

1 정의

비상조명등	휴대용 비상조명등
화재발생 등에 따른 정전 시에 안전하고 원활한 피난활동을 할 수 있도록 거실 및 피난통로 등에 설치되어 자동 점등되는 조명등을 말한다.	화재발생 등으로 정전 시 안전하고 원활한 피난을 위하여 피난자가 휴대할 수 있는 조명등을 말한다.
[비상조명등]	[휴대용 비상조명등]

2 비상조명등 설치기준

(1) 특정소방대상물의 각 거실과 그로부터 지상에 이르는 복도·계단 및 그 밖의 통로에 설치할 것
(2) 조도는 비상조명등이 설치된 장소의 각 부분의 바닥에서 1 [lx] 이상이 되도록 할 것
(3) 예비전원을 내장하는 비상조명등에는 평상시 점등 여부를 확인할 수 있는 점검스위치를 설치하고 당해 조명등을 유효하게 작동시킬 수 있는 용량의 축전지와 예비전원 충전장치를 내장할 것
(4) 예비전원을 내장하지 아니하는 비상조명등의 비상전원은 자가발전설비, 축전지설비 또는 전기저장장치를 다음 기준에 따라 설치할 것
　① 점검에 편리하고 화재 및 침수 등의 재해로 인한 피해를 받을 우려가 없는 곳에 설치할 것
　② 상용전원으로부터 전력의 공급이 중단된 때에는 자동으로 비상전원으로부터 전력을 공급받을 수 있도록 할 것
　③ 비상전원의 설치장소는 다른 장소와 방화구획할 것. 이 경우 그 장소에는 비상전원의 공급에 필요한 기구나 설비 외의 것(열병합발전설비에 필요한 기구나 설비는 제외한다)을 두어서는 아니 된다.
　④ 비상전원을 실내에 설치하는 때에는 그 실내에 비상조명등을 설치할 것
(5) 비상조명등을 20분 이상 유효하게 작동시킬 수 있는 용량으로 할 것 ★★★

> 비상조명등의 조도는 비상조명등이 설치된 장소의 각 부분의 바닥에서 0.1 [lx] 이상이 되도록 할 것
> ✗ 1 [lx] 이상

(6) 소방대상물의 경우에는 그 부분에서 피난층에 이르는 부분의 비상조명등을 60분 이상 유효하게 작동시킬 수 있는 용량으로 하여야 한다.
★★★
① 지하층을 제외한 층수가 11층 이상의 층
② 지하층 또는 무창층으로서 용도가 도매시장·소매시장·여객자동차터미널·지하역사 또는 지하상가

(7) 설치 면제 요건에서 "그 유도등의 유효범위 안의 부분"이라 함은 유도등의 조도가 바닥에서 1 [lx] 이상이 되는 부분을 말한다.

3 비상조명등 및 휴대용 비상조명등 설치대상

(1) 비상조명등의 설치대상

소방대상물	설치대상
지하층 포함 층수 5층 이상 건축물	연면적 3000 [m²] 이상
지하층 또는 무창층(지하층 포함 층수 5층 이상 건축물 제외)	바닥면적 450 [m²] 이상
터널	길이 500 [m] 이상

※ 창고시설 중 창고 및 하역장, 위험물 저장 및 처리시설 중 가스시설 제외

(2) 휴대용 비상조명등의 설치대상 ★★

설치대상	기준
숙박시설, 다중이용업소	구획된 실마다 1개 이상 설치
수용인원 100명 이상의 영화상영관, 대규모점포	보행거리 50 [m] 이내마다 3개 이상 설치
지하상가, 지하역사	보행거리 25 [m] 이내마다 3개 이상 설치

4 휴대용 비상조명등 설치기준 ★★

(1) 설치높이는 바닥으로부터 0.8 [m] 이상 1.5 [m] 이하의 높이에 설치할 것
(2) 어둠 속에서 위치를 확인할 수 있도록 할 것
(3) 사용 시 자동으로 점등되는 구조일 것
(4) 외함은 난연성능이 있을 것
(5) 건전지를 사용하는 경우에는 방전방지조치를 하여야 하고, 충전식 배터리의 경우에는 상시 충전되도록 할 것
(6) 건전지 및 충전식 배터리의 용량은 20분 이상 유효하게 사용할 수 있을 것

선생님 TIP
휴대용 비상조명등의 설치대상이 시험에 종종 출제됩니다.

설치높이는 바닥으로부터 0.8 [m] 이상 1.2 [m] 이하의 높이에 설치할 것
✗ 0.8 [m] 이상 1.5 [m] 이하

5 비상조명등의 제외

(1) 거실의 각 부분으로부터 하나의 출입구에 이르는 보행거리가 15 [m] 이내인 부분
(2) 의원·경기장·공동주택·의료시설·학교의 거실

6 휴대용 비상조명등 제외

(1) 지상 1층 또는 피난층으로서 복도·통로 또는 창문 등의 개구부를 통하여 피난이 용이한 경우
(2) 숙박시설로서 복도에 비상조명등을 설치한 경우

7 전원

구분	유도등	비상조명등
상용전원	축전지, 전기저장장치, 교류전압 옥내간선	–
비상전원	축전지(20, 60분), 터널 : 없음	축전지, 전기저장장치, 자가발전설비(20, 60분) 터널 : 60분
비상전원이 축전지인 경우	알칼리계 2차, 리튬계 2차, 콘덴서	알칼리계 2차, 리튬계 2차, 무보수밀폐형 연축전지

> **도로터널의 비상조명등**
> (1) 상시 조명이 소등된 상태에서 비상조명등이 점등되는 경우 터널 안의 차도 및 보도의 바닥면의 조도는 10 [lx] 이상, 그 외 모든 지점의 조도는 1 [lx] 이상이 될 수 있도록 설치할 것
> (2) 비상조명등은 상용전원이 차단되는 경우 자동으로 비상전원으로 60분 이상 점등되도록 설치할 것
> (3) 비상조명등에 내장된 예비전원이나 축전지설비는 상용전원의 공급에 의하여 상시 충전상태를 유지할 수 있도록 설치할 것

8 비상조명등 일반구조

(1) 상용전원전압의 110 [%] 범위 안에서는 비상조명등 내부의 온도상승이 그 기능에 지장을 주거나 위해를 발생시킬 염려가 없어야 한다.
(2) 주전원 및 비상전원을 단락사고 등으로부터 보호할 수 있는 퓨즈 등 과전류 보호장치를 설치하여야 한다.
(3) 사용전압은 300 [V] 이하이어야 한다. 다만 충전부가 노출되지 아니한 것은 300 [V]를 초과할 수 있다.
(4) 전선의 굵기가 인출선인 경우에는 단면적이 0.75 [mm^2] 이상이어야 한다.
(5) 인출선의 길이는 전선인출 부분으로부터 150 [mm] 이상이어야 한다. 다만 인출선으로 하지 아니할 경우에는 풀어지지 아니하는 방법으로 전선을 쉽고 확실하게 부착할 수 있도록 접속단자를 설치하여야 한다.
(6) 비상조명등은 비상점등을 위하여 비상전원으로 전환되는 경우 비상점등 회로로 정격전류의 1.2배 이상의 전류가 흐르거나 램프가 없는 경우에는 3초 이내에 예비전원으로부터의 비상전원 공급을 차단하여야 한다.

02 비상조명등 용어정리(NFTC 304) ★★★

1. "비상조명등"이란 화재발생 등에 따른 정전 시 안전하고 원활한 피난활동을 할 수 있도록 거실 및 피난통로 등에 설치되어 자동 점등되는 조명등을 말한다.
2. "휴대용 비상조명등"이란 화재발생 등으로 정전 시 안전하고 원활한 피난을 위하여 피난자가 휴대할 수 있는 조명등을 말한다.

CHAPTER 02 연습문제

01 [배점 5]

다음은 비상조명등의 화재안전기준 중 설치기준이다. ( ) 안에 알맞은 답을 쓰시오.

가. 예비전원을 내장하는 비상조명등에는 평상시 점등 여부를 확인할 수 있는 (㉠)를 설치하고 해당 조명등을 유효하게 작동시킬 수 있는 용량의 (㉡)와 (㉢)를 내장할 것

나. 비상전원은 비상조명등을 (㉣) 이상 유효하게 작동시킬 수 있는 용량으로 할 것. 다만 다음 각 목의 특정소방대상물의 경우에는 그 부분에서 피난층에 이르는 부분의 비상조명등을 (㉤) 이상 유효하게 작동시킬 수 있는 용량으로 하여야 한다.
  1) 지하층을 제외한 층수가 11층 이상의 층
  2) 지하층 또는 무장층으로서 용도가 도매시장·소매시장·여객자동차터미널·지하역사 또는 지하상가

정답

㉠ 점검스위치, ㉡ 축전지, ㉢ 예비전원 충전장치, ㉣ 20분, ㉤ 60분

핵심이론 | 비상조명등의 설치기준

- 특정소방대상물의 각 거실과 그로부터 지상에 이르는 복도·계단 및 그 밖의 통로에 설치할 것
- 조도는 비상조명등이 설치된 장소의 각 부분의 바닥에서 1 [lx] 이상일 것
- 예비전원을 내장하는 비상조명등에는 평상시 점등 여부를 확인할 수 있는 점검스위치를 설치하고 해당 조명등을 유효하게 작동시킬 수 있는 용량의 축전지와 예비전원 충전장치를 내장
- 예비전원을 내장하지 아니하는 비상조명등의 비상전원은 자가발전설비, 축전지설비 또는 전기저장장치를 다음 기준에 따라 설치하여야 함
  ① 점검편리, 화재 및 침수 등의 재해 피해 우려가 없는 곳
  ② 상용전원 중단 시 자동으로 비상전원을 공급 받을 수 있을 것
  ③ 비상전원 설치장소는 방화구획하며 그 실내에 비상조명등 설치

- 비상전원은 비상조명등을 20분 이상 유효하게 작동시킬 수 있는 용량으로 할 것. 단, 다음 특정소방대상물의 경우는 그 부분에서 피난층에 이르는 부분의 비상조명등을 60분 이상 유효하게 작동시킬 수 있는 용량으로 할 것
  ① 지하층을 제외한 층수가 11층 이상의 층
  ② 지하층 또는 무창층으로서 용도가 도매시장·소매시장·여객자동차터미널·지하역사 또는 지하상가

02

| 득점 | 배점 | 6 |

휴대용 비상조명등의 설치장소에 관한 다음 (   ) 안을 완성하시오.

가. 숙박시설 또는 다중이용업소에는 객실 또는 영업장 안의 구획된 실마다 잘 보이는 곳(외부에 설치 시 출입문 손잡이로부터 (㉠) [m] 이내 부분)에 1개 이상 설치

나. 대규모점포(지하상가 및 지하역사는 제외)와 영화상영관에는 보행거리 (㉡) [m] 이내마다 (㉢)개 이상 설치

다. 지하상가 및 지하역사에는 보행거리 (㉣) [m] 이내마다 (㉤)개 이상 설치

정답

㉠ 1, ㉡ 50, ㉢ 3, ㉣ 25, ㉤ 3

📌 핵심이론 휴대용 비상조명등 설치기준

- 설치장소
  ① 숙박시설 또는 다중이용업소에는 객실·영업장안의 구획된 실마다 잘 보이는 곳에 1개 이상 설치(외부 설치 시 출입문 손잡이로부터 1 [m] 이내)
  ② 대규모점포와 영화상영관에는 보행거리 50 [m] 이내마다 3개 이상 설치
  ③ 지하상가 및 지하역사에는 보행거리 25 [m] 이내마다 3개 이상 설치
- 설치높이
  바닥부터 0.8 [m] 이상 1.5 [m] 이하
- 어둠 속 위치를 확인 가능
- 사용 시 자동으로 점등되는 구조
- 외함 난연 성능 필요
- 건전지를 사용 시 방전방지조치를 하여야 하고, 충전식 배터리의 경우 상시 충전되도록 할 것
- 건전지 및 충전식 배터리의 용량 : 20분 이상

03

휴대용 비상조명등을 설치하지 않을 수도 있는 경우를 2가지 쓰시오.

①

②

> **정답**
>
> ① 지상 1층 또는 피난층으로서 복도·통로 또는 창문 등의 개구부를 통하여 피난이 용이한 경우
> ② 숙박시설로서 복도에 비상조명등을 설치한 경우

> **핵심이론**
>
> 휴대용 비상조명등 설치 제외가 가능한 장소
> - 지상 1층 또는 피난층으로서 복도·통로 또는 창문 등의 개구부를 통하여 피난이 용이한 경우
> - 숙박시설로서 복도에 비상조명등을 설치한 경우

PART 04
소화활동설비

CHAPTER 01	제연설비(NFTC 501)
CHAPTER 02	비상콘센트설비(NFTC 504)
CHAPTER 03	무선통신보조설비(NFTC 505)

격차를 뛰어넘어 압도적인 격차를 만들다

○ 학습전략

제연설비의 가닥 수 산정이 복잡하고 제연설비별 가닥 수 산정이 다르기 때문에 많은 수험생들이 혼란스러워하는 PART이다. 그럼에도 불구하고 이론을 꼼꼼히 학습한다면 각 제연설비별 어떻게 가닥 수를 산정해야 하는지 문제를 풀면서 저절로 이해할 수 있을 것이다. 제연설비의 가닥 수 산정은 포기하고 넘어가면 안된다. 비상콘센트설비와 무선통신보조설비는 말문제 위주로 출제되고 있다. 모든 이론내용이 중요한 만큼 비상콘센트설비와 무선통신보조설비의 설치기준은 반드시 전부 암기해야 한다.

CHAPTER 01 제연설비(NFTC 501)

학습목표
1 거실제연설비의 설치기준에 대해 학습한다.
2 특별피난계단 계단실 및 부속실 제연설비에 대해 학습한다.
3 배연창 및 방화셔터, 방화문에 대해 학습한다.

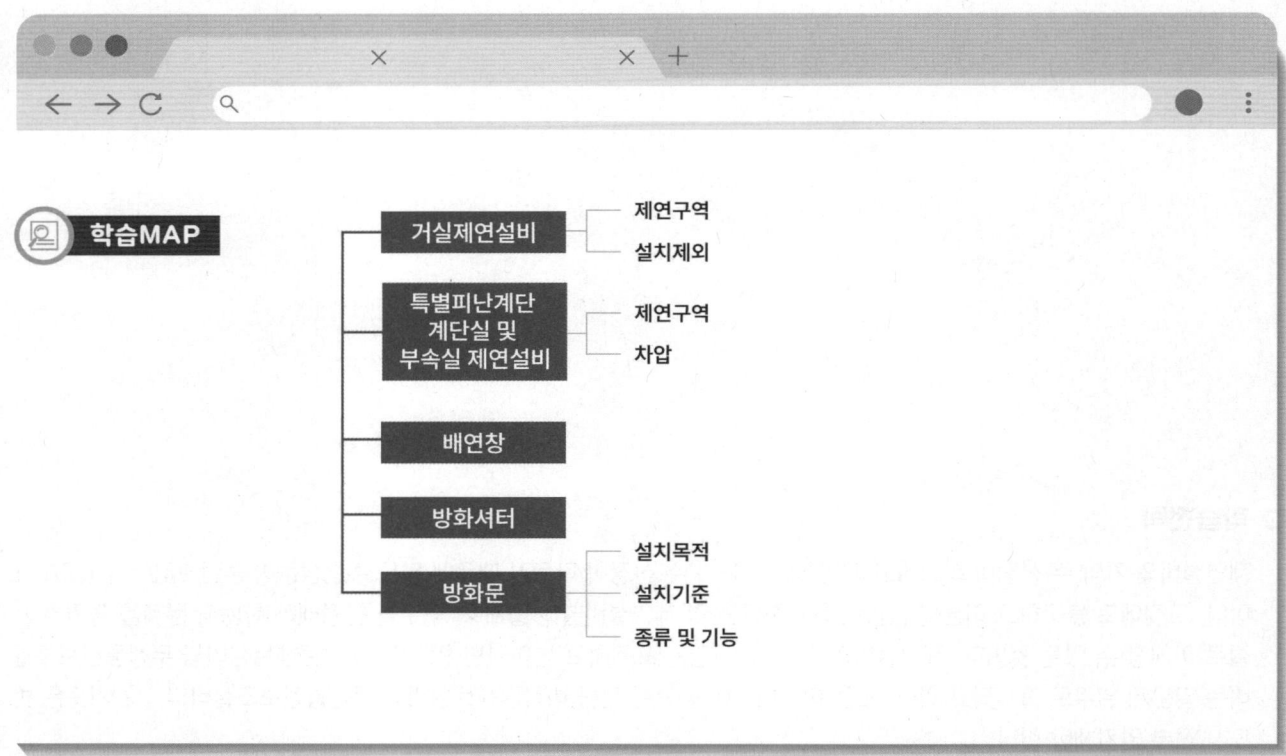

01 제연설비(거실제연 및 특별피난계단의 계단실 및 부속실 제연)

1 거실제연설비

(1) 제연구역
   ① 하나의 **제연구역의 면적은 1000 [m²] 이내**로 할 것
   ② 거실과 통로(복도를 포함한다. 이하 같다)는 상호제연구획할 것
   ③ 통로상의 제연구역은 보행중심선의 길이가 **60 [m]를 초과하지 아니** 할 것
   ④ 하나의 제연구역은 직경 **60 [m] 원 내에 들어갈 수 있을 것**
   ⑤ 하나의 제연구역은 2개 이상 층에 미치지 아니하도록 할 것. 다만 층의 구분이 불분명한 부분은 그 부분을 다른 부분과 별도로 제연구획하여야 한다.

(2) 제연구역의 구획은 보·제연경계벽(이하 "제연경계"라 한다) 및 벽(화재 시 자동으로 구획되는 가동벽·셔터·방화문을 포함한다. 이하 같다)으로 하되, 다음 각 호의 기준에 적합하여야 한다.
   ① 재질은 내화재료, 불연재료 또는 제연경계벽으로 성능을 인정받은 것으로서 화재 시 쉽게 변형·파괴되지 아니하고 연기가 누설되지 않는 기밀성 있는 재료로 할 것
   ② 제연경계는 제연경계의 폭이 0.6 [m] 이상이고, 수직거리는 2 [m] 이내이어야 한다. 다만 구조상 불가피한 경우는 2 [m]를 초과할 수 있다.
   ③ 제연경계벽은 배연 시 기류에 따라 그 하단이 쉽게 흔들리지 아니하여야 하며, 또한 가동식의 경우에는 급속히 하강하여 인명에 위해를 주지 아니하는 구조일 것

(3) 제연설비의 전원 및 기동
   ① 비상전원은 자가발전설비, 축전지설비 또는 전기저장장치(외부 전기에너지를 저장해두었다가 필요한 때 전기를 공급하는 장치)는 다음 각 호의 기준에 따라 설치하여야 한다. 다만 2 이상의 변전소(「전기사업법」제67조에 따른 변전소를 말한다)에서 전력을 동시에 공급받을 수 있거나 하나의 변전소로부터 전력의 공급이 중단되는 때에는 자동으로 다른 변전소로부터 전원을 공급받을 수 있도록 상용전원을 설치한 경우에는 그러하지 아니하다.
      ㄱ. 점검에 편리하고 화재 및 침수 등의 재해로 인한 피해를 받을 우려가 없는 곳에 설치할 것
      ㄴ. **제연설비를 유효하게 20분 이상 작동할 수 있도록 할 것**

> **선생님 TIP**
> 제연설비의 설치기준을 전부 암기하기보다는, 중요/강조표시된 부분 위주로 눈에 익혀주시기 바랍니다.

ㄷ. 상용전원으로부터 전력의 공급이 중단된 때에는 자동으로 비상전원으로부터 전력을 공급받을 수 있도록 할 것

ㄹ. 비상전원의 설치장소는 다른 장소와 방화구획할 것. 이 경우 그 장소에는 비상전원의 공급에 필요한 기구나 설비 외의 것(열병합발전설비에 필요한 기구나 설비는 제외한다)을 두어서는 아니 된다.

ㅁ. 비상전원을 실내에 설치하는 때에는 그 실내에 비상조명등을 설치할 것

② 가동식의 벽·제연경계벽·댐퍼 및 배출기의 작동은 자동화재감지기와 연동되어야 하며, 예상제연구역(또는 인접장소) 및 제어반에서 수동으로 기동이 가능하도록 하여야 한다.

(4) 설치 제외

제연설비를 설치해야 할 특정소방대상물 중 화장실·목욕실·주차장·발코니를 설치한 숙박시설(가족호텔 및 휴양콘도미니엄에 한한다)의 객실과 사람이 상주하지 않는 기계실·전기실·공조실·50 [m^2] 미만의 창고 등으로 사용되는 부분에 대하여는 배출구·공기유입구의 설치 및 배출량 산정에서 이를 제외할 수 있다.

> **참고** 제연설비의 설치 면제
> - 공기조화설비를 화재안전기준의 제연설비기준에 적합하게 설치하고 공기조화설비가 화재 시 제연설비기능으로 자동전환되는 구조로 설치되어 있는 경우
> - 직접 외부 공기와 통하는 배출구의 면적의 합계가 해당 제연구역[제연경계(제연설비의 일부인 천장을 포함)에 의하여 구획된 건축물 내의 공간] 바닥면적의 100분의 1 이상이고, 배출구부터 각 부분까지의 수평거리가 30 [m] 이내이며, 공기유입구가 화재안전기준에 적합하게(외부 공기를 직접 자연유입할 경우에 유입구의 크기는 배출구의 크기 이상이어야 함) 설치되어 있는 경우
> - 제연설비를 설치하여야 하는 특정소방대상물 중 노대(露臺)와 연결된 특별피난계단 또는 노대가 설치된 비상용 승강기의 승강장에는 설치가 면제된다.

2 특별피난계단 계단실 및 부속실 제연설비

(1) 제연구역 선정

① 계단실 및 그 부속실을 동시에 제연하는 것
② 부속실만을 단독으로 제연하는 것
③ 계단실 단독제연하는 것
④ 비상용 승강기 승강장 단독제연하는 것

(2) 차압

① 제4조 제1호의 기준에 따라 제연구역과 옥내와의 사이에 유지하여야 하는 최소차압은 40 [Pa](옥내에 스프링클러설비가 설치 시 12.5 [Pa]) 이상으로 하여야 한다.

② 제연설비가 가동되었을 경우 출입문의 개방에 필요한 힘은 110 [N] 이하로 하여야 한다.

③ 출입문이 일시적으로 개방되는 경우 개방되지 아니하는 제연구역과 옥내와의 차압은 제1항의 기준에 불구하고 제1항의 기준에 따른 차압의 70 [%] 미만이 되어서는 아니 된다.

④ 계단실과 부속실을 동시에 제연하는 경우 부속실의 기압은 계단실과 같게 하거나 계단실의 기압보다 낮게 할 경우에는 부속실과 계단실의 압력 차이는 5 [Pa] 이하가 되도록 하여야 한다.

3 배연창

(1) 대상 : 6층 이상 건축물로서 문화 및 집회시설, 판매시설, 종교시설 등의 다중이용시설

(2) 기능 : 화재실 연기 배출을 위한 창

4 방화셔터

(1) 기능 : 방화구획 벽의 용도, 내화구조 별을 설치하지 못하는 경우 설치

(2) 목적 : 넓은 공간에서 화재 시 문을 폐쇄시켜 화재의 확산을 방지하는 설비

(3) 구성(건축물의 피난·방화구조 등의 기준에 관한 규칙)

① 자동/수동 개폐장치, 감지기(연기, 열)에 의한 자동폐쇄 구조

② 연기감지기에 의한 일부폐쇄, 열감지기에 의한 완전폐쇄 가능 구조

③ 셔터상부 상층바닥에 직접 닿는 구조

④ 틈새 발생 시 방화구획에 준하는 처리

5 방화문

(1) 설치목적 : 화재발생 시 불의 확산 방지 및 대피로 확보

(2) 설치기준(건축물의 피난·방화구조 등의 기준에 관한 규칙)

① 피난하려는 방향으로 열리도록 설치

② 해당 방화문은 항상 닫힌 상태를 유지하거나 화재감지기와 연동하여 자동으로 닫히는 구조일 것

③ 다만 연기나 불꽃을 감지하여 자동으로 닫히는 구조로 할 수 없는 경우에는 온도를 감지하여 자동으로 닫히는 구조로 할 수 있음

선생님 TIP

제연설비 : 소방법
배연창설비 : 건축법

구조 및 성능

① 피난이 가능한 60분+ 방화문 또는 60분 방화문으로부터 3 [m] 이내에 별도로 설치할 것

② 전동방식이나 수동방식으로 개폐할 수 있을 것

③ 불꽃감지기 또는 연기감지기 중 하나와 열감지기를 설치할 것

④ 불꽃이나 연기를 감지한 경우 일부폐쇄되는 구조일 것

⑤ 열을 감지한 경우 완전폐쇄되는 구조일 것

④ 제연구역의 출입문(창문 포함)은 언제나 닫힌 상태를 유지하거나 자동폐쇄장치에 의해 자동으로 닫히는 구조로 할 것. 다만 아파트인 경우 제연구역과 계단실 사이의 출입문은 자동폐쇄장치에 의하여 자동으로 닫히는 구조로 하여야 함(NFTC 501A)

(3) 종류 및 기능(「건축법」 시행령)
  ① 60분+ 방화문 : 연기 및 불꽃을 차단할 수 있는 시간이 60분 이상이고, 열을 차단할 수 있는 시간이 30분 이상인 방화문
  ② 60분 방화문 : 연기 및 불꽃을 차단할 수 있는 시간이 60분 이상인 방화문
  ③ 30분 방화문 : 연기 및 불꽃을 차단할 수 있는 시간이 30분 이상 60분 미만인 방화문

CHAPTER 01 연습문제

01

| 득점 | | 배점 | 5 |

전실제연설비의 계통도이다. 다음 표의 구분에 따른 사용전선의 배선수와 소요명세 내역을 쓰시오. (단, 모든 댐퍼는 모터구동방식, 배선은 운전조작상 최소전선수, 별도의 복구선은 없는 것으로 한다)

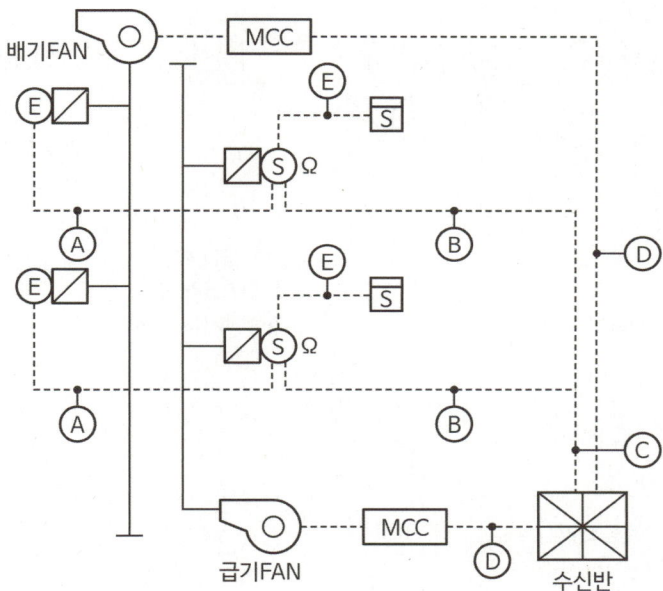

기호	구분	배선수	소요 명세 내역
Ⓐ	배기댐퍼 ↔ 급기댐퍼		
Ⓑ	급기댐퍼 ↔ 수신반		
Ⓒ	2 ZONE일 경우		
Ⓓ	MCC ↔ 수신반		

정답

기호	구분	배선수	소요 명세 내역
Ⓐ	배기댐퍼 ↔ 급기댐퍼	4	전원 ⊕·⊖, 배기기동, 배기기동확인
Ⓑ	급기댐퍼 ↔ 수신반	7	전원 ⊕·⊖, 기동, 감지기, 배기기동확인, 급기기동확인, 수동기동확인
Ⓒ	2 ZONE일 경우	12	전원 ⊕·⊖, (기동, 감지기, 배기기동확인, 급기기동확인, 수동기동확인) × 2
Ⓓ	MCC ↔ 수신반	5	ON(기동), OFF(정지), 공통, 전원감시, 기동표시

☑ 해설 : 전실제연설비(특별피난계단의 계단실 및 부속실 제연설비)

• 제연설비 도시기호

명칭	도시기호	명칭	도시기호
배기댐퍼 (이그조스트, Exhaust Damper)	E▱ E▭ ▱ ▱◯ ▭ ▱	급기댐퍼 (서플라이, Supply Damper)	▱S S▭ ▱ ▱◯ ▭ ▱
수동조작함	RM	수신반	⊠
연기감지기	S	중계기	⊟

• 전실제연설비 동작순서(특별피난계단의 계단실 및 부속실 제연설비)
화재발생 → 제연구역 내 화재감지기 동작 또는 수동조작함 작동 → 댐퍼개방(급기댐퍼 전층 개방, 배기댐퍼 화재층만 개방) → 급배기팬 작동 → 과압방지장치 작동 → 부속실 급기가압 실시

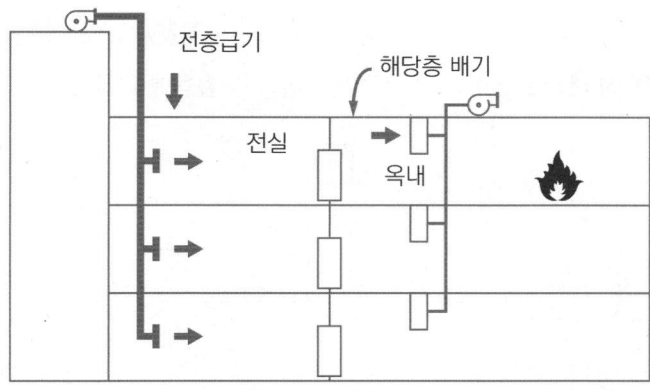

[부속실 급기가압]

- 전실제연설비 가닥 수(특별피난계단의 계단실 및 부속실 제연설비)

구분	가닥 수	용도
감지기 (종단저항 함체에 있는 경우)	4가닥	지구 2, 공통 2
급기댐퍼	4가닥	전원 ⊕·⊖, 급기기동 1, 급기확인 1
배기댐퍼	4가닥	전원 ⊕·⊖, 배기기동 1, 배기확인 1
수동조작반 ↔ 수신반	7가닥	전원 ⊕·⊖, 기동 1, 수동기동확인 1, 급기확인 1, 배기확인 1, 감지기 1
2 ZONE, 수동조작반 ↔ 수신반	12가닥	전원 ⊕·⊖, 기동 2, 수동기동확인 2, 급기확인 2, 배기확인 2, 감지기 2
MCC ↔ 수신반	5가닥	ON(기동), OFF(정지), 공통, 전원감시, 기동표시

① 자동복구(모터방식) - 복구선 없음 ⇨ 기본방식 ★★★

② 수동복구 - 복구선 있음 ★★★
 - 급기댐퍼 5가닥(전원 ⊕·⊖, 급기기동 1, 급기확인 1, 복구스위치 1)
 - 배기댐퍼 5가닥(전원 ⊕·⊖, 배기기동 1, 배기확인 1, 복구스위치 1)

02

전실제연설비에 대한 도면이다. 조건을 참조하여 각 물음에 답하시오.

배점 8

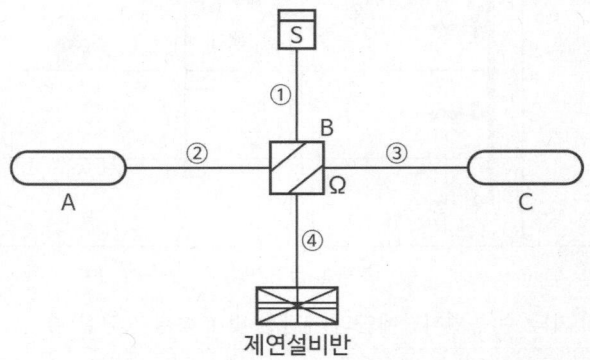

조건
(1) 기동방식은 모터기동방식이다.
(2) 복구는 자동복구방식을 적용한다.
(3) 자동기동과 수동기동에 대한 확인은 동시에 확인된다.
(4) 감지기공통선은 전원 ⊖를 사용하는 것으로 한다.

가. 도면에서 A, B, C의 명칭을 쓰시오.

나. 각 번호에 따른 배선 가닥 수를 쓰시오.

다. 기동장치의 조작부 설치높이는 바닥으로부터 얼마인가?

정답
가. A : 급기댐퍼(또는 배기댐퍼)
   B : 수동조작반
   C : 배기댐퍼(또는 급기댐퍼)
나. ① 4가닥
   ② 4가닥
   ③ 4가닥
   ④ 6가닥
다. 바닥으로부터 0.8 [m] 이상 1.5 [m] 이하

✓ 해설

구분	가닥 수	용도
①	4가닥	지구 2, 공통 2
②	4가닥	전원 ⊕·⊖, 급기기동 1, 급기확인 1
③	4가닥	전원 ⊕·⊖, 배기기동 1, 배기확인 1
④	6가닥	전원 ⊕·⊖, 기동 1, 급기확인 1, 배기확인 1, 감지기 1

- 자동복구 (모터방식) – 복구선 없음 ⇨ 기본방식
- 수동복구 – 복구선 있음
- 수동조작반 ↔ 수신반(제연설비반) 가닥 수 : 6가닥(전원 ⊕·⊖, 기동 1, 급기확인 1, 배기확인 1, 감지기 1)

03

| 득점 | | 배점 | 10 |

상가 매장에 설치되어 있는 제연설비의 전기적인 계통도이다. Ⓐ ~ Ⓕ까지의 배선수와 각 배선의 용도를 쓰시오. (단, 모든 댐퍼는 기동, 별도의 복구선 없음, 배선수는 운전조작상 필요한 최소전선수를 쓰도록 한다)

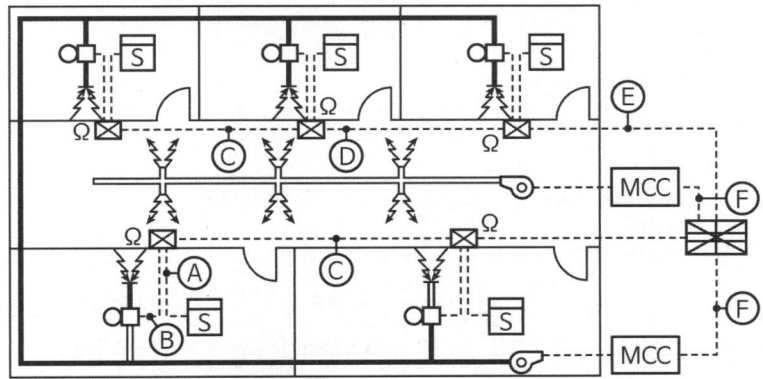

기호	구분	배선수	배선굵기	배선의 용도
Ⓐ	감지기 ↔ 수동조작함		1.5 [mm²]	
Ⓑ	댐퍼 ↔ 수동조작함		2.5 [mm²]	
Ⓒ	수동조작함 ↔ 수동조작함		2.5 [mm²]	
Ⓓ	수동조작함 ↔ 수동조작함		2.5 [mm²]	
Ⓔ	수동조작함 ↔ 수신반		2.5 [mm²]	
Ⓕ	MCC ↔ 수신반	5	2.5 [mm²]	기동. 정지, 공통, 전원감시등, 기동표시등

☑ 복구선 추가 조건이 있다면 ⓑ ~ ⓔ 가닥 수에 복구선 1가닥씩 추가!

정답

기호	구분	배선수	배선굵기	소요명세내역
Ⓐ	감지기 ↔ 수동조작함	4	1.5 [mm²]	지구 2, 공통 2
Ⓑ	댐퍼 ↔ 수동조작함	4	2.5 [mm²]	전원 ⊕·⊖, 배기기동, 배기기동확인
Ⓒ	수동조작함 ↔ 수동조작함	5	2.5 [mm²]	전원 ⊕·⊖, 배기기동, 배기기동확인, 감지기
Ⓓ	수동조작함 ↔ 수동조작함	8	2.5 [mm²]	전원 ⊕·⊖, (배기기동, 배기기동확인, 감지기) × 2
Ⓔ	수동조작함 ↔ 수신반	11	2.5 [mm²]	전원 ⊕·⊖, (배기기동, 배기기동확인, 감지기) × 3
Ⓕ	MCC ↔ 수신반	5	2.5 [mm²]	ON(기동), OFF(정지), 공통, 전원감시등, 기동표시등

☑ 해설 : 거실제연설비(거실 배기, 통로 급기)

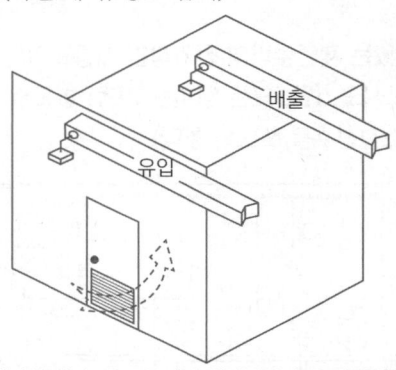

[거실 배기, 통로 급기제연(지하상가 등 밀폐형)]

• 거실제연설비 가닥 수(거실 배기, 통로 급기제연)

기호	구분	배선수	배선굵기	소요 명세 내역
Ⓐ	감지기 ↔ 수동조작함	4	1.5 [mm²]	지구 2, 공통 2
Ⓑ	댐퍼 ↔ 수동조작함	4	2.5 [mm²]	전원 ⊕·⊖, 배기기동, 배기기동확인
Ⓒ	수동조작함 ↔ 수동조작함	5	2.5 [mm²]	전원 ⊕·⊖, 배기기동, 배기기동확인, 감지기
Ⓓ	수동조작함 ↔ 수동조작함	8	2.5 [mm²]	전원 ⊕·⊖, (배기기동, 배기기동확인, 감지기) × 2
Ⓔ	수동조작함 ↔ 수신반	11	2.5 [mm²]	전원 ⊕·⊖, (배기기동, 배기기동확인, 감지기) × 3
Ⓕ	MCC ↔ 수신반	5	2.5 [mm²]	ON(기동), OFF(정지), 공통, 전원감시등, 기동표시등

☑ 복구선 추가 조건이 있다면 ⓑ ~ ⓔ 가닥 수에 복구선 1가닥씩 추가!

04

| 득점 | | 배점 | 8 |

제연설비의 설치기준에 관한 다음 ( ) 안에 알맞은 것은?

가. 하나의 제연구역의 면적은 (㉠) [m²] 이내로 할 것

나. 통로상의 제연구역은 보행중심선의 길이가 (㉡) [m]를 초과하지 아니할 것

다. 가동식의 벽·제연경계벽·댐퍼 및 배출기의 작동은 (㉢)와 연동되어야 하며, 예상제연구역 또는 제어반에서 (㉣)으로 기동이 가능하도록 하여야 한다.

라. 제연설비를 설치하여야 할 특정소방대상물에 (㉤)설비가 화재 시 제연설비 기능으로 자동전환 되는 구조로 설치되는 경우 제연설비가 면제된다.

정답
㉠ 1000, ㉡ 60, ㉢ 화재감지기, ㉣ 수동, ㉤ 공기조화

05

| 득점 | | 배점 | 10 |

배연창설비에 대한 다음 각 물음에 답하시오.

가. 소방대상물의 층수가 몇 층 이상일 때 설치하는가?

나. 방화구획된 경우 하나의 배연구의 면적은 얼마 이상이어야 하는가?

다. 설비방식의 종류 2가지를 쓰시오.

라. 방화구획된 경우 그 부분마다 몇 개소 이상의 배연구를 설치하는가?

정답
가. 6층 이상
나. 1 [m²]
다. 1) 솔레노이드방식
    2) 모터방식
라. 1개소

☑ 해설 : 배연창
  • 배연창 기능 : 화재실 연기 배출을 위한 창
  • 배연창 대상 : 6층 이상 건축물로서 문화 및 집회시설, 판매시설, 종교시설 등의 다중이용시설
  • 배연창설비방식
    ① 솔레노이드식 : 솔레노이드의 작동에 의해 배연창 열림
    ② 모터방식 : Motor의 작동에 의해 배연창 열림

06

득점 / 배점 10

그림은 6층 이상의 사무실 건물에 시설하는 배연창설비로서 계통도 및 조건을 참고하여 배선수와 각 배선의 용도를 다음 표에 작성하시오. (단, 경종과 표시등공통선을 하나로 한다)

조건
(1) 전동구동장치는 솔레노이드식이다.
(2) 화재감지기가 작동되거나 수동조작함의 스위치를 ON시키면 배연창이 동작되어 수신기에 동작상태를 표시하게 된다.
(3) 화재감지기는 자동화재탐지설비용 감지기를 겸용으로 사용한다.

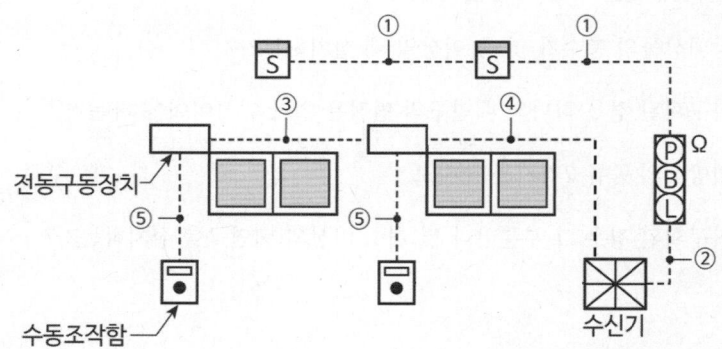

기호	구분	배선 수	배선의 용도
①	감지기 ↔ 감지기		
②	발신기 ↔ 수신기		
③	전동구동장치 ↔ 전동구동장치		
④	전동구동장치 ↔ 수신기		
⑤	전동구동장치 ↔ 수동조작함		

정답

기호	구분	배선수	배선의 용도
①	감지기 ↔ 감지기	4	지구 2, 공통 2
②	발신기 ↔ 수신기	6	응답 1, 지구 1, 경종표시등공통 1, 경종 1, 표시등 1, 지구공통 1
③	전동구동장치 ↔ 전동구동장치	3	기동 1, 기동확인 1, 공통 1
④	전동구동장치 ↔ 수신기	5	기동 2, 기동확인 2, 공통 1
⑤	전동구동장치 ↔ 수동조작함	3	기동 1, 기동확인 1, 공통 1

☑ 해설 : 배연창 솔레노이드식 가닥 수
- 수동조작함
  ① 기동(배연창 기동), 기동확인(배연창 기동확인), 공통
  ② 배연창 설치구역 2zone : 기동 추가, 기동확인 추가
- 전동구동장치
  ① 기동(배연창 기동), 기동확인(배연창 기동확인), 공통
  ② 배연창 설치구역 2zone : 기동 추가, 기동확인 추가

07

| 득점 | | 배점 | 9 |

그림은 배연창설비로서 계통도 및 조건을 참고하여 다음 각 물음에 답하시오. (단, 경종과 표시등공통선을 하나로 한다)

조 건
(1) 전동구동장치는 MOTOR방식이다.
(2) 사용전선은 HFIX전선을 사용한다.
(3) 화재감지기가 작동되거나 수동조작함의 스위치를 ON시키면 배연창이 동작되어 수신기에 동작상태를 표시하게 된다.
(4) 화재감지기는 자동화재탐지설비용 감지기를 겸용으로 사용한다.

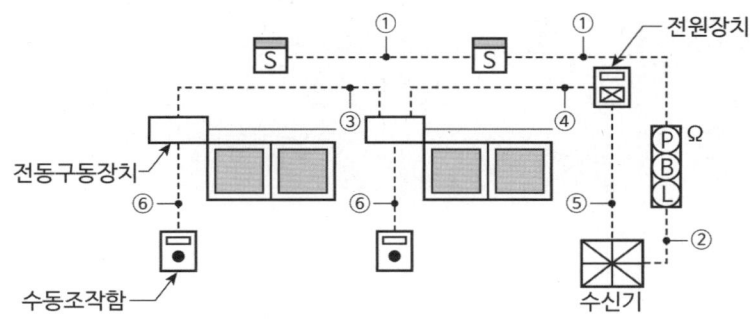

[후강전선관의 굵기 선정표]

도체 단면적 [mm²]	전선 본수									
	1	2	3	4	5	6	7	8	9	10
	전선관의 최소 굵기 [mm]									
2.5	16	16	16	16	22	22	22	28	28	28
4	16	16	16	22	22	22	28	28	28	28
6	16	16	22	22	22	28	28	28	36	36
10	16	22	22	28	28	36	36	36	36	36
16	16	22	28	28	36	36	36	42	42	42
25	22	28	28	36	36	42	54	54	54	54
35	22	28	36	42	54	54	54	70	70	70
50	22	36	54	54	70	70	70	82	82	82
70	28	42	54	54	70	70	70	82	82	82
95	28	54	54	70	70	82	82	92	92	104
120	36	54	54	70	70	82	82	92		
150	36	70	70	82	92	92	104	104		
185	36	70	82	82	92	104				
240	42	82	92	92	104					

가. 이 설비는 일반적으로 몇 층 이상의 건물에 시설하여야 하는가?

나. 배선수와 각 배선의 용도를 답안지표에 작성하시오.

기호	후강전선관의 굵기, 전선의 종류, 배선의 수	구간	용도
①	16C(HFIX 1.5-4)	감지기 ↔ 감지기	지구 2, 공통 2
②		발신기 ↔ 수신기	
③	22C(HFIX 2.5-5)	전동구동장치 ↔ 전동구동장치	전원 ⊕·⊖, 기동 1, 복구 1, 동작 확인 1
④		전동구동장치 ↔ 전원장치	
⑤		전원장치 ↔ 수신기	
⑥		전동구동장치 ↔ 수동조작함	

정답

가. 6층 이상

나.

기호	후강전선관의 굵기, 전선의 종류, 배선의 수	구간	용도
①	16C(HFIX 1.5-4)	감지기 ↔ 감지기	지구 2, 공통 2
②	22C(HFIX 2.5-6)	발신기 ↔ 수신기	지구선 1, 지구공통선 1, 경종선 1, 경종표시등공통선 1, 표시등선 1, 응답선 1,
③	22C(HFIX 2.5-5)	전동구동장치 ↔ 전동구동장치	전원 ⊕·⊖, 기동 1, 복구 1, 동작확인 1
④	22C(HFIX 2.5-6)	전동구동장치 ↔ 전원장치	전원 ⊕·⊖, 기동 1, 복구 1, 동작확인 2
⑤	28C(HFIX 2.5-8)	전원장치 ↔ 수신기	전원 ⊕·⊖, 기동 1, 복구 1, 동작확인 2, 교류 전원 2(교류전원 별도 공급 시 제외)
⑥	22C(HFIX 2.5-5)	전동구동장치 ↔ 수동조작함	전원 ⊕·⊖, 기동 1, 복구 1, 정지 1

☑ 해설 : 배연창 모터방식 가닥 수
- 수동조작함
  전원 ⊕·⊖, 기동(모든 배연창 기동), 복구(배연창 복구), 정지(배연창 정지)
- 전동구동장치
  ① 전원 ⊕·⊖, 기동, 복구, 동작확인(배연창 기동확인)
  ② 배연창 설치구역 2zone : 동작확인 추가
- 전원장치
  교류 전원 2

08

배점 6

다음은 자동방화문설비의 자동방화문에서 R type REPEATER까지의 결선도 및 계통도에 대한 것이다. 주어진 조건을 참조하여 각 물음에 답하시오.

조건

(1) 전선의 가닥 수는 최소한으로 한다.
(2) 방화문 감지기회로는 본 문제에서 제외한다.
(3) 자동방화문설비는 층별로 구획되어 설치되어 있다.

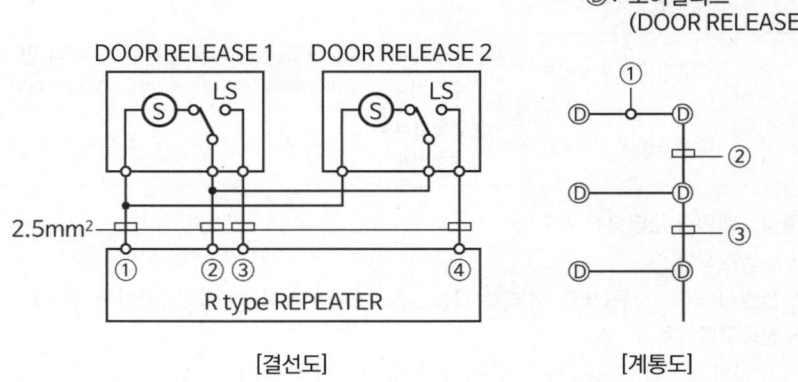

가. 결선도상의 기호 ① ~ ④의 배선 명칭을 쓰시오.

나. 계통도상의 기호 ① ~ ③의 가닥 수와 용도를 쓰시오.

정답

가. ① 기동
　② 공통
　③ 확인 1
　④ 확인 2
나. ① 3가닥 : 공통 1, 기동 1, 확인 1
　② 4가닥 : 공통 1, 기동 1, 확인 2
　③ 7가닥 : 공통 1, 기동 2, 확인 4

핵심이론 자동방화문설비

- 자동방화문 설치목적 : 화재발생 시 불의 확산방지 및 대피로 확보
- 자동방화문설비 계통도

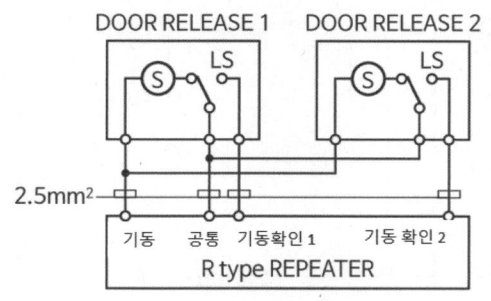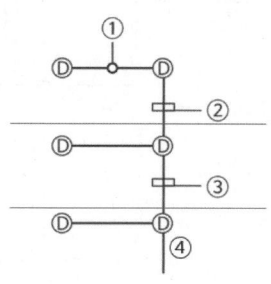

[결선도]   [계통도]

① 3가닥 : 공통 (1), 기동 (1), 확인 (1)
② 4가닥 : 공통 (1), 기동 (1), 확인 (2)
③ 7가닥 : 공통 (1), 기동 (2), 확인 (4)
④ 10가닥 : 공통 (1), 기동 (3), 확인 (6)

R type REPEATER : R형 중계기
S : 솔레노이드밸브
LS : 리미트스위치

09

자동방화문설비의 미완성회로도이다. 다음 물음에 답하시오.

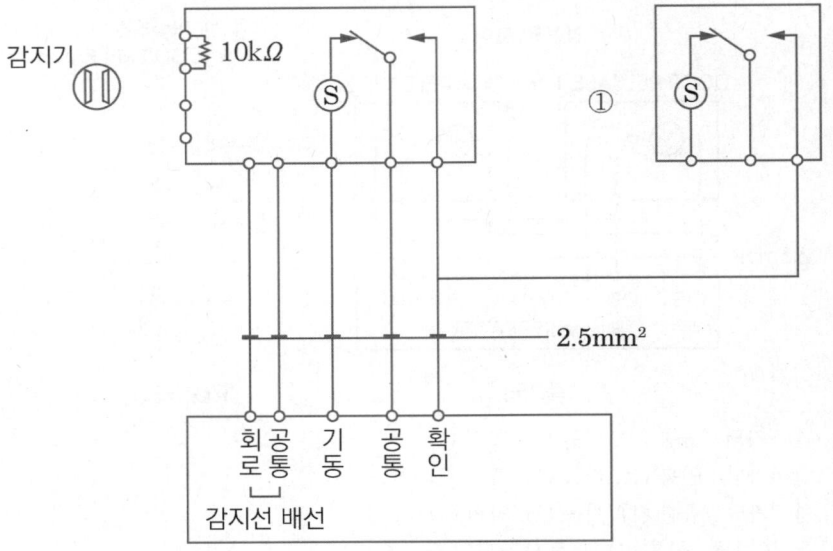

가. 미완성회로를 회로도에서 직접 그려 완성하시오.

나. ①의 역할을 쓰시오.

정답

가.
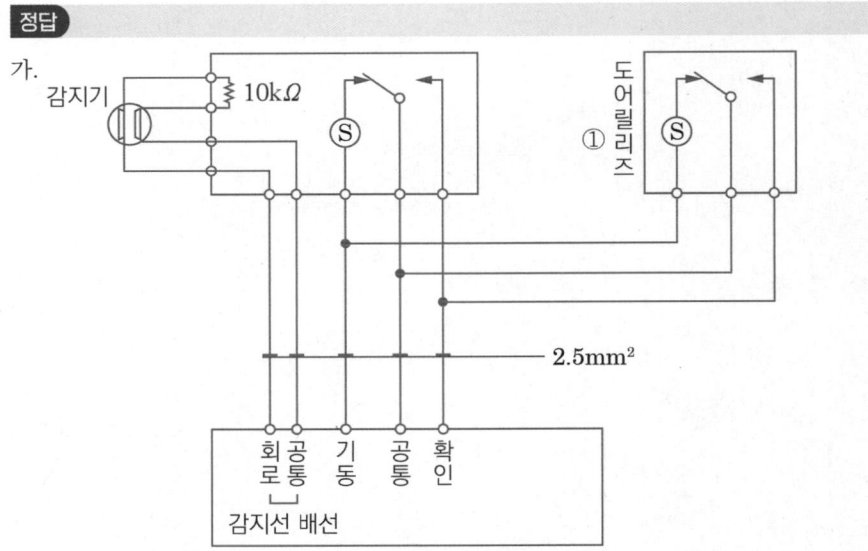

나. 화재발생 시 감지기 또는 기동스위치에 의해 방화문 폐쇄

10

| 득점 | 배점 9 |

그림은 출입문을 평상시 사용하기 위하여 열어두었다가 화재신호와 연동으로 문을 폐쇄시켜 연기가 유입되지 않도록 설치하는 자동방화문설비의 전기 계통도이다. 그림을 보고 보기를 참고하여 Ⓐ ~ ⓒ까지의 배선수 및 배선의 용도를 쓰시오. (단, 배선 굵기는 최소 굵기이며, 운전조작상 필요한 최소전선수를 쓰도록 한다)

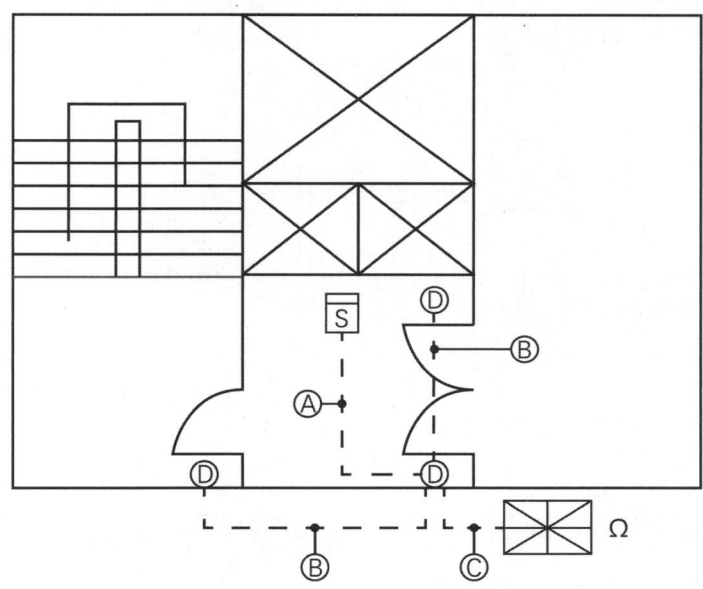

기호	배선 수	배선 굵기	용도
보기	4	1.5 [mm²]	공통 2, 지구 2
Ⓐ			
Ⓑ			
ⓒ			

정답

기호	배선 수	배선 굵기	용도
보기	4	1.5 [mm²]	공통 2, 지구 2
Ⓐ	4	1.5 [mm²]	공통 2, 지구 2
Ⓑ	3	2.5 [mm²]	공통, 기동, 확인
ⓒ	9	2.5 [mm²]	공통 2, 지구 2, 기동, 확인 3, 공통

11

그림은 자동방화셔터 도면이다. 물음에 답하시오. (단, 연기감지기 동작 시 방화셔터 일부하강폐쇄이고, 차동식 감지기 동작 시 방화셔터 완전하강폐쇄)

| 득점 | 배점 6 |

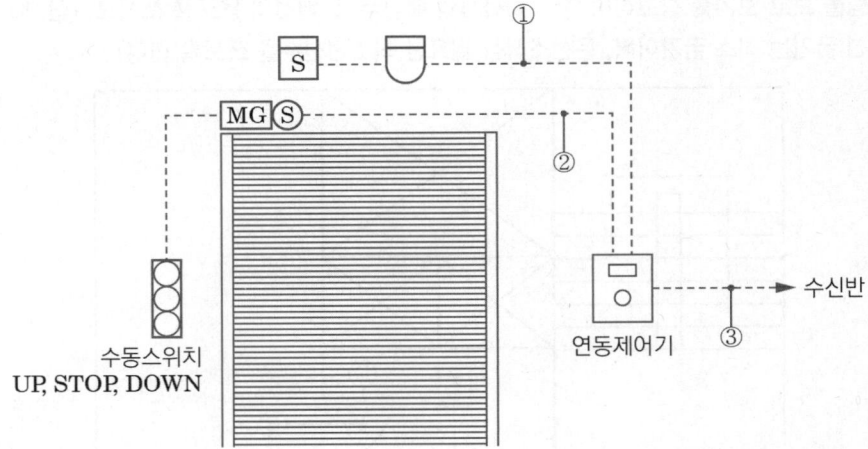

가. 자동방화셔터의 설치목적을 쓰시오.

나. 빈칸을 채우시오.

구분	연결선	전선수	용도
①	감지기 ↔ 연동제어기		
②	폐쇄장치 ↔ 연동제어기		
③	연동제어기 ↔ 수신반		

정답

가. 넓은 공간에서 화재 시 문을 폐쇄시켜 화재의 확산을 방지하는 설비

나.

구분	연결선	전선수	용도
①	감지기 ↔ 연동제어기	8	공통 4, 지구 4
②	폐쇄장치 ↔ 연동제어기	3	공통, 기동, 기동확인
③	연동제어기 ↔ 수신반	7	지구 2, 공통, 기동 2, 확인 2

12

득점 □ 배점 10

다음 도면은 전실제연설비의 전기적인 계통도이다. 이 계통도와 주어진 조건에 의하여 다음 각 물음에 답하시오.

조건
(1) 기동 시는 솔레노이드 기동방식으로 하고 복구 시는 모터 복구방식을 채택한다.
(2) 터미널 보드(TB)에 감지기 종단저항을 내장한다.
(3) 중계기와 중계기 사이에는 전원 ⊕·⊖, 신호 2선을 사용하는 것으로 한다.
(4) 소문항 '다' 답안작성 예 :   선번호   기능명칭
                                    1   ×××
                                    2   ○○○
                                    3   △△△

가. A ~ E까지의 명칭을 쓰시오.

나. 전원 공통선과 감지기 공통선을 별개로 사용할 경우 ① ~ ⑨까지의 배선되어야 할 전선의 가닥 수는 최소 몇 가닥이 필요한가?

다. 급기 또는 배기댐퍼에서 터미널 보드(TB), 터미널 보드에서 중계기, 중계기에서 감시반(수신반)까지 연결되는 각 선로의 전기적인 기능명칭을 쓰시오.

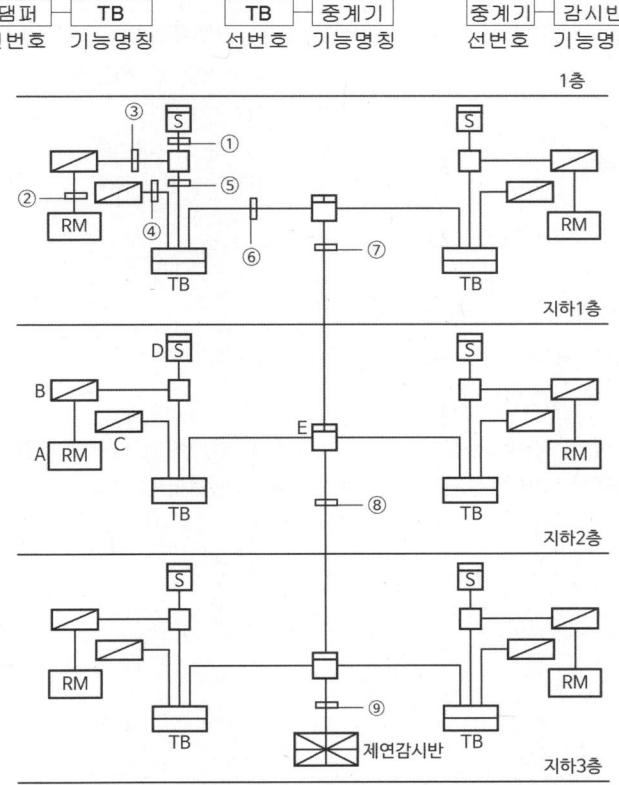

정답

가. A : 수동조작반, B : 급기댐퍼, C : 배기댐퍼, D : 연기감지기

나. ① 4가닥, ② 4가닥, ③ 5가닥, ④ 4가닥, ⑤ 9가닥, ⑥ 8가닥, ⑦ 4가닥, ⑧ 4가닥, ⑨ 4가닥

다.

댐퍼 — TB		TB — 중계기		중계기 — 감시반	
선번호	기능명칭	선번호	기능명칭	선번호	기능명칭
1	전원(+)	1	전원(+)	1	전원(+)
2	전원(-)	2	전원(-)	2	전원(-)
3	기동	3	기동	3	신호선
4	확인	4	배기확인	4	신호선
		5	급기확인		
		6	수동기동확인		
		7	감지기		
		8	감지기공통		

✓ 해설

구분	가닥 수	용도
① 감지기(함에 종단저항이 있는 경우)	4가닥	지구 2, 공통 2
② 급기댐퍼 ↔ 수동조작함	4가닥	전원 ⊕·⊖, 기동(급기기동) 1, 확인(수동기동확인) 1
③ 급기댐퍼 ↔ PB	5가닥	전원 ⊕·⊖, 기동(급기기동) 1, 확인(수동기동확인) 1, 확인(급기확인) 1
④ 배기댐퍼 ↔ TB	4가닥	전원 ⊕·⊖, 기동(배기기동) 1, 확인(배기확인) 1
⑤ PB ↔ TB	9가닥	전원 ⊕·⊖, 기동(급배기기동) 1, 수동기동확인 1, 급기확인 1, 지구 2, 공통 2
⑥ TB ↔ 중계기	8가닥	전원 ⊕·⊖, 기동 1, 수동기동확인 1, 급기확인 1, 배기확인 1, 감지기 1, 감지기공통 1
⑦, ⑧, ⑨ 중계기 ↔ 중계기	4가닥	전원 ⊕·⊖, 신호 2

기동 → 댐퍼, 급·배확인 → 수동조작함

- 자동복구 (모터방식) - 복구선 없음 ⇨ 기본방식

- 수동복구 - 복구선 있음
  ① 급기댐퍼 5가닥 (전원 ⊕·⊖, 급기기동 1, 급기확인 1, 복구스위치 1)
  ② 배기댐퍼 5가닥 (전원 ⊕·⊖, 배기기동 1, 배기확인 1, 복구스위치 1)

CHAPTER 02 비상콘센트설비 (NFTC 504)

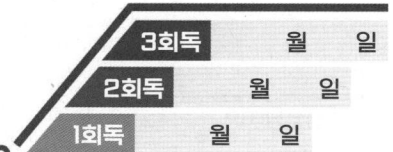

학습목표

1. 비상콘센트설비 설치대상을 암기한다.
2. 상용전원회로의 배선에 대해 학습한다.
3. 비상콘센트설비 설치기준에 대해 학습한다.
4. 비상콘센트설비의 용어 정의에 대해 학습한다.

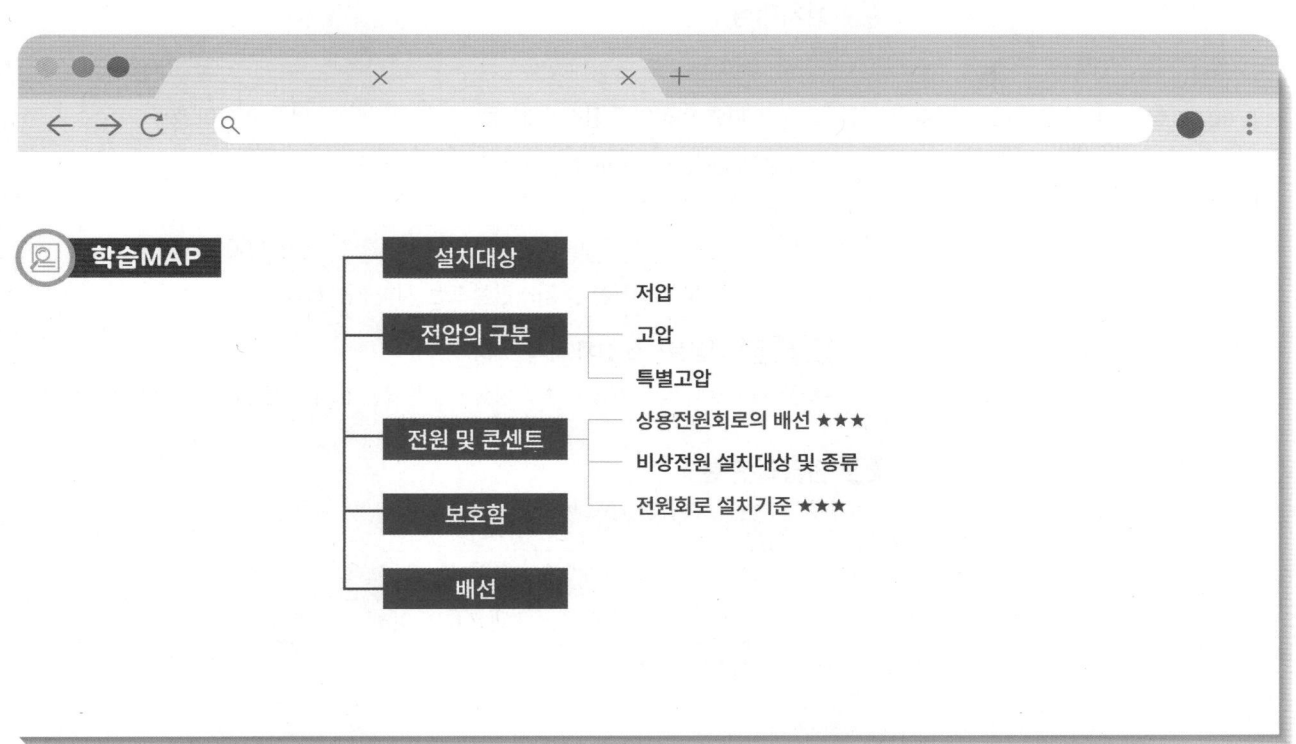

01 비상콘센트설비

> **선생님 TIP**
> 비상콘센트설비의 비상전원은 4가지 전부 해당됩니다.

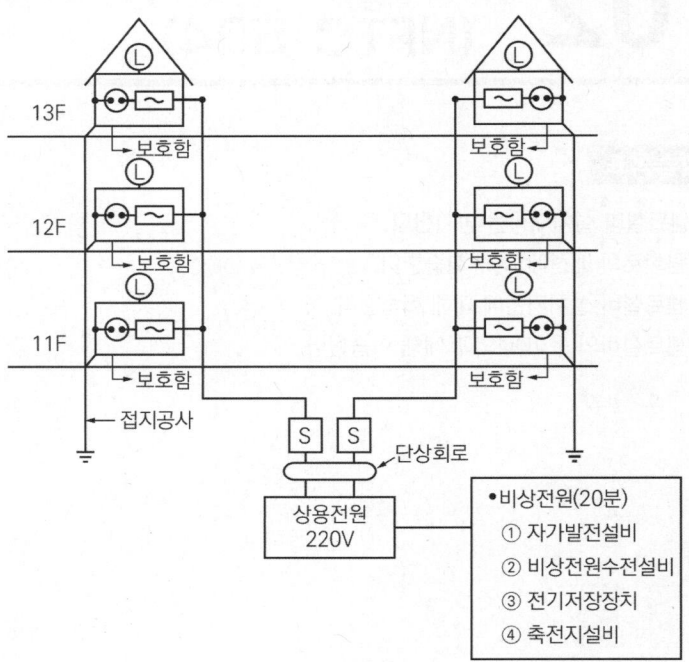

[비상콘센트 계통도]

1 설치대상

소방대상물	설치대상
층수가 11층 이상인 특정소방대상물	11층 이상의 층
지하층의 층수가 3층 이상이고, 지하층의 바닥면적의 합계가 1000 [m²] 이상인 것	지하층의 모든 층
터널	길이 500 [m] 이상
위험물 저장 및 처리시설 중 가스시설 또는 지하구는 제외	

> **선생님 TIP**
> 11층 이상인 특정소방대상물의 모든 층에 설치하는 것이 아닌, 11층 이상의 층이라는 점을 반드시 구분하시기 바랍니다!

참고 비상콘센트 설치 목적
화재 시 소방대의 조명용 또는 소방활동상 필요한 장비의 전원설비로 사용하기 위함

2 전압의 구분

구분	직류	교류
저압	1500 [V] 이하	1000 [V] 이하
고압	1500 [V] 초과 7 [kV] 이하	1000 [V] 초과 7 [kV] 이하
특별고압	7 [kV] 초과	7 [kV] 초과

3 전원 및 콘센트

(1) 상용전원회로의 배선 ★★★

① 저압수전 : 인입개폐기 직후

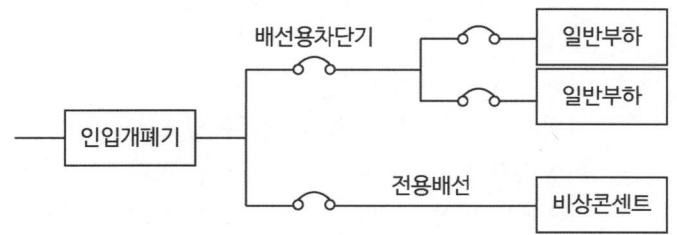

② 고압수전 또는 특고압수전 : 전력용 변압기 2차 측의 주차단기 1차 측 또는 2차 측에서 분기하여 전용배선으로 할 것

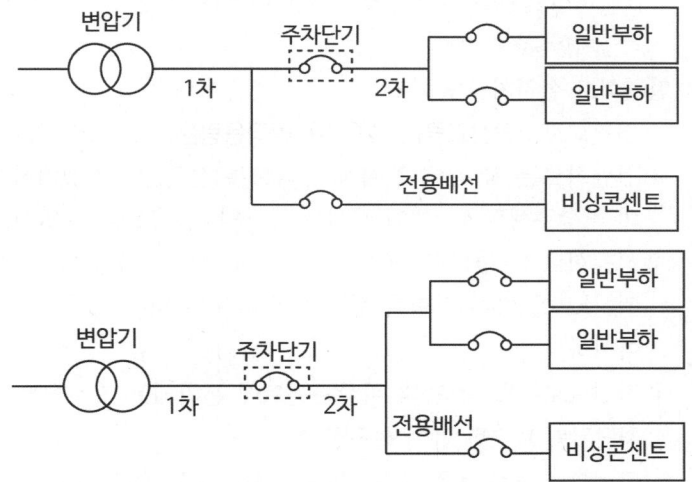

(2) 비상전원 설치대상 및 종류

① 설치대상

ㄱ. 지하층을 제외한 층수가 <u>7</u>층 이상으로서 연면적이 <u>2</u>000 [m²] 이상

ㄴ. <u>지</u>하층의 <u>바</u>닥면적의 합계가 <u>3</u>000 [m²] 이상인 특정소방대상물

② 비상전원 종류

ㄱ. 자가발전설비, 비상전원수전설비, 전기저장장치, 축전지설비

ㄴ. 둘 이상의 변전소에서 전력을 동시에 공급받을 수 있거나, 하나의 변전소로부터 전력의 공급이 중단되는 때에는 자동으로 다른 변전소로부터 전력을 공급받을 수 있도록 상용전원을 설치한 경우에는 비상전원을 설치하지 아니할 수 있음

> **선생님 TIP**
> 변압기기준 몇 차 측인지, 주차단기 기준 몇 차 측인지 구분하여 학습합시다.

> 암기 ▶ 칠칠맞은 년이 지 바지 삼~

③ 자가발전설비 설치기준
　ㄱ. 점검에 편리하고 화재 및 침수 등의 재해로 인한 피해를 받을 우려가 없는 곳에 설치할 것
　ㄴ. 비상콘센트설비를 유효하게 20분 이상 작동시킬 수 있는 용량으로 할 것
　ㄷ. 상용전원으로부터 전력의 공급이 중단된 때에는 자동으로 비상전원으로부터 전력을 공급받을 수 있도록 할 것
　ㄹ. 비상전원의 설치장소는 다른 장소와 방화구획할 것. 이 경우 그 장소에는 비상전원의 공급에 필요한 기구나 설비 외의 것(열병합발전설비에 필요한 기구나 설비는 제외한다)을 두어서는 아니 된다.
　ㅁ. 비상전원을 실내에 설치하는 때에는 그 실내에 비상조명등을 설치할 것

(3) 전원회로 설치기준 ★★★
① 전원회로 : 단상교류는 220 [V], 공급용량은 1.5 [kVA] 이상
② 전원회로는 각 층에 2 이상이 되도록 설치. 다만 설치하여야 할 층의 비상콘센트가 1개인 때에는 하나의 회로로 할 수 있다.
③ 전원회로는 주배전반에서 전용회로로 할 것. 다만 다른 설비의 회로의 사고에 따른 영향을 받지 아니하도록 되어 있는 것은 그러하지 아니하다.
④ 전원으로부터 각 층의 비상콘센트에 분기되는 경우에는 분기배선용 차단기를 보호함 안에 설치할 것
⑤ 콘센트마다 배선용 차단기(KS C 8321)를 설치하여야 하며, 충전부가 노출되지 아니하도록 할 것
⑥ 개폐기에는 "비상콘센트"라고 표시한 표지를 할 것
⑦ 비상콘센트용의 풀박스 등은 방청도장을 한 것으로서, 두께 1.6 [mm] 이상의 철판으로 할 것
⑧ 하나의 전용회로에 설치하는 비상콘센트는 10개 이하로 할 것. 이 경우 전선용량은 각 비상콘센트(비상콘센트가 3개 이상인 경우에는 3개)의 공급용량을 합한 용량 이상의 것으로 하여야 한다. ★★★

(4) 비상콘센트의 플러그접속기는 접지형 2극 플러그접속기를 사용하여야 한다.

(5) 비상콘센트의 플러그접속기의 칼받이의 접지극에는 접지공사를 하여야 한다.

> **선생님 TIP**
> 전원회로 설치기준은 자주 출제되는 내용입니다. 꼭 학습하시기 바랍니다.
>
> 전원으로부터 각 층의 비상콘센트에 분기되는 경우에는 분기배선용 차단기를 보호함 안에 설치할 것

(6) 비상콘센트의 설치기준
　① 바닥으로부터 높이 0.8 [m] 이상 1.5 [m] 이하의 위치에 설치
　② 비상콘센트의 배치
　　바닥면적이 1000 [m^2] 미만인 층은 계단의 출입구(계단의 부속실을 포함하며 계단이 2 이상 있는 경우에는 그중 1개의 계단을 말한다)로부터 5 [m] 이내에, 바닥면적 1000 [m^2] 이상인 층은 각 계단의 출입구 또는 계단부속실의 출입구(계단의 부속실을 포함하며 계단이 3 이상 있는 층의 경우에는 그중 2개의 계단을 말한다)로부터 5 [m] 이내에 설치하되, 그 비상콘센트로부터 그 층의 각 부분까지의 거리가 다음의 기준을 초과하는 경우에는 그 기준 이하가 되도록 비상콘센트를 추가하여 설치할 것
　③ 비상콘센트 설치 수평거리
　　ㄱ. 지하상가 또는 지하층 바닥면적 합계가 3000 [m^2] 이상인 것 : 수평거리 25 [m]
　　ㄴ. 그 외 : 수평거리 50 [m]

4 보호함

(1) 보호함에는 쉽게 개폐할 수 있는 문을 설치할 것
(2) 보호함 표면에 "비상콘센트"라고 표시한 표지를 할 것
(3) 보호함 상부에 적색의 표시등을 설치할 것(다만 비상콘센트의 보호함을 옥내소화전함 등과 접속하여 설치하는 경우에는 옥내소화전함 등의 표시등과 겸용 가능)

5 배선

(1) 전원회로의 배선은 내화배선, 그 밖의 배선은 내화배선 또는 내열배선
(2) 내화, 내열배선의 설치방법은 옥내소화전설비 기준에 준함

전원부와 외함 사이의 절연저항 및 절연내력기준

① 절연저항 : 500 [V] 절연저항계로 측정할 때 20 [MΩ] 이상일 것
② 절연내력 : 절연내력은 전원부와 외함 사이에 정격전압이 150 [V] 이하인 경우에는 1000 [V]의 실효전압을, 정격전압이 150 [V] 초과인 경우에는 그 정격전압에 2를 곱하여 1000을 더한 실효전압을 가하는 시험에서 1분 이상 견디는 것으로 할 것
　ㄱ. 정격전압 150 [V] 이하 : 1000 [V]의 실효전압
　ㄴ. 정격전압이 150 [V] 초과 : (정격전압 × 2) + 1000 [V] = 실효전압
　ㄷ. 실효전압시험에서 1분 이상 견디는 것으로 할 것

02 비상콘센트설비의 용어정리(NFTC 504) ★★★

1. "비상전원"이란 상용전원으로부터 전력의 공급이 중단된 때에는 자동으로 공급되는 전원을 말한다.
2. "비상콘센트설비"란 화재 시 소화활동 등에 필요한 전원을 전용회선으로 공급하는 설비를 말한다.
3. "인입개폐기"란 「전기설비기술기준의 판단기준」 제169조에 따른 것을 말한다.
4. "저압"이란 직류는 1.5 [kV] 이하, 교류는 1 [kV] 이하인 것을 말한다.
5. "고압"이란 직류는 1.5 [kV]를, 교류는 1 [kV]를 초과하고, 7 [kV] 이하인 것을 말한다.
6. "특고압"이란 7 [kV]를 초과하는 것을 말한다.

CHAPTER 02 연습문제

01

득점 ____ 배점 6

비상콘센트설비의 설치대상 3가지를 쓰시오.

① ② ③

정답

- 층수가 11층 이상인 특정소방대상물로서 11층 이상의 층
- 지하 3층 이상이고, 지하층의 바닥면적의 합계가 1000 [m²] 이상인 지하 전 층
- 터널길이 500 [m] 이상

핵심이론 비상콘센트설비 설치대상

소방대상물	설치대상
층수가 11층 이상인 특정소방대상물	11층 이상의 층
지하층의 층수가 3층 이상이고, 지하층의 바닥면적의 합계가 1000 [m²] 이상인 것	지하층의 모든 층
터널	길이 500 [m] 이상
위험물 저장 및 처리시설 중 가스시설 또는 지하구는 제외	

02

득점 ____ 배점 6

비상콘센트설비의 상용전원 및 비상전원에 대한 다음 각 물음에 답하시오.

가. 상용전원회로의 배선은 저압수전인 경우에는 어디의 직후에서 분기하여 전용 배선으로 하여야 하는가?

나. 비상전원은 비상콘센트설비를 유효하게 몇 분 이상 작동할 수 있어야 하는가?

다. 비상전원을 실내에 설치한 때에는 그 실내에 무엇을 설치하여야 하는가?

정답

가. 인입개폐기
나. 20
다. 비상조명등

핵심이론 비상콘센트설비의 상용전원회로의 배선

- 저압수전 : 인입개폐기 직후

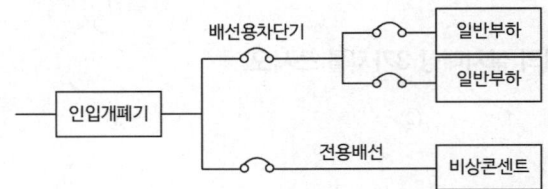

- 고압수전 또는 특고압수전 : 전력용 변압기 2차 측의 주차단기 1차 측 또는 2차 측에서 분기하여 전용배선으로 할 것

03 득점 / 배점 5

비상콘센트의 비상전원으로 자가발전설비나 비상전원수전설비를 설치하지 않아도 되는 경우 2가지를 쓰시오.

①
②

정답

- 둘 이상의 변전소에서 전력을 동시 공급받는 경우
- 하나의 변전소에서 전력 공급이 중단될 때 자동으로 타 변전소에서 전력 공급이 가능한 상용전원 설치

핵심이론 비상콘센트의 비상전원 종류

- 자가발전설비, 비상전원수전설비, 전기저장장치
- 비상전원을 설치하지 아니할 수 있는 경우
  ① 둘 이상의 변전소에서 전력을 동시 공급받는 경우
  ② 하나의 변전소에서 전력 공급이 중단될 때 자동으로 타 변전소에서 전력 공급이 가능한 상용전원 설치

04

다음은 비상콘센트 보호함에 대한 설치기준이다. ( ) 안에 알맞은 답을 쓰시오.

가. 보호함에는 쉽게 개폐할 수 있는 (㉠)을 설치할 것

나. 보호함 (㉡)에 "비상콘센트"라고 표시한 표지를 할 것

다. 보호함 상부에 (㉢)색의 (㉣)을 설치할 것. 다만 비상콘센트의 보호함을 옥내소화전함 등과 접속하여 설치하는 경우에는 (㉤) 등의 표시등과 겸용할 수 있다.

정답
㉠ 문, ㉡ 표면, ㉢ 적, ㉣ 표시등, ㉤ 옥내소화전함

핵심이론 비상콘센트 보호함 설치기준
- 보호함에는 쉽게 개폐할 수 있는 문을 설치할 것
- 보호함 표면에 "비상콘센트"라고 표시한 표지를 할 것
- 보호함 상부에 적색의 표시등을 설치할 것(다만 비상콘센트의 보호함을 옥내소화전함 등과 접속하여 설치하는 경우에는 옥내소화전함 등의 표시등과 겸용 가능)

05

비상콘센트설비에 대한 다음 각 물음에 답하시오.

가. 전원회로 및 공급용량에 대한 ( ) 안을 완성하시오.

전원회로는 (㉠)교류 (㉡) [V]인 것으로서, 그 공급용량은 (㉢) [kVA] 이상인 것으로 할 것

나. 전원부와 외함 사이의 절연저항값과 절연내력의 방법에 대해 쓰시오.

1) 절연저항값 :

2) 절연내력의 방법(150 [V] 초과) :

정답

가. ㉠ 단상, ㉡ 220, ㉢ 1.5

나. 1) 절연저항값 : 직류 500 [V] 절연저항계로 측정하여 20 [MΩ] 이상
    2) 절연내력의 방법(150 [V] 초과) : 정격전압에 2를 곱하여 1000을 더한 실효전압을 가하여 1분 이상 견딜 것

핵심이론 비상콘센트설비의 화재안전성능기준(NFPC 504 제4조)

□ 비상콘센트설비의 전원회로 설치기준
  • 전원회로
    ① 각 층에 2 이상 설치, 비상콘센트 1개만 설치 시 전원회로 1개만 설치 가능
    ② 단상교류 220 [V], 공급용량 1.5 [kVA] 이상
□ 전원부와 외함 사이의 절연저항 및 절연내력기준
  • 절연저항 : 500 [V] 절연저항계로 측정할 때 20 [MΩ] 이상일 것
  • 절연내력
    ① 정격전압 150 [V] 이하 : 1000 [V]의 실효전압
    ② 정격전압이 150 [V] 초과 : (정격전압 × 2) + 1000 [V] = 실효전압
      ㉮ 정격전압 220 [V]인 경우 : (220 × 2) + 1000 = 1440 [V]
    ③ 실효전압시험에서 1분 이상 견디는 것으로 할 것

06 배점 4

지상 31층 건물에 비상콘센트를 설치하려고 한다. 각 층에 하나의 비상콘센트설비를 설치한다면 최소 몇 회로가 필요한가?

○ 계산과정 :

○ 답 :

정답

☑ 계산과정 : 회로수 = $\frac{21}{10}$ = 2.1 → 절상해서 3회로   답 | 3회로

☑ 해설
  • 층수가 11층 이상인 특정소방대상물 : 11층 이상의 모든 층에 비상콘센트 설치
  • 11 ~ 31층에 설치되는 비상콘센트의 개수 : 21개
  • 하나의 전용회로에 설치하는 비상콘센트는 10개 이하로 할 것

07

득점 □ 배점 6

비상콘센트설비에 대한 다음 각 물음에 답하시오.

가. 하나의 전용회로에 설치하는 비상콘센트가 7개가 있다. 이 경우 전선의 용량은 비상콘센트 몇 개의 공급용량을 합한 용량 이상의 것으로 하여야 하는지 쓰시오. (단, 각 비상콘센트의 공급용량은 최소로 한다)

나. 비상콘센트설비의 전원부와 외함 사이의 절연저항을 500 [V] 절연저항계로 측정하였더니 30 [MΩ]이었다. 이 설비에 대한 절연저항의 적합성 여부를 구분하고 그 이유를 설명하시오.

정답

가. 3개
나. 적합, 20 [MΩ] 이상이므로

08

득점 □ 배점 4

비상콘센트설비에 관한 사항이다. 다음 빈칸을 채우시오.

가. 하나의 전용회로에 설치하는 비상콘센트는 (㉠)개 이하로 할 것. 이 경우 전선의 용량은 각 비상콘센트(비상콘센트가 3개 이상인 경우에는 (㉡)개)의 공급용량을 합한 용량 이상의 것으로 하여야 한다.

나. 전원회로는 주배전반에서 전용회로로 하며, 배선의 종류는 (㉢)이어야 한다. 전원회로의 배선은 (㉣)으로 할 것

정답

가. ㉠ 10, ㉡ 3
나. ㉢ 내화배선, ㉣ 전용

09

비상콘센트설비의 비상전원으로 자가발전설비 또는 비상전원수전설비를 설치해야 하는 경우 2가지를 쓰시오.

①   ②

정답

- 7층 이상(지하층 제외)으로서 연면적 2000 [m²] 이상
- 지하층 바닥면적 합계 3000 [m²] 이상

✔ 해설 : 비상콘센트의 비상전원 종류
- 자가발전설비, 비상전원수전설비, 전기저장장치
- 대상
  ① 7층 이상(지하층 제외)으로서 연면적 2000 [m²] 이상
  ② 지하층 바닥면적 합계 3000 [m²] 이상

10

다음의 비상콘센트설비에 대한 각 물음에 답하시오.

가. 설치목적을 쓰시오.

나. 전원회로는 단상교류 220 [V]인 것으로서 공급용량은 몇 [kVA] 이상이어야 하는지 쓰시오.

다. 비상콘센트의 플러그접속기는 어떤 접지공사를 해야 하는지 쓰시오.

라. 220 [V] 전원에 1 [kW] 송풍기를 연결 운전하는 경우 회로에 흐르는 전류[A]를 구하시오. (단, 역률은 90 [%]이다).

정답

가. 소방대의 조명용 또는 소방활동상 필요한 장비의 전원설비로 사용하기 위해 설치
나. 1.5 [kVA] 이상
다. 접지형2극 플러그접속기를 사용하여 보호접지
라. $P = VI\cos\theta\eta$

$$\therefore I = \frac{P}{V\cos\theta\eta} = \frac{1 \times 10^3}{220 \times 0.9 \times 1} = 5.05 [A]$$

답 | 5.05 [A]

| 득점 | 배점 | 7 |

비상콘센트를 11층에 3개, 12층에 3개, 13층에 2개 총 8개를 설치하려고 한다. 최소 몇 회로를 설치해야 하는가?

정답

2회로

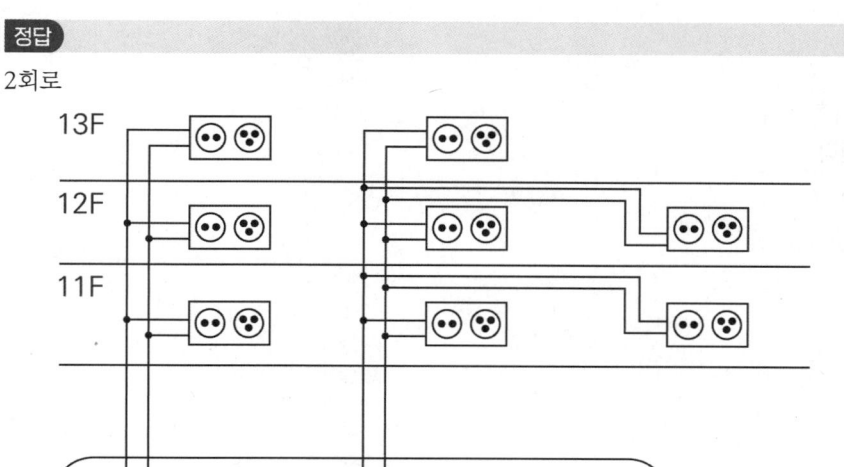

중요▶ 2.1.2.2 전원회로는 각 층에 2 이상이 되도록 설치할 것. 다만 설치해야 할 층의 비상콘센트가 1개인 때에는 하나의 회로로 할 수 있다.

CHAPTER 03 무선통신보조설비 (NFTC 505)

학습목표

1 무선통신보조설비 설치대상을 암기한다.
2 무선통신보조설비의 용어 정의에 대해 학습한다.
3 누설동축케이블등 설치기준에 대해 학습한다.
4 증폭기등 설치기준에 대해 학습한다.

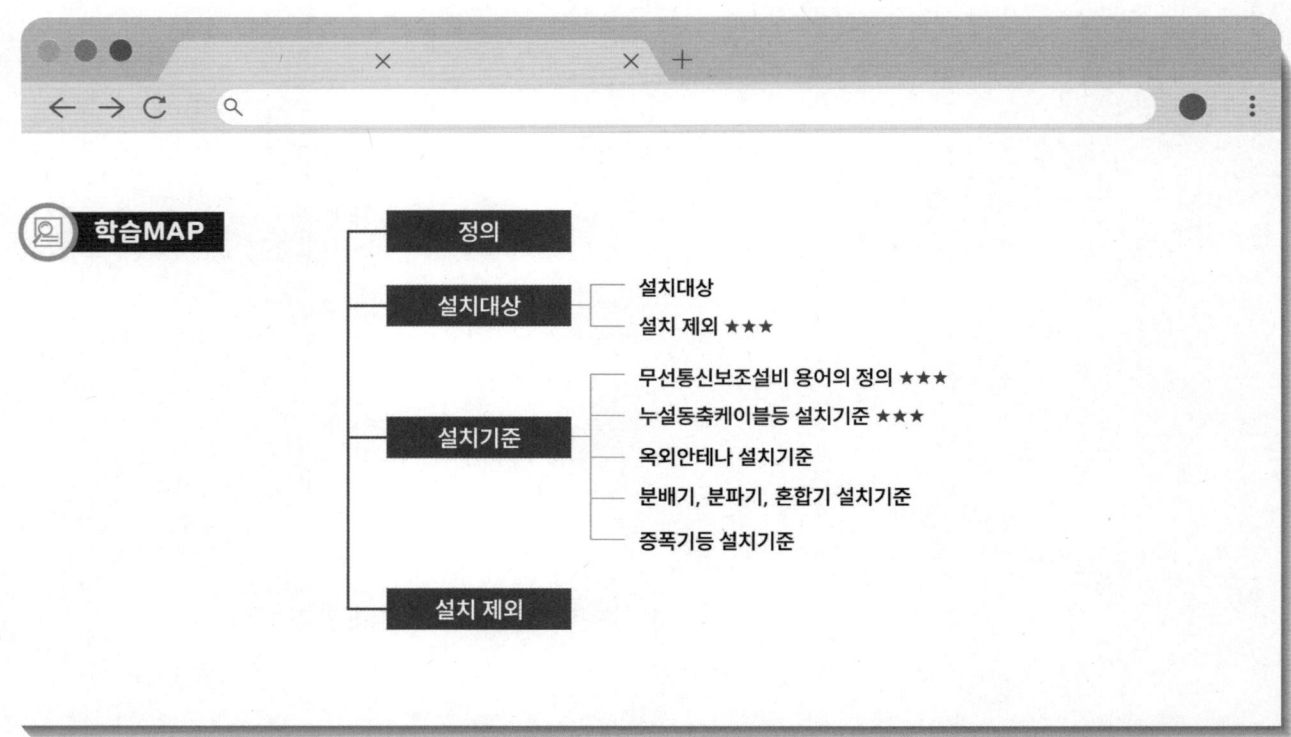

01 무선통신보조설비

1 무선통신보조설비 정의
지상과 지하의 무선연락이 원활히 소통하여 소화활동에 지장이 없도록 하는 설비이다.

2 설치대상

설치대상	기준
30층 이상 특정소방대상물	16층 이상 부분의 모든 층
• 지하층의 바닥면적 합계가 3000 [m²] 이상인 것 • 지하층 층수가 3층 이상이고 지하층의 바닥면적 합계가 1000 [m²] 이상인 것	지하층 전 층
터널	길이 500 [m] 이상
지하상가	연면적 1000 [m²] 이상
공동구	-

○ 무선통신보조설비 설치 제외 ★★★
(1) 지하층으로서 특정소방대상물의 바닥부분 2면 이상이 지표면과 동일한 층
(2) 지하층으로서 지표면으로부터의 깊이가 1 [m] 이하인 층

3 무선통신보조설비 용어의 정의 ★★★

(1) 누설동축케이블 : 동축케이블의 외부도체에 가느다란 홈을 만들어서 전파가 외부로 새어나갈 수 있도록 한 케이블을 말한다.

(2) 분배기 : 신호의 전송로가 분기되는 장소에 설치하는 것으로 임피던스 매칭(Matching)과 신호 균등분배를 위해 사용하는 장치를 말한다.

(3) 분파기 : 서로 다른 주파수의 합성된 신호를 분리하기 위해서 사용하는 장치를 말한다.

(4) 혼합기 : 두 개 이상의 입력신호를 원하는 비율로 조합한 출력이 발생하도록 하는 장치를 말한다.

(5) 증폭기 : 신호 전송 시 신호가 약해져 수신이 불가능해지는 것을 방지하기 위해서 증폭하는 장치를 말한다.

(6) 무선중계기 : 안테나를 통하여 수신된 무전기신호를 증폭한 후 음영지역에 재방사하여 무전기 상호 간 송수신이 가능하도록 하는 장치

(7) 옥외안테나 : 감시제어반 등에 설치된 무선중계기의 입력과 출력포트에 연결되어 송수신신호를 원활하게 방사·수신하기 위해 옥외에 설치하는 장치

🔑 선생님 TIP
무선통신보조설비 용어의 정의가 시험에 종종 출제됩니다.

4 누설동축케이블등 설치기준 ★★★

(1) 소방전용주파수대에서 전파의 전송 또는 복사에 적합한 것으로서 소방전용의 것으로 할 것(다만 소방대 상호 간의 무선연락에 지장이 없는 경우에는 다른 용도와 겸용할 수 있다)
(2) 누설동축케이블과 이에 접속하는 안테나 또는 동축케이블과 이에 접속하는 안테나에 따른 것으로 할 것
(3) 누설동축케이블은 불연 또는 난연성의 것으로서 습기에 따라 전기의 특성이 변질되지 아니하는 것으로 하고, 노출하여 설치한 경우에는 피난 및 통행에 장애가 없도록 할 것
(4) 누설동축케이블은 화재에 따라 해당 케이블의 피복이 소실된 경우에 케이블 본체가 떨어지지 아니하도록 4 [m] 이내마다 금속제 또는 자기제 등의 지지금구로 벽·천장·기둥 등에 견고하게 고정시킬 것(다만 불연재료로 구획된 반자 안에 설치하는 경우에는 그러하지 아니하다)
(5) 누설동축케이블 및 안테나는 금속판 등에 따라 전파의 복사 또는 특성이 현저하게 저하되지 아니하는 위치에 설치할 것
(6) 누설동축케이블 및 안테나는 고압의 전로로부터 1.5 [m] 이상 떨어진 위치에 설치할 것(다만 해당 전로에 정전기 차폐장치를 유효하게 설치한 경우에는 그러하지 아니하다)
(7) 누설동축케이블의 끝부분에는 무반사 종단저항을 견고하게 설치할 것
(8) 누설동축케이블 또는 동축케이블의 임피던스는 50 [Ω]으로 하고, 이에 접속하는 안테나·분배기 기타의 장치는 해당 임피던스에 적합한 것으로 하여야 한다.

참고 누설동축케이블 설치기준

(1) 무반사 종단저항
- 위치 : 누설동축케이블 끝 부분에 설치
- 목적 : 전송로로 전송되는 전자파가 종단에서 반사되어 교신을 방해하는 것을 방지하기 위하여 설치

(2) 누설동축케이블 기호

LCX	-	FR	-	SS	-	20	D	-	14	-	6
누설동축 케이블		내열성		자기 지지		절연체 외경	특성 임피던스		사용 주파수		결합손실 표시

선생님 TIP

누설동축케이블등의 설치기준은 강조된 부분을 괄호에 채울 수 있어야 합니다.

누설동축케이블 및 안테나는 고압의 전로로부터 1.2 [m] 이상 떨어진 위치에 설치할 것(다만 해당 전로에 정전기 차폐장치를 유효하게 설치한 경우에는 그러하지 아니하다) ✗
1.5 [m] 이상

5 옥외안테나 설치기준(NFTC 505)

(1) 건축물, 지하가, 터널 또는 공동구의 출입구 및 출입구 인근에서 통신이 가능한 장소에 설치할 것
(2) 다른 용도로 사용되는 안테나로 인한 통신장애가 발생하지 않도록 설치할 것
(3) 옥외안테나는 견고하게 설치하며, 파손의 우려가 없는 곳에 설치하고, 그 가까운 곳의 보기 쉬운 곳에 "무선통신보조설비 안테나"라는 표시와 함께 통신 가능거리를 표시한 표지를 설치할 것
(4) 수신기가 설치된 장소 등 사람이 상시 근무하는 장소에는 옥외안테나의 위치가 모두 표시된 옥외안테나 위치표시도를 비치할 것

6 분배기·분파기·혼합기

(1) 먼지·습기 및 부식 등에 따라 기능에 이상을 가져오지 아니하도록 할 것
(2) 임피던스는 50 [Ω]의 것으로 할 것 ★★★
(3) 점검에 편리하고 화재 등의 재해로 인한 피해의 우려가 없는 장소에 설치할 것

7 증폭기등

(1) 전원은 전기가 정상적으로 공급되는 축전지, 전기저장장치 또는 교류전압 옥내간선으로 하고, 전원까지의 배선은 전용으로 할 것
(2) 증폭기의 전면에는 주회로의 전원이 정상인지의 여부를 표시할 수 있는 표시등 및 전압계를 설치할 것
(3) **증폭기에는 비상전원**이 부착된 것으로 하고 해당 비상전원용량은 무선통신보조설비를 유효하게 **30분 이상** 작동시킬 수 있는 것으로 할 것 ★★★
(4) 증폭기 및 무선중계기를 설치하는 경우에는 「전파법」 제58조의2에 따른 적합성 평가를 받은 제품으로 설치하고 임의로 변경하지 않도록 할 것
(5) 디지털방식의 무전기를 사용하는 데 지장이 없도록 설치할 것

[무선통신보조설비 부속사진]

보충 ▶ 무선통신보조설비 도시기호

명칭	도시기호
안테나	△
안테나(내열형)	△H
분배기	▭
혼합기	▽
누설동축케이블	———
누설동축케이블 (천장은폐)	—·—·—
분파기	F
분기기	▭

참고 ▶ 비상전원 종류 및 용량 ★★★

설비	비상전원				용량
	자가발전	축전지	전기저장장치	비상전원수전설비	
• 스프링클러설비 (미분무소화설비)	○	○	○	(차고, 주차장으로 바닥면적 1000 [m²] 미만인 경우)	• 20분 : 30층 미만 • 40분 : 30 ~ 49층 • 60분 : 50층 이상
• 간이스프링클러설비	○			○	• 10분 • 20분 : 근생, 복합건축물, 생활형 숙박시설
• 옥내소화전설비 • 연결송수관설비 • 특별피난계단의 계단실·부속실 제연설비	○	○	○		• 20분 : 30층 미만 • 40분 : 30 ~ 49층 • 60분 : 50층 이상
• 제연설비 • CO_2설비 • 분말소화설비 • 할론소화설비 • 할로겐화합물 및 불활성기체소화설비 • 화재조기진압용 스프링클러설비 • 포소화설비	○	○	○	(호스릴포소화설비 또는 포소화전만을 설치한 차고·주차장, 포헤드설비 또는 고정포방출설비가 설치된 부분의 바닥면적 합계 1000 [m²] 미만인 경우)	• 20분 이상
• 비상방송설비 • 자동화재탐지설비 • 비상경보설비		○	○		• 10분 이상 • 30분 이상(비방, 자탐 30층 이상)
• 유도등		○			• 20분 이상 • 60분 이상(지하층 제외 11층 이상, 지하층·무창층으로 도·소매시장, 여객자동차터미널, 지하역사, 지하상가)
• 비상조명등	○	○	○		
• 무선통신보조설비		○			• 30분 이상
• 비상콘센트설비	○	○	○	○	• 20분 이상

02 무선통신보조설비의 용어정리(NFTC 505) ★★★

1. "누설동축케이블"이란 동축케이블의 외부도체에 가느다란 홈을 만들어서 전파가 외부로 새어나갈 수 있도록 한 케이블을 말한다.
2. "분배기"란 신호의 전송로가 분기되는 장소에 설치하는 것으로 임피던스 매칭(Matching)과 신호 균등분배를 위해 사용하는 장치를 말한다.
3. "분파기"란 서로 다른 주파수의 합성된 신호를 분리하기 위해서 사용하는 장치를 말한다.
4. "혼합기"란 2 이상의 입력신호를 원하는 비율로 조합한 출력이 발생하도록 하는 장치를 말한다.
5. "증폭기"란 전압·전류의 진폭을 늘려 감도 등을 개선하는 장치를 말한다.
6. "무선중계기"란 안테나를 통하여 수신된 무전기신호를 증폭한 후 음영지역에 재방사하여 무전기 상호 간 송수신이 가능하도록 하는 장치를 말한다.
7. "옥외안테나"란 감시제어반 등에 설치된 무선중계기의 입력과 출력포트에 연결되어 송수신신호를 원활하게 방사·수신하기 위해 옥외에 설치하는 장치를 말한다.
8. "임피던스"란 교류회로에 전압이 가해졌을 때 전류의 흐름을 방해하는 값으로서 교류회로에서의 전류에 대한 전압의 비를 말한다.

CHAPTER 03 연습문제

01 [배점 5]

무선통신보조설비의 무반사 종단저항과 안테나(공중선)의 설치이유를 쓰시오.

가. 무반사 종단저항

나. 안테나(공중선)

정답

가. 전송로로 전송하는 전자파가 전송로의 종단에서 반사되어 교신을 방해하는 것을 막기 위해
나. 전파를 효율적으로 송수신하기 위해

02 [배점 4]

다음은 무선통신보조설비의 누설동축케이블 등에 관한 설치기준이다. (   ) 안을 완성하시오.

가. 누설동축케이블은 화재에 따라 해당 케이블의 피복이 소실된 경우에 케이블 본체가 떨어지지 아니하도록 (㉠) [m] 이내마다 금속제 또는 자기제 등의 지지금구로 벽·천장·기둥 등에 견고하게 고정시킬 것. 다만 불연재료로 구획된 반자 안에 설치하는 경우에는 그러하지 아니하다.

나. 누설동축케이블 및 공중선은 고압의 전로로부터 (㉡) [m] 이상 떨어진 위치에 설치할 것. 다만 해당 전로에 정전기 차폐장치를 유효하게 설치한 경우에는 그러하지 아니하다.

정답

㉠ 4, ㉡ 1.5

> **핵심이론** 누설동축케이블 등 설치기준

- 누설동축케이블은 불연 또는 난연성의 것으로서 습기에 따라 전기의 특성이 변질되지 아니하는 것으로 할 것
- 누설동축케이블 및 안테나는 금속판 등에 의하여 전파의 복사 또는 특성이 현저하게 저하되지 아니하는 위치에 설치할 것
- 누설동축케이블과 이에 접속하는 안테나 또는 동축케이블과 이에 접속하는 안테나일 것
- 누설동축케이블은 4 [m] 이내마다 금속제 또는 자기제 등의 지지금구로 벽·천장·기둥 등에 견고하게 고정시킬 것(불연재료로 구획된 반자 안에 설치하는 경우는 제외)
- 누설동축케이블 및 안테나는 고압전로로부터 1.5 [m] 이상 떨어진 위치에 설치할 것(해당 전로에 정전기차폐장치를 유효하게 설치한 경우에는 제외)
- 누설동축케이블의 끝부분에는 무반사 종단저항을 설치할 것
- 누설동축케이블 또는 동축케이블의 임피던스는 50 [Ω]으로 할 것

03

배점 8

무선통신보조설비의 누설동축케이블 등의 설치기준에 대한 다음 각 물음에 답하시오.

가. 누설동축케이블의 끝부분에는 어떤 종류의 종단저항을 견고하게 설치하여야 하는가?

나. 증폭기 전면에 설치하는 기기 2가지를 쓰시오.

다. 누설동축케이블 또는 동축케이블의 임피던스는 몇 [Ω]으로 하는가?

라. 증폭기를 설치할 때 비상전원이 부착된 것으로 하여야 한다. 이때 해당 비상전원용량은 무선통신보조설비를 유효하게 몇 분 이상 작동시킬 수 있어야 하는가?

정답

가. 무반사 종단저항
나. 1) 전압계
　　2) 표시등
다. 50 [Ω]
라. 30분

04

무선통신보조설비의 분배기 설치기준 3가지를 쓰시오.

①

②

③

정답

① 먼지, 습기 및 부식 등에 이상이 없을 것
② 임피던스는 50 [Ω]의 것으로 할 것
③ 점검이 편리하고 화재 등의 피해의 우려가 없는 장소에 설치할 것

핵심이론

분배기·분파기·혼합기 설치기준
- 먼지·습기 및 부식 등에 따라 기능에 이상을 가져오지 아니하도록 할 것
- 임피던스는 50 [Ω]의 것으로 할 것
- 점검에 편리하고 화재 등의 재해로 인한 피해의 우려가 없는 장소에 설치할 것

05

무선통신보조설비에 사용되는 무반사 종단저항의 설치위치 및 설치목적을 쓰시오.

가. 설치위치

나. 설치목적

정답

가. 누설동축케이블 끝 부분
나. 전송로로 전송되는 전자파가 종단에서 반사되어 교신을 방해하는 것을 방지하기 위하여 설치

06

득점 / 배점 6

누설동축케이블의 용어를 보기에서 찾아 쓰시오.

LCX	-	FR	-	SS	-	20	D	-	14	-	6
(1)		(2)		(3)		(4)	(5)		(6)		결합손실표시

[보기]
① 누설동축케이블　　② 자기지지
③ 내열성　　　　　　④ 절연체 외경
⑤ 사용주파수　　　　⑥ 특성임피던스

정답

(1) 누설동축케이블　　(2) 내열성
(3) 자기지지　　　　　(4) 절연체 외경
(5) 특성임피던스　　　(6) 사용주파수

핵심이론 누설동축케이블

LCX	-	FR	-	SS	-	20	D	-	14	-	6
누설동축 케이블		내열성		자기 지지		절연체 외경	특성 임피던스		사용 주파수		결합손실 표시

07

득점 / 배점 5

무선통신보조설비에서 증폭기의 전원 3가지를 쓰시오.

①

②

③

정답

① 축전지
② 전기저장장치
③ 교류전압 옥내간선

핵심이론 증폭기 등 설치기준

- 전원은 전기가 정상적으로 공급되는 축전지, 전기저장장치 또는 교류전압 옥내 간선으로 하고, 전원까지의 배선은 전용으로 할 것
- 증폭기의 전면에는 주회로의 전원이 정상인지의 여부를 표시할 수 있는 표시등 및 전압계를 설치할 것
- 증폭기에는 비상전원이 부착된 것으로 하고, 해당 비상전원용량은 무선통신보조설비를 유효하게 30분 이상 작동시킬 수 있는 것으로 할 것

08 [배점 6]

무선통신보조설비에 대한 다음 각 물음에 답하시오.

가. 누설동축 케이블의 그림 기호는 ─────── 이다. ── ─ ── 은 어떤 경우에 사용되는가?

나. 그림기호 △ 의 명칭은?

다. 분배기의 그림기호는?

정답

가. 천장에 은폐하는 경우
나. 안테나
다. ─◻─

모아바 www.moa-ba.com
모아소방전기학원 www.moate.co.kr

PART 05

소방전기시설 설계 및 시공실무

CHAPTER 01	공사재료 등
CHAPTER 02	계산문제
CHAPTER 03	시퀀스 제어

 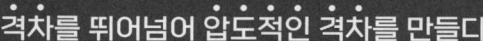

격차를 뛰어넘어 압도적인 격차를 만들다

○ 학습전략

PART 05는 소방시설(전기)의 설계와 공사, 시공에 대해 학습한다. 공사재료에 관한 내용부터 도면 해석과 해당 도면에서 어떠한 부품이 사용되었는지 부품 산정에 관해서 충분한 이해가 필요하다. 소방 도시기호를 암기해야 하며, 물량과 공량을 산출할 수 있어야 한다. 또한 CHAPTER 02의 계산문제는 '수포자'라고 하여 넘기지 말고 주요 공식들을 암기하고 기출 문제들을 통해 연습하여 반드시 가지고 가야 하는 부분이다. CHAPTER 03의 시퀀스 제어는 매회차 큰 배점으로 출제되는 문제 중 하나이다. 따라서 회로에 대한 이해부터 시작하여 직접 미완성 도면을 완성할 수 있어야 한다. 시퀀스 제어에서 가장 빈번히 출제되는 부분은 'Y-△제어방식'이다. Y기동을 적용하는 이유와 더불어서 시퀀스회로의 심벌 또한 반드시 암기해야 한다.

CHAPTER 01 공사재료 등

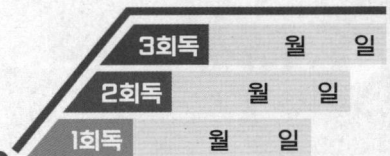

학습목표

1 공사에 사용되는 부품 명칭과 외형, 설명에 대해 학습한다.
2 배선도 표시방법과 소방 도시기호에 대해 학습한다.
3 도면을 보고 공사에서 소요된 물량을 산출할 수 있다.
4 도면을 보고 전선수를 산정할 수 있다.
5 도면을 보고 노무비를 산출할 수 있다.

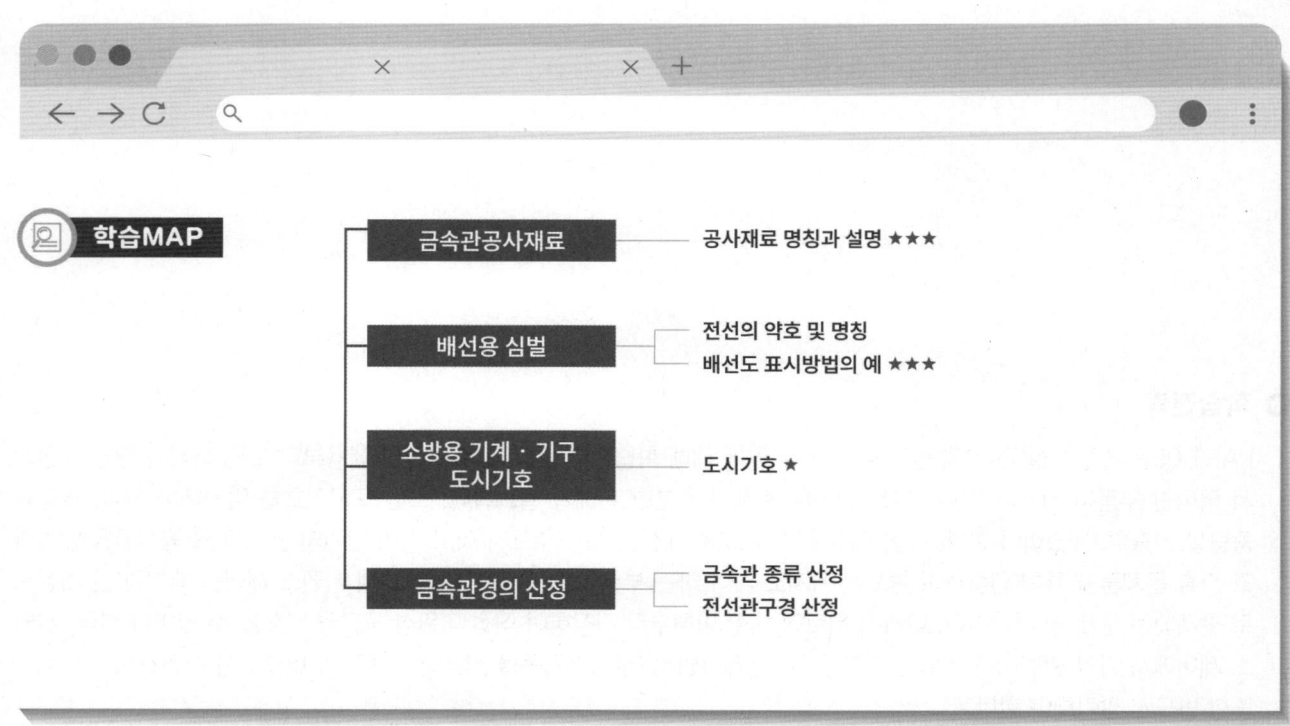

01 금속관공사재료 ★★

명칭	외형	설명
부싱 (Bushing)		전선의 절연피복을 보호하기 위하여 금속관 끝에 취부하여 사용되는 부품
유니언 커플링 (Union Coupling)		금속전선관 상호 간을 접속하는 데 사용되는 부품(관이 고정되어 있을 때)
노멀밴드 (Normal Bend)		매입배관공사를 할 때 직각으로 굽히는 곳에 사용하는 부품
유니버설 엘보 (Universal Elbow)		노출배관공사를 할 때 관을 직각으로 굽히는 곳에 사용하는 부품
링리듀서 (Ring Reducer)		금속관을 아웃렛 박스에 로크 너트만으로 고정하기 어려울 때 보조적으로 사용되는 부품
커플링 (Coupling)		금속전선관 상호 간을 접속하는 데 사용되는 부품 (관이 고정되어 있지 않을 때)
새들(Saddle)		관을 지지하는 데 사용하는 재료
로크너트 (Lock Nut)		금속관과 박스를 접속할 때 사용하는 재료로 최소 2개를 사용한다.
리머 (Reamer)		• 목적 : 금속관 말단의 모를 다듬기 위한 기구 • 사용이유 : 전선의 피복보호
파이프커터 (Pipe Cutter)		금속관을 절단하는 기구
환형 3방출 정크션박스		배관을 분기할 때 사용하는 박스
파이프벤더 (Pipe Bender)		금속관(후강전선관, 박강전선관)을 구부릴 때 사용하는 공구

> **선생님 TIP**
> 시험에 금속관공사재료의 명칭 혹은 외형을 주고 설명하라고 출제됩니다. 따라서 명칭분만이 아닌 외형도 반드시 눈에 익혀줍시다!

명칭	외형	설명
후강전선관		1. 콘크리트 매입 배관용으로 사용되는 강관 2. 관의 호칭은 안지름의 근사치짝수로 표시 (16, 22, 28, 36, 42, 54 [mm] …….)
박강전선관		1. 노출 배관용, 일반배관용으로 사용되는 강관 2. 관의 호칭은 바깥지름의 근사치를 홀수로 표시(19, 25, 31, 39, 51 [mm] …….)
스트레이트 박스 커넥터		가요전선관과 박스의 연결에 사용되는 부품
콤비네이션 커플링		가요전선관과 금속전선관 연결에 사용되는 부품
스프리트 커플링		가요전선관과 가요전선관 연결에 사용되는 부품

02 배선용 심벌(KS)

1 전선의 약호 및 명칭

약호	명칭
DV	인입용 비닐절연전선
OW	옥외용 비닐절연전선
RB	고무절연전선
IV	600 [V] 비닐절연전선
HIV	600 [V] 2종 비닐절연전선
HFIX ★★★	450/750 [V] 저독성 난연가교 폴리올레핀 절연전선
CV	가교폴리에틸렌 절연비닐 외장케이블
E	접지선
GV	접지용 비닐절연전선

☑ IV, HIV는 소방용으로 사용하지 않음

🖐 선생님 TIP

HFIX는 한글명칭도 반드시 암기합시다!

2 절연물의 최고 허용온도

절연물 종류	Y	A	E	B	F	H	C
최고 허용온도 [℃]	90	105	120	130	155	180	180 초과

3 배선도 표시방법의 예

(1) 전선관 재질
  ① 별도 표기 없음 : 강제전선관(후강(내경 짝수), 박강(외경 홀수))
  ② VE : 경질비닐전선관
  ③ F_2 : 2종 금속제 가요전선관
  ④ PF : 합성수지제 가요관

(2) 옥내 배선 그림 기호 ★★

명칭	그림 기호	개요
천장 은폐배선	————	전선의 종류를 표시할 필요가 있는 경우는 기호를 기입 ㉮ 450/750 [V] 저독성 난연 가교 폴리올레핀 절연전선 → HFIX 전선
천장 속 은폐배선	—·—·—·—	
바닥 은폐배선	━ ━ ━ ━	
노출배선	– – – –	
바닥면 노출배선	– ·· – ·· –	

(3) 배선도 표시방법의 예 ★★★

$HFIX - 1.5\ (F_2\ 16)$

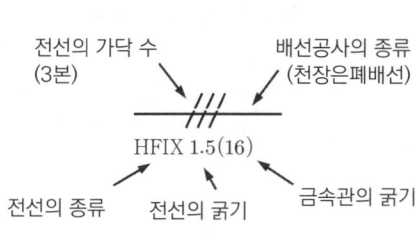

전선종류 - 전선 굵기(전선관 재질, 전선관 굵기)
- 16 [m㎡] 2종 금속제 가요전선관에 1.5 [mm²] 굵기의 450/750 [V] 저독성 난연가교 폴리올레핀 절연전선 3가닥을 넣은 천장 은폐배선

> **선생님 TIP**
> 시험에 배선도 표시에 대한 문제가 출제되면 배선도 표시방법의 예와 같이 전선의 종류, 굵기, 금속관의 굵기 순서대로 기재하시기 바랍니다!

(4) 그 외 참고사항
  ① 전선이 없는 경우
  ② 철거 경우

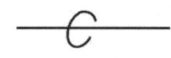 

  ③ 접지선의 경우

전선관의 상승, 인하, 소통

상승	인하

소통	케이블
	상승, 인하, 소통

④ 접지선과 일반 전선이 같이 들어가는 경우

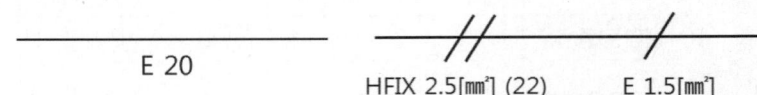

※ 22 [mm] 후강전선관에 2.5 [mm²] 굵기의 450/750 [V] 저독성 난연 가교 폴리올레핀 절연전선 2가닥과 1.5 [mm²] 굵기의 접지선 1가닥을 넣은 천장은폐배선

03 소방용 기계·기구 도시기호 ★★

분류	명칭	도시기호	분류	명칭	도시기호
배관	일반배관	———	헤드류	스프링클러헤드폐쇄형 상향식(평면도)	●
	옥내·외소화전	—H—		스프링클러헤드폐쇄형 하향식(평면도)	⊕
	스프링클러	—SP—		스프링클러헤드개방형 상향식(평면도)	⊖
	물분무	—WS—		스프링클러헤드개방형 하향식(평면도)	⊕
	포소화	—F—		스프링클러헤드폐쇄형 상향식(계통도)	▲
	배수관	—D—		스프링클러헤드폐쇄형 하향식(입면도)	▼
	전선관	입상		스프링클러헤드폐쇄형 상·하향식(입면도)	
		입하		스프링클러헤드 상향형(입면도)	↑
		통과		스프링클러헤드 하향형(입면도)	↓

분류	명칭	도시기호	분류	명칭	도시기호
관이음쇠	후렌지		헤드류	분말·탄산가스·할로겐헤드	
	유니온			연결살수헤드	
	플러그			물분무헤드(평면도)	
	90[°] 엘보			물분무헤드(입면도)	
	45[°] 엘보			드랜쳐헤드(평면도)	
	티			드랜쳐헤드(입면도)	
	크로스			포헤드(평면도)	
	맹후렌지			포헤드(입면도)	
	캡			감지헤드(평면도)	
헤드류	감지헤드(입면도)		밸브류	릴리프밸브(이산화탄소용)	
	청정소화약제 방출헤드(평면도)			릴리프밸브(일반)	
	청정소화약제 방출헤드(입면도)			동체크밸브	
밸브류	체크밸브			앵글밸브	
	가스체크밸브			FOOT밸브	
	게이트밸브(상시개방)			볼밸브	
	게이트밸브(상시폐쇄)			배수밸브	

분류	명칭	도시기호	분류	명칭	도시기호
밸브류	선택밸브		밸브류	자동배수밸브	
	조작밸브 (일반)			여과망	
	조작밸브 (전자식)			자동밸브	
	조작밸브 (가스식)			감압밸브	
	경보밸브 (습식)			공기조절밸브	
	경보밸브 (건식)		계기류	압력계	
	프리액션밸브			연성계	
	경보델류지밸브			유량계	
	프리액션밸브 수동조작함	SVP	소화전	옥내소화전함	
	플렉시블조인트			옥내소화전 방수용 기구병설	
	솔레노이드밸브			옥외소화전	
	모터밸브			포말소화전	
소화전	송수구		경보설비기기류	차동식 스포트형 감지기	
	방수구			보상식 스포트형 감지기	
스트레이너	Y형			정온식 스포트형 감지기	
	U형			연기감지기	

분류	명칭	도시기호	분류	명칭	도시기호
저장탱크류	고가수조 (물올림장치)		경보설비기기류	감지선	
	압력챔버			공기관	
	포말원액탱크	(수직) (수평)		열전대	
레듀셔	편심레듀셔			열반도체	
	원심레듀셔			차동식 분포형 감지기의 검출기	
혼합장치류	프레져 프로포셔너			발신기세트 단독형	P B L
	라인프로포셔너			발신기세트 옥내소화전내장형	P B L
	프레져사이드 프로포셔너			경계구역번호	△
	기 타	P		비상용 누름버튼	F
펌프류	일반펌프			비상전화기	ET
	펌프모터(수평)	M		비상벨	B
	펌프모토(수직)	M		사이렌	
저장용기류	분말약제 저장용기	P.D		모터사이렌	M
	저장용기			전자사이렌	S
				조작장치	E P
				증폭기	AMP

분류	명칭	도시기호	분류	명칭	도시기호
경보설비기기류	기동누름버튼	Ⓔ	경보설비기기류	종단저항	Ω
	이온화식 감지기 (스포트형)	[S]I		수동식제어	□
	광전식 연기감지기 (아날로그)	[S]A		천장용 배풍기	
	광전식 연기감지기 (스포트형)	[S]P		벽부착용 배풍기	
	감지기간선, HFIX1.5 [mm²] × 4(22C)	—F—///—	제연설비	배풍기 일반배풍기	
	감지기간선, HFIX1.5 [mm²] × 8(22C)	—F—///—///—		배풍기 관로배풍기	
	유도등간선 HFIX4.0 [mm²] × 3(22C)	— EX —		댐퍼 화재댐퍼	
	경보부저	⒝Z		댐퍼 연기댐퍼	
	제어반	⊠		댐퍼 화재/연기 댐퍼	
	표시반	⊞			
	회로시험기	⊙	스위치류	압력스위치	Ⓟ S
	화재경보벨	Ⓑ		탬퍼스위치	TS
	시각경보기 (스트로브)	◇	방연·방화문	연기감지기(전용)	[S]
	수신기	⊠		열감지기(전용)	⌣
	부수신기	⊞		자동폐쇄장치	⒠R

분류	명칭	도시기호	분류	명칭	도시기호
경보설비기기류	중계기		방연·방화문	연동제어기	
	표시등			배연창기동 모터	M
	피난구유도등			배연창수동조작함	
	통로유도등	→	피뢰침	피뢰부(평면도)	
	표시판	△		피뢰부(입면도)	
	보조전원	T R		피뢰도선 및 지붕위 도체	—
제연설비	접지		기타	비상콘센트	
	접지저항 측정용 단자	⊗		비상분전반	
소화기류	ABC소화기	소		가스계소화설비의 수동조작함	RM
	자동확산 소화기	자		전동기구동	M
	자동식 소화기	◀소▶		엔진구동	E
	이산화탄소 소화기	C		배관행거	
	할로겐화합물 소화기	△		기압계	
기타	안테나			배기구	
	스피커			바닥은폐선	- - - - -
	연기 방연벽			노출배선	——
	화재방화벽	—		소화가스 패키지	PAC
	화재 및 연기방벽				

04 금속관경의 산정

1 금속관 종류 산정 ★★★
HFIX(450/750 [V] 저독성 난연 가교 폴리올레핀 절연전선)

2 전선관구경 산정
(1) 절연물의 포함한 전선단면적[mm²]을 구한다.

구간 \ 내용	전선 굵기(나선두께) [mm²]	절연물을 포함한 전선단면적 [mm²]
감지기배선(지선구간)	1.5 [mm²] ★★★	9 [mm²]
기타배선(지선구간)	2.5 [mm²] ★★★	13 [mm²]
간선구간	2.5 [mm²]	13 [mm²]

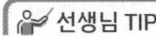 선생님 TIP
지선은 1.5
나머지는 2.5

(2) 가닥 수를 구한다.
(3) 보정계수를 구한다.
　전선 굵기 : 4.0 [mm²] 이하일 경우 금속관(박강전선관/후강전선관) 및 경질비닐전선관은 보정계수가 2이다.
(4) 전선의 단면적 [mm²]을 구한다.
　전선의 단면적 [mm²] = 절연물의 포함한 전선단면적 [mm²] × 가닥 수 × 보정계수
(5) 전선관구경산정 표를 보고 전선관구경을 구한다.

전선 굵기	절연물을 포함한 전선단면적[mm²]
1.5	9
2.5	13
4.0	17
6	21
10	35
16	45

규격	합성수지전선관		후강전선관	
	32 [%]	48 [%]	32 [%]	48 [%]
16 C	81	122	67	101
22 C	121	182	120	180
28 C	195	295	201	301
36 C	307	461	342	513
42 C	401	602	460	690
54 C	653	980	732	1098

CHAPTER 01 연습문제

01
득점 ___ 배점 3

다음의 전선관 부속품에 대한 용도를 쓰고 설명하시오.

가. 부싱 :

나. 유니온 커플링 :

다. 유니버설 엘보 :

정답

가. 부싱 : 전선의 절연피복을 보호하기 위해 금속관 끝에 취부하여 사용
나. 유니온 커플링 : 관이 고정되어 있을 때 금속관 상호 간을 접속하는 데 사용
다. 유니버설 엘보 : 노출배관공사에서 금속관을 직각으로 굽히는 곳에 사용

> ✔ 관을 직각으로 연결하는 것에는 노멀밴드와 유니버설 엘보가 있다. 이때, 노멀밴드는 매입배관에 이용되지만 노출배관에도 가능하다.

02
득점 ___ 배점 3

노출배관공사 시 벽, 기둥, 천장 등에 관을 고정할 때 사용하는 자재의 명칭을 쓰시오.

정답

새들

03

배점 6

그림은 금속관공사의 한 예이다. 다음 물음에 답하시오.

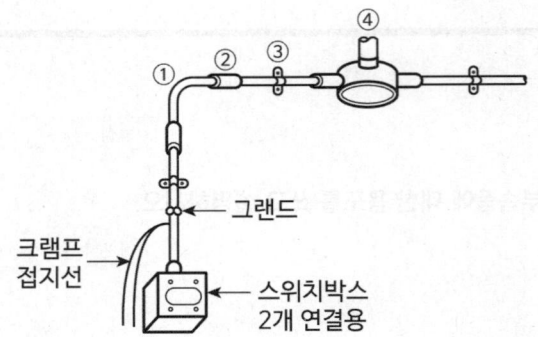

가. ① ~ ④에 들어갈 부품명칭을 쓰시오.

나. 노출배관으로 시공할 경우 ①을 대체할 부품은 무엇인가?

정답

가. ① 노멀밴드, ② 커플링, ③ 새들, ④ 환형 3방출 정크션 박스
나. 유니버설 엘보(Universal Elbow)

04

배점 5

금속관공사로서 노출배관을 나타낸 그림이다. 이 그림을 보고 다음 각 물음에 답하시오.

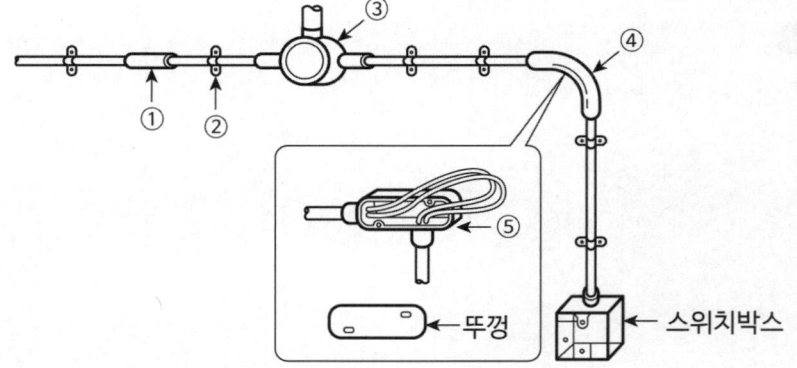

가. 그림에 표시된 ① ~ ④의 자재 명칭을 답란에 쓰시오.

①	②	③	④

나. 그림에서 ④ 대신에 ⑤에 그려진 자재를 활용한다고 할 때 ⑤의 명칭을 쓰시오.

정답

가.

①	②	③	④
커플링	새들	환형 3방출 정크션박스	노멀밴드

나. 유니버설 엘보(Universal Elbow)

05
득점 ____ 배점 5

저압옥내배선의 금속관공사에 있어서 금속관과 박스 그 밖의 부속품은 다음 각 호에 의하여 시설하여야 한다. (   ) 안에 알맞은 내용을 쓰시오.

가. 금속관을 구부릴 때 금속관의 단면이 심하게 변형되지 아니하도록 구부려야 하며, 그 안측의 (㉠)은 관 안지름의 (㉡)배 이상이 되어야 한다.

나. 아웃렛 박스 사이 또는 전선인입구가 있는 기구 사이의 금속관은 (㉢)개소를 초과하는 직각 또는 직각에 가까운 굴곡 개소를 만들어서는 아니 된다. 굴곡 개소가 많은 경우 또는 관의 길이가 (㉣)[m]를 넘는 경우에는 (㉤)를 설치하는 것이 바람직하다.

정답

㉠ 반지름, ㉡ 6, ㉢ 3, ㉣ 30, ㉤ 풀박스

핵심이론 저압 옥내배선의 금속관공사

□ 금속관공사의 시설
- 금속관을 구부릴 때 금속관의 단면이 심하게 변형되지 아니하도록 구부려야 하며, 그 안측의 반지름은 관 안지름의 6배 이상이 되어야 한다.

- 아웃렛 박스(Outlet Box) 사이 또는 전선인입구가 있는 기구 사이의 금속관은 3개소를 초과하는 직각 또는 직각에 가까운 굴곡 개소를 만들어서는 아니 된다. 굴곡 개소가 많은 경우 또는 관의 길이가 30 [m]를 넘는 경우에는 풀박스를 설치하는 것이 바람직하다.
□ 풀박스(Pull Box)
배관이 긴 곳 또는 굴곡부분이 많은 곳에서 시공이 용이하도록 전선을 끌어들이기 위해 배선 도중에 사용하는 박스

06 배점 3

굴곡장소가 많거나 금속관공사를 유연하게 하는 시공방법으로, 전동기의 동력선을 보호해주고 옥내배선을 연결할 경우 사용하는 공사방법을 쓰시오.

정답

가요전선관공사

✓ 해설 : 가요전선관
- 시공장소 : 굴곡장소가 많거나 금속관공사 시공이 어려운 경우 전동기와 옥내배선을 연결할 경우 등
- 종류 : 1종, 2종

07 배점 5

전선의 굵기 선정 시 반드시 고려하여야 할 사항 3가지를 쓰시오.
① ② ③

정답

① 허용전류
② 전압강하
③ 기계적 강도

08

배점 6

HFIX 1.5 × 4(22) 의미를 쓰시오. (단, 전선의 종류, 굵기, 가닥 수, 전선관의 종류, 구경을 구분하여 설명하시오)

정답

- 전선종류, 전선 굵기 및 전선 가닥 수
- 450/750 [V] 저독성 난연 가교 폴리올레핀 절연전선 1.5 [mm^2] 4가닥
- 전선관 종류 및 구경 : 후강전선관 22 [mm]

09

배점 4

다음과 같이 옥내배선도가 표시된 경우 이 배선도가 나타내는 의미를 모두 쓰시오.

———／／／——／——
HFIX 4.0(22)　E(2.5)

정답

가. 배선공사 : 천장은폐배선
나. 전선의 종류, 굵기, 가닥 수 : 450/750 [V] 저독성 난연 가교 폴리올레핀 절연전선 4.0 [mm^2] 3가닥과 접지선 2.5 [mm^2] 1가닥
다. 전선관의 종류 및 굵기 : 후강전선관 22 [mm]

10

배점 5

다음 소방시설 도시기호 각각의 명칭을 쓰시오.

가. ⊠　　　　나. ⊟

다. ⊙　　　　라. ⑤

정답

가. 수신기
나. 중계기
다. 회로시험기
라. 연기감지기

11

배점 6

다음 도면을 보고 각 물음에 답하시오.

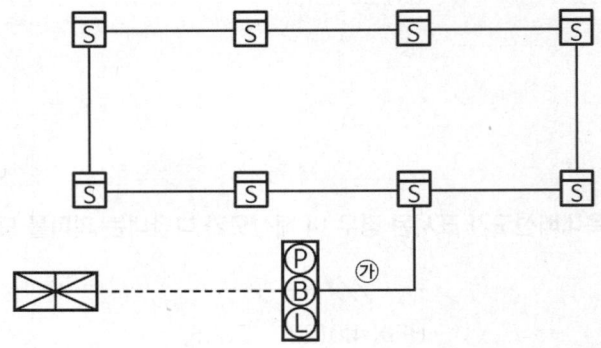

가. ㉮는 수동으로 화재신호를 발신하는 P형 발신기세트이다. 발신기세트와 수신기 간의 배선길이가 15 [m]인 경우 전선은 총 몇 [m]가 필요한지 산출하시오. (단, 층고, 할증 및 여유율 등은 고려하지 않는다)

○ 계산과정 :

○ 답 :

나. 상기 건물에 설치된 감지기가 2종인 경우 8개의 감지기가 최대로 감지할 수 있는 감지구역의 바닥 면적[m²] 합계를 구하시오. (단, 천장높이는 5 [m]인 경우이다)

○ 계산과정 :

○ 답 :

다. 감지기와 감지기간, 감지기와 P형 발신기세트 간의 길이가 각각 10 [m]인 경우 전선관 및 전선물량을 산출과정과 함께 쓰시오. (단, 층고, 할증 및 여유율 등은 고려하지 않는다)

품명	규격	산출과정	물량[m]
전선관	16 [C]		
전선	2.5 [mm²]		

정답

가. 계산과정
15 × 6가닥 = 90 [m]   **답 | 90 [m]**

나. 계산과정
75 × 8 = 600 [m^2]   **답 | 600 [m^2]**

다.

품명	규격	산출과정	물량[m]
전선관	16 [C]	10 × 9 = 90 [m]	90 [m]
전선	2.5 [mm^2]	10 × 8 × 2 + 10 × 4 = 200 [m]	200 [m]

☑ 해설 : 평면도

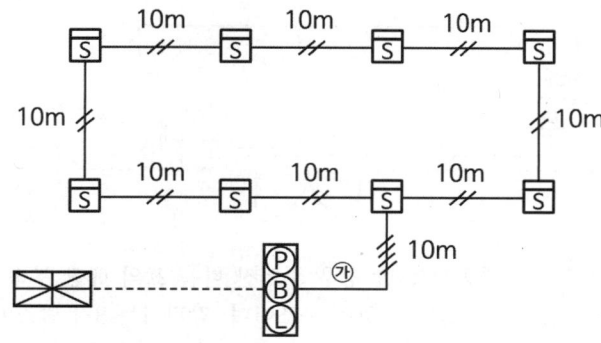

구분	산출내역	수신기와 발신기세트 사이의 물량을 제외한 길이[m]
전선관	• 감지기와 감지기 사이의 거리 10 [m] × 8 = 80 [m] • 감지기와 발신기세트 사이의 거리 10 [m] × 1 = 10 [m]	90 [m]
전선	• 감지기와 감지기 사이의 거리 10 [m] × 8 × 2가닥 = 160 [m] • 감지기와 발신기세트 사이의 거리 10 [m] × 1 × 4가닥 = 40 [m]	200 [m]

★ 핵심이론 연기감지기 설치면적

(단위 : [m^2])

부착높이	감지기의 종류	
	1종 및 2종	3종
4 [m] 미만	150	50
4 [m] 이상 20 [m] 미만	75	–

12

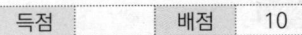

자동화재탐지설비의 평면도이다. 이 도면을 보고 다음 각 물음에 답하시오.

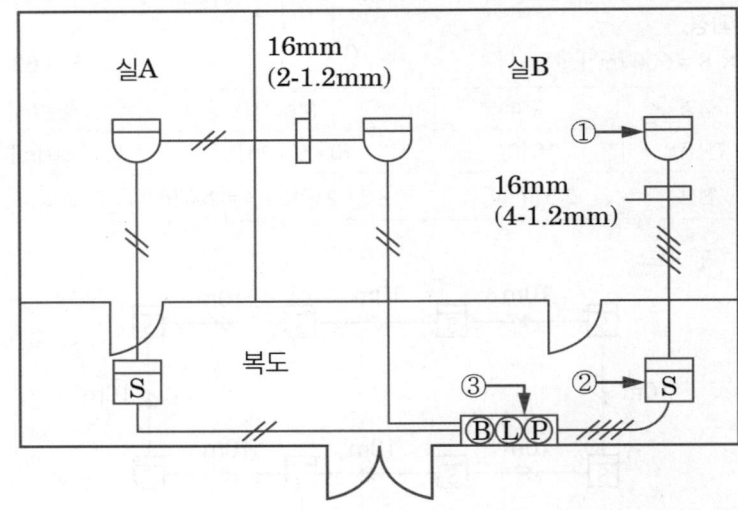

가. 후강전선관으로 배관공사를 할 경우 주어진 다음 표의 배관 부속자재에 대한 수량을 구하시오. (단, 반자가 없는 구조이며, 감지기는 8각 박스에 직접 취부한다고 가정하고 수동발신기세트와 수신기 간의 배선과 관계되는 재료는 고려하지 않도록 한다)

품명	규격	단위	수량
로크너트	16 [mm]	개	
부싱	16 [mm]	개	
8각 박스	8각 2인치	개	

나. ①과 ②의 감지기의 종류를 쓰시오.

다. ③에는 어떤 것들이 내장되어 있는지 그 내장품을 모두 쓰시오.

정답

가.

품명	규격	단위	수량
로크너트	16 [mm]	개	24
부싱	16 [mm]	개	12
8각 박스	8각 2인치	개	5

나. ① 차동식 스포트형 감지기
　② 연기 감지기
다. 발신기, 경종, 표시등

☑ 해설 '가'
- 부싱 : 금속관 끝에 취부하므로 금속관 1개소에 2개 사용, 6 × 2 = 12개
- 로크너트 : 금속관과 박스를 접속할 때 사용하는 재료로 최소 2개 사용
  부싱 취급 개소에 2개 사용, 12 × 2 = 24개
- 부싱, 로크너트 제외 : 전선관 상승, 전선관 인하, 전선관 소통
- 박스
  ① 4각 박스 : 3방출(4방출) 이상, 한쪽 면이 2방출
  ② 8각 박스 : 4각 박스 외의 것
- 박스 제외 : 수신기함, 발신기함, 옥내소화전함, T/B, SVP, RM 등

13 배점 12

그림은 대형 건물 전산실의 할론소화설비 평면도이다. 다음 각 물음에 답하시오.

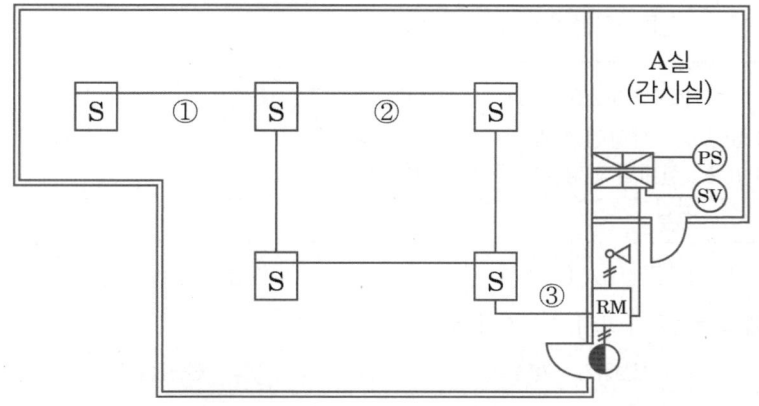

가. 다음 그림기호의 명칭을 쓰시오.

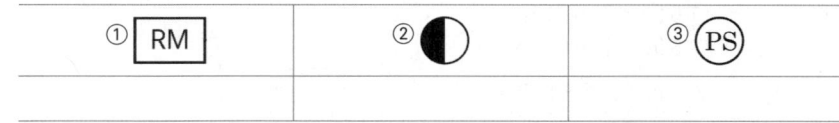

① RM	② ◐	③ PS

나. A실 (감시실)의 용도 및 기능을 쓰시오.
　1) 용도 :
　2) 기능 :

다. 제어반과 수동조작함 사이의 전선 가닥 수, 굵기, 전선의 종류, 전선관을 배선 기호로 표시하시오.

라. 주어진 도면의 틀린 곳을 찾아내고 고쳐야 하는 주된 이유를 쓰시오.

   1) 틀린 곳 :

   2) 이유 :

마. 감지기선 ① ~ ③의 가닥 수를 쓰시오.

구분	①	②	③
가닥 수			

정답

가.

① RM	② ◐	③ PS
수동조작함	방출표시등	압력스위치

나. 1) 용도 : 할론소화설비의 감시
    2) 기능 : 할론소화설비의 제어

다. ──////──////──
      HFIX 2.5(28)

라. 1) 틀린 곳 : 사이렌의 위치
    2) 이유 : 실내의 인명대피를 위해 실내에 설치

마.

구분	①	②	③
가닥 수	4	4	8

☑ 해설 : 전선굵기 표가 주어지지 않을 경우

전선굵기와 가닥 수	전선관굵기
1.5 [mm^2] : 1 ~ 4가닥 2.5 [mm^2] : 1 ~ 4가닥	16 [C]
1.5 [mm^2] : 5 ~ 8가닥 2.5 [mm^2] : 5 ~ 7가닥	22 [C]
2.5 [mm^2] : 8 ~ 11가닥	28 [C]
2.5 [mm^2] : 12 ~ 19가닥	36 [C]

14

| 득점 | 배점 13 |

어떤 건물에 대한 소방설비의 배선도면을 보고 다음 각 물음에 답하시오. (단, 배선공사는 후강전선관을 사용한다고 한다)

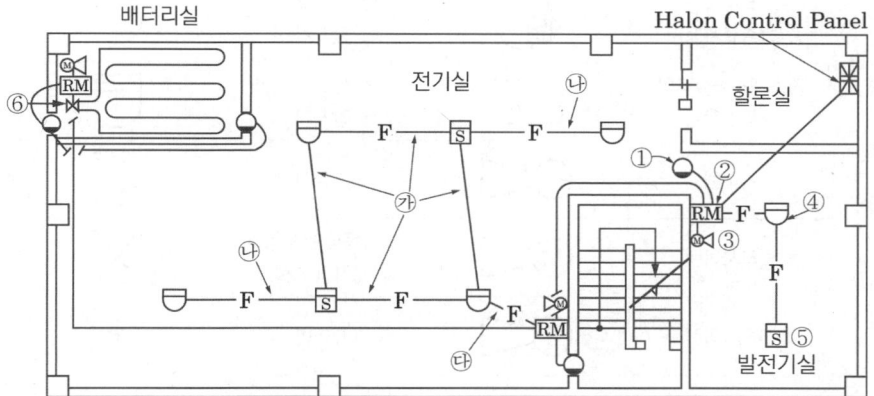

가. 도면에 표시된 그림 기호 ① ~ ⑥의 명칭은 무엇인가?

① ② ③
④ ⑤ ⑥

나. 도면에서 ㉮ ~ ㉰의 배선 가닥 수는 몇 가닥인가?

㉮ ㉯ ㉰

다. 도면에서 물량을 산출할 때 박스는 몇 개가 필요한가?

라. 부싱은 몇 개가 소요되겠는가?

정답

가. ① 방출표시등, ② 수동조작함, ③ 모터사이렌, ④ 차동식 스포트형 감지기,
  ⑤ 연기감지기, ⑥ 차동식 분포형 감지기의 검출부
나. ㉮ 4가닥, ㉯ 4가닥, ㉰ 8가닥
다. 4각 박스 : 4개,
  8각 박스 : 12개
라. 40개

☑ 해설 '라'
  • 부싱 : 금속관 끝에 취부하므로 금속관 1개소에 2개 사용, 20 × 2 = 40개
  • 박스 ① 4각 박스 : 3방출(4방출) 이상, 한쪽 면이 2방출
       ② 8각 박스 : 4각 박스 외의 것
  • 박스 제외 : 수신기함, 발신기함, 옥내소화전함, T/B, SVP, RM 등

> **핵심이론** 금속관공사 및 소방설비공사

□ 소방용 기계·기구 도시기호

명칭	도시기호	명칭	도시기호
표시등 (방출표시등)	◐	차동식 스포트형 감지기	⏃
가스계소화설비의 수동조작함	RM	보상식 스포트형 감지기	⏃
사이렌	◁	연기감지기	S
모터사이렌	Ⓜ◁	차동식 분포형 감지기의 검출기	✕
전자사이렌	Ⓢ◁	제어반	✕

□ 교차회로방식으로 감지기를 설치하여야 하는 자동식 소화설비
  분말소화설비, 할론소화설비, 할로겐화합물 및 불활성기체소화설비, 이산화탄소소화설비, 준비작동식 스프링클러설비, 일제살수식 스프링클러설비

□ 금속관공사재료

명칭	외형	설명
부싱 (Bushing)		전선의 절연피복을 보호하기 위하여 금속관 끝에 취부하여 사용되는 부품

15
득점 ⬜ 배점 9

도면은 자동화재탐지설비의 평면도이다. 도면 및 조건을 보고 다음 각 물음에 답하시오.

> **조건**
> (1) 부싱, 로크너트 산출 시 발신기함과 발신기함, 발신기함과 수신기 간은 제외한다.
> (2) 발신기함과 수신기에는 자체 박스가 있으므로 별도의 박스를 사용하지 않는다.
> (3) 3방출 이상은 4각 박스를 사용한다.

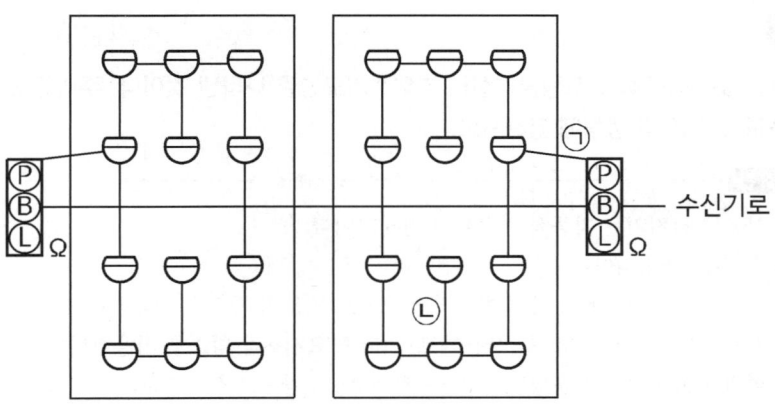

가. 기호 ㉠, ㉡의 전선 가닥 수를 구하시오.

나. 본 공사에서 소요되는 물량을 산출하여 빈칸을 채우시오.

종류	규격	단위	수량
차동식 스포트형 감지기	–	개	(㉠)
발신기함	–	개	(㉡)
콘크리트박스	8각 철재	조	(㉢)
부싱	–	개	(㉣)
로크너트	–	개	(㉤)

정답

가. ㉠ 4가닥, ㉡ 4가닥
나. ㉠ 24, ㉡ 2, ㉢ 18, ㉣ 52, ㉤ 104

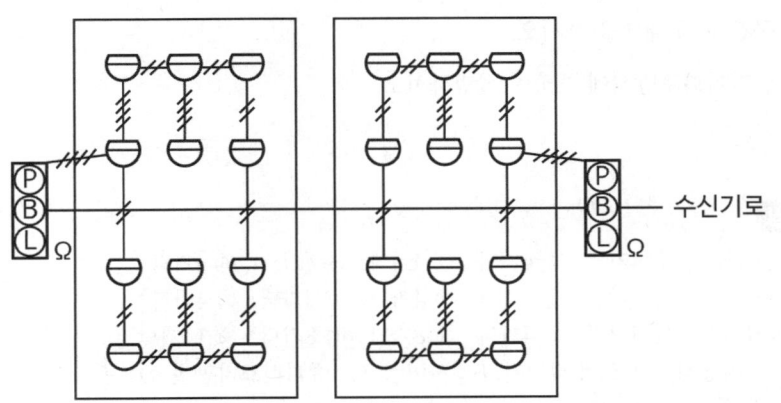

16

다음은 준비작동식 스프링클러설비 부대전기도면을 나타낸 것이다. 주어진 도면을 이용하여 다음 각 물음에 답하시오.

득점 / 배점 12

조건
(1) 사용된 감지기는 차동식 스포트형 감지기이다.
(2) 층고는 3.8 [m]이다.
(3) SVP함과 수신기에는 자체 박스가 있으므로 별도의 박스를 사용하지 않는다.
(4) 3방출 이상은 4각 박스를 사용하고, 기타 필요시 8각 박스를 사용한다.
(5) 설비를 효과적으로 운영할 수 있는 최소전선수량으로 산출한다.
(6) 사용된 전선관은 후강전선관을 사용하는 것으로 한다.

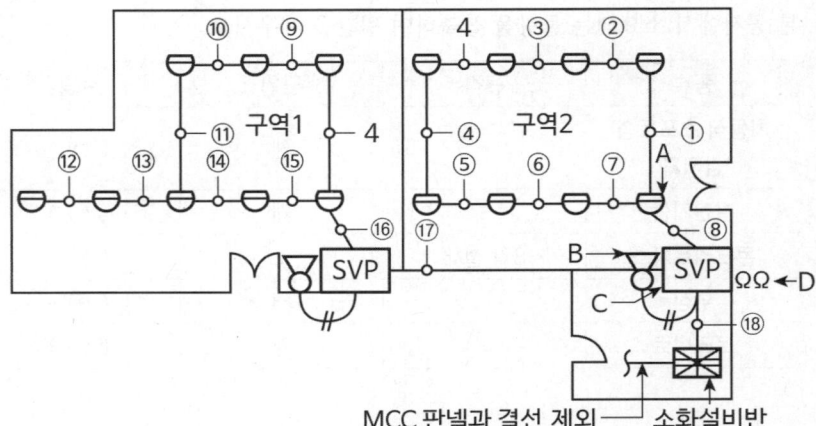

가. 평면도의 ① ~ ⑱까지의 전선수는 몇 가닥인가?

나. 도면에 표시된 A ~ D까지의 명칭은?

다. 사용되는 박스 몇 개가 필요한가? (4각 박스와 8각 박스로 구분할 것)

라. 구간 ⑰의 내역을 쓰시오.

마. 감지기회로방식에 대하여 설명하시오.

정답
가. ① 4가닥 ② 4가닥 ③ 4가닥 ④ 4가닥 ⑤ 4가닥 ⑥ 4가닥
    ⑦ 4가닥 ⑧ 8가닥 ⑨ 4가닥 ⑩ 4가닥 ⑪ 4가닥 ⑫ 4가닥
    ⑬ 8가닥 ⑭ 4가닥 ⑮ 4가닥 ⑯ 8가닥 ⑰ 8가닥 ⑱ 14가닥
나. A : 차동식 스포트형 감지기, B : 사이렌, C : 슈퍼비죠리판넬, D : 종단저항
다. 4각 박스 : 3개, 8각 박스 : 15개, 총 18개

라. 전원(+, -), SV, PS, TS, 사이렌, 감지기A, 감지기B
마. 교차회로방식으로 하나의 방사구역 내에 2 이상 감지기회로를 설치하여 인접한 2 이상의 감지기가 동시에 작동하는 때 설비를 작동시키는 방식

☑ 해설
- 박스
  ① 4각 박스 : 3방출 이상, 한쪽 면이 2방출이므로 3개
  ② 8각 박스 : 4각 박스 외의 것
- 박스 제외 : 수신기함, 발신기함, 옥내소화전함, T/B, SVP, RM 등

17

득점 □ 배점 10

그림은 대형 건물 기계실의 Halon소화설비 평면도이다. 다음 각 물음에 답하시오.

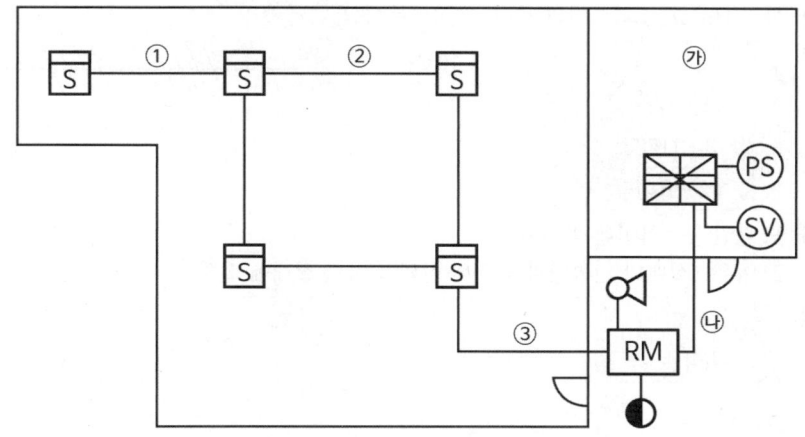

가. 다음 그림 기호의 명칭을 쓰시오.

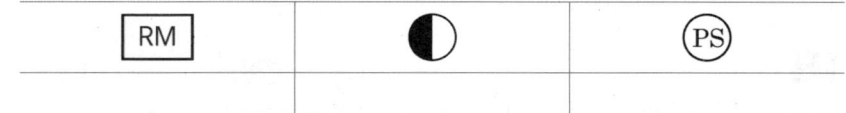

RM	◐	PS

나. 위 도면의 감지기회로방식과 종단저항의 개수를 쓰시오.

  1) 회로방식 :

  2) 종단저항 개수 :

다. ㉮실의 용도를 쓰시오.

라. ㉯의 전선 가닥 수, 굵기, 전선의 종류, 전선관을 배선기호로 표시하시오.

마. 위 도면의 틀린 곳을 찾고, 고쳐야 하는 주된 이유를 쓰시오.

바. 감지기회로 ① ~ ③의 가닥 수를 쓰시오.

구분	①	②	③
가닥 수			

정답

가.

RM	◐	PS
수동조작함	방출표시등	압력스위치

나. 1) 회로방식 : 교차회로방식
    2) 종단저항 개수 : 2개

다. 할론(Halon)소화설비의 감시, 제어하는 구역

라.
1 ~ 4가닥	16 C
5 ~ 7가닥	22 C
8 ~ 11가닥	28 C
12 ~ 19가닥	36 C

//// ////
HFIX 2.5 (28)

마. 1) 틀린 곳 : 사이렌의 위치
    2) 이유 : 실내의 인명대피를 위해 실외가 아닌 실내에 설치

바.
구분	①	②	③
가닥 수	4	4	8

18

배점 5

다음은 소방시설공사 중 표준품셈에 명시되어 있지 않은 공구손료, 잡재료비 등을 계산하고자 할 때에는 별도 계상하여야 한다. 다음 각 물음에 답하시오.

가. 공구손료는 직접노무비(노임할증, 제수당, 상여금 및 퇴직급여 충당금 등은 제외)의 몇 [%]까지 계상하는가?

나. 잡재료비 및 소모재료는 설계내역에 표시하여 계상하되 주재료비의 최대 몇 [%]까지 계상하는가?

정답

가. 3
나. 5

핵심이론 ❘ 소방시설공사의 견적

□ 공구손료
- 공구손료는 일반공구 및 시험용 계측기구류의 손료로서 공사 중 상시 일반적으로 사용하는 것을 말함
- 인력품(노임할증과 작업시간 증가에 의하지 않은 품할증 제외)의 3 [%]까지 계상
- 특수공구(철골공사, 석공사 등) 및 검사용 특수계측기류의 손료는 별도 계상

□ 잡재료 및 소모재료
- 소량이나 작은 금액의 재료
- 잡재료 : 볼트류, 너트류, 플러그류, 작은나사, 목나사, 단자류(8 [mm^2] 이하), 못, 슬리브(Sleeve), 스테이플(Staple), 새들(Saddle), 보수재료 등
- 소모재료 : 땜납, 페이스트(paste), 테이프류, 가솔린, 오일, 절연 니스, 방청 도료, 용접봉, 왁스, 아세틸렌가스, 산소가스 등
- 주재료비와 직접재료비(전선, 케이블 및 배관자재비)의 2 ~ 5 [%]까지 계상

19

| 득점 | | 배점 | 10 |

다음 표는 어느 15층 건물의 자동화재탐지설비의 공사에 소요되는 자재물량이다. 주어진 조건 및 품셈을 이용하여 ① ~ ⑰의 빈칸을 채우시오. (단, 주어진 도면은 1층의 평면도이며 모든 층의 구조는 동일하다)

조건
(1) 본 방호대상물은 이중천장이 없는 구조이다.
(2) 공량산출 시 내선전공의 단위공량은 첨부된 품셈표에서 찾아 적용한다.
(3) 배관공사는 콘크리트 매입으로 전선관은 후강전선관을 사용한다.
(4) 감지기 취부는 매입 콘크리트박스에 직접 취부하는 것으로 한다.
(5) 감지기간 전선은 1.5 [mm^2] 전선, 감지기간 배선을 제외한 전선은 2.5 [mm^2] 전선을 사용한다.
(6) 아웃렛 박스(Outlet Box)는 내선전공공량 산출에서 제외한다.
(7) 내선전공 1인의 1일 최저 노임단가는 100000원으로 책정한다.

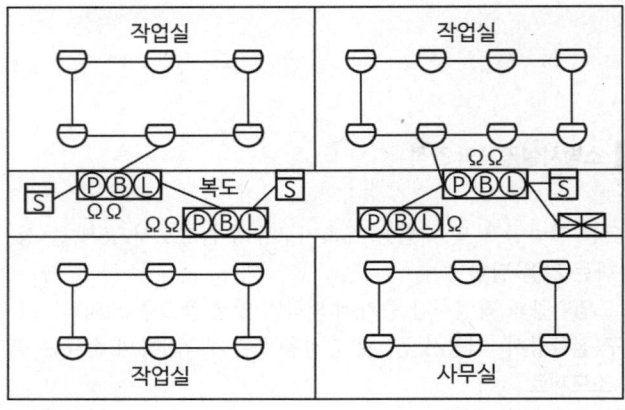

품명	수량	단위	공량계(인)	공량합계(인)
수신기	1	대	(①)	(⑭)
발신기세트	(②)	개	(③)	
연기감지기	(④)	개	(⑤)	
차동식 감지기	(⑥)	개	(⑦)	
후강전선관(16 [mm])	1000	M	(⑧)	
후강전선관(22 [mm])	430	M	(⑨)	
후강전선관(28 [mm])	50	M	(⑩)	
후강전선관(36 [mm])	30	M	(⑪)	
전선(1.5 [mm^2])	4500	M	(⑫)	
전선(2.5 [mm^2])	1500	M	(⑬)	
직접노무비				(⑮)
공구손료(3 [%])				(⑯)
공구손료를 고려한 공사비 합계(원)				(⑰)

품명	단위	내선전공 공량	품명	단위	내선전공 공량
P형 수신기(기본 공수)	대	6	후강전선관(36 [mm])	M	0.2
P형 수신기 회선당 할증	회선	0.3	전선 1.5 [mm^2]	M	0.01
부수신기(기본 공수)	대	3.0	전선 2.5 [mm^2]	M	0.01
아웃렛 박스	개	0.2	발신기세트	개	0.9
후강전선관(16 [mm])	M	0.08	연기감지기	개	0.13
후강전선관(22 [mm])	M	0.11	차동식 연기감지기	개	0.13
후강전선관(28 [mm])	M	0.14			

정답

품명	수량	단위	공량계(인)	공량합계(인)
수신기	1	대	(6 + (7 × 15 × 0.3) = 37.5)	(37.5 + 54 + 5.85 + 50.7 + 80 + 47.3 + 7 + 6 + 45 + 15 = 348.35)
발신기세트	(60)	개	(60 × 0.9 = 54)	
연기감지기	(45)	개	(45 × 0.13 = 5.85)	
차동식 감지기	(390)	개	(390 × 0.13 = 50.7)	
후강전선관(16 [mm])	1000	M	(1000 × 0.08 = 80)	
후강전선관(22 [mm])	430	M	(430 × 0.11 = 47.3)	
후강전선관(28 [mm])	50	M	(50 × 0.14 = 7)	
후강전선관(36 [mm])	30	M	(30 × 0.2 = 6)	
전선(1.5 [mm^2])	4500	M	(4500 × 0.01 = 45)	
전선(2.5 [mm^2])	1500	M	(1500 × 0.01 = 15)	
직접노무비				(348.35 × 100000 = 34835000원)
공구손료(3 [%])				(34835000 × 0.03 = 1045050)
공구손료를 고려한 공사비 합계(원)				(34835000 + 1045050 = 35880050)

20

자동화재탐지설비의 평면도를 보고 다음 각 물음에 답하시오.

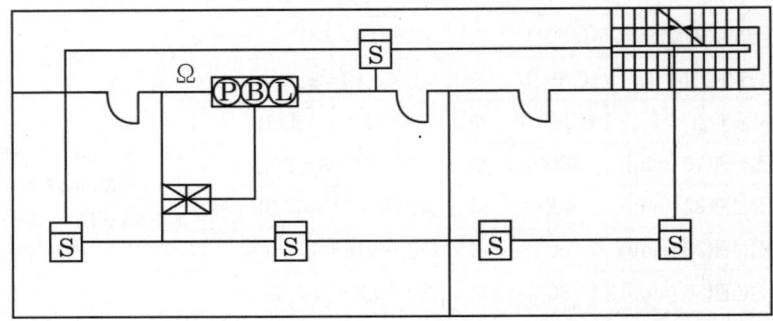

가. 각 기기장치 사이를 연결하는 배선의 가닥 수를 평면도상에 표기하시오.

나. 다음의 도표상에 명시한 자재를 시공하는 데 필요한 노무비를 주어진 품셈표를 적용하여 산출하시오. (단, 노무비는 수량, 공량, 노임단가의 빈칸을 채우고 산출하며, 층고는 3.5 [m]이고, 내선전공의 노임단가는 105000원을 적용한다)

품명	규격	단위	수량	공량	노임단가(원)	노무비(원)
감지기	연기감지기	개				
발신기	P형	개				
표시등	DC 24 [V]	개				
경종	DC 24 [V]	개				
전선관	16C	[m]	76	0.08		
전선	HFIX-1.5 [mm²]	[m]	208	0.01		
전선관	28C	[m]	7	0.14		
전선	HFIX-2.5 [mm²]	[m]	77	0.01		
P형 수신기	5회로	대				
-	-	-	-	-		소계

[품셈표]

공종	단위	내선전공	비고
연기감지기	개	0.13	(1) 천장높이 4 [m]기준 1 [m] 증가 시마다 5 [%] 가산 (2) 매입형 또는 특수구조인 경우 조건에 따라 선정
시험기 (공기관 포함)	개	0.15	(1) 상동 (2) 상동
분포형의 공기관	[m]	0.025	(1) 상동 (2) 상동
검출기	개	0.30	
공기관식의 Booster	개	0.10	
발신기 P형	개	0.30	1급(방수형)
회로시험기	개	0.10	
수신기 P형(기본공수) (회선수 공수 산출 가산요)	대	6.0	[회선수에 대한 산정] 매 1회선에 대해서 | 형식 \ 직종 | 내선전공 | |---|---| | P형 | 0.3 | | R형 | 0.2 |
부수신기(기본공수)	대	3.0	※ R형은 수신반 인입 감시 회선수 기준 [참고] 산정 예 : P형의 10회분 기본공수는 6인, 회선당 할증수는 10 × 0.3 = 3 ∴ 6 + 3 = 9인
소화전 기동 릴레이	대	1.5	
경종	개	0.15	
표시등	개	0.20	
표지판	개	0.15	

정답

가.

나.

품명	규격	단위	수량	공량	노임단가(원)	노무비(원)
감지기	연기감지기	개	5	0.13	105000	5 × 0.13 × 105000 = 68250
발신기	P형	개	1	0.3	105000	1 × 0.3 × 105000 = 31500
표시등	DC 24 [V]	개	1	0.2	105000	1 × 0.2 × 105000 = 21000
경종	DC 24 [V]	개	2	0.15	105000	2 × 0.15 × 105000 = 31500
전선관	16 [C]	[m]	76	0.08	105000	76 × 0.08 × 105000 = 638400
전선	HFIX 1.5 [mm^2]	[m]	208	0.01	105000	208 × 0.01 × 105000 = 218400
전선관	28 [C]	[m]	7	0.14	105000	7 × 0.14 × 105000 = 102900
전선	HFIX 2.5 [mm^2]	[m]	77	0.01	105000	77 × 0.01 × 105000 = 80850
P형 수신기	5회로	대	1	6.0	105000	(6+1 × 0.3) × 105000 = 661500
-	-	-	-	-	소 계	1867950

☑ 해설 : 노무비 산정(수량 × 내선 전공 공량 × 노임단가 = 노무비)
① 감지기 : 수량(평면도 참고) 6개. 내선전공 공량 0.13, 노임단가 105000원
   5 × 0.13 × 105000 = 68250원
② 발신기 : 발신기 P형 1개, 내선전공 공량 0.3, 노임단가는 105000원
   1 × 0.3 × 105000 = 31500원
③ 표시등 : 표시등 1개, 내선전공 공량 0.2, 노임단가는 105000원이므로
   1 × 0.2 × 105000 = 21000원
④ 경종 : 주경종 1개, 총 2개, 내선전공 공량 0.15, 노임단가는 105000원이므로
   2 × 0.15 × 105000 = 31500원
⑤ P형 수신기 : 수신기 1대, 1회로이므로 수신기 회선당 할증 0.3을 적용
   [6 + (1 × 0.3)] × 105000 = 661500원
⑥ 노무비의 총합
   68250 + 31500 + 21000 + 31500 + 638400 + 218400 + 102900 + 80850 + 661500 = 1854300원

※ 내선전공 = 공량이며, 사람 수이다. 예를 들면 연기감지기 1개를 설치하는 데 0.13명이 필요하다는 의미이다.

21

득점 / 배점 10

다음 표는 어느 건물의 자동화재탐지설비 공사에 소요되는 자재물량이다. 주어진 품셈을 이용하여 내선전공의 노임요율과 공량의 빈칸을 채우고 인건비를 산출하시오.

[조건]
(1) 공구손료는 인건비의 3 [%], 내선전공의 M/D는 100000원을 적용한다.
(2) 콘크리트박스는 매입을 원칙으로 하며, 박스커버의 내선전공은 적용하지 않는다.
(3) 빈칸에 숫자를 적을 필요가 없는 부분은 공란으로 남겨 둔다.

가. 내선전공의 노임요율 및 공량

[표 1] 전선관배관

합성수지 전선관		금속(후강) 전선관		금속가요 전선관	
관의 호칭	내선 전공	관의 호칭	내선 전공	관의 호칭	내선 전공
14	0.04	–	–	–	–
16	0.05	16	0.08	16	0.044
22	0.06	22	0.11	22	0.059
28	0.08	28	0.14	28	0.072
36	0.10	36	0.20	36	0.087
42	0.13	42	0.25	42	0.104
54	0.19	54	0.34	54	0.136
70	0.28	70	0.44	70	0.136

[표 2] 박스(Box) 신설

종별	내선전공
8각 Concrete Box	0.12
4각 Concrete Box	0.12
8각 Outlet Box	0.2
중형 4각 Outlet Box	0.2
대형 4각 Outlet Box	0.2
1개용 Switch Box	0.2
2~3개용 Switch Box	0.2
4~5개용 Switch Box	0.25
노출형 Box(콘크리트 노출기준)	0.29
플로어 박스	0.2

[표 3] 옥내배선

규격	관 내 배선	규격	관 내 배선
6 [mm^2] 이하	0.010	120 [mm^2] 이하	0.077
16 [mm^2] 이하	0.023	150 [mm^2] 이하	0.088
38 [mm^2] 이하	0.031	200 [mm^2] 이하	0.107
50 [mm^2] 이하	0.043	250 [mm^2] 이하	0.130
60 [mm^2] 이하	0.052	300 [mm^2] 이하	0.148
70 [mm^2] 이하	0.061	325 [mm^2] 이하	0.160
100 [mm^2] 이하	0.064	400 [mm^2] 이하	0.197

[표 4] 자동화재경보장치 설치

공종	단위	내선전공	비고
Spot형 감지기(차동식, 정온식, 보상식) 노출형	개	0.13	(1) 천장높이 4 [m]기준 1 [m] 증가 시마다 5 [%] 가산 (2) 매입형 또는 특수구조인 경우 조건에 따라 선정
시험기(공기관 포함)	개	0.15	(1) 상동 (2) 상동
분포형의 공기관	[m]	0.03	(1) 상동 (2) 상동
검출기	개	0.30	
공기관식의 Booster	개	0.10	
발신기 P형	개	0.30	
회로시험기	개	0.10	
수신기 P형(기본공수) (회선수 공수 산출 가산요)	대	6.0	[회선수에 대한 산정] 매 1회선에 대해서 | 형식\\직종 | 내선전공 | |---|---| | P형 | 0.3 | | R형 | 0.2 |
부수신기(기본공수)	대	3.0	※ R형은 수신반 인입감시 회선수 기준 [참고] 산정 예 : P형의 10회분 기본공수는 6인, 회선당 할증수는 10 × 0.3 = 3 ∴ 6 + 3 = 9인
소화전 기동 릴레이	대	1.5	
경종	개	0.15	
표시등	개	0.20	
표지판	개	0.15	

품명	규격	단위	수량	노임요율	공량(계)
수신기	P형 5회로	[EA]	1		
발신기	P형	[EA]	5		
경종	DC-24V	[EA]	5		
표시등	DC-24V	[EA]	5		
차동식 감지기	스포트형	[EA]	60		
전선관(후강)	steel 16호	[m]	70		
전선관(후강)	steel 22호	[m]	100		
전선관(후강)	steel 28호	[m]	400		

품명	규격	단위	수량	노임요율	공량(계)
전선	1.5 [mm²]	[m]	10000		
전선	2.5 [mm²]	[m]	15000		
콘크리트박스	4각	[EA]	5		
콘크리트박스	8각	[EA]	55		
박스커버	4각	[EA]	5		
박스커버	8각	[EA]	55		
계					

나. 인건비

품명	단위	공량	단가[원]	금액[원]
내선전공	인			
공구손료	식			
계				

정답

가. 내선전공의 노임요율 및 공량

품명	규격	단위	수량	노임요율	공량(계)
수신기	P형 5회로	[EA]	1	100000원	6 + (5 × 0.3) = 7.5
발신기	P형	[EA]	5	100000원	5 × 0.3 = 1.5
경종	DC-24V	[EA]	5	100000원	5 × 0.15 = 0.75
표시등	DC-24V	[EA]	5	100000원	5 × 0.2 = 1
차동식 감지기	스포트형	[EA]	60	100000원	60 × 0.13 = 7.8
전선관(후강)	steel 16호	[m]	70	100000원	70 × 0.08 = 5.6
전선관(후강)	steel 22호	[m]	100	100000원	100 × 0.11 = 11
전선관(후강)	steel 28호	[m]	400	100000원	400 × 0.14 = 56
전선	1.5 [mm²]	[m]	10000	100000원	10000 × 0.01 = 100
전선	2.5 [mm²]	[m]	15000	100000원	15000 × 0.01 = 150
콘크리트박스	4각	[EA]	5	100000원	5 × 0.12 = 0.6
콘크리트박스	8각	[EA]	55	100000원	55 × 0.12 = 6.6
박스커버	4각	[EA]	5		
박스커버	8각	[EA]	55		
계					348.35

나. 인건비

품명	단위	공량	단가[원]	금액[원]
내선전공	인	348.35	100000	34835000
공구손료	식	3 [%]	34835000	1045050
계				35880050

22

배점 6

특정소방대상물에 설치된 소방시설 등을 구성하는 전부 또는 일부를 개설, 이전 또는 정비하는 소방시설공사의 착공신고 대상 3가지를 쓰시오. (단, 고장 또는 파손 등으로 인하여 작동시킬 수 없는 소방시설을 긴급히 교체하거나 보수하여야 하는 경우에는 신고하지 않을 수 있다)

①

②

③

정답

① 수신반
② 소화펌프
③ 동력(감시)제어반

23 다음은 자동화재탐지설비의 심벌이다. 심벌의 명칭을 쓰시오.

배점 12

(1)	 ⊖	(2)	 Ⓢ (매입)	(3)	 ⊖EX
(4)	────	(5)	 ─⊙─	(6)	─■─
(7)	 ⊙⊙	(8)	 Ⓟ	(9)	 Ⓑ
(10)	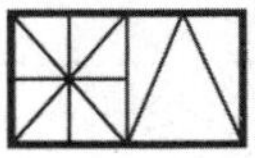 ▨	(11)	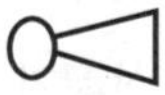 ◁	(12)	 Ⓔ

정답

(1) 차동식 스포트형 2종 감지기
(2) 연기식 2종 감지기(매입형)
(3) 정온식 스포트형 2종 감지기(방폭형)
(4) 공기관
(5) 감지선
(6) 열전대
(7) 열반도체
(8) P형 발신기(옥외형)
(9) 경보벨(방수용)
(10) 가스누설경보기와 일체인 수신기
(11) 사이렌
(12) 기동누름버튼

24

주어진 조건의 도면을 이용하여 〈보기〉와 같이 ㈎ ~ ㈐까지의 전선의 종류, 전선의 최소 굵기 및 전선의 최소 수량 등을 표기하여 도면을 완성하고 물음에 답하시오.

[조건]
(1) 대상물은 지하주차장으로서 내화구조이다.
(2) 천장의 높이는 3 [m], 슈퍼비죠리판넬인 [SVP]의 설치높이는 1.2 [m]이다.
(3) 전선관은 금속관으로 콘크리트 매입으로 사용한다고 한다.
(4) 스프링클러소화설비방식은 프리액션밸브 시스템의 감지기 설치방식이다.

표기 방식의 예: (HFIX 2.5-2)

전선 종류
전선 굵기
전선 수량

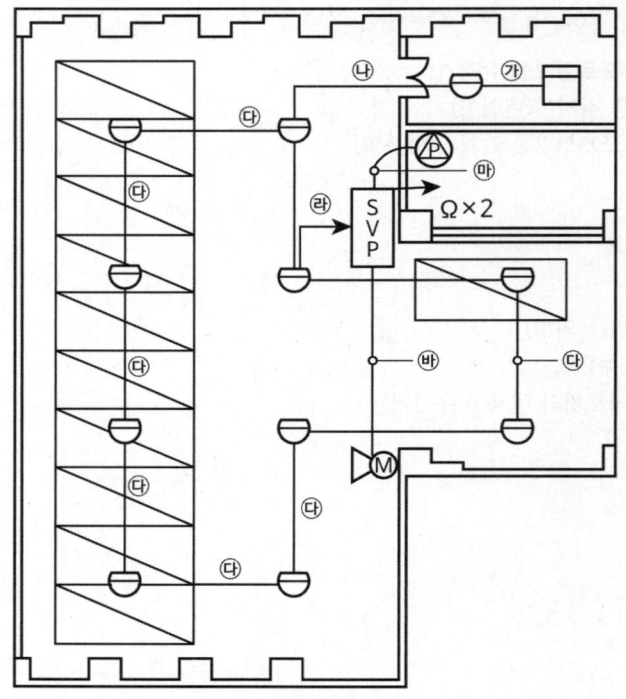

가. 도면에서 기호 (M)의 명칭은 무엇인가?

나. 다음 표를 〈보기〉와 같은 방법으로 완성하시오.

구분	내역	용도
(가)		
(나)		
(다)		
(라)		
(마)	HFIX 2.5-6	PS : 2선, TS : 2선, SV : 2선
(바)		

다. 다음의 수량을 구하시오.

1) 부싱 : 2) 로크너트 :
3) 박스(4각) : 4) 박스(8각) :

정답

가. 모터사이렌

나.

구분	내역	용도
(가)	HFIX 1.5-4	공통 : 2선, 지구 : 2선
(나)	HFIX 1.5-8	공통 : 4선, 지구 : 4선
(다)	HFIX 1.5-4	공통 : 2선, 지구 : 2선
(라)	HFIX 1.5-8	공통 : 4선, 지구 : 4선
(마)	HFIX 2.5-6	PS : 2선, TS : 2선, SV : 2선
(바)	HFIX 2.5-2	모터사이렌 : 2선

다. 1) 부싱 : 30개 2) 로크너트 : 60개
3) 박스(4각) : 2개 4) 박스(8각) : 12개

- ☑ 해설
  - 부싱 : 금속관 끝에 취부하므로 금속관 1개소에 2개 사용
  - 로크너트 : 금속관과 박스를 접속할 때 사용하는 재료로 최소 2개 사용, 부싱 취급 개소에 2개 사용
  - 부싱, 로크너트 제외 : 전선관 상승, 전선관 인하, 전선관 소통
  - 박스
    ① 4각 박스 : 3방출(4방출) 이상, 한쪽 면이 2방출
    ② 8각 박스 : 4각 박스 외의 것
  - 박스 제외 : 수신기함, 발신기함, 옥내소화전함, T/B, SVP, RM 등

CHAPTER

02 계산문제

3회독 월 일
2회독 월 일
1회독 월 일

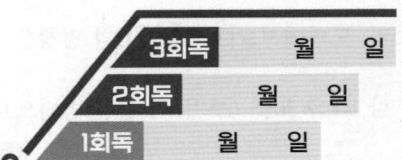

학습목표

1 감지기 감시전류와 동작전류를 계산할 수 있다.
2 전동기용량과 동기속도와 회전속도를 계산할 수 있다.
3 전력용 콘덴서용량을 계산할 수 있다.
4 단상 2선식의 전압강하[V]를 계산할 수 있다.
5 브리지 정류회로의 미완성 도면을 완성할 수 있다.
6 변압기 권수비를 구할 수 있다.
7 조명의 광속, 조명률, 조도 등을 계산할 수 있다.
8 각 설비별 비상전원을 암기한다.
9 축전지 공칭전압과 2차 충전전류, 축전지용량을 계산할 수 있다.
10 발전기 정격용량과 차단기용량을 계산할 수 있다.

학습MAP

- **전류계산**
  - 감시전류 및 동작전류 공식 ★★★
  - 경종, 표시등 및 공통선 등의 전류
- **전동기계산**
  - 전동기용량 계산 ★★★
  - V결선 시 전동기용량 계산 ★★
  - 동기속도 ★
  - 유도전동기 기동 종류와 콘덴서용량 ★★★
- **전압강하**
  - 전압강하 공식
- **전기기초 및 조명**
  - 저항 및 전기기초
  - 조명 ★★
- **소방전기설비**
  - 소방전원의 종류
  - 비상전원
- **축전지설비**
  - 축전지 공칭전압 구하는 식
  - 2차 충전전류 계산
  - 축전지용량 계산 ★★★
- **자가발전설비**
  - 발전기 정격용량(발전기용량)의 산정 공식
  - 발전기용 차단기의 용량 공식
- **비상전원수전설비**
- **절연저항정리**

01 전류계산

1 감시전류 및 동작전류공식 ★★★

(1) $I_{감시} = \dfrac{회로전압}{종단저항 + 릴레이저항 + 배선저항}$

(2) $I_{동작} = \dfrac{회로전압}{릴레이저항 + 배선저항}$

연습문제 | 전류계산(감시전류 및 동작전류공식)

01 배점 4

P형 수신기와 감지기와의 배선회로에서 종단저항은 11 [kΩ], 릴레이저항은 550 [Ω], 배선회로의 저항은 45 [Ω]이며 회로전압이 DC 24 [V]일 때 다음 각 물음에 답하시오.

가. 감시상태일 때 감시전류는 몇 [mA]인가?
  ○ 계산과정 :
  ○ 답 :

나. 감지기 작동 시 전류는 몇 [mA]인가? (단, 배선 저항은 무시한다)
  ○ 계산과정 :
  ○ 답 :

정답

가. 계산과정 : $I = \dfrac{24}{11 \times 10^3 + 550 + 45} = 2.069 \times 10^{-3} ≒ 2.07 [mA]$

답 | 2.07 [mA]

나. 계산과정 : $I = \dfrac{24}{550} = 43.636 \times 10^{-3} ≒ 43.64 [mA]$

답 | 43.64 [mA]

02

배점 5

P형 수신기와 감지기와의 배선회로에서 종단저항은 10 [kΩ], 릴레이저항은 750 [Ω], 배선회로의 저항은 50 [Ω]이며 회로전압이 DC 24 [V]일 때 다음 각 물음에 답하시오.

가. 평상시 감시전류[mA]를 구하시오.
- 계산과정 :
- 답 :

나. 감지기가 동작할 때(화재 시)의 전류[mA]를 구하시오.
- 계산과정 :
- 답 :

정답

가. 계산과정

$$I = \frac{24}{10 \times 10^3 + 750 + 50} = 2.222 \times 10^{-3} [A] = 2.222 [mA] ≒ 2.22 [mA]$$

답 | 2.22 [mA]

나. 계산과정 : $I = \frac{24}{750 + 50} = 0.03 [A] = 30 [mA]$

답 | 30 [mA]

03

배점 5

영화관 객석 내의 직선통로길이 30 [m], 유도등 1개 25 [W] 회로에 흐르는 전류는? (사용전압 220 [V]이며 손실은 무시한다)

- 계산과정 :
- 답 :

정답

☑ 계산과정

$$P = VI \Rightarrow I = \frac{P}{V} = \frac{25}{220} \times 7 = 0.795 = 0.80 [A]$$

∴ 객석유도등의 개수 = $\frac{직선부의 길이[m]}{4} - 1 = \frac{30}{4} - 1 = 6.5 = 7개$

답 | 0.8 [A]

04

감지기와 P형 수신기와의 배선회로에서 종단저항이 1.2 [kΩ], 릴레이저항이 400 [Ω], 배선회로의 저항은 60 [Ω]이다. 회로전압이 24 [V]일 때, 평상시와 화재 시 감지기회로에 흐르는 전류 [mA]를 구하시오.

가. 평상시
- 계산과정 :
- 답 :

나. 화재 시
- 계산과정 :
- 답 :

정답

가. 계산과정
$$\frac{24}{1.2 \times 10^3 + 400 + 60} = 14.457 \times 10^{-3} A = 14.457 \text{mA} ≒ 14.46 \text{ [mA]}$$

답 | 14.46 [mA]

나. 계산과정
$$\frac{24}{400 + 60} = 52.173 \times 10^{-3} A = 52.173 \text{ [mA]} ≒ 52.17 \text{ [mA]}$$

답 | 52.17 [mA]

2 경종, 표시등 및 공통선 등의 전류

(1) 직류 2선식

① $I = \dfrac{V}{R}$, $P = VI$

② $I = I_1 + I_2 = \dfrac{P_1}{V} + \dfrac{P_2}{V}$ [A]

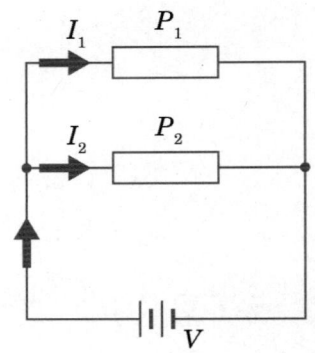

(2) 전력공식

방식	공식
단상 2선식	$P = VI\cos\theta$ P : 전력 [W], V : 전압 [V], I : 전류 [A], $\cos\theta$: 역률
3상 3선식	$P = \sqrt{3}\,VI\cos\theta$ P : 전력 [W], V : 전압 [V], I : 전류 [A], $\cos\theta$: 역률

> **선생님 TIP**
> 문제가 단상 2선식인지, 3상 3선식인지 잘 구분합시다!

연습문제   전류계산(경종, 표시등 및 공통선 등의 전류)

01

그림과 같이 지구경종과 표시등을 공통선을 사용하여 작동시키려고 한다. 이때 공통선에 흐르는 전류[A]를 구하시오. (단, 경종은 DC 24 [V], 1.52 [W]용이며, 표시등은 DC 24 [V], 3.04 [W]용이다)

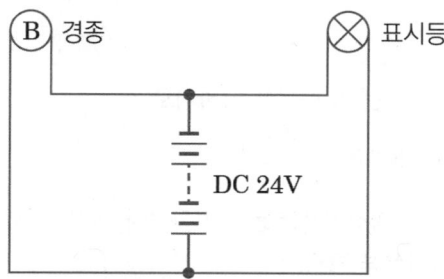

○ 계산과정 :

○ 답 :

정답

☑ 계산과정

$$I = I_1 + I_2 = \frac{P_1}{V} + \frac{P_2}{V} = \frac{1.52}{24} + \frac{3.04}{24} = 0.19\,[A]$$

답 | 0.19 [A]

02

20 [W] 중형피난구유도등 30개가 AC 220 [V] 사용전원에 연결되어 점등되고 있다. 이때 전원으로부터 공급전류 [A]를 구하시오. (단, 유도등의 역률은 0.7이며, 유도등 배터리의 충전전류는 무시하며 소수점 두 번째 자리에서 반올림하여 소수 첫째자리까지 나타내시오)

○ 계산과정 :

○ 답 :

핵심이론
단상 2선식 공식
$P = VI\cos\theta$
  P : 단상전력[W], V : 전압[V],
  I : 전류[A], $\cos\theta$: 역률

정답
☑ 계산과정
$$I = \frac{P}{V\cos\theta} = \frac{20 \times 30}{220 \times 0.7} = 3.896 ≒ 3.9[A]$$

답 | 3.9 [A]

03
득점 / 배점 8

비상콘센트설비에 대한 다음 각 물음에 답하시오.

가. 비상콘센트를 설치하는 목적을 쓰시오.

나. 지상 11층인 건물에 비상콘센트를 설치하고자 한다. 가닥 수는 몇 가닥인가? (단, 접지선은 1가닥으로 한다)

다. 단상용 콘센트에 2 [kW]용 송풍기를 연결하여 운전하면 몇 [A]의 전류가 흐르는가? (단, 역률은 70 [%]이다)
  ○ 계산과정 :
  ○ 답 :

정답
가. 화재 시 소방대의 조명용 또는 소방활동상 필요한 장비의 전원설비로 사용하기 위하여
나. 3가닥
다. 계산과정
$$I = \frac{P}{V\cos\theta} = \frac{2 \times 10^3}{220 \times 0.7} = 12.987 ≒ 12.99 [A]$$

답 | 12.99 [A]

02 전동기계산

1 전동기용량계산

(1) 전동기용량 구하는 식

$$P = \frac{\gamma H Q[m^3/s]}{102\eta} \times K$$

$$= \frac{9.8KQ[m^3/s]H}{\eta} \; ★★★$$

$$= \frac{9.8KV[m^3] \times H}{\eta \, t[s]}$$

$$= \frac{9.8K \times Q[m^3/min] \times H}{\eta \times 60} [kW]$$

P : 전동기용량 [kW], Q : 유량, H : 전양정 [m]
γ : 비중량 [kgf/m³] (물 : 1000)
V : 부피 [m³], K : 여유계수(전달계수)
η : 효율, t : 시간[s]

(2) 제연설비(배연설비)의 송풍기용량 구하는 식

$$P = \frac{KQP_T}{102 \times 60 \, \eta} [kW]$$

P : 송풍기용량 [kW], K : 여유계수(전달계수)
Q : 풍량 [m³/mim], PT : 전양정 [mmAq], η : 효율

🎯 선생님 TIP

전동기용량을 구하는 모든 공식을 암기하기보다는 하나의 공식(강조한 공식)만 암기합시다! 모든 문제가 풀립니다.

○ 단위환산
① 대기압 1 [atm] = 101325 [Pa]
    = 10332 [mmAq]
    = 760 [mmHg]
② 1 [HP] = 0.746 [kW]
③ 1 [Lpm] = 10^{-3} [m³/min]
④ 1000 [L] = 1 [m³]
⑤ 1 [mmAq] = 10^{-3} [m]

🎯 연습문제 전동기계산(전동기용량계산)

01 배점 5

펌프용 전동기로 매 분당 1.6 [m³]의 물을 높이 80 [m]인 탱크에 양수하려고 한다. 이때 전동기의 용량은 몇 [kW]인가? (단, 전동기 효율은 75 [%]이고, 여유율은 10 [%]이다)

○ 계산과정 :

○ 답 :

정답

☑ 계산과정

$$P = \frac{9.8\,K \times Q[m^3/\min] \times H}{\eta \times 60} = \frac{9.8 \times 1.1 \times 1.6 \times 80}{0.75 \times 60} = 30.663$$

≒ 30.66 [kW]

답 | 30.66 [kW]

☑ 해설
K : 여유율 10 [%] = 110 [%] = 1.1
Q : 매 분당 1.6 [m³] = 1.6/60 [m³/s]

02 배점 4

양수량이 매분 2600 [L]이고, 총양정이 11 [m]인 펌프용 전동기의 용량은 몇 [kW]이겠는가? (단, 펌프효율은 80 [%]이고, 펌프의 동력은 20 [%]의 여유를 둔다)

○ 계산과정 :

○ 답 :

정답

☑ 계산과정

$$P = \frac{9.8\,K \times Q[m^3/\min] \times H}{\eta \times 60} = \frac{9.8 \times 1.2 \times 11 \times 2.6}{0.8 \times 60} = 7.007$$

≒ 7.01 [kW]

답 | 7.01 [kW]

03 배점 5

지상 30 [m] 되는 곳에 100 [m³]의 저수조가 있다. 이 저수조에 양수하기 위하여 30 [kW]의 전동기를 사용한다면 몇 분 후에 저수조에 물이 가득 차는지 구하시오. (단, 펌프 효율은 70 [%]이고, 여유계수는 1.2이다)

○ 계산과정 :

○ 답 :

정답

- 계산과정
  - $t = \dfrac{9.8HVK}{\eta P}[s] = \dfrac{9.8 \times 1.2 \times 100 \times 30}{0.7 \times 30} = 1680 \,[\text{s}]$
  - $\dfrac{1680}{60} = 28\,[\text{min}]$

답 | 28 [min]

04

득점 □ 배점 4

지상 20 [m]되는 곳에 500 [m³]의 저수조가 있다. 이 저수조에 양수하기 위하여 15 [kW]의 전동기를 사용한다면 몇 분 후에 저수조에 물이 가득 차겠는가? (단, 펌프효율은 70 [%]이고, 여유계수는 1.2이다)

- 계산과정 :
- 답 :

정답

- 계산과정

$T = \dfrac{9.8HVK}{\eta P \times 60}[\text{min}] = \dfrac{9.8 \times 1.2 \times 500 \times 20}{0.7 \times 15 \times 60} = 186.666\,[\text{min}]$

답 | 186.67분

05

득점 □ 배점 4

용량이 800 [Lpm]이고, 양정이 80 [m]인 옥내소화전 펌프전동기의 용량은 몇 [HP]가 필요한가? (단, 펌프의 효율은 65 [%]이고, 전달 계수는 1.25이다)

- 계산과정 :
- 답 :

정답

☑ 계산과정

- $P = \dfrac{9.8 K \times Q[m^3/\min] \times H}{\eta\, t \times 60} = \dfrac{9.8 \times 1.25 \times 80 \times 800 \times 10^{-3}}{0.65 \times 60} = 20.102$
 ≒ 20.103 [kW]
- $\dfrac{20.103}{0.746} = 26.947 ≒ 26.95$ [HP]

답 | 26.95 [HP]

신유형! 06   득점 / 배점 4

제연설비의 풍량이 60000 [m³/h], 풍압은 40 [mmAq], 바닥면적은 400 [m²]이고, 예상제연구역이 직경 4 [m]인 원 안에 있다. 제연설비의 동력[kW]을 구하시오. (단, 효율은 65 [%], 전달계수는 1.1이다)

○ 계산과정 :

○ 답 :

정답

☑ 계산과정

$P = \dfrac{KQP_T}{102 \times 60\, \eta} = \dfrac{1.1 \times 60000/60 \times 40}{102 \times 60 \times 0.65} ≒ 11.06$ [kW]   답 | 11.06 [kW]

☑ 해설 : 제연설비(배연설비)의 송풍기용량 구하는 식

$P = \dfrac{KQP_T}{102 \times 60\, \eta}$ [kW]

P : 송풍기용량 [kW], K : 여유계수(전달계수), Q : 풍량 [m³/mim]
PT : 전양정 [mmAq], η : 효율

07   득점 / 배점 4

풍량이 5 [m³/s]이고, 풍압이 35 [mmHg]인 제연설비용 팬을 설치한 경우 이 팬을 운전하는 전동기의 소요용량은 몇 [kW]인지 계산하시오. (단, 효율은 70 [%]이고, 여유계수는 1.2이다)

○ 계산과정 :

○ 답 :

정답

☑ 계산과정

- $P_T = \dfrac{35}{760} \times 10332 ≒ 475.815 \, [\text{mmAq}]$

- $P = \dfrac{KQP_T}{102 \times 60 \, \eta} = \dfrac{1.2 \times 5 \times 475.815}{102 \times 0.7} = 39.984 ≒ 39.98 \, [\text{kW}]$

답 | 39.98 [kW]

- 단위환산
  ① 대기압 1 [atm] = 101325 [Pa] = 10.332 [mAq] = 760 [mmHg]

08

득점   배점   8

보충량 12000 [CMH], 누설량 10 [m³/min], 전압 30 [mmAq]인 제연설비용 송풍기의 전동기용량[kW]을 구하시오. (단, 효율은 60 [%], 전달계수는 1.1이다)

○ 계산과정 :

○ 답 :

정답

☑ 계산과정

$P = \dfrac{KQP_T}{102 \times 60 \, \eta} = \dfrac{1.1 \times 30 \times (200 + 10)}{102 \times 60 \times 0.6} = 1.887 ≒ 1.89 \, [\text{kW}]$

답 | 1.89 [kW]

☑ 해설 : 제연설비(배연설비)의 송풍기용량 구하는 식

$P = \dfrac{KQP_T}{102 \times 60 \, \eta} \, [\text{kW}]$

P : 송풍기용량 [kW], K : 여유계수(전달계수),
Q : 풍량 [m³/mim], PT : 전양정 [mmAq], η : 효율

- 풍량 Q [m³/mim] = 보충량 + 누설량 = 200 [m³/min] + 누설량 10 [m³/min]
- 단위환산 [CMH] = m³/h = m³/(min × 60)
  12000 [CMH] = 200 [m³/min]

2 V결선 시 전동기용량 계산

(1) V결선 시 전동기용량 구하는 식
  ① △결선에서 1상이 고장(제거) 시 고장상의 변압기를 제거 후 평형 3상전력을 공급하는 방법
  ② $P = P_V \sqrt{3} \cos\theta$ [kW]

  P : 전동기용량 [kW]
  P_V : V 결선 시 단상변압기 1대의 용량 [kVA]
  $\cos\theta$: 역률

  • $\cos\theta$: 역률 100 [%] = 1

(2) 출력비 : 고장 전($P_\triangle$)과 고장 후(P_V)의 출력비율

$$출력비 = \frac{P_V(V결선시출력)}{P_\triangle(\triangle결선시출력)} = \frac{\sqrt{3}\,VI}{3VI} \times 100 ≒ 57.7\,[\%]$$

(3) 변압기 1대의 이용률 : 2대의 용량에 대한 V결선 시 용량의 비율

$$이용률 = \frac{P_V(V결선시출력)}{P_2(변압기2대의출력)} = \frac{\sqrt{3}\,VI}{2VI} \times 100 ≒ 86.6\,[\%]$$

암기▶ 출오 질질

암기▶ 이팔 유유

연습문제 전동기계산(V 결선 시 전동기용량 계산)

01   득점 ☐ 배점 6

지상 31 [m]되는 곳에 수조가 있다. 이 수조에 분당 12 [m³]의 물을 양수하는 펌프용 전동기를 설치하여 3상전력을 공급하려고 한다. 펌프 효율이 65 [%]이고, 펌프 측 동력에 10 [%]의 여유를 둔다고 할 때 다음 각 물음에 답하시오. (단, 펌프용 3상 농형 유도전동기의 역률은 100 [%]로 가정한다)

가. 펌프용 전동기의 용량은 몇 [kW]인가?
  ○ 계산과정 :
  ○ 답 :

나. 3상전력을 공급하고자 단상변압기 2대를 V결선하여 이용하고자 한다. 단상변압기 1대의 용량은 몇 [kVA]인가?
  ○ 계산과정 :
  ○ 답 :

정답

가. 계산과정

$$P = \frac{9.8 K \times Q[m^3/\min] \times H}{\eta \times 60} = \frac{9.8 \times 1.1 \times 12 \times 31}{0.65 \times 60} = 102.824$$
$$\fallingdotseq 102.82 \, [kW]$$

답 | 102.82 [kW]

나. 계산과정

$$P_v = \frac{P}{\sqrt{3}\cos\theta} = \frac{102.82}{\sqrt{3} \times 1} = 59.363 \fallingdotseq 59.36 \, [kVA]$$

답 | 59.36 [kVA]

✓ 해설

$\cos\theta$: 역률 100 [%] = 1

핵심이론 전동기용량 선정

▫ 전동기용량 구하는 식

$$P = \frac{9.8 KQ[m^3/\sec]H}{\eta} = \frac{9.8 K \times Q[m^3/\min] \times H}{\eta \times 60} [kW]$$

P : 전동기용량 [kW], K : 여유계수, Q : 유량
H : 전양정 [m], η : 효율, t : 시간 [s]

▫ V 결선 시 전동기용량 구하는 식

$$P = P_v \sqrt{3} \cos\theta \, [kW]$$

P : 전동기용량 [kW]
P_v : V 결선 시 단상변압기 1대의 용량 [kVA], $\cos\theta$: 역률

02

매분 15 [m³]의 물을 지상으로부터 높이 18 [m]인 물탱크에 양수하려고 한다. 조건을 참조하여 다음 각 물음에 답하시오.

조건

(1) 펌프의 효율은 60 [%]이다.
(2) 펌프와 전동기의 합성역률은 80 [%]이다.
(3) 펌프의 축동력은 15 [%]의 여유를 둔다고 한다.

가. 필요한 전동기의 용량은 몇 [kW]인가?
　○ 계산과정 :
　○ 답 :

나. 부하용량은 몇 [kVA]인가?
  ○ 계산과정 :
  ○ 답 :

다. 전력공급은 단상변압기 2대를 사용하여 V결선하여 공급한다면 변압기 1대의 용량은 몇 [kVA]인가?
  ○ 계산과정 :
  ○ 답 :

핵심이론
부하용량
$P = P_a \cos\theta = VI\cos\theta \text{ [kW]}$
P : 유효전력 [kW]
Pa : 피상전력(부하용량) [kVA]
$\cos\theta$: 역률

정답

가. 계산과정
$$P = \frac{9.8\,K \times Q[m^3/\min] \times H}{\eta \times 60} = \frac{9.8 \times 1.15 \times 18 \times 15}{0.6 \times 60} = 84.528 \text{ [kW]}$$
답 | 84.53 [kW]

나. 계산과정
$$P_a = \frac{P}{\cos\theta}[kVA] = \frac{84.528}{0.8} = 105.66 \text{ [kVA]}$$
답 | 105.70 [kVA]

다. 계산과정
$$P_1 = \frac{P_a}{\sqrt{3}}[kVA] = \frac{P}{\sqrt{3}\cos\theta}[kVA] = \frac{84.53}{\sqrt{3} \times 0.8} = 61.025 \text{ [kVA]}$$
답 | 61.03 [kVA]

❸ 동기속도

(1) 유도전동기 동기속도와 슬립

① 동기속도 : 회전자계의 회전수를 동기속도라 하며, 주파수와 극수에 의해 정해짐

② 동기속도 구하는 식 ★★★

$$N_s = \frac{120f}{P} \text{ [rpm]}$$

N_s : 동기속도 [rpm], N : 회전속도 [rpm], f : 주파수 [Hz], P : 극수
우리나라의 상용주파수 : 60 [Hz]

(2) 회전속도 구하는 식

① 슬립(slip) : 3상 유도전동기는 항상 동기속도(자석의 속도)와 회전자의 속도(아라고 원판의 속도) 사이에 차이가 생기게 됨. 회전자의 늦음 정도를 말함

$$s = \frac{동기속도 - 회전속도}{동기속도} = \frac{N_s - N}{N_s}$$

N_s : 동기속도[rpm], N : 회전속도[rpm]

② 회전속도 구하는 식 ★★★

$$N = \frac{120f}{P}(1-s) = N_s(1-s)[rpm]$$

N_s : 동기속도 [rpm], N : 회전속도 [rpm]
f : 주파수 [Hz], P : 극수, s : 슬립

연습문제 | 전동기계산(동기속도)

01

| 득점 | 배점 | 4 |

3 [∅], 380 [V], 60 [Hz], 4P, 75 [HP]의 전동기가 있다. 동기속도는 몇 [rpm]인가?

 계산과정 :

 답 :

> **핵심이론**
> 동기속도 구하는 식
> $N_s = \dfrac{120f}{P}$ [rpm]

정답

☑ 계산과정

$N_s = \dfrac{120f}{P}$ [rpm] $= \dfrac{120 \times 60}{4} = 1800\,[rpm]$

답 | 1800 [rpm]

02

득점 / 배점 5

3 [∅], 380 [V], 4 [P], 75 [HP]의 전동기가 있다. 동기속도가 1500 [rpm]일 때 이 전동기의 주파수[Hz]를 구하시오.

○ 계산과정 :

○ 답 :

정답

☑ 계산과정

$N_s = \dfrac{120f}{P}$ [rpm] $= \dfrac{1500 \times 4}{120} = 50\,[Hz]$

답 | 50 [Hz]

03

득점 / 배점 4

3 [∅], 380 [V], 60 [Hz], 4 [P], 75 [HP]의 전동기가 있다. 다음 각 물음에 답하시오. (단, 슬립은 5 [%]이다)

가. 동기속도는 몇 [rpm]인가?

  ○ 계산과정 :

  ○ 답 :

나. 회전속도는 몇 [rpm]인가?

  ○ 계산과정 :

  ○ 답 :

정답

가. 계산과정

$$동기속도 = \frac{120 \times 60}{4} = 1800\,[\text{rpm}]$$

답 | 1800 [rpm]

나. 계산과정

$$회전속도 = 1800 \times \left(1 - \frac{5}{100}\right) = 1710\,[\text{rpm}]$$

답 | 1710 [rpm]

04

배점 4

전동기의 극수가 4극인 전동기가 있다. 다음 물음에 답하시오.

가. 동기속도는 몇 [rpm]인가?
- 계산과정 :
- 답 :

나. 회전속도가 1750 [rpm]일 때 슬립은 몇 [%]인가?
- 계산과정 :
- 답 :

정답

가. 계산과정

$$동기속도\ N_s = 120 \times \frac{60}{4} = 1,800\,[rpm]$$

답 | 1800 [rpm]

나. 계산과정

$$슬립\ s = \frac{N_s - N}{N_s} \times 100 = \frac{1800 - 1750}{1800} \times 100 = 2.777\,[\%]$$

답 | 2.78 [%]

핵심이론

슬립 구하는 식

$$s = \frac{동기속도 - 회전속도}{동기속도}$$

$$= \frac{N_s - N}{N_s}$$

N_s : 동기속도 [rpm]
N : 회전속도 [rpm]
s : 슬립

4 유도전동기 기동 종류와 콘덴서용량

(1) 농형 유도전동기(3상)

기동방식		용량	내용
전전압 기동	직입 기동	5 [kW] 이하	전동기에 별도의 기동 장치를 사용하지 않고 직접 정격전압을 인가하는 방식, 소용량
감전압 기동	Y-△ 기동	5 ~ 15 [kW]	기동 시 고정자 권선을 Y로 접속하여 기동하고 △로 변경하여 운전하는 방식
감전압 기동	기동 보상기	15 [kW] 이상	3상 단권변압기를 이용하여 기동전류를 감소시키는 기동방식
	리액터 기동		전동기 1차 측에 직렬로 리액터를 설치하여 그 리액턴스의 값을 조정하여 전동기 인가 전압제어

> 콘덴서회로 주변기기
> ① 방전코일
>   ㄱ. 투입 시 과전압으로부터 보호하고
>   ㄴ. 개방 시 콘덴서의 잔류전하를 방전시킴
> ② 직렬리액터
>   ㄱ. 제5고조파에 의한 파형 개선
>   ㄴ. 역률개선을 위하여 전력용 콘덴서 설치 시 제5고조파로 회로의 파형이 찌그러지는데, 이를 방지하기 위해 직렬로 설치하는 리액터

(2) 콘덴서용량 계산

① 부하의 역률을 개선하기 위하여 설치하며, 진상용 콘덴서라고도 함

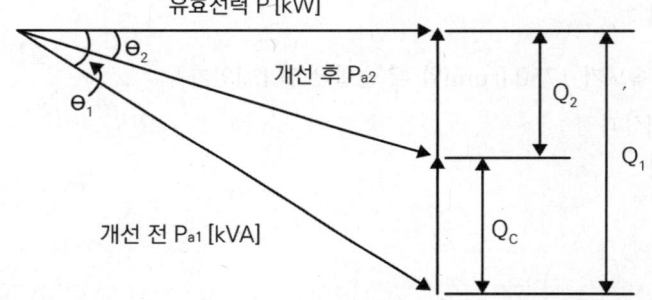

② 콘덴서용량 $Q_C = Q_1 - Q_2$

$= P_{a1}\sin\theta_1 - P_{a2}\sin\theta_2$ [kVA]

$= P\left(\dfrac{\sin\theta_1}{\cos\theta_1} - \dfrac{\sin\theta_2}{\cos\theta_2}\right) = P(\tan\theta_1 - \tan\theta_2)$ [kVA]

$= P\left(\dfrac{\sqrt{1-\cos^2\theta_1}}{\cos\theta_1} - \dfrac{\sqrt{1-\cos^2\theta_2}}{\cos\theta_2}\right)$ [kVA] ★★★

Q_C : 콘덴서용량 [kVA], P : 유효전력 [kW]
$\cos\theta_1$: 개선 전 역률, $\sin\theta_1$: 개선 전 무효율
$\cos\theta_2$: 개선 후 역률, $\sin\theta_2$: 개선 후 무효율
Q_1, Q_2 : 역률 개선 전, 후 무효전력 [kVar]

연습문제 — 전동기계산(유도전동기 기동 종류와 콘덴서용량)

01

득점 ___ 배점 4

옥내소화전설비의 소화펌프로 사용되는 3상 유도전동기의 기동방식을 2가지만 쓰시오.

①

②

정답

① Y-△기동
② 리액터기동

핵심이론

3상 유도전동기 기동방식
전전압기동법, 기동보상기법, Y-△기동(와이델타기동법), 리액터기동법

02

득점 ___ 배점 5

동력제어반(MCC)에서 옥내소화전설비의 펌프전동기에 전력을 공급하고자 한다. 전동기의 공급전압은 3상 220 [V], 전동기의 용량은 30 [kW], 역률은 60 [%]라고 가정할 때 전동기의 역률은 90 [%]로 개선하고자 하는 경우 필요한 전력용 콘덴서의 용량 [kVA]을 구하시오.

정답

☑ 계산과정

$$30\left(\frac{\sqrt{1-0.6^2}}{0.6} - \frac{\sqrt{1-0.9^2}}{0.9}\right) = 25.470 ≒ 25.47 \text{ [kVA]}$$

답 | 25.47 [kVA]

> **핵심이론** 역률개선용 콘덴서용량을 구하는 식
>
> □ 전동기용량 구하는 식
> $$P = \frac{9.8KQ[m^3/s]H}{\eta} = \frac{9.8K \times Q[m^3/\min] \times H}{\eta \times 60}[\text{kW}]$$
> P : 전동기용량 [kW], K : 여유계수, Q : 유량
> H : 전양정 [m], η : 효율, t : 시간 [s]
>
> □ 역률개선용 콘덴서용량 구하는 식
> $$Q_c = P\left(\frac{\sqrt{1-\cos\theta_1^2}}{\cos\theta_1} - \frac{\sqrt{1-\cos\theta_2^2}}{\cos\theta_2}\right)$$
> P : 유효전력[kW]
> $\cos\theta_1$: 개선 전 역률, $\cos\theta_2$: 개선 후 역률

03

득점	배점
	6

3상 380 [V], 30 [kW] 스프링클러펌프용 유도전동기이다. 기동방식은 일반적으로 어떤 방식이 이용되며 전동기의 역률이 60 [%]일 때 역률은 90 [%]로 개선할 수 있는 전력용 콘덴서의 용량은 몇 [kVA]이겠는가?

가. 기동방식 :

나. 역률 개선 후 전력용 콘덴서의 용량
- 계산과정 :
- 답 :

정답

가. 기동보상기법(또는 Y - △ 기동방식)

나. 계산과정
$$Q_C = 30 \times \left(\frac{\sqrt{1-0.6^2}}{0.6} - \frac{\sqrt{1-0.9^2}}{0.9}\right) = 25.470 \text{ [kVA]}$$

답 | 25.47 [kVA]

04

배점 4

3상, 380 [V], 100 [HP] 스프링클러펌프용 유도전동기이다. 전동기의 역률이 60 [%]일 때 역률을 90 [%]로 개선할 수 있는 전력용 콘덴서의 용량의 몇 [kVA]인지 구하시오.

정답

☑ 계산과정

$$Q_C = 100 \times 0.746 \times \left(\frac{\sqrt{1-0.6^2}}{0.6} - \frac{\sqrt{1-0.9^2}}{0.9} \right)$$
$$= 63.336 \text{ [kVA]} \fallingdotseq 63.34 \text{ [kVA]}$$

답 | 63.34 [kVA]

☑ 해설
- 1 [HP] = 0.746 [kW]
- P = 100 × 0.746

05

배점 6

다음은 전동기와 전력용 콘덴서에 관련된 사항이다. 각 물음에 답하시오.

가. 전동기용량은 200 [kW]이며, 역률은 60 [%]이다. 역률을 95 [%]로 개선하기 위한 전력용 콘덴서는 몇 [kVA]가 필요한가?

  ○ 계산과정 :

  ○ 답 :

나. 투입 시 과전압으로부터 보호하고 개방 시 콘덴서의 잔류전하를 방전시키며 콘덴서를 회로에서 분리시켰을 경우 잔류전하를 방전시켜 위험을 방지하기 위한 목적으로 사용되는 것을 무엇이라 하는가?

다. 직렬리액터의 설치목적을 쓰시오.

핵심이론

전력용 콘덴서의 구성

□ 방전코일
투입 시 과전압으로부터 보호하고, 개방 시 콘덴서의 잔류전하를 방전시킴

□ 직렬리액터
- 제5고조파에 의한 파형 개선
- 역률개선을 위하여 전력용 콘덴서 설치 시 제5고조파로 회로의 파형이 찌그러지는데, 이를 방지하기 위해 직렬로 설치하는 리액터

정답

가. 계산과정

$$Q_C = 200 \times \left(\frac{\sqrt{1-0.6^2}}{0.6} - \frac{\sqrt{1-0.95^2}}{0.95} \right) = 200.929 ≒ 200.93 \, [\text{kVA}]$$

답 | 200.93 [kVA]

나. 방전코일
다. 제5고조파에 의한 파형 개선

---

06 [배점 6]

양수량이 매분 15 [m³]이고, 총양정이 20 [m]인 펌프용 전동기에 대하여 다음 각 물음에 답하시오.

가. 펌프효율이 65 [%]이고, 여유계수가 1.15라고 하면 전동기의 용량은 몇 [kW]인가?
- 계산과정 :
- 답 :

나. 이 전동기의 전부하의 역률이 70 [%]이다. 역률을 90 [%]로 개선하려면 역률개선을 위한 전력용 콘덴서는 몇 [kVA] 필요한가?
- 계산과정 :
- 답 :

다. 이 전동기의 극수가 4극이면 동기속도는 몇 [rpm]인가?
- 계산과정 :
- 답 :

정답

가. 계산과정 : $P = \dfrac{1000 \times 15 \times 20}{102 \times 60 \times 0.65} \times 1.15 = 86.726 \, [\text{kW}]$

답 | 86.73 [kW]

나. 계산과정 : $Q_C = P \times \left(\dfrac{\sqrt{1-\cos^2\theta_1}}{\cos\theta_1} - \dfrac{\sqrt{1-\cos^2\theta_2}}{\cos\theta_2} \right)$

$= 86.73 \times \left(\dfrac{\sqrt{1-0.7^2}}{0.7} - \dfrac{\sqrt{1-0.9^2}}{0.9} \right) = 46.477 \, [\text{kVA}]$

답 | 46.48 [kVA]

다. 계산과정 : $N_S = \dfrac{120 \times 60}{4} = 1800 \, [\text{rpm}]$

답 | 1800 [rpm]

핵심이론 전동기용량 산정

□ 전동기용량 구하는 식

$$P = \frac{9.8KQ[m^3/s]H}{\eta} = \frac{9.8K \times Q[m^3/\min] \times H}{\eta \times 60}[\text{kW}]$$

P : 전동기용량 [kW], K : 여유계수, Q : 유량
H : 전양정 [m], η : 효율, t : 시간 [s]

□ 역률개선용 콘덴서용량 구하는 식

$$Q_c = P\left(\frac{\sqrt{1-\cos\theta_1^2}}{\cos\theta_1} - \frac{\sqrt{1-\cos\theta_2^2}}{\cos\theta_2}\right)$$

P : 유효전력[kW], $\cos\theta_1$: 개선 전 역률, $\cos\theta_2$: 개선 후 역률

□ 동기속도 구하는 식

$$N_s = \frac{120f}{P}[\text{rpm}]$$

07   득점   배점 12

모터컨트롤센터(M.C.C)에서 소화전 펌프모터에 전기를 공급하는 전동기설비에 대한 다음 각 물음에 답하시오. (단, 전압은 3상, 200 [V]이고, 모터용량은 20 [kW], 역률은 60 [%]라고 한다)

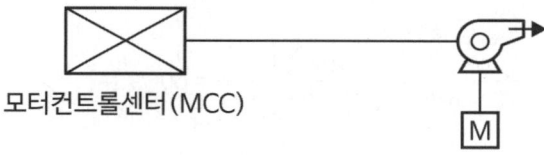

가. 모터컨트롤센터에서 사용되는 일반적인 전자접촉기(MC)의 개수는?

나. 모터컨트롤센터와 전동기 사이의 동력선 가닥 수는?

다. 노출배관공사에 사용하는 전선관 2가지를 쓰시오.
   1)
   2)

라. 일반적으로 모터의 역률은 몇 [%]로 개선하는 것이 적당하며, 모터의 역률을 개선할 때 쓰이는 기기는 무엇인가?
   1) 역률 :
   2) 기기 :

마. 역률 개선 후 모터의 무효전력 [kVar]을 구하시오.
  ○ 계산과정 :
  ○ 답 :

바. 역률 개선 후 모터의 전부하전류(Full Load Current)는 몇 [A]인가?
  ○ 계산과정 :
  ○ 답 :

정답

가. 3개
나. 6가닥
다. 1) 후강 전선관
    2) 박강 전선관
라. 1) 역률 : 95 [%]
    2) 기기 : 전력용 콘덴서
마. 계산과정 : $P_r = \sqrt{3}\,VI\sin\theta = \dfrac{P}{\cos\theta} \times \sqrt{1-\cos\theta^2}$

$= \dfrac{20 \times 10^3}{0.95} \times \sqrt{1-0.95^2}$

$= 6573\,[Var] = 6.573\,[kVar]$

답 | 6.57 [kVar]

바. 계산과정 : $I = \dfrac{P}{\sqrt{3}\,V\cos\theta} = \dfrac{20 \times 10^3}{\sqrt{3} \times 200 \times 0.95} = 60.77\,[A]$

답 | 60.77 [A]

08
득점 / 배점 8

모터컨트롤센터(M.C.C)에서 소화전 펌프모터에 전기를 공급하는 전동기설비에 대한 다음 각 물음에 답하시오. (단, 전압은 3상, 380 [V]이고, 모터의 용량은 20 [kW] 역률은 80 [%]라고 한다

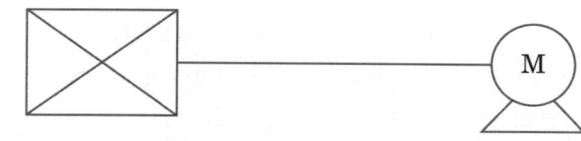

모터컨트롤센터(MCC)

가. 모터의 전부하전류(Full Load Current)는 몇 A인가?
  ○ 계산과정 :
  ○ 답 :

나. 모터의 역률을 95 [%]로 개선하고자 할 때 필요한 전력용 콘덴서의 용량은 몇 [kVA]인가?
  ○ 계산과정 :
  ○ 답 :

다. 배관공사를 후강전선관으로 하고자 한다. 후강전선관 1본의 길이는 몇 [m]인가?

정답

가. 계산과정
$$I = \frac{20 \times 10^3}{\sqrt{3} \times 380 \times 0.8} = 37.983 ≒ 37.98 [\text{A}]$$
답 | 37.98 [A]

나. 계산과정
$$Q_c = 20 \left(\frac{\sqrt{1-0.8^2}}{0.8} - \frac{\sqrt{1-0.95^2}}{0.95} \right) = 8.43 [\text{kVA}]$$
답 | 8.43 [kVA]

다.
답 | 3.66 [m]

✓ 해설
- 강제전선관 길이(KS 규정) : 3.66 [m]
- 경질 폴리 염화 비닐전선관(KS 규정) : 4.0 [m]

핵심이론 접지공사의 종류(KEC기준)

적용 대상	KEC 접지방식
(특)고압설비	• 계통접지 : TN, TT, IT 계통
600 [V] 이하 설비(400 초과 600 이하)	• 보호접지 : 등전위본딩 등
400 [V] 이하 설비	• 피뢰시스템접지
변압기	변압기 중성점 접지

- 계통접지 : 전력계통의 이상현상에 대비하여 대지와 계통을 접지
- 보호접지 : 감전보호를 목적으로 기기의 한 점 이상을 접지
- 피뢰시스템접지 : 뇌격전류를 안전하게 대지로 방류하기 위한 접지

09

득점 / 배점 8

모터컨트롤센터(M.C.C)에서 소화전 펌프모터에 전기를 공급하는 전동기설비이다. 주어진 조건을 이용하여 다음 각 물음에 답하시오

조건
(1) 2.41 [m³/min]의 물을 높이 40 [m]인 물탱크에 양수한다.
(2) 펌프와 전동기의 합성역률은 70 [%]이다.
(3) 전동기의 전부하효율은 60 [%]이다.
(4) 펌프의 동력은 10 [%]의 여유를 둔다고 한다.

가. 필요한 전동기의 용량은 몇 [kW]인가?
  ○ 계산과정 :
  ○ 답 :

나. 일반적으로 적용하는 이 전동기의 기동방식 및 모터컨트롤센터와 전동기 사이의 동력선 가닥 수는?
  1) 기동방식 :
  2) 가닥 수 :

다. 전동기에 흐르는 전부하전류는 몇 [A]인가? (단, 전동기는 3상 380 [V]의 전압을 사용한다)
  ○ 계산과정 :
  ○ 답 :

라. 전동기의 역률을 개선할 때 쓰이는 기기는 무엇이며, 전동기의 역률을 90 [%]로 개선하고자 할 때 이 기기의 용량은 몇 [kVA]가 적당한가?

○ 계산과정 :

○ 답 :

정답

가. 계산과정

$$P = \frac{9.8\,K \times Q[m^3/\min] \times H}{\eta \times 60} = \frac{9.8 \times 1.1 \times 40 \times 2.41}{0.6 \times 60} = 28.746 ≒ 28.75\,[kW]$$

답 | 28.75 [kW]

나. 1) 기동방식 : Y-△ 기동방식
   2) 가닥 수 : 6가닥

다. 계산과정

$$I = \frac{P}{\sqrt{3} \times V \times \cos\theta} = \frac{28.75 \times 10^3}{\sqrt{3} \times 380 \times 0.7} = 62.65$$

답 | 62.65 [A]

라. 계산과정

$$Q_c = P\left(\frac{\sqrt{1-\cos\theta_1^2}}{\cos\theta_1} - \frac{\sqrt{1-\cos\theta_2^2}}{\cos\theta_2}\right)$$

$$= 28.75\left(\frac{\sqrt{1-0.7^2}}{0.7} - \frac{\sqrt{1-0.9^2}}{0.9}\right) = 15.406$$

$$≒ 15.41\,[kVA]$$

답 | 15.41 [kVA]

☑ 해설 '나'
- 유도전동기용량이 15 [kW] 이상이므로 이론상 기동보상법
- 실무에서는 전동기용량이 5 [kW] 이상이 되면 Y - △ 기동방식 주로 사용
- 기동방식 종류

기동방식		용량
전전압기동	직입 기동	5 [kW] 이하
감전압기동	Y - △ 기동	5 ~ 15 [kW]
	기동 보상기	15 [kW] 이상
	리액터 기동	

03 전압강하

1 전압강하공식

(1) 전압강하(조건에 저항 있을 때) ★★★

단상 2선식	3상 3선식
$e = V_s - V_r = 2IR$ 단자전압 $V_r = V_s - 2IR$	$e = V_s - V_r = \sqrt{3}\,IR$

여기서 e : 전압강하[V], V_s : 입력전압[V], V_r : 출력전압(단자전압)[V], I : 전류[A], R : 저항[Ω]

(2) 전압강하(조건에 저항 없을 때)

전기방식	전압강하
단상 2선식 ★★★	$e = \dfrac{35.6LI}{1000A}$
3상 3선식	$e = \dfrac{30.8LI}{1000A}$
단상 3선식, 3상 4선식	$e = \dfrac{17.8LI}{1000A}$

여기서 L : 선로길이 [m], I : 전부하전류 [A], e : 각 선간의 전압강하 [V], A : 전선의 단면적 [mm²]

> **선생님 TIP**
> 조건에 저항이 주어지는 경우와 그렇지 않은 경우를 파악하면 어떤 공식을 활용해야 할지 감이 올겁니다!

연습문제 | 전압강하(전압강하공식)

01

배점 4

수신기와 지구경종과의 거리가 300 [m]인 공장 건물에서 화재가 발생하여 지구경종 2개를 동시에 명동시킬 때 선로에서의 전압강하는 몇 [V]가 되는가? (단, 경종 2개의 전류용량은 50 [mA]이며, 선로의 전선굵기는 2.5 [mm²]이다)

○ 계산과정 :

○ 답 :

정답

☑ 계산과정

$$e = \frac{35.6LI}{1000A} = \frac{35.6 \times 300 \times (50 \times 10^{-3})}{1000 \times 2.5} = 0.213 ≒ 0.21 \text{ [V]}$$

답 | 0.21 [V]

02

배점 4

수신기와 200 [m] 떨어진 지구경종 4개를 동시에 울릴 경우 선로의 전압강하는 몇 [V]인가? (단, 경종의 용량은 24 [V], 1.44 [VA], 수신기와 경종의 연결선은 1.6 [mm] 단선 연동선이다)

○ 계산과정 :

○ 답 :

정답

☑ 계산과정

- $I = \dfrac{P}{V} = \dfrac{1.44 \times 4}{24} = 0.24 [A]$

- $e = 2IR = 2I \times \rho \dfrac{L}{A} = 2 \times 0.24 \times \dfrac{1}{58} \times \dfrac{200}{\dfrac{\pi}{4} \times 1.6^2} = 0.823 [V]$

  ≒ 0.82 [V]

답 | 0.82 [V]

03

제어반으로부터 전선관 거리가 100 [m] 떨어진 위치에 무선통신보조설비가 있다. 제어반 출력단자에서의 전압강하는 없다고 가정했을 때 무선통신보조설비의 전원 단자전압[V]을 구하시오. (단, 제어회로전압은 26 [V]이며, 무선통신보조설비가 작동될 때의 정격전류는 2.0 [A]이고, 배선의 [km]당 전기저항의 값은 상온에서 8.8 [Ω]이라고 한다)

○ 계산과정 :   ○ 답 :

정답

☑ 계산과정
$V_r = 26 - (2 \times 2 \times 0.88) = 22.48\,[V]$

답 | 22.48 [V]

핵심이론 전압강하

- 단상 2선식 $e = V_s - V_r = 2IR$ [V]
- 3상 3선식 $e = V_s - V_r = \sqrt{3}\,IR$ [V]

e : 전압강하 [V], V_s : 정격전압 [V], V_r : 단자전압 [V]

04

수신기로부터 배선거리 100 [m]의 위치에 솔레노이드가 접속되어 있다. 사이렌이 명동될 때의 솔레노이드의 단자전압을 구하시오. (단, 수신기는 정전압출력이라고 하고, 전선은 2.5 [mm²] HFIX전선이며, 사이렌의 정격전력은 48 [W]이며 전압변동에 의한 부하전류의 변동은 무시한다)

○ 계산과정 :   ○ 답 :

정답

☑ 계산과정
- $I = \dfrac{48}{24} = 2$ [A]
- $e = \dfrac{35.6 LI}{1000 A} = \dfrac{35.6 \times 100 \times 2}{1000 \times 2.5} = 2.848$ [V]
- $V_r = 24 - 2.848 = 21.152 ≒ 21.15$ [V]

답 | 21.15 [V]

> **핵심이론** 전압강하(조건에 저항 없을 때)

전기방식	전선단면적
단상 2선식	$A = \dfrac{35.6LI}{1000e}$
3상 3선식	$A = \dfrac{30.8LI}{1000e}$
단상 3선식, 3상 4선식	$A = \dfrac{17.8LI}{1000e}$

여기서 L : 선로길이 [m], I : 전부하전류 [A],
e : 각 선 간의 전압강하 [V], A : 전선의 단면적 [mm²]

05

| 득점 | 배점 5 |

분전반에서 35 [m]의 거리에 20 [W], 220 [V] 유도등 30개를 설치하려고 한다. 전선의 굵기는 몇 [mm²] 이상으로 해야 하는지 공칭단면적으로 표현하시오. (단, 배선방식은 1 [∅], 2 [W]이며, 전압강하는 2 [%] 이내이고, 전선은 동선을 사용한다. 전압변동에 의한 부하전류의 변동은 무시한다)

O 계산과정 :

O 답 :

정답

☑ 계산과정
- e = 정격전 × 전압강하율 = $220 \times 0.02 = 4.4\,[V]$
- $I = \dfrac{P}{V} = \dfrac{20 \times 30}{220} \fallingdotseq 2.727\,[A]$
- $A = \dfrac{35.6 \times 35 \times 2.727}{1000 \times 4.4} \fallingdotseq 0.77$

공칭단면적으로 표현하라고 하였으므로 1.5 [mm²]　　　　**답 | 1.5 [mm²]**

☑ 해설
- 선간 전압강하 e = 정격전압 × 전압강하율
- $I = \dfrac{P}{V}$

06

수신기와 200 [m] 떨어진 지구경종 4개를 동시에 울릴 경우 선로의 전압강하는 몇 [V]인지 계산과정과 답을 쓰시오. (단, 경종의 정격전압은 24 [V], 용량은 1.44 [VA], 수신기와 경종의 연결선은 1.6 [mm] 단선 연동선이며 전기저항은 다음 표와 같고, 주위온도는 20 [℃]이다)

지름 [mm]	전기저항 [Ω/km]	지름 [mm]	전기저항 [Ω/km]	지름 [mm]	전기저항 [Ω/km]	지름 [mm]	전기저항 [Ω/km]
0.09	2500.6	0.40	130.1	1.6	8.753	6.5	0.5
0.10	2240.0	0.45	109.2	1.8	6.774	7.0	0.44
0.12	1556.0	0.50	67.27	2.0	5.487	8.0	0.34
0.12	1143.0	0.55	72.56	2.3	4.149	9.0	0.27
0.14	774.9	0.60	60.99	2.6	3.248	10.0	0.2195
0.16	691.3	0.65	51.96	3.2	2.610	12.0	0.1524
0.18	559.9	0.70	44.10	3.5	2.144		
0.20	423.4	0.80	34.30	4.0	1.792		
0.23	311.4	0.90	27.10	4.5	1.372		
0.26	266.4	1.0	21.95	5.0	1.004		
0.29	215.7	1.2	15.24	5.5	0.8779		
0.32	180.3	1.4	11.20	6.0	0.7256		

정답

☑ 계산과정

$$e = 2IR = 2 \times \frac{P}{V} \times R = 2 \times \frac{1.44 \times 4}{24} \times \frac{200 \times 8.753}{1000} = 0.84\,[V]$$

답 | 0.84 [V]

07

득점 ___ 배점 4

제어반으로부터 전선관 거리가 90 [m] 떨어진 위치에 할로겐화합물소화설비의 일제 개방변이 있고 바로 옆에 기동용 솔레노이드밸브가 있다. 제어반 출력단자에서의 전압강하는 없다고 가정했을 때 이 솔레노이드가 기동할 때의 단자전압은 얼마가 되겠는가? (단, 제어회로전압은 26 [V]이며, 솔레노이드의 정격전류는 2.0 [A]이고, 배선의 [m]당 전기저항의 값은 0.008 [Ω]이다)

○ 계산과정 :

○ 답 :

정답

☑ 계산과정
$26 - \{2 \times 2 \times (0.72)\} = 23.12 [V]$

답 | 23.12 [V]

☑ 해설
- 1 [m] : 0.008 [Ω] = 90 [m] : R [Ω]이기 때문에
  $R = \dfrac{0.008 \times 90}{1} = 0.72 [\Omega]$
- 단자전압 $V_r = V_s - 2IR$

04 전기기초 및 조명

1 저항 및 전기기초

(1) 저항과 옴의 법칙

전류의 흐름을 방해하는 모든 성분, R [V/I] = [Ω]

(2) 옴의 법칙

① $I = \dfrac{V}{R}$ [A], $V = IR$ [V], $R = \dfrac{V}{I}$ [Ω]

② P = VI = I²R

(3) 저항과 접속

	직렬접속		병렬접속
	전로가 하나일 때		전로가 2개 이상일 때
	$I \xrightarrow{} R_1\ R_2$		$I \xrightarrow{} \begin{matrix}R_1\\R_2\end{matrix}$
전류가 일정	$I = I_1 = I_2$	전압이 일정	$V = V_1 = V_2$
전압의 합	$V = V_1 + V_2$	전류의 합	$I = I_1 + I_2$
합성저항	$R_0 = R_1 + R_2$	합성저항	$R_0 = \dfrac{R_1 \times R_2}{R_1 + R_2}$ 저항이 3개일 때 $R_0 = \dfrac{1}{\dfrac{1}{R_1} + \dfrac{1}{R_2} + \dfrac{1}{R_3}}$
전압분배 법칙	$V_1 = (\dfrac{R_1}{R_1 + R_2}) V$ $V_2 = (\dfrac{R_2}{R_1 + R_2}) V$	전류분배 법칙	$I_1 = (\dfrac{R_2}{R_1 + R_2}) I$ $I_2 = (\dfrac{R_1}{R_1 + R_2}) I$

(4) 전기저항과 고유저항

전류의 흐름을 방해하는 물질의 고유한 성질

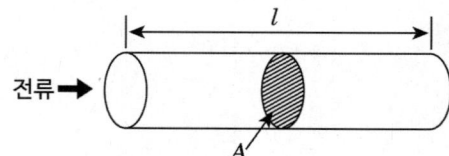

$R = \rho \dfrac{L}{A}$ [Ω]

> 저항은 도체의 길이에 반비례한다.
> [X] 비례한다.

(5) 저항의 온도계수(α)

① 온도변화에 의한 저항의 변화를 비율로 나타낸 것

② $R_2 = R_1[1 + \alpha_t(t_2 - t_1)][\Omega]$

$\alpha_t : t_1$에서의 온도계수, $R_1, R_2 : t_1, t_2$일 때 도체의 저항 $[\Omega]$,

$t_1, t_2 :$ 상승 전, 후의 온도 $[℃]$

(6) 저항의 값

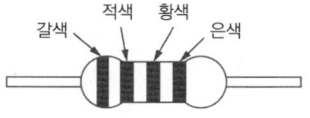

[컬러 코드표]

색	제1색띠 (제1숫자)	제2색띠 (제2숫자)	제3색띠 (제3숫자)	제4색띠 (제4숫자)	제5색띠 (제5숫자)
흑색	0	0	0	10^0	
갈색	1	1	1	10^1	±1 [%]
적색	2	2	2	10^2	±2 [%]
등색	3	3	3	10^3	
황색	4	4	4	10^4	
녹색	5	5	5	10^5	±0.5 [%]
청색	6	6	6	10^6	±0.25 [%]
자색	7	7	7	10^7	±0.1 [%]
회색	8	8	8		±0.05 [%]
백색	9	9	9		
금색				10^{-1}	±5 [%]
은색				10^{-2}	±10 [%]

① 4줄 표시

ㄱ. 제1색띠 : 갈색(1), 제2색띠 : 적색(2), 제4색띠 : 황색(10^4), 제5색띠 : 은색(±10 [%])

ㄴ. $12 \times 10^4 [\Omega] \pm 10\% = 120000 [\Omega] \pm 10 [\%]$

(7) 브리지 정류회로 ★★

① 교류의 (+), (-)의 전 주기를 정류하는 전파정류방식으로 4개의 다이오드를 사용한 회로

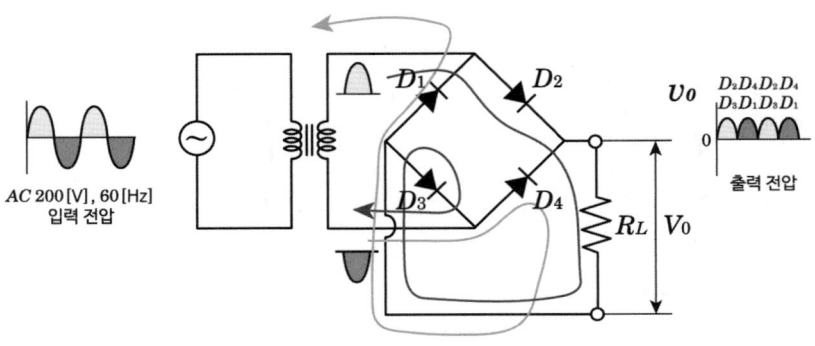

○ 5줄 표시

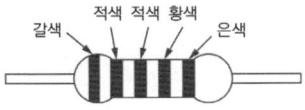

ㄱ. 제1색띠 : 갈색(1), 제2색띠 : 적색(2), 제3색띠 : 적색(2), 제4색띠 : 황색(10^4), 제5색띠 : 은색(±10 [%])

ㄴ. $1220000 [\Omega] \pm 10 [\%]$

② 콘덴서 : 정류기(다이오드)에서 변환된 직류전압을 평활하게 하기 위하여 정류회로의 뒤편 출력단(부하 측)에 설치

(8) 전원회로

① 직류 전원회로 : 교류전원을 직류전원으로 바꾸는 것을 정류(Rectification)라 하고, 그 회로를 정류회로라 함

② 단상 전파 정류회로 : 2개의 다이오드를 사용하여 교류의 양(+)과 음(-)의 전 주기를 정류하는 회로

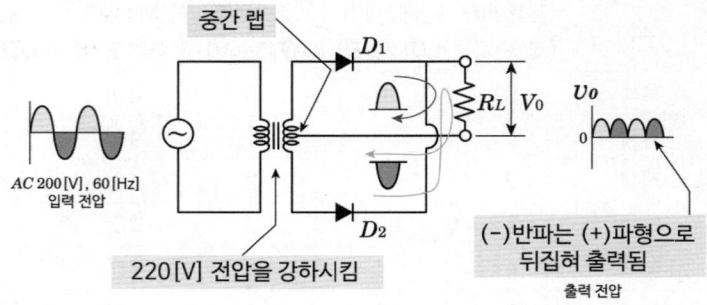

(9) 권수비 a

① 회전수와·전압과는 비례하고 전류와는 반비례한다.

② $a = \dfrac{N_1}{N_2} = \dfrac{V_1}{V_2} = \dfrac{I_2}{I_1} = \sqrt{\dfrac{R_1}{R_2}}$

a : 권수비, N_1 : 1차 코일권수, N_2 : 2차 코일권수
V_1 : 정격 1차 전압[V], V_2 : 정격 2차 전압[V]
R_1 : 정격 1차 저항[Ω], R_2 : 정격 2차 저항[Ω]

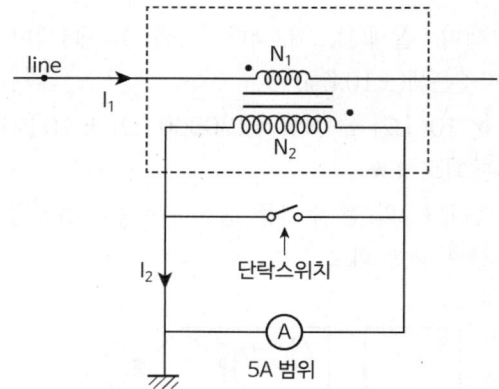

연습문제 | 전기기초 및 조명(저항 및 전기기초)

01
배점 5

직경 4 [mm], 길이 1 [km]인 경동선의 전기저항 몇 [Ω]인가?

○ 계산과정 :

○ 답 :

정답

☑ 계산과정 : $R = \rho \dfrac{\ell}{A} = \rho \dfrac{4\ell}{\pi D^2} = \rho \dfrac{\ell}{\pi r^2} = \dfrac{1}{55} \times \dfrac{4 \times 1000}{\pi \times 4^2} = 1.446$

답 | 1.45 [Ω]

☑ 해설
- $A = \pi r^2 = \dfrac{\pi D^2}{4}$
- 전선의 종류와 고유저항값
  ① 경동선 1/55
  ② 연동선 1/58

02
배점 4

단상 2선식 100 [V]에 사용하는 정격소비전력 3 [kW] 전열기의 부하전류를 측정하기 위하여 60/5의 변류기를 사용하였다면 전류계의 지시값은 몇 [A]이겠는가?

○ 계산과정 :

○ 답 :

정답

☑ 계산과정
- 부하전류[A] $I = \dfrac{P}{V \cos\theta}$ (전열기의 $\cos\theta = 1$) $= \dfrac{3 \times 10^3}{100 \times 1} = 30 [A]$
- 전류계 지시전류 $I = \dfrac{\text{부하전류}}{\text{변류비}} = \dfrac{30}{\dfrac{60}{5}} = 30 \times \dfrac{5}{60} = 2.5 [A]$

답 | 2.5 [A]

☑ 해설
- 전열기의 $\cos\theta = 1$
- 비례식 $X_1 : X_2 = Y_1 : Y_2$

핵심이론 전력공식

방식	공식
단상 2선식	$P = VI\cos\theta$ P : 전력[W], V : 전압[V], I : 전류[A], $\cos\theta$: 역률
3상 3선식	$P = \sqrt{3}VI\cos\theta$ P : 전력[W], V : 전압[V], I : 전류[A], $\cos\theta$: 역률

03   배점 4

저항이 100 [Ω]인 경동선의 온도가 20 [℃]이고, 이 온도에서 저항온도계수가 0.00393이다. 경동선의 온도가 100 [℃]로 상승할 때 저항값 [Ω]은 얼마인가?

○ 계산과정 :

○ 답 :

정답

☑ 계산과정

$R_2 = 100 [1 + 0.00393 (100 - 20)] = 131.44 \ [\Omega]$

답 | 131.44 [Ω]

핵심이론 저항의 온도계수(α) : 온도 변화에 의한 저항의 변화를 비율로 나타낸 것

$R_2 = R_1 [1 + \alpha_t (t_2 - t_1)][\Omega]$

α_t : t_1에서의 온도계수, R_1, R_2 : t_1, t_2일 때 도체의 저항 [Ω]

t_1, t_2 : 상승 전, 후의 온도 [℃]

04

배점 4

다음은 브리지 정류회로(전파정류회로)의 미완성 도면이다. 다음 각 물음에 답하시오.

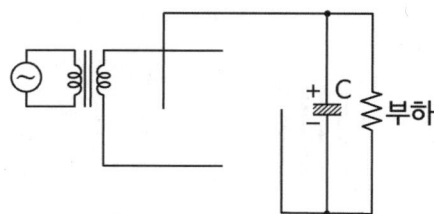

가. 정류다이오드 4개를 사용하여 회로를 완성하시오.

나. 회로상 C의 역할을 쓰시오.

정답

가.

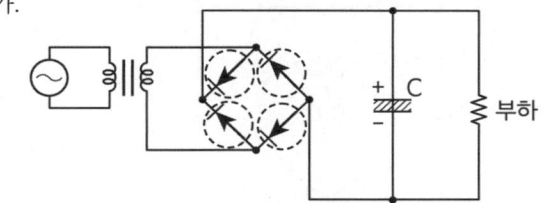

나. 직류전압 일정하게 유지

★ 핵심이론 | 전파정류회로와 평활콘덴서

□ 브리지정류회로
교류의 (+), (−)의 전 주기를 정류하는 전파정류방식으로 4개의 다이오드를 사용한 회로

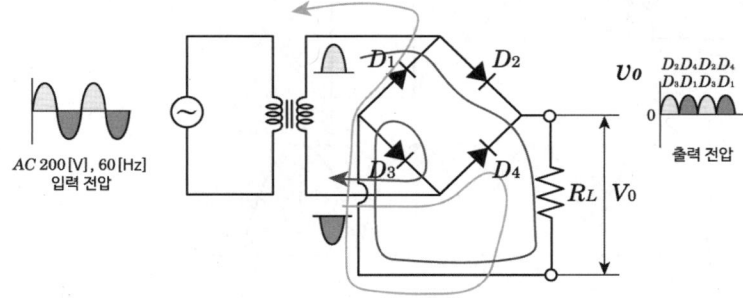

□ 평활콘덴서
정류기(다이오드)에서 변환된 직류전압을 평활하게 하기 위하여 정류회로의 뒤편 출력단(부하 측)에 설치

CHAPTER 02 | 계산문제 **437**

05

다음 브리지형 전파정류회로를 완성하고, 출력전압의 파형을 그리시오.

가. 전파정류회로를 구성하시오.

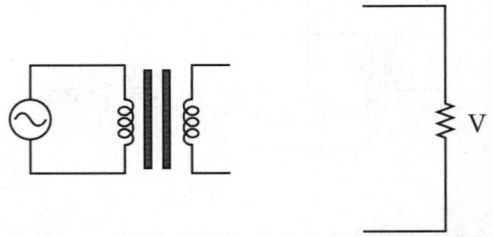

나. 다음은 정류 전의 출력전압파형이다. 정류 후의 출력전압파형을 그리시오.

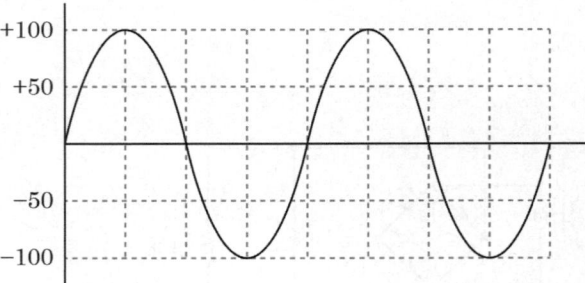

정답

가.

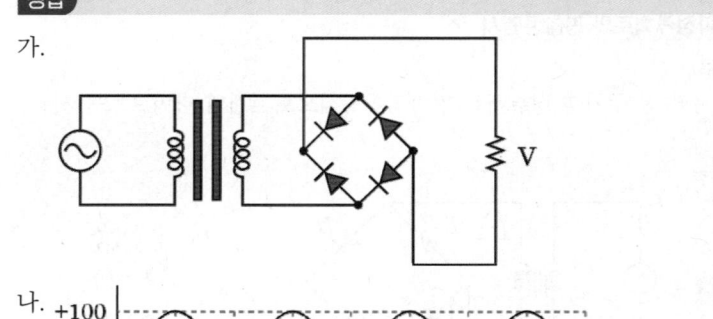

나.

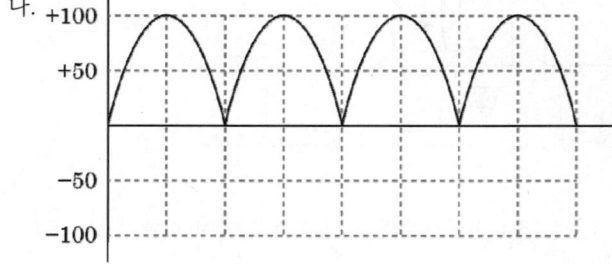

> **핵심이론** 브리지 정류회로

교류의 (+), (−)의 전 주기를 정류하는 전파정류방식으로 4개의 다이오드를 사용한 회로

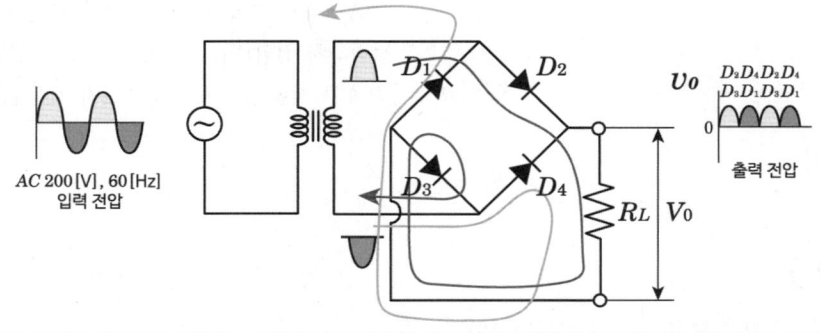

06

| 득점 | | 배점 | 4 |

어느 계기용 변압기의 1차 권수가 120이고, 2차 권수가 20이다. 2차 전압이 24[V]일 때 1차 전압을 구하시오.

○ 계산과정 :

○ 답 :

정답

☑ 계산과정 : $V_1 = \dfrac{N_1}{N_2} \times V_2 = \dfrac{120}{20} \times 24 = 144[V]$ 답 | 144 [V]

☑ 해설 : 권수비

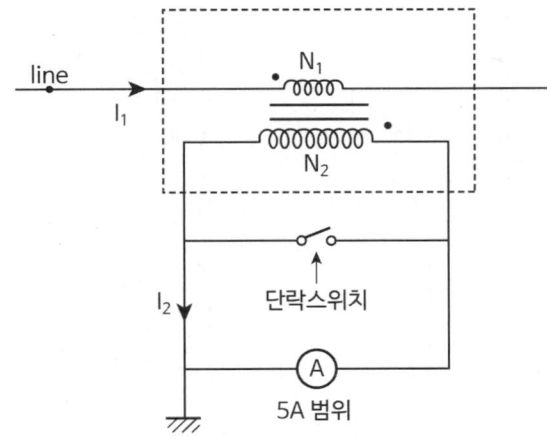

$$a = \frac{N_1}{N_2} = \frac{V_1}{V_2} = \frac{I_2}{I_1} = \sqrt{\frac{R_1}{R_2}}$$

a : 권수비
N_1 : 1차 코일권수 N_2 : 2차 코일권수
V_1 : 정격 1차 전압[V] V_2 : 정격 2차 전압[V]
R_1 : 정격 1차 저항[Ω] R_2 : 정격 2차 저항[Ω]

07

다음 그림을 보고 저항의 값을 쓰시오.

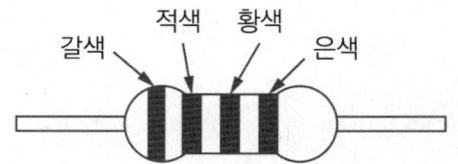

정답

120000 [Ω] ± 10 [%]

해설

[컬러 코드표]

색	제1색띠 (제1숫자)	제2색띠 (제2숫자)	제3색띠 (제3숫자)	제4색띠 (제4숫자)	제5색띠 (제5숫자)
흑색	0	0	0	10^0	
갈색	1	1	1	10^1	±1 [%]
적색	2	2	2	10^2	±2 [%]
등색	3	3	3	10^3	
황색	4	4	4	10^4	
녹색	5	5	5	10^5	±0.5 [%]
청색	6	6	6	10^6	±0.25 [%]
자색	7	7	7	10^7	±0.1 [%]
회색	8	8	8		±0.05 [%]
백색	9	9	9		
금색				10^{-1}	±5 [%]
은색				10^{-2}	±10 [%]

- 4줄 표시
  ① 제1색띠 : 갈색(1), 제2색띠 : 적색(2), 제4색띠 : 황색(10^4), 제5색띠 : 은색(±10 [%])
  ② 12×10^4 [Ω] ±10 % = 120000 [Ω] ±10 [%]
- 5줄 표시

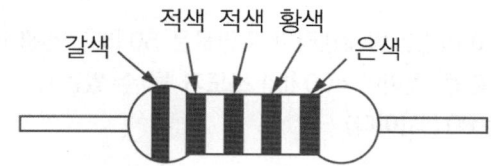

  ① 제1색띠 : 갈색(1), 제2색띠 : 적색(2), 제3색띠 : 적색(2), 제4색띠 : 황색(10^4), 제5색띠 : 은색(±10 [%])
  ② 1220000 [Ω] ±10 [%]

❷ 조명

(1) $EAD = FUN$, $N = \dfrac{EAD}{FU}$ ★★★

F : 광속 [lm], U : 조명률 [%], N : 등가구 수
A : 단면적 [m²], E : 조도 [lx], D : 감광보상률($\dfrac{1}{M}$) [%] M : 유지율

① 감광보상률 : 빛이 감소(먼지 등)를 보상해주는 비율
② 등가구 수는 절상

(2) 분기회로수 = $\dfrac{P}{VI}$ = $\dfrac{부하용량[VA]}{사용전압[V] \times 15[A]}$

15 [A] 기준(과전류차단기)

> 암기 ▶ 애들은 신난다

> 선생님 TIP
> 감광보상율 대신 유지율(M)이 주어지는 경우도 있습니다!

연습문제 — 전기기초 및 조명(조명)

01
[배점 4]

길이 15 [m], 폭 10 [m]인 방재센터의 조명률은 50 [%], 전광속도 2400 [lm]의 40 [W] 형광등이 몇 등 있어야 400 [lx] 조도가 될 수 있는가? (단, 층고 3.6 [m] 이며, 조명유지율은 80 [%]이다)

○ 계산과정 :

○ 답 :

정답

☑ 계산과정

$$EAD = FUN \rightarrow N = \frac{EAD}{FU} = \frac{EA(\frac{1}{M})}{FU} = \frac{400 \times (15 \times 10)}{2400 \times 0.8 \times 0.5} = 62.50$$

→ 절상하여 63등

E : 조도[lx], A : 단면적[m^2], D : 감광보상률($\frac{1}{M}$)[%]

M : 유지율, F : 광속[lm], U : 조명률[%], N : 등개수

답 | 63등

02
[배점 8]

비상조명등설비에 대한 다음 각 물음에 답하시오.

가. 다음 (   ) 안에 알맞은 말을 쓰시오.

  1) 조도는 비상조명등이 설치된 각 부분에서 (㉠) [lx] 이상 되도록 하여야 한다.

  2) 예비전원을 내장하는 비상조명등에는 평상시 점등 여부를 확인할 수 있는 (㉠)을 설치하고 당해 조명등을 (㉡)분 이상 유효하게 작동시킬 수 있는 용량의 (㉢)와 (㉣)를 내장하여야 한다. (단, 소방대상물은 일반적인 경우임)

나. 비상조명등을 백열등과 형광등으로 나누어 그림기호를 그리시오.

다. 휴대용 비상조명등의 설치기준 3가지를 쓰시오.

라. 길이 10 [m], 폭 10 [m], 천장 높이 3 [m] 방재 센터에서 비상시 발전기로 150 [lx]의 조도를 얻으려 할 때, 전광속 2400 [lm]의 40 [W] 형광등을 몇 개 설치하여야 하는가? (단, 조명율은 50 [%], 감광보상율 1.25)

  ○ 계산과정 :

  ○ 답 :

마. 모든 작업이 작업대(방바닥에서 0.85 [m]의 높이)에서 행하여지는 작업장의 가로가 8 [m], 세로가 12 [m], 방바닥에서 천장까지의 높이가 3.8 [m]인 방에서 조명기구를 천장에 설치하고자 한다. 이 방의 실지수는 얼마가 되겠는가?

  ○ 계산과정 :

  ○ 답 :

정답

가. 1) 1
  2) 점검스위치, 20, 축전지, 예비전원충전장치

나. 1) ●

  2) ▬○▬

다. 1) 설치높이는 바닥으로부터 0.8 [m] 이상 1.5 [m] 이하의 높이에 설치할 것
  2) 어둠 속에서 위치를 확인할 수 있도록 할 것
  3) 사용 시 자동으로 점등되는 구조일 것

라. $EAD = FUN \rightarrow N = \dfrac{EAD}{FU}$

  E : 조도[lx], A : 단면적[m²], D : 감광보상률,
  F : 광속[lm], U : 조명률[%], N : 등개수

  ☑ 계산과정

  • 형광등수(개) = $\dfrac{150 \times (10 \times 10) \times 1.25}{2400 \times \dfrac{50}{100}}$ = 15.625

    ∴ 소수 이하 절상 16개

  답 | 16개

마. 계산과정

  • 실지수 = $\dfrac{\text{방의폭} \times \text{방의길이}}{\text{등고} \times (\text{방의폭} + \text{방의길이})} = \dfrac{8 \times 12}{(3.8 - 0.85) \times (8 + 12)}$ = 1.627

  답 | 1.63

핵심이론 | 비상조명등 및 휴대용 비상조명등의 설치기준

□ **비상조명등 설치기준**
- 특정소방대상물의 각 거실과 그로부터 지상에 이르는 복도·계단 및 그 밖의 통로에 설치할 것
- 조도는 비상조명등이 설치된 장소의 각 부분의 바닥에서 1 [lx] 이상일 것
- 예비전원을 내장하는 비상조명등에는 평상시 점등 여부를 확인할 수 있는 점검 스위치를 설치하고 해당 조명등을 유효하게 작동시킬 수 있는 용량의 축전지와 예비전원 충전장치를 내장
- 예비전원을 내장하지 아니하는 비상조명등의 비상전원은 자가발전설비, 축전지설비 또는 전기저장장치를 다음 기준에 따라 설치하여야 함.
  ① 점검편리, 화재 및 침수 등의 재해 피해 우려 없는 곳
  ② 상용전원 중단 시 자동으로 비상전원 공급 받을 수 있을 것
  ③ 비상전원 설치장소는 방화구획하며 그 실내에 비상조명등 설치
- 비상전원은 비상조명등을 20분 이상 유효하게 작동시킬 수 있는 용량으로 할 것. 단, 다음 특정소방대상물의 경우는 그 부분에서 피난층에 이르는 부분의 비상조명등을 60분 이상 유효하게 작동시킬 수 있는 용량으로 할 것
  ① 지하층을 제외한 층수가 11층 이상의 층
  ② 지하층 또는 무창층으로서 용도가 도매시장·소매시장·여객자동차터미널·지하역사 또는 지하상가

□ **휴대용 비상조명등 설치기준**
- 설치장소
  ① 숙박시설 또는 다중이용업소에는 객실·영업장안의 구획된 실마다 잘 보이는 곳에 1개 이상 설치(외부 설치 시 출입문 손잡이로부터 1 [m] 이내)
  ② 대규모점포와 영화상영관에는 보행거리 50 [m] 이내마다 3개 이상 설치
  ③ 지하상가 및 지하역사에는 보행거리 25 [m] 이내마다 3개 이상 설치
- 설치높이 : 바닥부터 0.8 [m] 이상 1.5 [m] 이하
- 어둠 속 위치를 확인 가능
- 사용 시 자동으로 점등되는 구조
- 외함 난연 성능 필요
- 건전지를 사용 시 방전방지조치를 하여야 하고, 충전식 배터리의 경우 상시 충전되도록 할 것
- 건전지 및 충전식 배터리의 용량 : 20분 이상

03

배점 6

AC 220 [V]를 사용하는 전선로에 비상조명용 부하가 14500 [VA] 걸려 있다. 이론적인 분기회로의 최소수는 몇 회로인가?

O 계산과정 :

O 답 :

정답

☑ 계산과정

- 분기회로수 = $\dfrac{14500}{220 \times 15} = 4.39$ → 절상하여 5회로

- 분기회로수 = $\dfrac{P}{VI}$: 15 [A] 기준(과전류차단기)

답 | 5회로

04

배점 6

폭 15 [m], 길이 20 [m]인 사무실의 조도를 400 [lx]로 할 경우 전광 속 4900 [lm]의 형광등 40 [W] 2등용을 시설할 경우 비상발전기에 연결되는 부하는 몇 [VA]이며 이 사무실의 회로는 몇 회로로 하여야 하는가? (단, 사용전압은 220 [V]이고, 40 [W] 형광등 1등당 전류는 0.15 [A], 조명율은 50 [%], 감광보상율은 1.3으로 한다)

O 계산과정 :

O 답 :

정답

☑ 계산과정

- $N = \dfrac{EAD}{FU} = \dfrac{400 \times 300 \times 1.3}{4900 \times 0.5} = 63.67$ → 절상하여 64개

- 부하용량 $P = V \times I = 220 \times (0.15 \times 2 \times 64) = 4224$ [VA]

- 분기회로수 = $\dfrac{\text{부하용량}}{\text{전압} \times \text{전류}}$ (1분기회로의 전류 15 [A] 이하)

  $= \dfrac{4224}{220 \times 15} = 1.28$ → 절상하여 2회로

답 | ① 부하 : 4224 [VA], ② 2회로

05 소방전기설비

1 소방전원의 종류

(1) 상용전원

정상적인 상태에서 외부로부터 전력을 공급받아 상시 사용하는 전력 공급원

(2) 비상전원

① 상용전원이 사고나 고장에 의해 공급되지 못할 경우에 사용하기 위한 전력 공급원

- 자동절환개폐기(Automatic Transfer Switch : ATS) = 자동절환스위치
  상용전원에서 비상전원으로 자동 절환되는 전기장치
- 배선용 차단기(Molded-case Circuit Breaker : MCCB (= MCB = NFB))
  과전류, 단락전류 차단(재사용 가능)

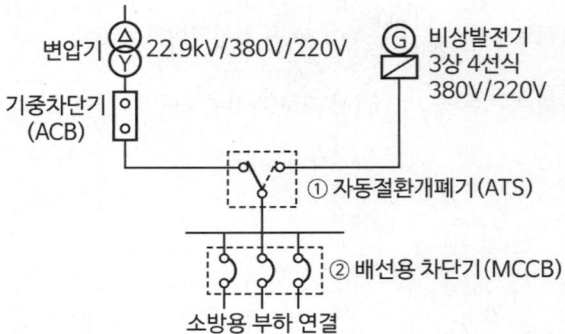

② 소방용 전력공급원으로서 외부 공급 전원은 비상전원, 내장형 축전지 전원은 예비전원이라 함

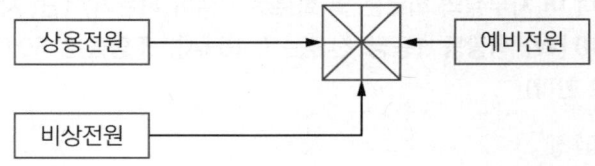

2 비상전원

(1) 비상전원 종류
① 자가발전설비
② 축전지설비
③ 전기저장장치
④ 비상전원수전설비

(2) 비상전원 종류 및 용량 ★★★

설비	비상전원				용량
	자가발전	축전지	전기저장장치	비상전원수전설비	
• 스프링클러설비 (미분무소화설비)	○	○	○	(차고, 주차장으로 바닥면적 1000 [m²] 미만인 경우)	• 20분 : 30층 미만 • 40분 : 30~49층 • 60분 : 50층 이상
• 간이스프링클러설비	○			○	• 10분 • 20분 : 근생, 복합건축물, 생활형 숙박시설
• 옥내소화전설비 • 연결송수관설비 • 특별피난계단의 계단실·부속실 제연설비	○	○	○		• 20분 : 30층 미만 • 40분 : 30~49층 • 60분 : 50층 이상
• 제연설비 • CO_2설비 • 분말소화설비 • 할론소화설비 • 할로겐화합물 및 불활성기체소화설비 • 화재조기진압용 스프링클러설비 • 포소화설비	○	○	○	(호스릴포소화설비 또는 포소화전만을 설치한 차고·주차장, 포헤드설비 또는 고정포방출설비가 설치된 부분의 바닥면적 합계 1000 [m²] 미만인 경우)	• 20분 이상
• 비상방송설비 • 자동화재탐지설비 • 비상경보설비		○	○		• 10분 이상 • 30분 이상 (비방, 자탐 30층 이상)
• 유도등		○			• 20분 이상 • 60분 이상 (지하층 제외 11층 이상, 지하층·무창층으로 도·소매시장, 여객자동차터미널, 지하역사, 지하상가)
• 비상조명등	○	○	○		
• 무선통신보조설비		○			• 30분 이상
• 비상콘센트설비	○	○	○	○	• 20분 이상

(3) 비상전원 종류에 따른 설비

설비명	자가발전설비	축전지설비	전기저장장치	비상전원수전설비
옥내소화전설비, 물분무소화설비, 이산화탄소소화설비, 할로겐화합물소화설비, 비상조명등, 제연설비, 연결송수관설비	○	○	○	
스프링클러설비, 포소화설비	○	○	○	○
자동화재탐지설비, 비상경보설비, 비상방송설비		○	○	
비상콘센트설비	○	○	○	○

(4) 비상전원 설치를 제외할 수 있는 경우
① 옥내소화전, 스프링클러(화재조기진압용 SP), 물분무설비, 포소화설비
　ㄱ. 2 이상의 변전소에서 전력을 동시에 공급받을 수 있는 경우
　ㄴ. 하나의 변전소로부터 전력의 공급이 중단되는 때에는 자동으로 다른 변전소로부터 전원을 공급받을 수 있도록 상용전원을 설치한 경우
　ㄷ. 가압수조방식일 경우
② CO_2, 할론, 할로겐화합물 및 불활성기체, 분말소화설비, 제연설비
　ㄱ. 2 이상의 변전소에서 전력을 동시에 공급받을 수 있는 경우
　ㄴ. 하나의 변전소로부터 전력의 공급이 중단되는 때에는 자동으로 다른 변전소로부터 전원을 공급받을 수 있도록 상용전원을 설치한 경우

연습문제 | 소방전기설비(소방전원의 종류)

01
| 득점 | | 배점 | 6 |

소방시설에서 사용할 수 있는 비상전원의 종류 중 3가지만 쓰시오.

①

②

③

정답

① 축전지설비
② 전기저장장치
③ 자가발전설비
④ 비상전원수전설비

02
| 득점 | | 배점 | 4 |

다음 표는 소화설비별로 사용할 수 있는 비상전원의 종류를 나타낸 것이다. 각 소화설비별로 설치하여야 하는 비상전원을 찾아 빈칸에 O표 하시오.

설비명	자가발전설비	축전지설비	비상전원 수전설비
옥내소화전설비, 물분무소화설비, 이산화탄소소화설비, 할로겐화합물소화설비, 비상조명등, 제연설비, 연결송수관설비			
스프링클러설비(차고, 주차장으로 바닥면적 1000 [m²] 미만인 경우), 포소화설비(호스릴포소화설비 또는 포소화전만을 설치한 차고·주차장, 포헤드설비 또는 고정포방출설비가 설치된 부분의 바닥면적 합계 1000 [m²] 미만인 경우)			
자동화재탐지설비, 비상경보설비, 비상방송설비			
비상콘센트설비			

정답

설비명	자가발전설비	축전지설비	비상전원 수전설비
옥내소화전설비, 물분무소화설비, 이산화탄소소화설비, 할로겐화합물소화설비, 비상조명등, 제연설비, 연결송수관설비	○	○	
스프링클러설비(차고, 주차장으로 바닥면적 1000 [m^2] 미만인 경우), 포소화설비(호스릴포소화설비 또는 포소화전만을 설치한 차고·주차장, 포헤드설비 또는 고정포방출설비가 설치된 부분의 바닥면적 합계 1000 [m^2] 미만인 경우)	○	○	○
자동화재탐지설비, 비상경보설비, 비상방송설비		○	
비상콘센트설비	○	○	○

03

득점 / 배점 6

비상전원(축전지)설비 용량기준에 대하여 빈칸에 알맞은 내용을 쓰시오. (단, 고층건축물은 제외한다)

사용설비	비상전원의 용량(분 이상)
옥내소화전설비	
자동화재탐지설비, 비상경보설비	
지하상가 및 11층 이상의 층의 유도등 및 비상조명등	

정답

사용설비	비상전원의 용량(분 이상)
옥내소화전설비	20
자동화재탐지설비, 비상경보설비	10
지하상가 및 11층 이상의 층의 유도등 및 비상조명등	60

04

| 득점 | 배점 | 4 |

어느 29층 건물에 비상전원을 설치하고자 한다. 소방시설의 비상전원 종류에 따라 비상전원용량은 몇 분 이상 작동하여야 하는지 쓰시오.

가. 자동화재탐지설비, 비상경보설비, 자동화재속보설비 : (㉠)분

나. 무선통신보조설비의 증폭기 : (㉡)분

다. 스프링클러설비 : (㉢)분

라. 비상콘센트설비 : (㉣)분

정답

㉠ 10, ㉡ 30, ㉢ 20, ㉣ 20

05

| 득점 | 배점 | 3 |

다음 보기에서 설명하는 기기의 명칭은 무엇인가?

> 공장 또는 병원에서 정전이 되는 경우 문제가 발생할 수 있는 곳에서 갑작스런 정전에 영향을 받지 않도록 정전 시 자동으로 비상용 발전전원으로 바꿔주는 전기장치이다. 비상발전기의 운전 중 주전원이 다시 살아나는 경우 비상발전 전원에서 정상전원으로 복원시켜주는 기능도 함께 하고 있다.

─── [보기] ───
① 상용전원이 정전되는 경우 비상전원으로 자동 절환되는 전기장치
② 상용전원이 복구되는 경우 상용전원으로 자동 절환되는 전기장치

정답

자동절환개폐기 혹은 자동절환스위치(ATS : Automatic Transfer Switch)

06

다음과 같은 전원설비의 도면에서 ①과 ②의 명칭을 쓰시오.

배점 6

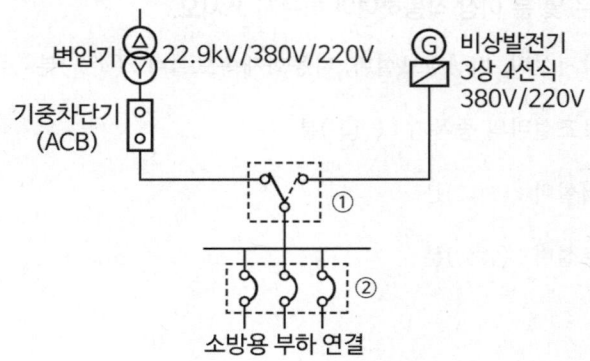

- 자동절환개폐기(Automatic Transfer Switch : ATS) = 자동절환스위치
  상용전원에서 비상전원으로 자동 절환되는 전기장치

- 배선용 차단기(Molded-case Circuit Breaker : MCCB
  (= MCB = NFB))
  과전류, 단락전류 차단(재사용 가능)

정답

① 자동절환개폐기, ② 배선용 차단기

☑ 해설

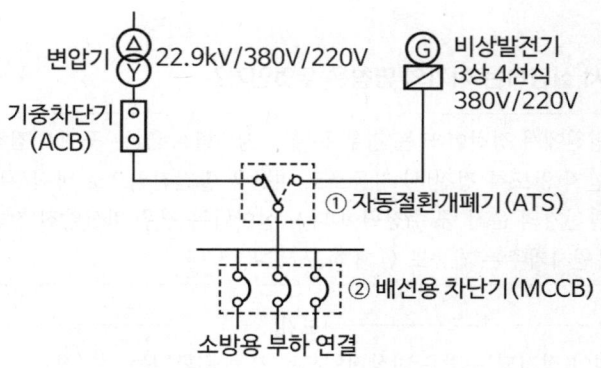

06 축전지설비

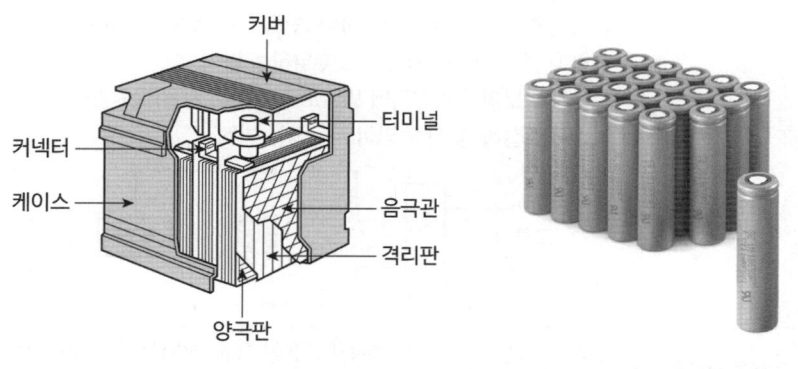

[납축전지]   [니켈-카드뮴축전지]

1 축전지의 종류별 특성

구분	연축전지	알칼리축전지
기전력 [V]	2.05 ~ 2.08	1.32
공칭전압 [V] ★★★	2.0	1.2
공칭용량 [Ah] ★★★	10	5
방전종지전압 [V]	1.6	0.96
충전시간	길다	짧다
기계적 강도 전기적 강도(과충·방전)	약하다	강하다
수명 [년]	5 ~ 15	15 ~ 20
종류	페이스트식(HS형), 클래드식(CS형)	소결식(AH, AHH형), 포켓식(AL, AM, AMH, AH형)

> 암기 ▶ 연2 알12

2 충전방식

구분	특징
보통충전방식	필요할 때마다 표준시간율로 충전하는 방식
급속충전방식	단시간에 보통 충전전류의 2 ~ 3배의 전류로 충전하는 방식
세류충전방식	축전지의 방전을 보충하기 위해 부하를 OFF한 상태에서 미소전류로 항상 충전하는 방식
균등충전방식	• 각 축전지의 전위차를 보정하기 위해 1 ~ 3개월마다 1회 충전하는 방식 • 균등충전전압 : 2.4 ~ 2.5 [V]

> 선생님 TIP
>
> 기존에는 부동충전방식 위주로 출제되었지만 최근에는 보통충전방식, 급속충전방식, 세류충전방식, 균등충전방식 또한 출제되므로 꼼꼼하게 봅시다.

구분	특징
부동충전방식 ★★★	• 축전지의 자기방전을 보충함과 동시에 상용부하에 대한 전력공급은 충전기가 부담하도록 하되 충전기가 부담하기 어려운 일시적인 대전류 부하는 축전지로 부담하는 방식 • 축전지와 부하를 충전기에 병렬로 접속하여 사용하는 방식 • 예비전원 설비 중 가장 많이 사용되는 방식 교류입력 ─ 정류기 ─ 축전지 ∥ 부하
회복충전방식	축전지의 과방전, 가벼운 설페이션현상 또는 방치상태 등에서 기능회복을 위해 실시하는 방식

3 축전지 공칭전압 구하는 식

(1) 공칭전압[V/셀] = $\dfrac{\text{허용최저전압}(V)}{\text{셀수}}$ ★★★

(2) 축전지 1개의 허용최저전압

허용최저전압

$[V] = \dfrac{\text{부하의 허용최저전압} + \text{축전지와 부하 간 접속선의 전압강하}}{\text{직렬로 접속한 축전지개수}}$

4 2차 충전전류 계산

2차 충전전류[I] = $\dfrac{\text{축전지 전격용량}[Ah]}{\text{축전지 공칭용량}[h]} + \dfrac{\text{상시부하}[VA]}{\text{표준전압}[V]}$ ★★★

5 축전지용량 계산

(1) 축전지용량(C) ★★★

$C = \dfrac{1}{L}KI$ [Ah]

$= \dfrac{1}{L}KI$ [A·h]

$= \dfrac{1}{L}[K_1 I_1 + K_2(I_2 - I_1) + K_3(I_3 - I_2) + \cdots + K_n(I_n - I_{n-1})]$

C : 축전지용량 [Ah], L : 보수율 (용량저하율),
K : 용량환산시간 [h], I : 방전전류 [A]

보수율(경년용량저하율)
축전지의 사용연한의 경과 또는 보수조건을 변경하는 것으로 생기는 용량 변화를 보정해주는 값(0.8)
★★

→ 전기저장장치 : 외부에너지를 저장해두었다가 필요한 때 전기를 공급하는 장치

연습문제 | 축전지설비

01

다음은 연축전지와 알칼리축전지를 비교한 표이다. ㉠ ~ ㉧까지 알맞은 내용을 쓰시오.

구분	연축전지	알칼리축전지
공칭전압	(㉠) [V]	(㉡) [V]
기전력	2.05 ~ 2.08 [V]	1.32 [V]
공칭용량	10 [Ah]	5 [Ah]
기계적 강도	(㉢)	(㉣)
과충·방전에 따른 전기적 강도	(㉤)	(㉥)
충전시간	(㉦)	(㉧)
종류	클래드식, 페이스트식	소결식, 포켓식
수명	5 ~ 15년	15 ~ 20년

정답

㉠ 2.0 ㉡ 1.2 ㉢ 약하다 ㉣ 강하다
㉤ 약하다 ㉥ 강하다 ㉦ 길다 ㉧ 짧다

02

축전지설비에 대한 다음 각 물음에 답하시오.

가. 연축전지의 정격용량이 200 [Ah]이고, 상시부하가 3 [kW], 표준전압 100 [V]인 부동충전방식 충전기의 2차 충전 전류값은 몇 [A]이겠는가? (단, 상시부하의 역률은 1로 본다)

　○ 계산과정 :

　○ 답 :

나. 납축전지를 방전상태로 오랫동안 방치하였을 때 극판의 황산납이 회백색으로 바뀌고 내부저항이 대단히 상승하여 전해액의 온도 상승이 증가하고 황산의 비중이 낮으며 가스가 심하게 발생하고 축전지의 용량 감퇴 및 수명이 단축되는 현상은 무엇인가?

다. '나'의 현상이 일어날 때 발생되는 가스는 무엇인가?

정답

가. 계산과정

$$2차 충전전류 [A] = \frac{축전지\ 정격용량[Ah]}{축전지\ 공칭용량[h]} + \frac{상시부하[VA]}{표준전압[V]}$$

$$= \frac{200}{10} + \frac{3 \times 10^3}{100} = 50\ [A]$$

답 | 50 [A]

☑ 해설
연축전지 공칭용량 10 [Ah]
역률이 1인 경우 [W] = [VA]이기 때문에 3 [kW] = 3 × 10³ [VA]

나. 설페이션현상
다. 수소가스(또는 H_2)

03   득점   배점 6

예비전원설비에 대한 설명이다. 다음 각 물음에 답하시오.

가. 부동충전방식에 대한 회로(개략도)를 간단히 그리시오.

나. 축전지의 과방전 또는 방치상태에서 기능회복을 위하여 실시하는 충전방식은 무엇인지 쓰시오.

다. 연축전지의 정격용량은 250 [Ah]이고, 상시 부하가 8 [kW]이며 표준전압이 100 [V]인 부동충전방식의 충전기 2차 충전전류는 몇 [A]인지 구하시오. (단, 축전지의 방전율은 10시간율로 한다)

○ 계산과정 :
○ 답 :

정답

가.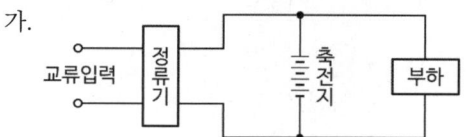

나. 회복충전방식

다. 계산과정

$$2차\ 충전전류\ [A] = \frac{축전지\ 정격용량\ [Ah]}{축전지\ 공칭용량\ [h]} + \frac{상시부하\ [VA]}{표준전압\ [V]}$$
$$= \frac{250}{10} + \frac{8 \times 10^3}{100} = 105\ [A]$$

답 | 105 [A]

04

득점 | 배점 3

축전지의 충전 종류 중 균등충전방식에서 연축전지의 셀(Cell)당 균등충전전압[V]의 범위를 쓰시오.

정답

2.4 ~ 2.5 [V]

05

득점 | 배점 6

예비전원설비로 이용되는 축전지에 대한 다음 각 물음에 답하시오.

가. 자기방전량만을 항상 충전하는 부동충전방식의 명칭을 쓰시오.

나. 비상용 조명부하 200 [V]용, 50 [W] 80등, 30 [W] 70등이 있다. 방전시간은 30분이고, 축전지는 HS형 110 [cell]이며, 허용최저전압은 190 [V], 최저축전지온도가 5 [℃]일 때 축전지용량[Ah]을 구하시오. (단, 경년용량저하율은 0.8, 용량환산시간은 1.2 [h]이다)

○ 계산과정 :

○ 답 :

다. 연축전지와 알칼리축전지의 공칭전압[V]을 쓰시오.

1) 연축전지 :

2) 알칼리축전지 :

정답

가. 세류충전방식

나. 계산과정

- $I = \dfrac{VA}{V} = \dfrac{50 \times 80 + 30 \times 70}{200} = 30.5\ [A]$
- $C = \dfrac{1}{L}KI = \dfrac{1}{0.8} \times 1.2 \times 30.5 = 45.75\ [Ah]$

답 | 45.75 [Ah]

다. 1) 연축전지 : 2 [V]

2) 알칼리축전지 : 1.2 [V]

06   득점 / 배점 5

자동화재탐지설비의 수신기에 대한 비상전원 축전지의 용량을 산출하고자 한다. 주어진 조건을 이용하여 다음 각 물음에 답하시오.

조건

(1) 경년 용량저하율은 0.8이다.
(2) 감시시간에 대한 용량 환산시간계수는 1.8이다.
(3) 작동시간에 대한 용량 환산시간계수는 0.5이다.
(4) 감시전류는 0.1 [A]이다.
(5) 2회선 작동전류 및 다른 회선 감시 시의 전류는 0.7 [A]이다.

가. 60분간 감시 후 2회선이 10분간 작동하는 경우의 축전지의 용량[Ah]을 구하시오.

○ 계산과정 :

○ 답 :

나. 1분간 2회선 작동함과 동시에 다른 회선을 감시하는 경우 및 10분간 2회선 작동함과 동시에 다른 회선을 감시하는 경우의 용량[Ah]을 구하시오.

○ 계산과정

○ 답 :

정답

가. 계산과정

$$\frac{1}{L} \times [K_1 I_1 + K_2(I_2 - I_1)] = \frac{1}{0.8} \times [1.8 \times 0.1 + 0.5 \times (0.7 - 0.1)] = 0.6\,[Ah]$$

답 | 0.6 [Ah]

나. 계산과정

$$\frac{1}{L} \times K_2 I_2 = \frac{1}{0.8} \times 0.5 \times 0.7 = 0.437 ≒ 0.44\,[Ah]$$

답 | 0.44 [Ah]

07

부하의 허용최저전압이 99 [V]이고, 축전지와 부하 간 접속선의 전압강하가 5 [V]일 때, 직렬로 접속한 축전지의 개수가 55개인 축전지 한 개당 허용최저전압을 구하시오. (단, 연축전지인 경우이다)

○ 계산과정 :

○ 답 :

정답

☑ 계산과정

$$\frac{99+5}{55} = 1.89\,[V]$$

답 | 1.89 [V]

☑ 해설 : 축전지 1개의 허용최저전압

$$허용최저전압[V] = \frac{부하의\;허용최저전압 + 축전지와\;부하\;간\;접속선의\;전압강하}{직렬로\;접속한\;축전지개수}$$

08

알칼리축전지의 정격용량은 70 [Ah], 상시부하 2 [kW], 표준전압 100 [V]인 부동충전방식인 충전기의 2차 출력은 몇 [kVA]인가?

○ 계산과정 :

○ 답 :

정답

☑ 계산과정

- 2차 충전전류 [A] = $\dfrac{축전지\,정격용량\,[Ah]}{축전지\,공칭용량\,[h]} + \dfrac{상시부하\,[VA]}{표준전압\,[V]}$

  $= \dfrac{70}{5} + \dfrac{2\times 10^3}{100} = 34\,[A]$

- $100 \times 34 = 3400\,[VA] = 3.4\,[kVA]$

답 | 3.4 [kVA]

☑ 해설 : 축전지 종류별 특성

구분	연축전지	알칼리축전지
기전력[V]	2.05 ~ 2.08	1.32
공칭전압[V]	2.0	1.2
공칭용량[Ah]	10	5

09 배점 5

비상용 조명부하가 40 [W] 120등, 60 [W] 50등이 있다. 방전시간은 30분이며 연축전지 HS형 54 [cell], 허용최저전압 90 [V], 최저축전지온도 5 [℃]일 때 축전지용량을 구하시오. (단, 전압은 100 [V]이며, 연축전지의 용량환산시간 K는 표와 같으며, 보수율은 0.8이다)

[연축전지의 용량환산시간 K(상단은 900 ~ 2000 [Ah], 하단은 900 [Ah] 이하)]

형식	온도 [℃]	10분			30분		
		1.6 [V]	1.7 [V]	1.8 [V]	1.6 [V]	1.7 [V]	1.8 [V]
CS	25	0.9 / 0.8	1.15 / 1.06	1.6 / 1.42	1.41 / 1.34	1.6 / 1.55	2.0 / 1.88
	5	1.15 / 1.1	1.35 / 1.25	2.0 / 1.8	1.75 / 1.75	1.85 / 1.8	2.45 / 2.35
	−5	1.35 / 1.25	1.6 / 1.5	2.65 / 2.65	2.05 / 2.05	2.2 / 2.2	3.1 / 3.0
HS	25	0.58	0.7	0.93	1.03	1.14	1.38
	5	0.62	0.74	1.05	1.11	1.22	1.54
	−5	0.68	0.82	1.15	1.2	1.35	1.68

○ 계산과정 :

○ 답 :

정답

☑ 계산과정

- 공칭전압[V/셀] = $\dfrac{허용최저전압(V)}{셀수}$ = $\dfrac{90}{54}$ = 1.666 ≒ 1.7 [V/셀]

- $I = \dfrac{P}{V} = \dfrac{40 \times 120 + 60 \times 50}{100} = 78\,[A]$

- $C = \dfrac{1}{L}KI\,[Ah] = \dfrac{1}{0.8} \times 1.22 \times 78 = 118.95\,[Ah]$

답 | 118.95 [Ah]

10

| 득점 | | 배점 | 6 |

비상용 조명설비의 부하가 30 [W] 120등, 60 [W] 60등이 있다. 방전시간은 30분, 연축전지 HS형 54셀, 허용최저전압 90 [V], 최저축전지온도 5 [℃]일 때 다음 각 물음에 답하시오. (단, 전압은 100 [V]이며, 보수율은 0.8이다)

[연축전지의 용량환산시간 K(상단은 900 ~ 2000 [Ah], 하단은 900 [Ah] 이하)]

형식	온도 [℃]	10분			30분		
		1.6 [V]	1.7 [V]	1.8 [V]	1.6 [V]	1.7 [V]	1.8 [V]
CS	25	0.9 0.8	1.15 1.06	1.6 1.42	1.41 1.34	1.6 1.55	2.0 1.88
	5	1.15 1.1	1.35 1.25	2.0 1.8	1.75 1.75	1.85 1.8	2.45 2.35
	−5	1.35 1.25	1.6 1.5	2.65 2.65	2.05 2.05	2.2 2.2	3.1 3.0
HS	25	0.58	0.7	0.93	1.03	1.14	1.38
	5	0.62	0.74	1.05	1.11	1.22	1.54
	−5	0.68	0.82	1.15	1.2	1.35	1.68

가. 필요한 축전지용량[Ah]을 구하시오.

◯ 계산과정 :

◯ 답 :

나. 연축전지에서 CS형과 HS형은 어떤 방전상태로 구분되는지 쓰시오.

1) CS형 :

2) HS형 :

정답

가. 계산과정

- 공칭전압[V/셀] = $\dfrac{허용최저전압(V)}{셀수}$ = $\dfrac{90}{54}$ = 1.666 ≒ 1.7 [V/셀]

- $I = \dfrac{P}{V} = \dfrac{30 \times 120 + 60 \times 60}{100} = 72$ [A]

- $C = \dfrac{1}{L}KI$ [Ah] = $\dfrac{1}{0.8} \times 1.22 \times 72 = 109.8$ [Ah]

답 | 109.8 [Ah]

나. 1) CS형 : 부하에 따라 방전전류 일정
2) HS형 : 부하에 따라 방전전류 급격한 변화

11

비상전원으로 이용되는 축전지설비에 대한 다음 각 물음에 답하시오.

가. 비상용 조명부하가 40 [W] 120등, 60 [W] 50등이 있다. 방전시간은 30분이며, 연축전기 HS형 54셀, 허용최저전압 90 [V], 최저축전지온도 5 [℃]일 때 축전지용량을 구하시오. (단, 전압은 100 [V]이고, 연축전지의 용량환산시간 K는 표와 같으며, 보수율은 0.8이라고 한다)

※ 연축전지의 용량 환산시간 K(상단은 900 − 2000 [Ah], 하단은 900 [Ah] 이하)

형식	온도	10분			30분		
		1.6 [V]	1.7 [V]	1.8 [V]	1.6 [V]	1.7 [V]	1.8 [V]
CS	25	0.9 0.8	1.15 1.06	1.60 1.42	1.41 1.34	1.60 1.55	2.0 1.88
	5	1.15 1.1	1.35 1.25	2.00 1.80	1.75 1.75	1.85 1.80	2.45 2.35
	−5	1.35 1.25	1.6 1.5	2.65 2.25	2.05 2.05	2.20 2.20	3.1 3.0
HS	25	0.58	0.7	0.93	1.03	1.14	1.38
	5	0.62	0.74	1.05	1.11	1.22	1.54
	−5	0.68	0.82	1.15	1.20	1.35	1.68

○ 계산과정 :

○ 답 :

나. 자기방전량만을 항상 충전하는 부동충전방식을 무엇이라 하는가?

다. 연축전지와 알칼리축전지의 공칭전압은 몇 [V/셀]인가?
1) 연축전지
2) 알칼리축전지

정답

가. 계산과정
- 공칭전압 = $\dfrac{허용최저전압(V)}{셀수} = \dfrac{90}{54} \fallingdotseq 1.7\,[\text{V}/\text{셀}]$
- 표에서 형식 : HS, 온도 5 ℃, 30분, 1.7 [V]에서 용량환산시간 $K = 1.22$
- $I = \dfrac{P}{V} = \dfrac{(40 \times 120) + (60 \times 50)}{100} = 78\,[\text{A}]$
- 축전지용량 $C = \dfrac{I}{L}KI = \dfrac{1}{0.8} \times 1.22 \times 78 = 118.85\,[\text{Ah}]$

답 | 118.95 [Ah]

나. 세류충전방식

다. 1) 연축전지 : 2.0 [V/셀]
2) 알칼리축전지 : 1.2 [V/셀]

12 [배점 8]

축전지설비 기능점검 시 필요한 점검기구 4가지를 쓰시오.

①
②
③
④

정답

① 비중계
② 스포이트
③ 절연저항계
④ 전류전압측정계

13

배점 6

비상용 전원설비의 축전지설비를 하려고 한다. 사용되는 부하의 방전전류 - 시간특성곡선이 그림과 같을 때 다음 각 물음에 답하시오. (단, 축전지의 용량환산시간계수 K는 주어진 표에 의하여 계산한다)

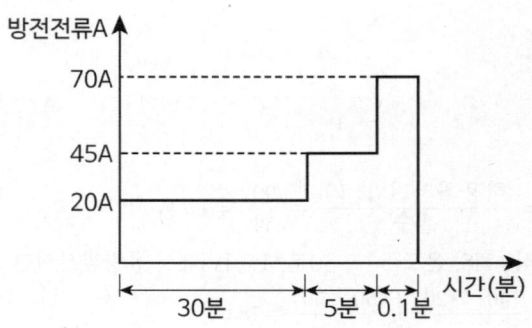

[용량환산시간계수 K(온도 5 [℃]에서)]

형식	최저허용전압 [V/셀]	0.1분	1분	5분	10분	20분	30분	60분	120분
AH	1.10	0.30	0.46	0.56	0.66	0.87	1.04	1.56	2.60
	1.06	0.24	0.33	0.45	0.53	0.70	0.85	1.40	2.45
	1.00	0.20	0.27	0.37	0.45	0.60	0.77	1.30	2.30

가. 보수율이란 무엇이며 일반적으로 그 값은 얼마를 적용하는가?

나. 단위 전지의 방전 종지전압 (최저사용전압) 은 1.06 [V]일 때 축전지용량은 몇 [Ah]가 필요한가?
  ○ 계산과정 :
  ○ 답 :

다. 연축전지와 알칼리 축전지의 공칭전압은 각각 몇 [V]인가?

정답

가. 부하를 만족하는 용량을 감정하기 위한 계수, 80 [%]

나. 계산과정

$$C = \frac{1}{L} \times [K_1 I_1 + K_2 I_2 + K_3 I_3]$$

$$= \frac{1}{0.8}[(0.85 \times 20) + (0.45 \times 45) + (0.24 \times 70)] ≒ 67.56 [Ah]$$

답 | 67.56 [Ah]

- ✓ 해설
  - K_1 : 최저허용전압 1.06에서 30분 시간계수(0.85)
  - K_2 : 최저허용전압 1.06에서 5분 시간계수(0.45)
  - K_3 : 최저허용전압 1.06에서 0.1분 시간계수(0.24)
  - I_1, I_2, I_3 : 20 [A], 45 [A], 70 [A]
  - $KI = K_1 I_1 + K_2 I_2 + K_3 I_3$

다. 1) 연축전지 : 2 [V]
   2) 알칼리축전지 : 1.2 [V]

14

아래의 그림과 같이 방전전류가 시간에 따라 감소하는 경향의 축전지용량[Ah]을 계산하시오. 단, 용량환산시간계수 K는 아래의 표와 같으며 용량저하율(보수율)은 0.8을 적용하는 것으로 한다.

[시간에 따른 용량환산시간계수]

시간	10분	20분	30분	60분	100분	110분	120분	170분	180분	200분
용량환산시간계수 [K]	1.3	1.45	1.78	2.55	3.45	3.65	3.85	4.85	5.05	5.30

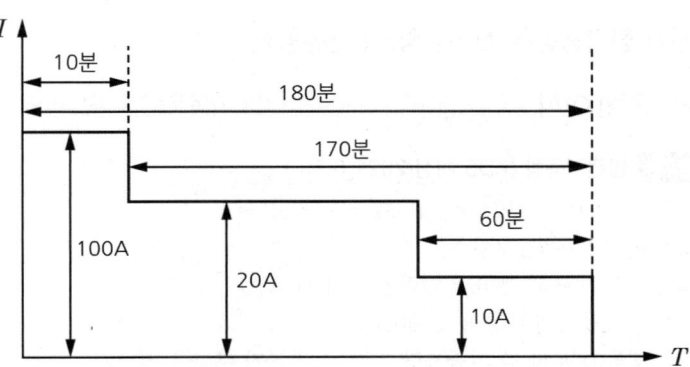

○ 계산과정 :

○ 답 :

정답

✓ 계산과정

$$C_1 = \frac{1}{L}K_1 I_1 = \frac{1}{0.8} \times 1.30 \times 100 = 162.5 \, [Ah]$$

$$C_2 = \frac{1}{L}[K_1 I_1 + K_2(I_2 - I_1)] = \frac{1}{0.8}[3.85 \times 100 + 3.65 \times (20-100)] = 116.25 \, [Ah]$$

$$C_3 = \frac{1}{L}[K_1 I_1 + K_2(I_2 - I_1) + K_3(I_3 - I_2)]$$

$$= \frac{1}{0.8}[5.05 \times 100 + 4.85 \times (20-100) + 2.55 \times (10-20)]$$

$$= 114.375 \, [Ah]$$

셋 중의 최댓값인 162.5 [Ah] 이상의 축전지를 선정한다.

답 | 162.5 [Ah]

07 자가발전설비

1 개요

전체적으로 발전설비를 하여 상용전원이 차단되면 자동으로 전원이 공급될 수 있도록 한 설비이다. 일반적으로 옥내소화전설비, 스프링클러설비와 같이 대용량을 필요로 하는 설비에서 사용된다.

2 발전기 정격용량(발전기용량)의 산정공식

발전기용량[KVA] = $\left(\dfrac{1}{허용전압강하} - 1\right)$ × 기동용량 × 과도리액턴스 ★★

★ 핵심이론 발전기용량 (KDS 개정 2021.6.14.)

$$GP \geq [\Sigma P + (\Sigma Pm - PL) \times a + (PL \times a \times c)] \times k$$

GP : 발전기용량(kVA)
ΣP : 전동기 이외 부하의 입력용량 합계(kVA)
ΣPm : 전동기 부하용량 합계(kW)
PL : 전동기 부하 중 기동용량 가장 큰 전동기 부하용량(kW)
  a : 전동기 kW당 입력용량 계수(고효율 1.38, 표준형 1.45)
  c : 전동기 기동계수(직입기동 6, Y-△기동 2, VVVF 기동 1.5, 리액터 기동 50 [%] 3, 65 [%] 3.9, 80 [%] 4.8)
  k : 발전기 허용전압강하 계수(1.07 ~ 1.13)

3 발전기용 차단기의 용량공식

$$\text{발전기용 차단기용량[KVA]} = \frac{\text{발전기출력}}{\text{과도리액턴스}} \times 1.25 \bigstar$$

1.25 : 여유율

> 발전기의 병렬운전 조건
> (1) 기전력 크기가 같을 것
> (2) 기전력의 위상이 같을 것
> (3) 기전력의 주파수가 같을 것
> (4) 기전력의 파형이 같을 것

연습문제 | 자가발전설비

01
배점 5

유도전동기 부하에 사용할 비상용 자가발전설비를 선정하려고 한다. 다음 각 물음에 답하시오. (단, 기동용량 700 [kVA], 기동 시 전압강하 20 [%]까지 허용, 과도리액턴스 25 [%]이다)

가. 발전기용량은 몇 [kVA] 이상을 선정해야 하는지 구하시오.
- 계산과정 :
- 답 :

나. 발전기용 차단기의 차단용량[kVA]을 구하시오. (단, 차단용량의 여유율은 25 [%]이다)
- 계산과정 :
- 답 :

정답

가. 계산과정

$$\text{발전기용량[KVA]} = \left(\frac{1}{\text{허용전압강하}} - 1\right) \times \text{기동용량} \times \text{과도리액턴스}$$

$$= \left(\frac{1}{0.2} - 1\right) \times 0.25 \times 700 = 700 \,[\text{kVA}]$$

답 | 700 [kVA]

나. 계산과정

$$\text{발전기용 차단기용량[KVA]} = \frac{\text{발전기출력}}{\text{과도리액턴스}} \times 1.25 \,(\text{여유율})$$

$$= \frac{700}{0.25} \times 1.25 = 3500 \,[\text{kVA}]$$

답 | 3500 [kVA]

02

비상용 자가발전설비를 설치하려고 한다. 기동용량은 500 [kVA], 허용전압강하는 15 [%]까지 허용하며, 과도리액턴스는 20 [%]일 때 발전기 정격용량은 몇 [kVA] 이상의 것을 선정하여야 하며, 발전기용 차단기의 용량은 몇 [MVA] 이상인가? (단, 차단용량의 여유율은 25 [%]로 계산한다)

가. 발전기 정격용량
- 계산과정 :
- 답 :

나. 차단기의 용량
- 계산과정 :
- 답 :

정답

가. 계산과정

$$발전기용량[KVA] = \left(\frac{1}{허용전압강하} - 1\right) \times 기동용량 \times 과도리액턴스$$

$$= \left(\frac{1}{0.15} - 1\right) \times 0.2 \times 500 = 566.67 \, [kVA]$$

답 | 566.67 [kVA]

나. 계산과정

$$발전기용 차단기용량[KVA] = \frac{발전기출력}{과도리액턴스} \times 1.25 \, (여유율)$$

$$= \frac{566.67}{0.2} \times 1.25$$

$$\fallingdotseq 3541 \, [kVA] = 3.541 \, [MVA] \fallingdotseq 3.54 \, [MVA]$$

답 | 3.54 [MVA]

03

배점 5

유도전동기부하에 사용할 비상용 자가발전설비를 설치하려고 한다. 이 설비에 사용된 발전기의 조건을 보고 다음 각 물음에 답하시오.

> **조건**
> 3상 380 [V], 기동전류 760 [A]이고, 기동 시 전압강하 21 [%]까지 허용, 과도리액턴스 26 [%]

가. 발전기용량은 이론상 몇 [kVA] 이상의 것을 선정하여야 하는가?
- 계산과정 :
- 답 :

나. 발전기용 차단기의 차단용량은 몇 [kVA]인가? (단, 차단용량의 여유율은 25 [%]를 계산한다)
- 계산과정 :
- 답 :

정답

가. 계산과정
- 기동용량 $P = \sqrt{3} \times 380 \times 760 ≒ 500216$ [VA] = 500.216 [kVA]
- 발전기용량[KVA] = $(\dfrac{1}{허용전압강하} - 1) \times 기동용량 \times 과도리액턴스$

  $= \left(\dfrac{1}{0.21} - 1\right) \times 0.26 \times 500.216 = 489.258 ≒ 489.26$ [kVA]

답 | **489.26 [kVA]**

나. 계산과정

발전기용 차단기용량[KVA] = $\dfrac{발전기출력}{과도리액턴스} \times 1.25(여유율)$

$= \dfrac{489.26}{0.26} \times 1.25 = 2352.211 ≒ 2352.21$ [kVA]

답 | **2352.21 [kVA]**

08 비상전원수전설비

1 개요
별도의 전원이 있는 것이 아니라 전력회사에서 공급되는 전원이 화재 시에도 불에 타서 없어지거나 차단되지 않고 소방시설에 공급될 수 있도록 한 전원수전설비이다. 비상전원수전설비는 화재 시의 안전선에 한계가 있어 스프링클러설비 설치대상 중 일부와 비상콘센트설비에서만 대체전원으로 사용할 수 있다.

2 정의
(1) 소방회로 : 소방부하에 전원을 공급하는 전기회로
(2) 일반회로 : 소방회로 이외의 전기회로
(3) 수전설비 : 전력수급용 계기용 변성기·주차단장치 및 그 부속기기
(4) 변전설비 : 전력용 변압기 및 그 부속장치
(5) 전용큐비클식 : 소방회로용의 것으로 수전설비, 변전설비 그 밖의 기기 및 배선을 금속제 외함에 수납한 것
(6) 공용큐비클식 : 소방회로 및 일반회로 겸용의 것으로서 수전설비, 변전설비 그 밖의 기기 및 배선을 금속제 외함에 수납한 것을 말한다.
(7) 전용배전반 : 소방회로 전용의 것으로서 개폐기, 과전류차단기, 계기 그 밖의 배선용 기기 및 배손을 금속제 외함에 수납한 것을 말한다.
(8) 공용배전반 : 소방회로 및 일반회로 겸용의 것으로서 개폐기, 과전류차단기, 계기 그 밖의 배선용 기기 및 배선을 금속제 외함에 수납한 것을 말한다.
(9) 전용분전반 : 소방회로 전용의 것으로서 분기개폐기, 분기과전류차단기 그 밖의 배선용 기기 및 배선을 금속제 외함에 수납한 것을 말한다.
(10) 공용분전반 : 소방회로 및 일반회로 겸용의 것으로서 분기개폐기, 분기과전류 차단기 그 밖의 배선용 기기 및 배선을 금속제 외함에 수납한 것을 말한다.

3 특별고압 또는 고압으로 수전하는 경우
(1) 일반전기사업자로부터 특별고압 또는 고압으로 수전하는 비상전원 수전설비는 방화구획형, 옥외개방형 또는 큐비클(Cubicle)형으로 하여야 한다.
(2) 방화구획형의 설치기준
  ① 전용의 방화구획 내에 설치할 것

인입선 및 인입구 배선의 시설
(1) 인입선은 특정소방대상물에 화재가 발생할 경우에도 화재로 인한 손상을 받지 않도록 설치하여야 한다.
(2) 인입구배선은 옥내소화전설비의 화재안전기술기준(NFTC 102) 별표 1의 규정에 따른 내화배선으로 하여야 한다.

② 소방회로배선은 일반회로배선과 불연성 벽으로 구획할 것. 다만 소방회로배선과 일반회로배선을 15 [cm] 이상 떨어져 설치한 경우는 그러하지 아니한다.

③ 일반회로에서 과부하, 지락사고 또는 단락사고가 발생한 경우에도 이에 영향을 받지 아니하고 계속하여 소방회로에 전원을 공급시켜 줄 수 있어야 할 것

④ 소방회로용 개폐기 및 과전류차단기에는 "소방시설용"이라 표시할 것

(3) 옥외개방형의 설치기준

① 건축물의 옥상에 설치하는 경우에는 그 건축물에 화재가 발생할 경우에도 화재로 인한 손상을 받지 않도록 설치할 것

② 공지에 설치하는 경우에는 인접 건축물에 화재가 발생한 경우에도 화재로 인한 손상을 받지 않도록 설치할 것

(4) 큐비클형의 설치기준

① 전용큐비클 또는 공용큐비클식으로 설치할 것

② 외함은 두께 2.3 [mm] 이상의 강판과 이와 동등 이상의 강도와 내화성능이 있는 것으로 제작하여야 하며, 개구부(제3호에 게기하는 것은 제외한다)에는 60분+ 방화문, 60분 방화문 또는 30분 방화문을 설치할 것

③ 다음 가목(옥외에 설치하는 것에 있어서는 가목 내지 다목)에 해당하는 것은 외함에 노출하여 설치할 수 있다.

　ㄱ. 표시등(불연성 또는 난연성 재료로 덮개를 설치한 것에 한한다)

　ㄴ. 전선의 인입구 및 인출구

　ㄷ. 환기장치

　ㄹ. 전압계(퓨즈 등으로 보호한 것에 한한다)

　ㅁ. 전류계(변류기의 2차 측에 접속된 것에 한한다)

　ㅂ. 계기용 전환스위치(불연성 또는 난연성 재료로 제작된 것에 한한다)

④ 외함은 건축물의 바닥 등에 견고하게 고정할 것

⑤ 외함에 수납하는 수전설비, 변전설비 그 밖의 기기 및 배선은 다음 각 목에 적합하게 설치할 것

　ㄱ. 외함 또는 프레임(Frame) 등에 경고하게 고정할 것

　ㄴ. 외함의 바닥에서 10 [cm](시험단자, 단자대 등의 충전부는 15 [cm]) 이상의 높이에 설치할 것

⑥ 전선인입구 및 인출구에는 금속관 또는 금속제 가요전선관을 쉽게 접속할 수 있도록 할 것

○— 표시등은 외함에 노출하여 설치할 수 없다.　　　　[X] 있다.

⑦ 환기장치는 다음 각목에 적합하게 설치할 것
  ㄱ. 내부의 온도가 상승하지 않도록 환기장치를 할 것
  ㄴ. 자연환기구의 개구부 면적의 합계는 외함의 한 면에 대하여 당해 면적의 3분의 1 이하로 할 것. 이 경우 하나의 통기구의 크기는 직경 10 [mm] 이상의 둥근 막대가 들어가서는 아니 된다.
  ㄷ. 자연환기구에 따라 충분히 환기할 수 없는 경우에는 환기설비를 설치할 것
  ㄹ. 환기구에는 금속망, 방화댐퍼 등으로 방화조치를 하고, 옥외에 설치하는 것은 빗물 등이 들어가지 않도록 할 것
⑧ 공용큐비클식의 소방회로와 일반회로에 사용되는 배선 및 배선용 기기는 불연재료로 구획할 것

[별표 1] 고압 또는 특별고압 수전의 경우(제5조 제1항 제5호 관련) ★★

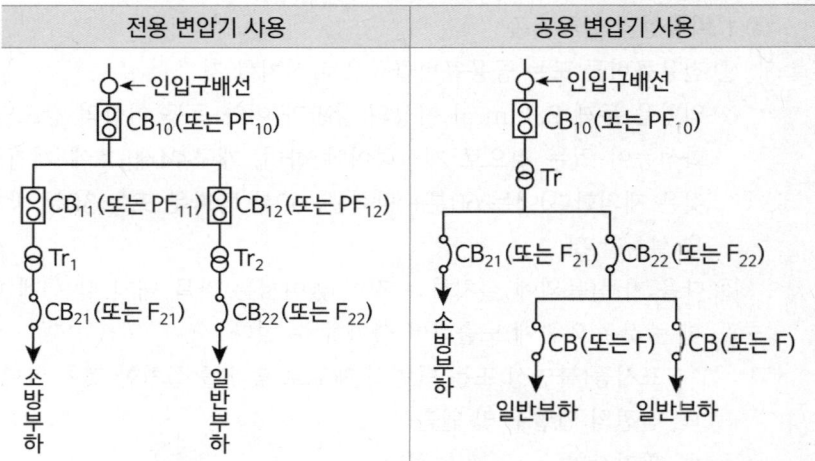

	전용 변압기 사용	공용 변압기 사용
	전용의 전력용 변압기에서 소방부하에 전원을 공급하는 경우 1. 일반회로의 과부하 또는 단락 사고 시에 CB_{10} (또는 PF_{10})이 CB_{12} (또는 F_{12}) 및 CB_{22} (또는 F_{22})보다 먼저 차단되어서는 아니 된다. 2. CB_{11} (또는 F_{11})은 CB_{12} (또는 F_{12})와 동등 이상의 차단용량일 것	공용의 전력용 변압기에서 소방부하에 전원을 공급하는 경우 1. 일반회로의 과부하 또는 단락 사고 시에 CB_{10} (또는 PF_{10})이 CB_{22} (또는 F_{22}) 및 CB (또는 F)보다 먼저 차단되어서는 아니 된다. 2. CB_{21} (또는 F_{21})은 CB_{22} (또는 F_{22})와 동등 이상의 차단용량일 것

약호	명칭	약호	명칭
CB	전력차단기	CB	전력차단기
PF	전력퓨즈(고압 또는 특별고압용)	PF	전력퓨즈(고압 또는 특별고압용)
F	퓨즈(저압용)	F	퓨즈(저압용)
Tr	전력용 변압기	Tr	전력용 변압기

4 저압으로 수전하는 경우

(1) 전기사업자로부터 저압으로 수전하는 비상전원설비는 전용배전반(1·2종)·전용분전반(1·2종)또는 공용분전반(1·2종)으로 하여야 한다.

(2) 제1종 배전반 및 제1종 분전반의 설치기준
   ① 외함은 두께 1.6 [mm](전면판 및 문은 2.3 [mm]) 이상의 강판과 이와 동등 이상의 강도와 내화성능이 있는 것으로 제작할 것
   ② 외함의 내부는 외부의 열에 의해 영향을 받지 않도록 내열성 및 단열성이 있는 재료를 사용하여 단열할 것. 이 경우 단열부분은 열 또는 진동에 따라 쉽게 변형되지 아니하여야 한다.
   ③ 다음 각목에 해당하는 것은 외함에 노출하여 설치할 수 있다.
      ㄱ. 표시등(불연성 또는 난연성 재료로 덮개를 설치한 것에 한한다)
      ㄴ. 전선의 인입구 및 입출구
   ④ 외함은 금속관 또는 금속제 가요전선관을 쉽게 접속할 수 있도록 하고, 당해 접속부분에는 단열조치를 할 것
   ⑤ 공용배전판 및 공용분전판의 경우 소방회로와 일반회로에 사용하는 배선 및 배선용 기기는 불연재료로 구획되어야 할 것

(3) 제2종 배전반 및 제2종 분전반의 설치기준
   ① 외함은 두께 1 [mm](함전면의 면적이 1000 [cm^2]를 초과하고 2000 [cm^2] 이하인 경우에는 1.2 [mm], 2000 [cm^2]를 초과하는 경우에는 1.6 [mm]) 이상의 강판과 이와 동등 이상의 강도와 내화성능이 있는 것으로 제작할 것
   ② 제1항 제3호 각목에 정한 것과 120 [℃]의 온도를 가했을 때 이상이 없는 전압계 및 전류계는 외함에 노출하여 설치할 것
   ③ 단열을 위해 배선용 불연전용실내에 설치할 것

○─ 그 밖의 배전반 및 분전반의 설치기준
   ① 일반회로에서 과부하·지락사고 또는 단락사고가 발생한 경우에도 이에 영향을 받지 아니하고 계속하여 소방회로에 전원을 공급시켜 줄 수 있어야 할 것
   ② 소방회로용 개폐기 및 과전류차단기에는 "소방시설용"이라는 표시를 할 것

[별표 2] 저압수전의 경우(제6조 제3항 제3호 관련)

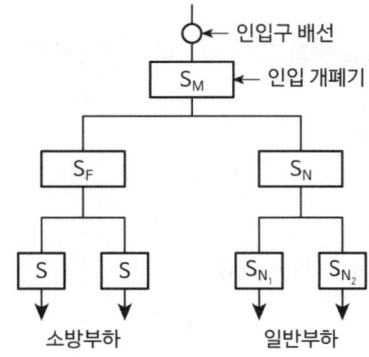

주1. 일반회로의 과부하 또는 단락사고 시 S_M이 S_N, S_{N1} 및 S_{N2}보다 먼저 차단되어서는 아니 된다.
주2. S_F는 S_N과 동등 이상의 차단용량일 것

약호	명칭
S	저압용 개폐기 및 과전류차단기

연습문제 — 비상전원수전설비

01

다음은 소방시설용 비상전원수전설비로서 고압 또는 특고압으로 수전하는 도면이다. 다음 각 물음에 답하시오.

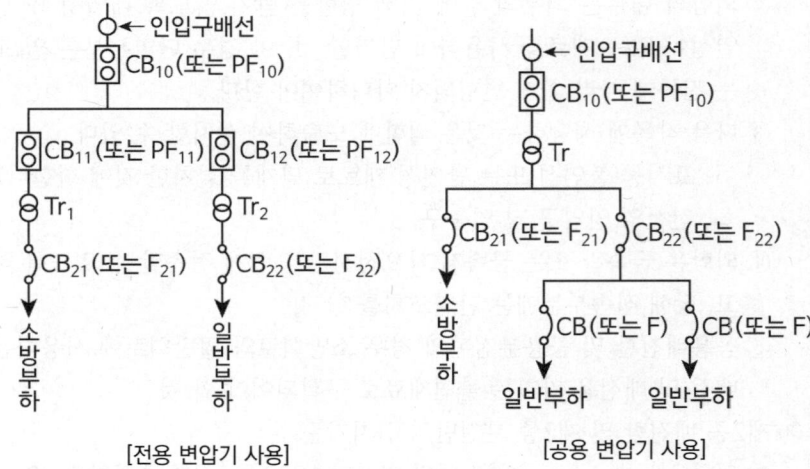

[전용 변압기 사용]   [공용 변압기 사용]

가. 다음 약호의 명칭을 쓰시오.

1) CB

2) PF

3) F

4) Tr

나. 일반회로의 과부화 또는 단락사고 시에 CB_{10}(또는 PF_{10})이 어떤 기기보다 먼저 차단되어서는 안 되는지 쓰시오.

다. CB_{11}(또는 PF_{11})은 어느 것과 동등 이상의 차단용량이어야 하는지 쓰시오.

정답

가. 1) CB : 전력차단기
   2) PF : 전력퓨즈(고압 또는 특고압용)
   3) F : 퓨즈(저압용)
   4) Tr : 전력용 변압기

나. CB_{12}(또는 PF_{12}) 및 CB_{22}(또는 F_{22})

다. CB_{12}(또는 PF_{12})

09 절연저항정리

설비명	측정위치	측정계기	절연저항
자동화재 탐지설비	• 감지기회로 및 부속회로 전로 • 대지 사이 및 배선상호 간	직류 250 [V] 절연저항측정기	0.1 [MΩ] 이상
자동화재 속보설비 + 가스누설 경보기	절연된 충전부와 외함	직류 500 [V] 절연저항측정기	5 [MΩ] 이상
	• 교류입력 측과 외함 • 절연된 선로 간	직류 500 [V] 절연저항측정기	20 [MΩ] 이상
비상경보설비	• 감지기회로 및 부속회로 전로 • 대지 사이 및 배선상호 간	직류 250 [V] 절연저항측정기	0.1 [MΩ] 이상
	절연된 충전부와 외함	직류 500 [V] 절연저항측정기	5 [MΩ] 이상
	• 교류입력 측과 외함 • 절연된 선로 간	직류 500 [V] 절연저항측정기	20 [MΩ] 이상
비상방송설비	• 감지기회로 및 부속회로 전로 • 대지 사이 및 배선상호 간	직류 250 [V] 절연저항측정기	0.1 [MΩ] 이상
누전경보기	[변류기] • 절연된 1차권선과 2차권선 • 절연된 1차권선과 외부금속부 • 절연된 2차권선과 외부금속부	직류 500 [V] 절연저항측정기	5 [MΩ] 이상
	[수신기] • 절연된 충전부와 외함 간 및 차단기 구의 개폐부 • 열린 상태에서는 같은 극의 전원단자 와 부하 측 단자와의 사이 • 닫힌 상태에서는 충전부와 손잡이 사이	직류 500 [V] 절연저항측정기	5 [MΩ] 이상
유도등	• 교류입력 측과 외함 • 교류입력 측과 충전부 사이 • 절연된 충전부와 외함 사이	직류 500 [V] 절연저항측정기	5 [MΩ] 이상
비상조명등	• 교류입력 측과 외함 • 교류입력 측과 충전부 사이 • 절연된 충전부와 외함 사이	직류 500 [V] 절연저항측정기	5 [MΩ] 이상
비상콘센트	절연된 충전부와 외함	직류 500 [V] 절연저항측정기	20 [MΩ] 이상

> **선생님 TIP**
>
> 1경계구역이라는 말이 나오면 0.1 [MΩ] 이상이다.
>
> 암기 ▶ 누유조 5
> 암기 ▶ 절충 5
> 암기 ▶ 나머지 20
> 암기 ▶ 콘 20

연습문제 | 절연저항정리

01
배점 5

비상전원 수전설비 중 고압일 경우 방식 3가지를 쓰시오.

①
②
③

정답
① 옥외개방형
② 큐비클형
③ 방화구획형(불연구획 전용실형)

02
배점 10

그림은 UPS의 구성도이다. 다음 각 물음에 답하시오.

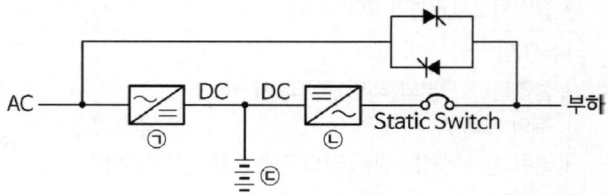

가. 목적을 쓰시오.

나. ㉠ ~ ㉢의 명칭을 쓰시오.

다. CVCF 명칭은 무엇인가?

정답
가. 상용전원 정전 시 순간적으로 비상전원으로 자동 전환되어 무정전으로 부하에 전원을 공급하기 위한 장치이다.
나. ㉠ 정류장치, ㉡ 역변환장치, ㉢ 축전지
다. 정전압 정주파수 공급장치(Constant Voltage Constant Frequency)

03

득점 ▢ 배점 5

누전경보기의 변류기는 직류 500 [V] 절연저항측정기를 가지고 측정했을 때 5 [MΩ] 이상이 나와야 한다. 이때 측정 위치 3가지를 쓰시오.

①

②

③

정답

① 절연된 1차권선과 2차권선
② 절연된 1차권선과 외부금속부
③ 절연된 2차권선과 외부금속부

CHAPTER 03 시퀀스 제어

3회독 월 일
2회독 월 일
1회독 월 일

학습목표

1 불대수의 정리와 시퀀스 제어 기초에 대해 학습한다.
2 시퀀스 제어 기본회로에 대해 학습한다.
3 플로트 제어방식에 대해 학습한다.
4 Y-△ 제어방식(스타-델타)에 대해 학습한다.
5 정·역전 제어방식에 대해 학습한다.

학습MAP

- 시퀀스 제어 기초
  - 불대수(Boolean Algebra) ★★★
  - 논리회로
  - 각종 접점의 심벌
- 시퀀스 제어
  - 시퀀스 제어(기호)
- 시퀀스 제어 기본회로설비
  - 시퀀스 제어 기본회로 종류
  - 원방조작기동 제어방식
  - 전전압기동 제어방식(직입기동)
- 플로트 제어방식
- ★★★ Y-△ 제어방식
- 정·역전 제어방식

01 시퀀스 제어 기초

1 시퀀스 제어(Sequential Control)
(1) 미리 정해진 순서에 따라 제어의 각 단계를 순서대로 진행해나가는 제어를 뜻한다.
(2) 시퀀스제어 기본회로는 논리회로, 자기유지회로, 인터록회로 등이 있다.

2 불대수(Boolean Algebra)
(1) 임의의 회로에서 일련의 기능을 수행하기 위한 가장 최적의 회로를 결정하기 위하여 이론 수식적으로 표현하는 방법을 불대수라 한다.
(2) 불대수의 기초

$A \cdot B = X$

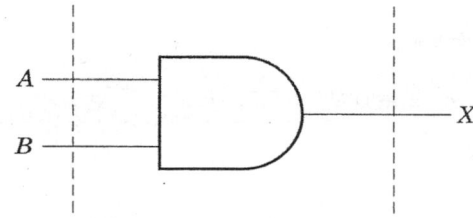

① A, B : 입력, S/W

S/W	1	0
	On (닫힘)	Off (열림)

② • (dot, AND), + (plus, OR) : 논리기호

(논리)기호	• (dot, AND)	+ (plus, OR)
	직렬회로	병렬회로
	⟶⟩	⟶⟩

③ X : 출력 입력에 대한 결과 값

(3) 부울 대수의 정리와 법칙 장점

논리식을 간략화, 논리회로도 간소화 ★★★

항등법칙	A + 0 = A, A + 1 = 1	A · 1 = A, A · 0 = 0
동일법칙	A + A = A	A · A = A
보원법칙	$A + \overline{A} = 1$	$A \cdot \overline{A} = 0$
다중부정	$\overline{\overline{A}} = A$, $\overline{\overline{\overline{A}}} = \overline{A}$	
교환법칙	A + B = B + A	A · B = B · A
결합법칙	A + (B + C) = (A + B) + C	A · (B · C) = (A · B) · C
분배법칙	A · (B + C) = AB + AC	A + B · C = (A + B) · (A + C)
흡수법칙	A + A · B = A	A · (A + B) = A
드 모르간 정리	$\overline{A + B} = \overline{A} \cdot \overline{B}$	$\overline{A \cdot B} = \overline{A} + \overline{B}$

3 논리회로 ★★★

게이트	논리회로(논리기호)	논리식	시퀀스회로
AND (직렬회로)		X = A · B = AB	
OR (병렬회로)		X = A + B	
NOT		$X = \overline{A}$	
NAND (Not AND)		$X = \overline{AB}$	

AND 진리표

A	B	X
0	0	0
0	1	0
1	0	0
1	1	1

OR 진리표

A	B	X
0	0	0
0	1	1
1	0	1
1	1	1

NOT 진리표

A	X
0	1
1	0

NAND 진리표

A	B	X
0	0	1
0	1	1
1	0	1
1	1	0

게이트	논리회로(논리기호)	논리식	시퀀스회로
NOR (Not OR)		$X = \overline{A + B}$	
XOR (Exclusive OR)		$X = A \oplus B$ $= \overline{A}B + A\overline{B}$	
XNOR (Exclusive NOR)		$X = A \odot B$ $= \overline{A}\,\overline{B} + AB$	

○ NOR 진리표

A	B	X
0	0	1
0	1	0
1	0	0
1	1	0

○ XOR 진리표

A	B	X
0	0	0
0	1	1
1	0	1
1	1	0

○ XNOR 진리표

A	B	X
0	0	1
0	1	0
1	0	0
1	1	1

참고 논리회로의 치환 = 드 모르간 정리

AND회로		
OR회로		
NAND회로		
NOR회로		

4 각종 접점의 심벌

(1) 유접점회로기호

유접점 기호	설명	비고
a접점	개로상태에서 폐로상태로 되는 접점(열려 있는 접점)	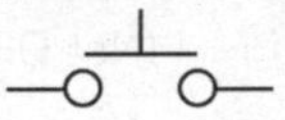
b접점	폐로상태에서 개로상태로 되는 접점(닫혀 있는 접점)	
c접점	전환접점 a,b 공통 가동접점	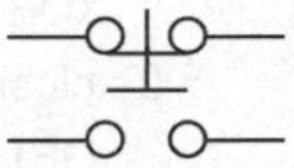

(2) 접점의 심벌

명칭	심벌 a접점	심벌 b접점	설명
일반접점 또는 수동접점 (텀블러스위치, 토글스위치)	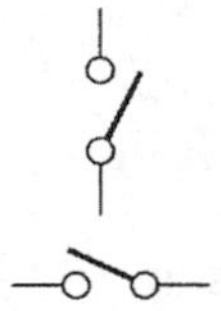	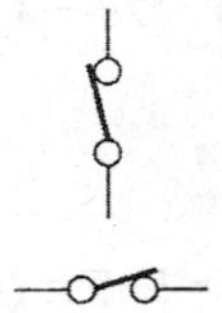	수동에 의해 개폐되는 접점 (손을 떼도 그 상태를 유지)
수동조작 자동복귀접점 (푸시버튼스위치)	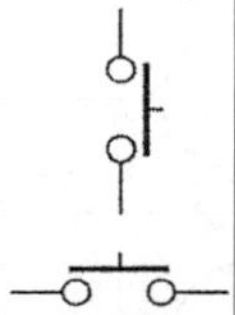	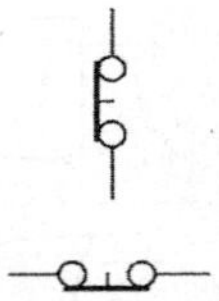	손을 떼면 복귀하는 접점
기계적접점 (리밋스위치)	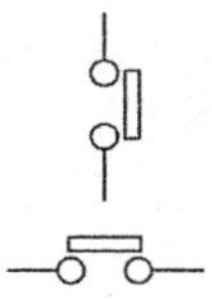	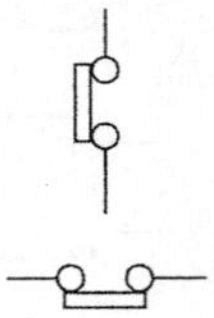	전기적 이외의 원리에 의해 개폐되는 접점
계전기접점	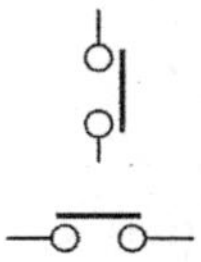	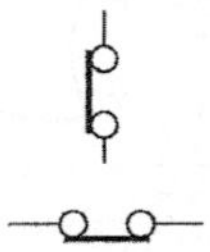	전자력에 의해 개폐되는 접점

명칭	심벌		설명
	a접점	b접점	
한시동작접점 (타이머)	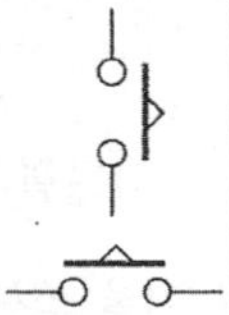	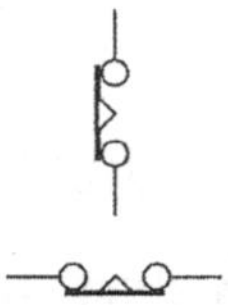	입력신호를 받고 일정 시간 후에 회로는 개폐하는 접점 (동작 시 시간 지연이 있다)
한시복귀접점 (타이머)	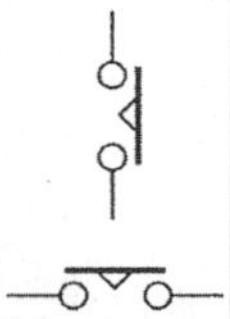	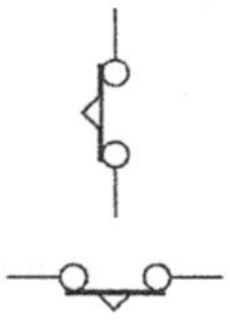	
수동복귀접점 (열동계전기 : 전동기의 과부하 보호용 계전기)	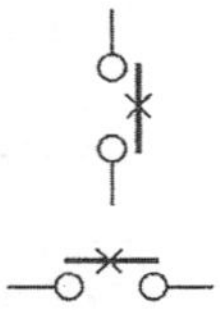	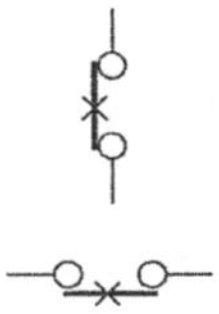	과전류에 의해 개폐되는 접점
전자접촉기접점	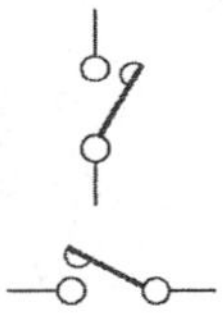	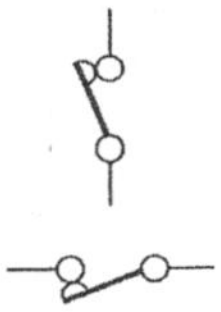	고정철심에 전원이 걸리면 전자력이 발생하여 개폐되는 접점

연습문제 — 시퀀스 제어 기초

01
배점 3

감지기회로의 배선방식으로 교차회로방식을 사용할 경우 다음 각 물음에 답하시오.

가. 불대수의 정리를 이용하여 간단한 논리식을 쓰시오.

나. 무접점회로로 나타내시오.

다. 진리표를 완성하시오.

A	B	C

정답

가. $A \cdot B = C$

나.
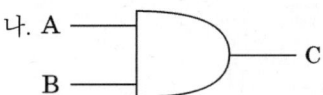

다.

A	B	C
0	0	0
0	1	0
1	0	0
1	1	1

☑ 해설
- 자동화재탐지설비의 송배선방식
  도통시험을 용이하게 하기 위해 배선의 도중에서 분기하지 않는 방식
- 자동화재탐지설비의 교차회로방식
  하나의 담당구역 내에 2 이상의 감지기회로를 설치하고 2 이상의 감지기회로가 동시에 감지되는 때에 설비가 작동하는 방식
- 교차회로방식으로 감지기를 설치하여야 하는 자동식 소화설비
  분말소화설비, 할론소화설비, 할로겐화합물 및 불활성기체소화설비, 이산화탄소소화설비, 준비작동식 스프링클러설비, 일제살수식 스프링클러설비

- 논리회로

게이트	논리회로(논리기호)	논리식	시퀀스회로
AND (직렬회로, 교차회로방식)		$X = A \cdot B = AB$	

○ 진리표

A	B	X
0	0	0
0	1	0
1	0	0
1	1	1

02

득점 | 배점 6

다음 논리회로 AND, NAND회로의 파형신호를 그리시오. (단, c, e의 출력신호만 1이다)

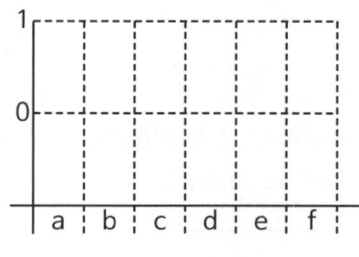
-AND 회로

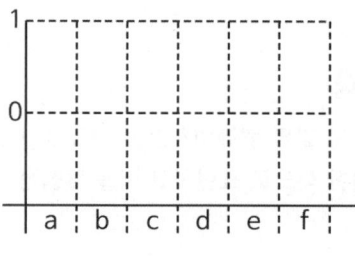
-NAND 회로

정답

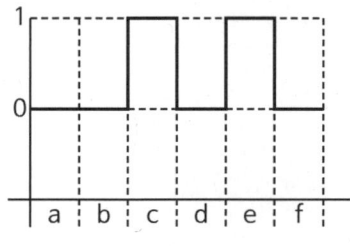
-AND 회로

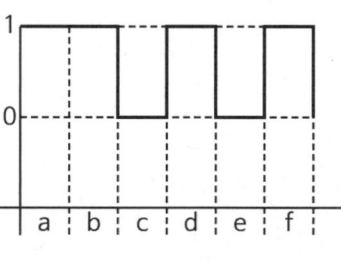
-NAND 회로

03

배점 4

그림의 시퀀스를 보고 이것을 출력 X에 대한 무접점 논리회로도를 표현하시오.

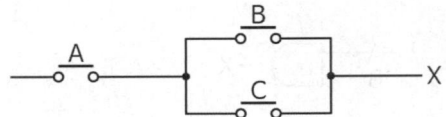

정답

※ A · (B + C) = X

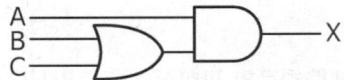

04

배점 6

그림과 같은 릴레이회로를 간략화한 유접점 및 무접점회로로 만들려고 한다. 가장 간단한 식으로 표현하고 이를 유접점 및 무접점회로로 그리시오.

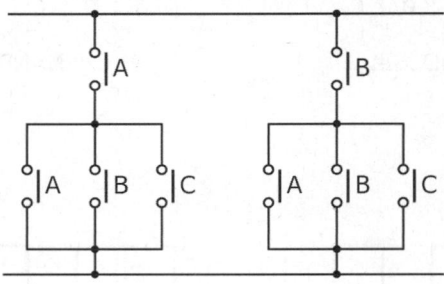

정답

가. 간단한 식 : A + B
나. 유접점회로

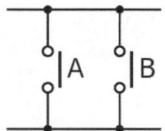

다. 무접점회로

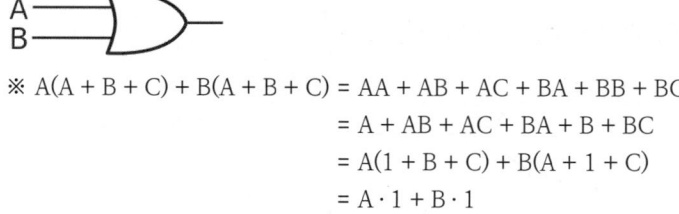

※ A(A + B + C) + B(A + B + C) = AA + AB + AC + BA + BB + BC
　　　　　　　　　　　　　　　 = A + AB + AC + BA + B + BC
　　　　　　　　　　　　　　　 = A(1 + B + C) + B(A + 1 + C)
　　　　　　　　　　　　　　　 = A · 1 + B · 1
　　　　　　　　　　　　　　　 = A + B

05

| 득점 | | 배점 | 6 |

다음 NAND 무접점회로에 대한 다음 각 물음에 답하시오.

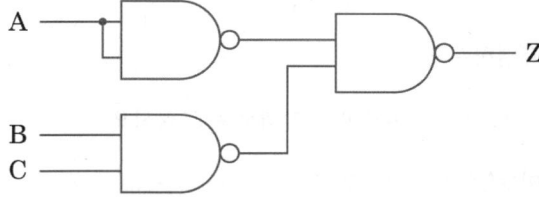

가. AND회로 1개 및 OR회로 1개를 사용하여 무접점회로를 재구성하여 그리시오.

나. '가'를 유접점 릴레이회로로 그리시오.

다. '나'회로의 논리식을 쓰시오.

정답

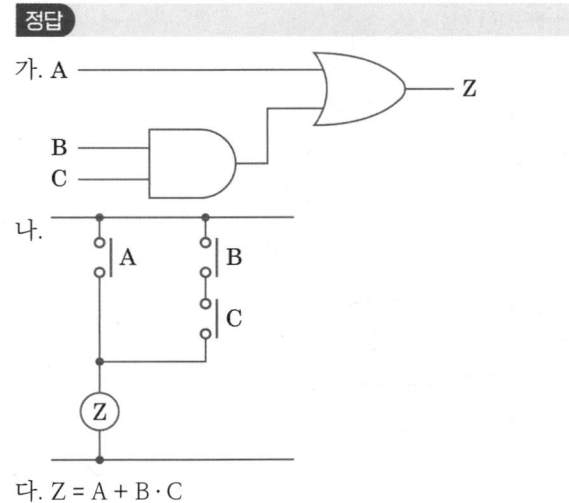

다. $Z = A + B \cdot C$

06

그림과 같은 논리회로를 각 물음에 답하시오.

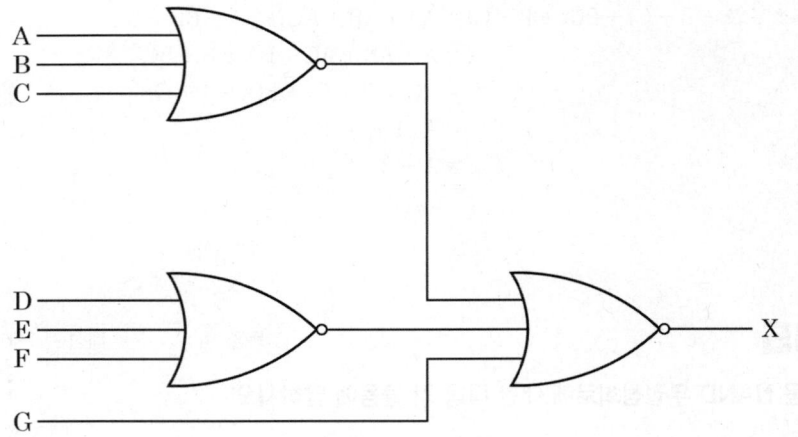

가. 논리식으로 표현하시오.

나. AND, OR, NOT회로를 이용한 등가회로로 그리시오.

다. 유접점(릴레이)회로로 그리시오.

정답

가. $X = (A+B+C) \cdot (D+E+F) \cdot \overline{G}$

☑ 해설
$$X = \overline{\overline{(A+B+C)} + \overline{(D+E+F)} + G}$$
$$= (A+B+C) \cdot (D+E+F) \cdot \overline{G}$$

나.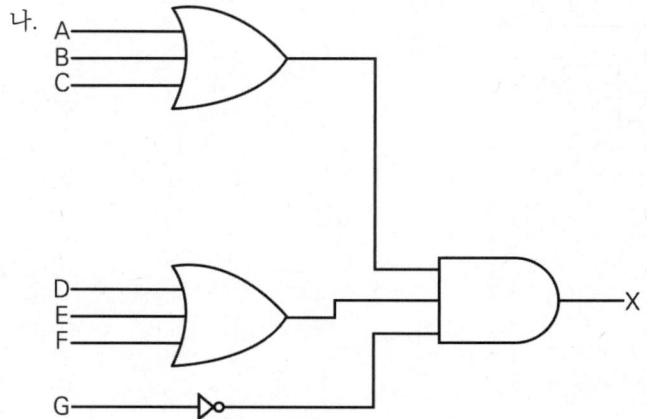

다.

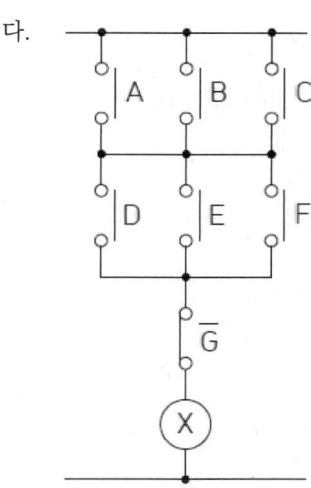

> **참고** 불대수와 논리회로

□ 드 모르간의 정리

논리식	논리식
$\overline{A+B} = \overline{A} \cdot \overline{B}$	$\overline{A \cdot B} = \overline{A} + \overline{B}$

□ 논리회로

명칭	논리식	논리회로	유접점회로
AND회로	$X = A \times B$ $X = A \cdot B$		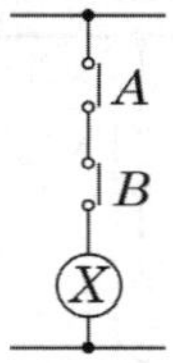
OR회로	$X = A + B$		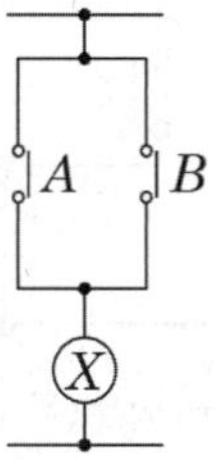
NOT회로	$X = \overline{A}$	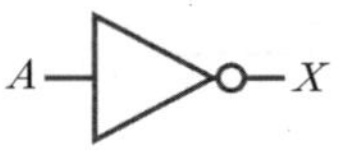	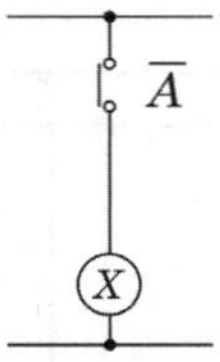

07

논리식 $Y = (A \cdot B \cdot C) + (A \cdot \overline{B} \cdot \overline{C})$를 릴레이회로(유접점회로)와 논리회로(무접점회로)로 바꾸어 그리고 진리표를 완성하시오.

A	B	C	Y
0	0	0	
0	0	1	
0	1	0	
0	1	1	
1	0	0	
1	0	1	
1	1	0	
1	1	1	

정답

가. 릴레이회로(유접점회로)

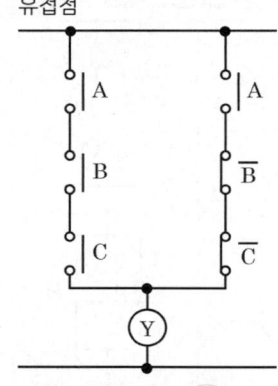

나. 논리회로(무접점회로)

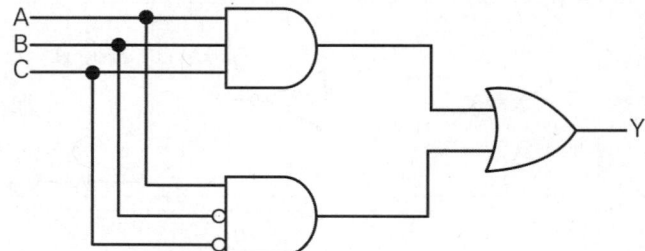

다. 진리표

A	B	C	Y
0	0	0	0
0	0	1	0
0	1	0	0
0	1	1	0
1	0	0	1
1	0	1	0
1	1	0	0
1	1	1	1

08

그림과 같은 유접점회로의 출력 Z의 논리식을 가장 간단하게 표현하고, 이것을 무접점 논리회로로 표현하여 그리시오.

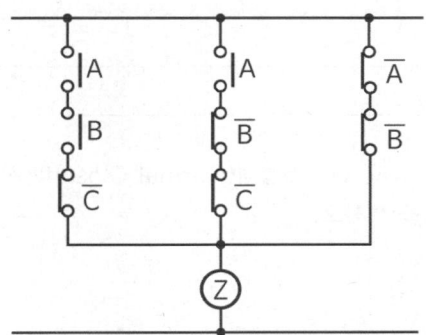

정답

가. 간소화

$$Z = A \cdot B \cdot \overline{C} + A \cdot \overline{B} \cdot \overline{C} + \overline{A} \cdot \overline{B}$$
$$= A\overline{C} \cdot (B + \overline{B}) + \overline{A} \cdot \overline{B} = A \cdot \overline{C} + \overline{A} \cdot \overline{B}$$

나. 무접점 논리회로

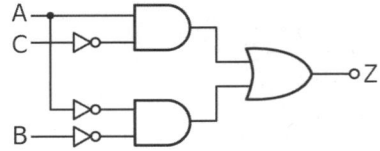

09

그림과 같은 회로를 보고 다음 각 물음에 답하시오.

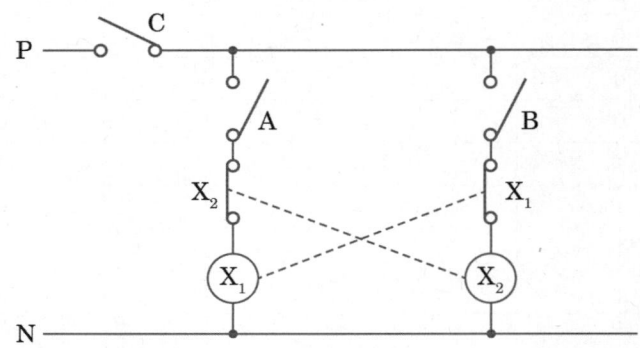

가. 주어진 회로에 대한 논리회로를 그리시오.

나. 주어진 회로에 대한 타임차트를 완성하시오.

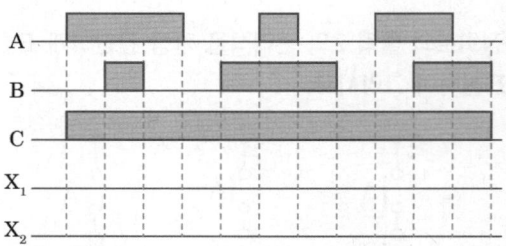

다. 주어진 회로에서 X_1과 X_2의 b접점(Normal Close)의 사용목적을 쓰고, 이와 같은 회로의 명칭을 쓰시오.

1) 사용목적 :

2) 회로명칭 :

정답

가.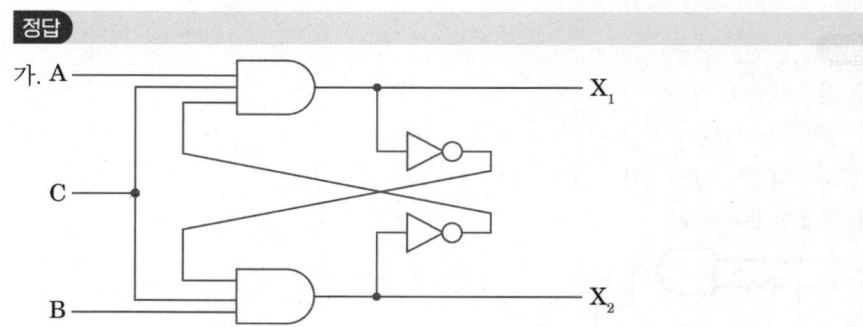

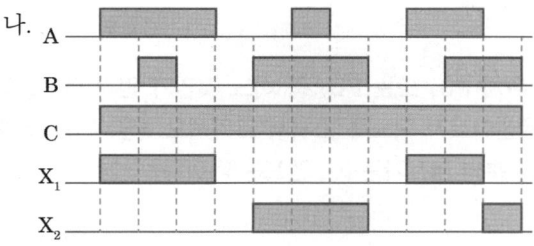

다. 1) 사용목적 : X_1과 X_2의 동시투입방지
　　2) 회로명칭 : 인터록회로

✔ 해설 : 인터록회로 ★★★
- 상호 관련이 있는 기기의 동작을 서로 구속하는 회로기기의 보호와 조작자의 안전이 목적인 회로
- 병렬회로에 상호 b접점(Normal Close)을 두어 R_1과 R_2의 동시투입방지

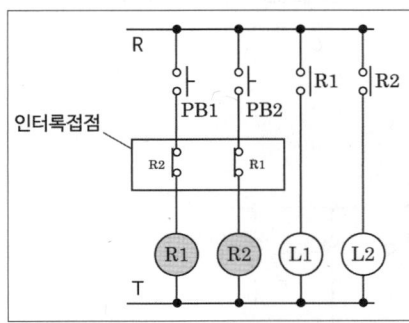

(1) PB_1이 ON되면 릴레이 R_1이 여자되고 R_1의 a접점이 폐로되고 또한 램프 L_1이 점등된다.
(2) 이때 PB_2를 ON시켜도 릴레이 R_2와 램프 L_2는 R_1의 b접점이 단전되기 때문에 작동할 수 없음
※ 하나의 릴레이가 동작하면 다른 릴레이는 동작이 금지됨

핵심이론 논리회로

게이트	논리회로	논리식	시퀀스회로
AND	A─⊃─X B	$X = A \cdot B = AB$	(A, B 직렬, X_a)
OR	A─⊃─X B	$X = A + B$	(A, B 병렬, X_a)
NOT	A─▷○─X	$X = \overline{A}$	(A, X_b)

○ AND 진리표

A	B	X
0	0	0
0	1	0
1	0	0
1	1	1

○ OR 진리표

A	B	X
0	0	0
0	1	1
1	0	1
1	1	1

○ NOT 진리표

A	X
0	1
1	0

10

득점 ▢ 배점 4

도면과 같은 회로를 누름버튼스위치 PB_1 또는 PB_2 중 어느 것인가 먼저 ON조작된 측의 램프만 점등되는 병렬우선회로가 되도록 고쳐서 그리시오. (단, PB_1 측의 계전기는 R_1, 램프는 L_1이며 PB_2 측의 계전기는 R_2, 램프는 L_2이다)

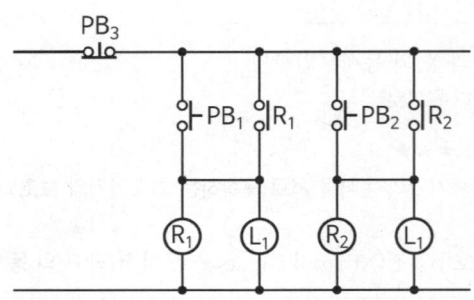

정답

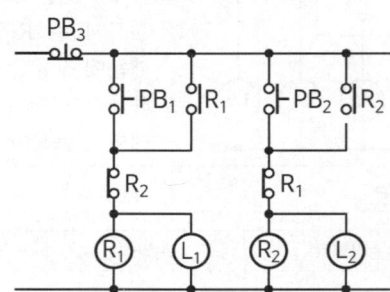

11

득점 ▢ 배점 9

3개의 입력 A, B, C가 주어졌을 때 출력 X_A, X_B, X_C의 논리식이 다음과 같이 주어져 있다. 주어진 논리식을 참고하여 다음 각 물음에 답하시오.

- $X_A = A \cdot \overline{X_B} \cdot \overline{X_C}$
- $X_B = B \cdot \overline{X_A} \cdot \overline{X_C}$
- $X_C = C \cdot \overline{X_A} \cdot \overline{X_B}$

가. 논리식을 참고하여 동일한 동작이 되도록 유접점회로를 그리시오.

나. 논리식을 참고하여 동일한 동작이 되도록 무접점회로를 그리시오.

다. 논리식을 참고하여 타임차트를 완성하시오.

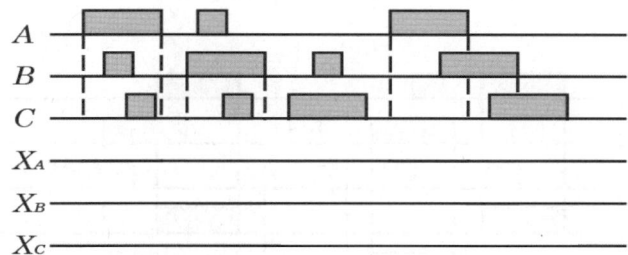

정답

가.

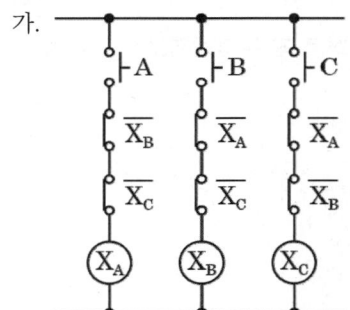

나.
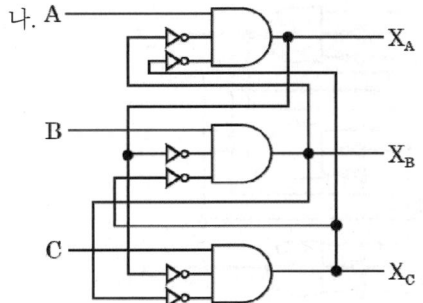

다.
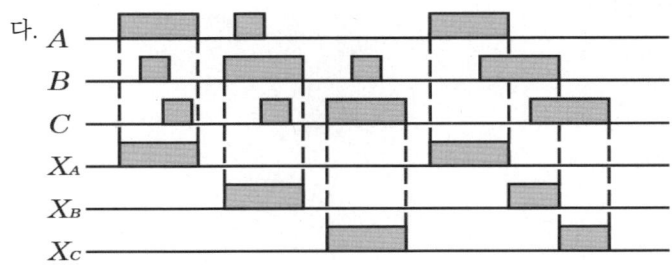

12

3개의 입력 A, B, C 중 어느 것이든 먼저 들어간 입력이 우선 동작하고, 출력 X_A, X_B, X_C를 발생시킨다. 그 다음에 들어가는 신호는 먼저 들어간 신호에 의해서 Lock되어 출력이 없다고 할 때 다음 그림과 같은 타임차트를 보고 각 물음에 답하시오.

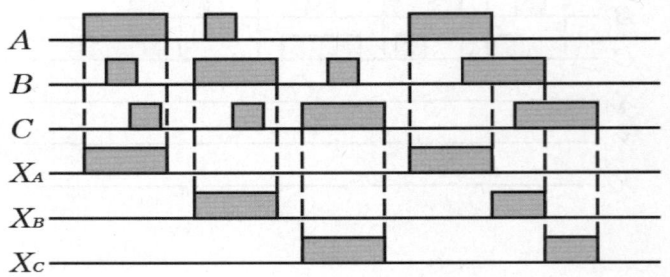

가. 타임차트를 이용하여 출력 X_A, X_B, X_C에 대한 논리식을 쓰시오.

나. 타임차트와 같은 동작이 이루어지도록 유접점회로 및 무접점회로를 그리시오.

정답

가. 1) $X_A = A \cdot \overline{X_B} \cdot \overline{X_C}$

 2) $X_B = B \cdot \overline{X_A} \cdot \overline{X_C}$

 3) $X_C = C \cdot \overline{X_A} \cdot \overline{X_B}$

나.

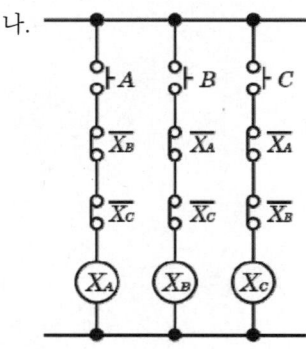 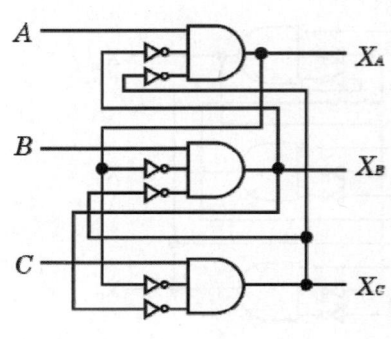

핵심이론 논리회로

명칭	논리식	논리회로(무접점회로)	유접점회로
AND회로	$X = A \times B$ $X = A \cdot B$		
OR회로	$X = A + B$		
NOT회로	$X = \overline{A}$		

13

| 득점 | | 배점 | 7 |

다음 유접점 논리회로를 보고 다음 각 물음에 답하시오.

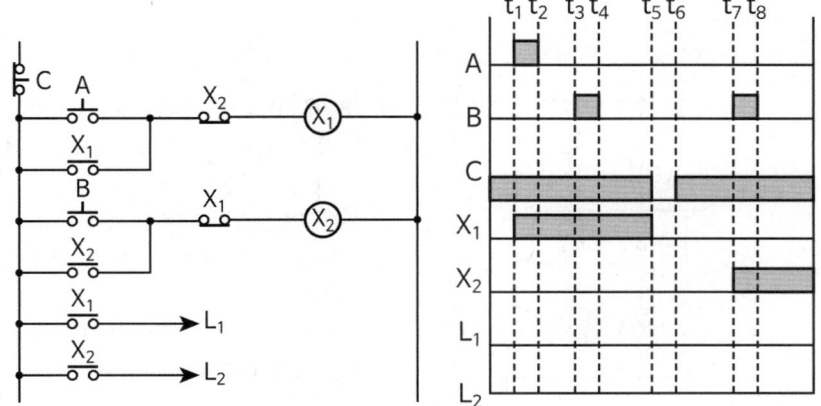

가. 그림과 같은 타이밍으로 입력이 주어졌을 때 램프 L_1, L_2의 상태를 타임차트로 표시하시오.

나. 이런 동작을 하는 회로를 무슨 회로라 하는가?

다. 릴레이 X_1의 b접점과 릴레이 X_2의 b접점은 어떤 관계에 있는 접점이라 할 수 있는가?

> **정답**
>
> 가.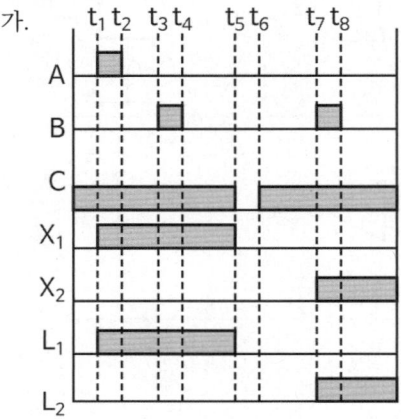
>
> 나. 병렬우선회로
> 다. 인터록접점
>
> ☑ 해설 : 인터록회로
> - 상호 관련이 있는 기기의 동작을 서로 구속하는 회로기기의 보호와 조작자의 안전이 목적인 회로
> - 병렬회로에 상호 b접점(Normal Close)을 두어 R_1과 R_2의 동시투입방지
>
>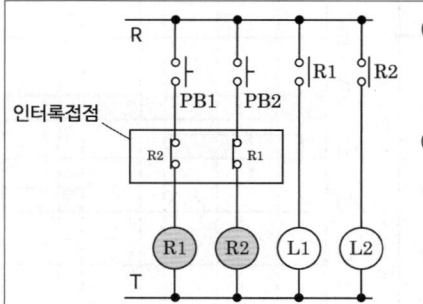
>
> (1) PB_1이 ON되면 릴레이 R_1이 여자되고 R_1의 a접점이 폐로되고 또한 램프 L_1이 점등된다.
> (2) 이때 PB_2를 ON시켜도 릴레이 R_2와 램프 L_2는 R_1의 b접점이 단전되기 때문에 작동할 수 없음
> ※ 하나의 릴레이가 동작하던 다른 릴레이는 동작이 금지됨

14

그림은 릴레이 시퀀스회로도이다. 도면을 참고하여 다음 각 물음에 답하시오.

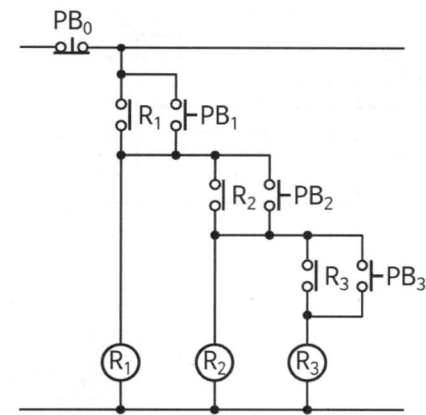

가. 조작스위치 PB_1, PB_2, PB_3, PB_0를 순서대로 눌렀을 때 동작순서를 쓰시오.

나. 위의 회로도 현 상태에서 PB_2를 눌렀을 때 동작상태를 쓰시오.

다. 다음 타임차트를 완성하시오.

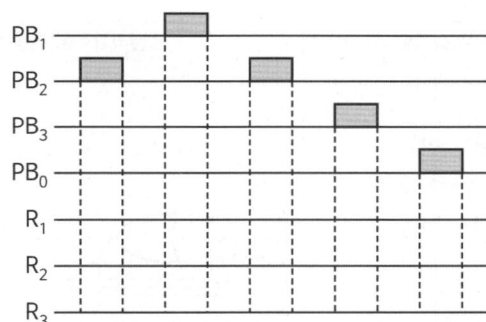

정답

가. 먼저 PB_1을 누르면 R_1이 여자되고 R_1보조 a접점에 의해서 자기유지된다.
다음 PB_2를 누르면 R_2가 여자되고 R_2보조 a접점에 의해서 자기유지된다.
다음 PB_3을 누르면 R_3가 여자되고 R_3보조 a접점에 의해서 자기유지된다.
마지막으로 PB_0을 누르면 R_1, R_2, R_3가 모두 소자된다.

나. 동작하지 않는다.

다.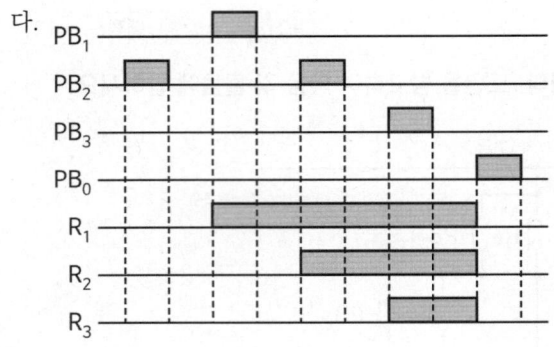

15

논리식 $Z = (A + B + C) \cdot (A \cdot B \cdot C + D)$를 릴레이회로(유접점회로)와 논리회로(무접점회로)로 바꾸어 그리시오.

정답

릴레이회로(유접점회로)	논리회로(무접점회로)

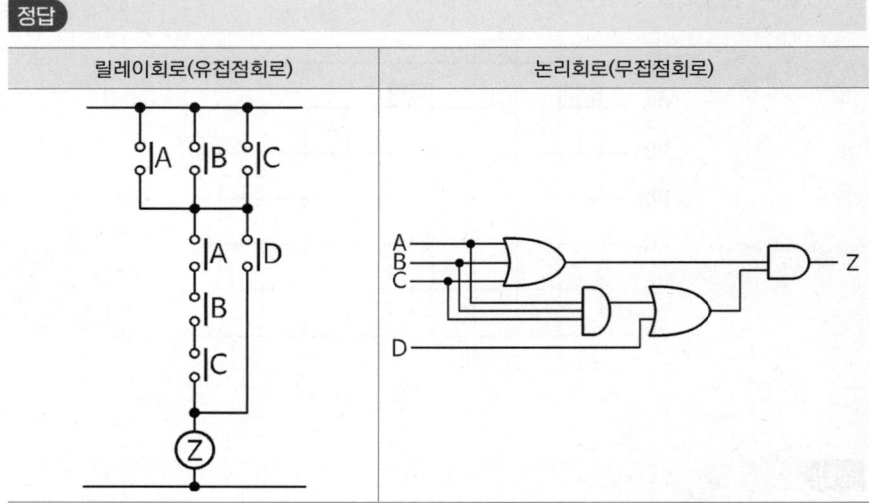

[시퀀스회로와 논리회로의 관계]

회로	시퀀스회로	논리식	논리회로
직렬회로		$Z = A \cdot B$ $Z = AB$	
병렬회로		$Z = A + B$	
a접점		$Z = A$	
b접점		$Z = \overline{A}$	

16

득점 　　　 배점 5

다음 회로에서 램프 L의 작동을 주어진 타임차트에 표시하시오. (단, PB : 누름버튼스위치, LS : 리미트스위치, X : 릴레이)

가.
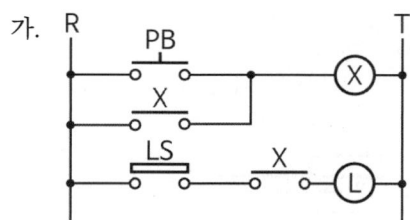 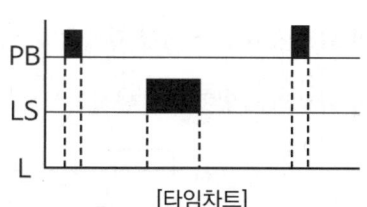

[타임차트]

나.
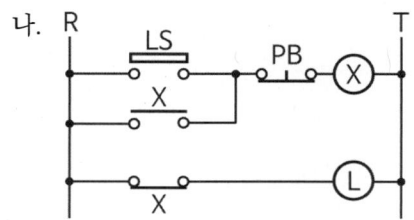 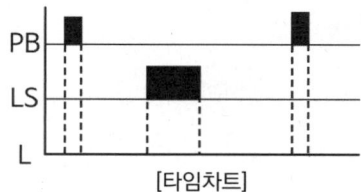

[타임차트]

정답

가.

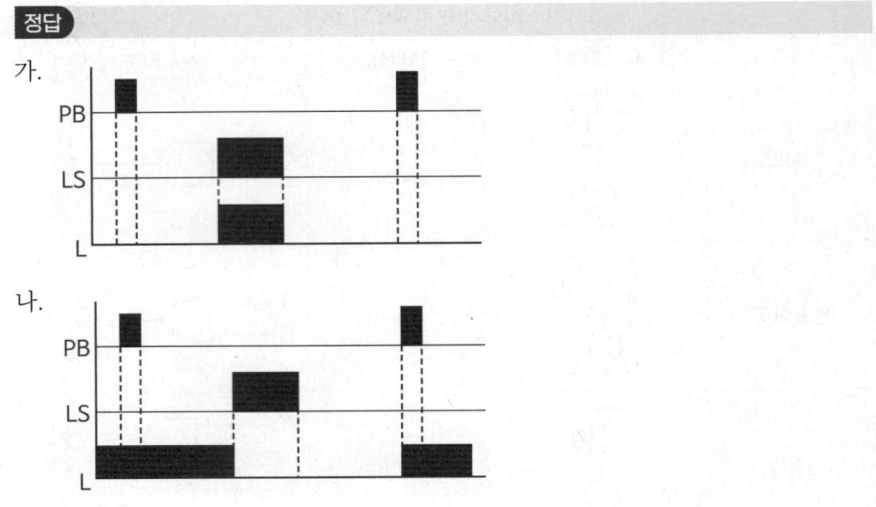

나.

17 | 득점 | 배점 8 |

두 입력상태가 같을 때 출력이 없고 두 입력상태가 다를 때 출력이 생기는 회로를 배타적 논리합(Exclusive OR)회로라 한다. 그림과 같은 배타적 논리합회로에서 다음 각 물음에 답하시오.

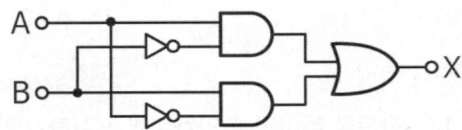

가. 이 회로의 논리식을 쓰시오.

나. 이 회로에 대한 유접점 릴레이회로를 그리시오.

다. 이 회로의 타임차트를 완성하시오.

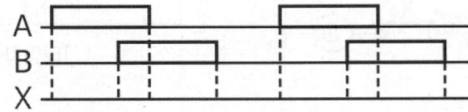

라. 이 회로의 진리표를 완성하시오.

A	B	X

정답

가.  $X = A\overline{B} + \overline{A}B$

나.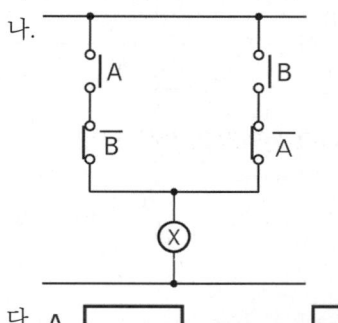

다.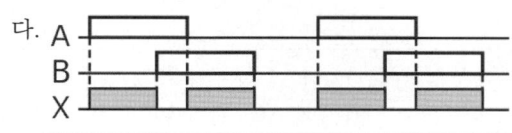

라.

A	B	X
0	0	0
0	1	1
1	0	1
1	1	0

핵심이론 논리회로

게이트	논리회로(논리기호)	논리식	시퀀스회로
XOR (Exclusive OR)		$X = A \oplus B$ $= \overline{A}B + A\overline{B}$	

○ 진리표

A	B	X
0	0	0
0	1	1
1	0	1
1	1	0

18

다음과 같이 주어진 진리표를 보고 각 물음에 답하시오

A	B	C	X
0	0	0	0
0	0	1	0
0	1	0	1
0	1	1	0
1	0	0	1
1	0	1	1
1	1	0	1
1	1	1	0

가. 위 진리표를 보고 카르노맵을 이용하여 간략화하고 논리식을 작성하시오.

A \ BC	00	01	11	10
0				
1				

- 논리식 :

나. 위에서 간략화된 논리식을 유접점회로 및 무접점회로로 나타내시오.

1) 유접점회로 :
2) 무접점회로 :

정답

가.

A \ BC	00	01	11	10
0				1
1	1	1		1

- 논리식 : $X = A\overline{B} + B\overline{C}$

나. 1) 유접점회로 2) 무접점회로

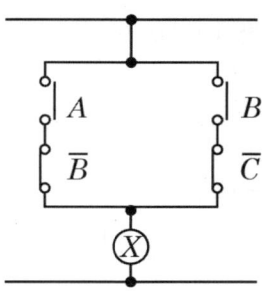 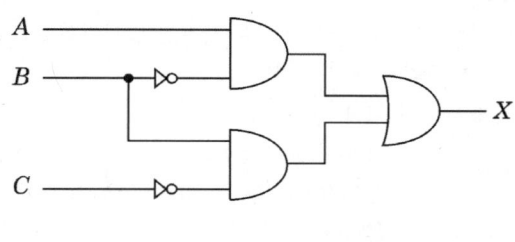

19 배점 8

그림은 6개의 접점을 가진 릴레이회로이다. 이 회로의 논리식을 쓰고 이것을 2개의 접점을 가진 간단한 식으로 표현하고 릴레이 접점회로와 논리회로를 그리시오.

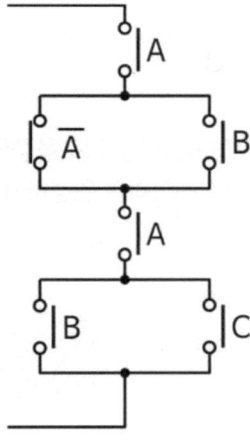

가. 6개의 접점을 이용하여 논리식을 쓰시오.

나. 2개의 접점을 이용하여 논리식을 쓰시오.

다. 릴레이 접점회로를 그리시오.

라. 논리회로를 그리시오.

정답

가. 회로도의 접점 6개를 모두 사용한 릴레이회로의 논리식 : $A(\overline{A}+B) \cdot A(B+C)$

나. 간략화된 논리식 : A B

※ 식 : $A \cdot (\overline{A}+B) \cdot A \cdot (B+C)$
$= (A\overline{A}+AB) \cdot (AB+AC) = AB \cdot (AB+AC)$
$= ABAB+ABAC = AB+ABC = AB \cdot (1+C)$
$= AB \cdot 1 = AB$

다. 간략화된 릴레이 접점회로 :

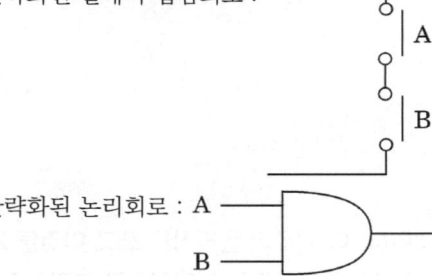

라. 간략화된 논리회로 : A ─┐
　　　　　　　　　　　　　 ├─D─
　　　　　　　　　　　　B ─┘

20 　　　　　　　　　　　　　　　득점 □　배점 10

비상방송을 할 때에는 자동화재탐지설비의 지구음향장치의 작동을 정지시킬 수 있는 미완성결선도를 범례 및 조건을 참고하여 완성하시오.

범례

- ○-○ : 작동스위치
- ᴗᴗ : 정지스위치
- ⊏⊐ : 감지기
- ○─° : 절환스위치
- Ⓧ : 계전기
- Ⓑ : 경종

조건

(1) 작동스위치를 누르거나 화재에 의하여 감지기가 작동되면 계전기 X_1이 여자되어 자기유지되며 X_{1-a}접점에 의하여 경종이 작동된다.
(2) 정지스위치`를 누르면 계전기 X_1이 소자되고 경종이 작동을 정지한다.
(3) 작동스위치 또는 감지기에 의하여 경종 작동 중 절환스위치를 비상방송설비 쪽으로 이동하면 계전기 X_2가 여자되고 X_{2-b}접점에 의하여 경종이 작동을 정지한다.

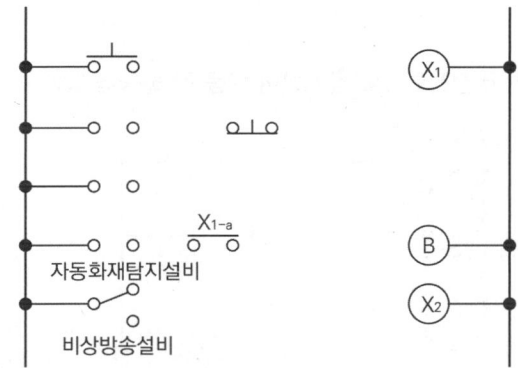

정답

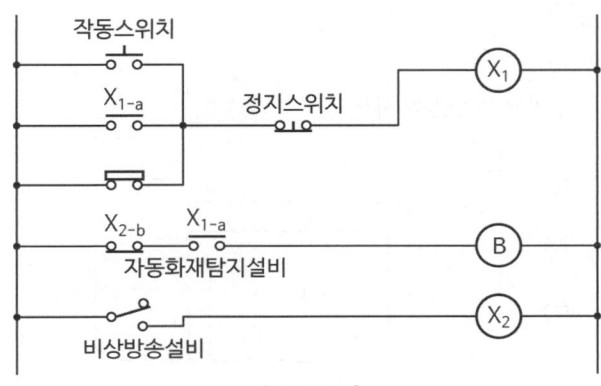

[옳은 도면]

21

다이오드를 이용한 무접점회로를 참고하여 다음 각 물음에 답하시오.

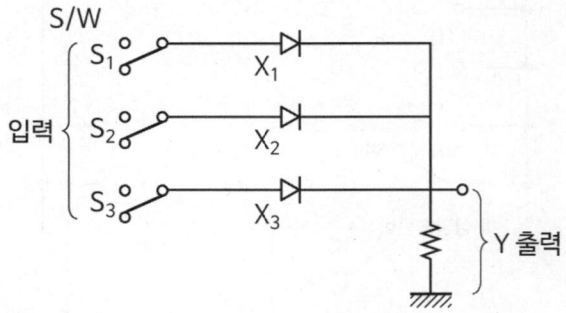

가. 위 그림을 보고 논리회로의 명칭과 회로의 논리식을 쓰시오.
   1) 명칭
   2) 논리식

나. 이 회로의 타임차트를 완성하시오.

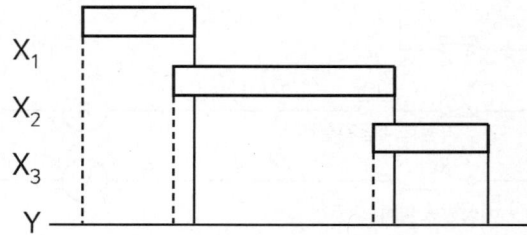

다. 이 회로의 진리표를 완성하시오.

X_1	X_2	X_3	Y
0			
0			
0			
0			
1			
1			
1			
1			

정답

가. 1) 명칭 : OR회로
   2) 논리식 : $X_1 + X_2 + X_3 = Y$

나.

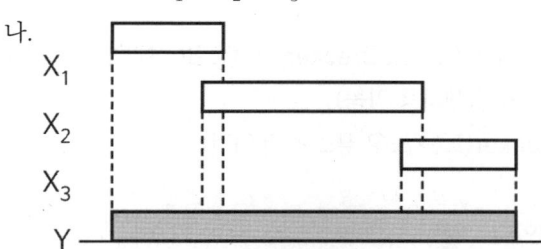

다.

X_1	X_2	X_3	Y
0	0	0	0
0	0	1	1
0	1	0	1
0	1	1	1
1	0	0	1
1	0	1	1
1	1	0	1
1	1	1	1

02 시퀀스 제어

1 시퀀스 제어(기호) ★★★

(1) 배선용 차단기(Molded-case Circuit Breaker : MCCB(= MCB = NFB))

(2) 목적 : 과전류, 단락전류 차단(재사용 가능)
  ① 원어 : No Fuse Breaker(또는 노우 퓨즈 브레이커)
  ② 특징
    ㄱ. 소형이고, 경량이다.
    ㄴ. 기기의 신뢰도가 크다.
    ㄷ. 과전류에 대한 차단성능이 우수하다.
    ㄹ. 동작 시 수동으로 복귀가 간단하다.
    ㅁ. 퓨즈가 필요치 않다.
    ㅂ. 기기의 수명이 길다.

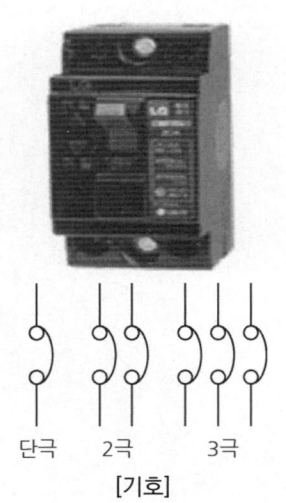

퓨즈
전선로에 과전류가 계속 흐르는 것을 방지하기 위하여 사용하는 일종의 자동차단기이다

(3) 퓨즈(Fuse : F) : 재사용 불가
전류에 의해 발생하는 열로 그 자체가 녹아 전선로를 끊어지게 하는 것. 저압용 퓨즈에는 개방형과 포장형이 있으며, 전기설비기술기준의 적용을 받는다.

(4) 조작스위치
  ① 복귀형 수동스위치(PBS : Push Button Switch)
    복귀형 수동스위치는 누르고 있는 동안만 회로가 닫히고, 놓으면 즉시 본래대로 돌아오는 스위치로서 누름단추스위치(푸시버튼스위치)가 대표적인 예이다.
  ② 수동 조작 자동 복귀형 스위치
    ㄱ. 버튼을 누르면 접점 기구부가 개폐되는 동작에 의해 회로를 개로 또는 폐로(수동조작)
    ㄴ. 손을 떼면 스프링의 힘에 의해 원래의 상태로 되돌아온다(자동복구).
    ㄷ. 그림 기호 옆에 문자 기호 PB 또는 PBS를 기입한다.

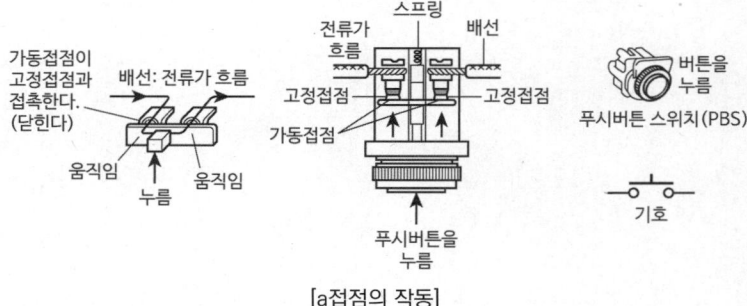

[a접점의 작동]

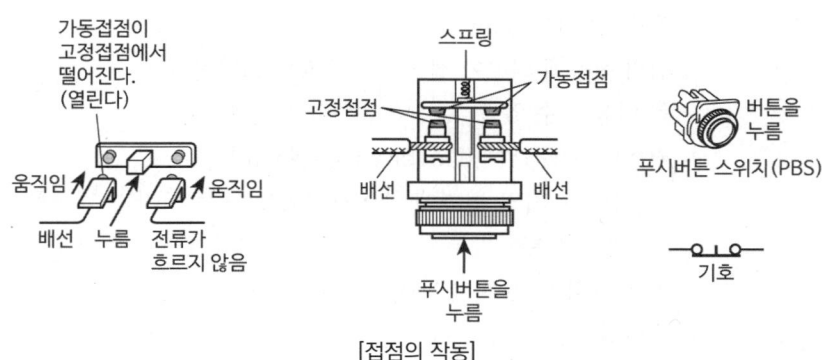

[접점의 작동]

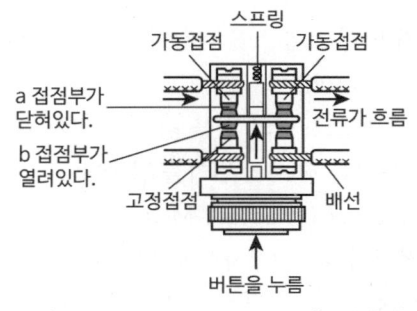

[접점의 작동]

③ 유지형 수동스위치(PBS)

유지형 수동스위치는 사람이 수동으로 조작을 하면, 반대로 조작할 때까지 접점이 개폐상태가 그대로 유지되는 스위치로 셀렉터스위치(Selector Switch)(= 선택스위치), 나이프스위치(Knife Switch), 템블러스위치, 토글스위치 등이 있다.

ㄱ. 토글스위치(Toggle Switch)

ㄴ. 로터리스위치(Rotary Switch)

회전작동에 의해서 접점을 변환회로로 선택하는 스위치이며, 원주상으로 접촉단자를 배열하고 중심단자(회전축과 연결된 단자)와의 접속으로 회로가 연결된다.

ㄷ. 푸시버튼스위치(Push Button Switch)

버튼을 누르는 것에 의하여 개폐되는 스위치이며, 손가락으로 누르는 기구와 이것에 의하여 조작되어 접점을 작동시키는 기구로 구분되어 있다.

ㄹ. 슬라이드스위치(Slide Switch)

접점부가 미끄러져서 다른 곳으로 이동되는 것이며, 위치를 고정시키는 볼이 들어 있다.

[토글스위치]

[로터리스위치]

[푸시버튼스위치]

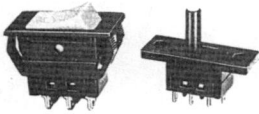

[슬라이드스위치]

[캠스위치]

[커버나이프스위치]

[전압절환용 스위치]

[파형스위치]

[전자접촉기]

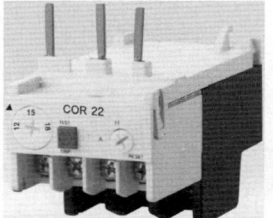
[열동형 과전류계전기]

ㅁ. 캠스위치(Cam Switch)
캠의 작동에 의하여 접점이 개폐되는 스위치이며, 여러 개의 단자를 이용할 수 있다.

ㅂ. 커버나이프스위치(Cover Knife Switch)
나이프스위치의 전면에 베이크라이트 또는 도자기 외피를 입힌 것이며, 단투와 쌍투 커버나이프스위치가 있고, 밑 부분에는 퓨즈가 달려 있는 것이 대부분이다.

ㅅ. 전압절환용 스위치(Voltage Selector Switch)
사용전압에 맞게 절환시키는 스위치이며, 슬라이딩스위치의 일종이다. 특별히 기기 안에 트랜스를 내장한 곳에 사용한다.

ㅇ. 파형스위치(Rocker Switch)
파형손잡이부를 누르면 스프링의 힘을 갖는 접점기구에 의하여 회로를 개폐시키는 동작을 하는 스위치를 말한다.

④ 전자접촉기(Electromagnetic Contactor : MC)
전자접촉기는 전자계전기와 같이 전자석에 의한 철편의 흡입력을 이용하여 접점을 개폐하는 기능을 가진 기기로서 전자계전기에 비해 개폐하는 회로의 전력이 매우 큰 회로에 사용되며, 빈번한 개폐조작에도 충분히 견딜 수 있는 구조로 되어 있다. 전자접촉기는 전자코일과 여러 개의 접점으로 구성되어 있으며, 주접점은 주회로의 큰 전류를 개폐하고, 보조 접점은 제어회로전류를 개폐하게 된다.

⑤ **열동형 과전류계전기(Thermal Relay : THR)** ★★★

주회로 THR	제어회로 THR
┤ ├	─○×○─ ─○╳○─
열동계전기	열동계전기 b접점

열동형 과전류계전기는 히터와 바이메탈을 결합하여 만든 것으로, 히터부분에 과전류가 흐르면 바이메탈이 일정량 이상 구부러져서, 이것에 연동하는 접점이 동작하여 회로를 끊어주는 역할을 하는 계전기로서 전동기 소손을 방지할 목적으로 많이 사용된다.

⑥ 전자개폐기(Electromagnetic Switch : MS)
전자개폐기는 전자접촉기(MC)에 열동형 과전류계전기(THR)를 조합한 것을 말하며 전동기 등의 과부하 보호장치를 가진 주회로용 스위치를 말한다.

⑦ 전자계전기(Electromagnetic Relay : R)
전자계전기는 전자력에 의하여 접점을 개폐하는 스위치의 기능을 가지는 장치를 말하는 것으로 기본 구조에 따라 힌지형(Hingetype), 플런저형(Plunger Type)으로 나눈다.

⑧ 한시계전기(Timelag Relay : TLR)
전원을 넣은 후 미리 정해진 시간이 경과한 후에 회로를 전기적으로 개폐하는 접점을 가진 릴레이를 말하며 전동식 타이머, 공기식타이머, 오일식 타이머 등의 기계식 타이머와 전자회로에 콘덴서와 저항의 시상수(Time Constant)를 이용한 전자식 IC타이머가 사용되고 있다.

[한시계전기]

연습문제 | 시퀀스 제어

01
득점 / 배점 5

그림은 배선용 차단기의 심벌이다. 각 기호가 의미하는 바를 쓰시오.

```
   3P   ← ( ① )
B  225AF ← ( ② )
   150A ← ( ③ )
```

정답

① 극수 ② 프레임 크기 ③ 정격전류

핵심이론 배선용 차단기(Molded-case Circuit Breaker : MCCB(= MCB = NFB))

□ 목적
과전류, 단락전류 차단(재사용 가능)

□ 특징
- 소형이고, 경량이다.
- 과전류에 대한 차단성능이 우수하다.
- 퓨즈가 필요치 않다.
- 기기의 신뢰도가 크다.
- 동작 시 수동으로 복귀가 간단하다.
- 기기의 수명이 길다.

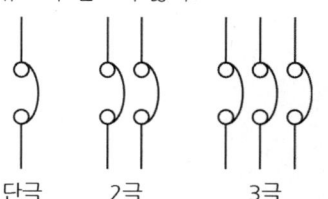

단극 2극 3극
[기호]

B 3P   : 극수
   225AF : 프레임 크기
   150A : 정격전류

[그림기호]

02

다음은 전기설비에 사용되는 기구의 명칭이다. 약문자 약호를 쓰시오.

가. 누전차단기

나. 누전경보기

다. 영상변류기

라. 전자접촉기

배점 4

정답

가. 누전차단기 : ELB
나. 누전경보기 : ELD
다. 영상변류기 : ZCT
라. 전자접촉기 : MC

📌 핵심이론 자동제어기기 약호

▫ 누전차단기
  - ELB(Earth Leakage Breaker, Earth Leakage Circuit Breaker)
  - 누설전류 차단
▫ 누전경보기
  - ELD(Earth Leakage Detector)
  - 누설전류를 검출하여 경보
▫ 영상변류기
  - ZCT(Zero-phase-sequence Current Transformer)
  - 누설전류 검출
▫ 전자접촉기
  - MC(Magnetic Contactor)
  - 부하전류의 투입차단
▫ 전자개폐기
  - MS(Magnetic Switch)
  - 부하전류의 투입차단 및 전동기의 과부하번호

03 시퀀스 제어 기본회로

1 시퀀스 제어 기본회로 종류

(1) 자기유지회로(기억회로 : 한 번 동작하면 원상태를 유지하는 회로) ★★★

이 회로는 기동용 푸시버튼스위치 PBS-1을 누르면, 전자접촉기의 코일 MC가 여자된다. 이때 코일이 여자됨에 따라 a접점이 닫혀 자기유지회로가 형성되고, PBS-1에서 손을 떼더라도 코일 MC는 계속 여자된다. 반면에 정지용 푸시버튼스위치가 PBS-2를 누르면 코일MC를 여자시켰던 전류는 끊어지고 자기유지가 해제되면 PBS-1을 다시 누르는 경우에만 자기유지회로가 다시 형성된다. 이와 같은 자기유지회로는 전동기의 기동, 정지 운전회로에 매우 많이 사용되는 회로이다.

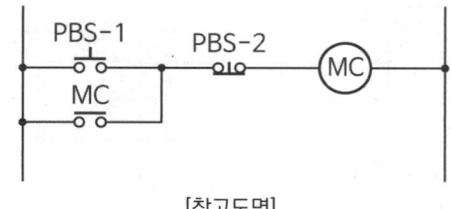

[참고도면]

(2) 선입우선회로 인터록(= 병렬우선회로 = 인터록회로)

2개의 입력 중 먼저 동작한 쪽이 우선하고 다른 계전기의 동작을 금지하는 회로이다.

① PBS-1이 ON되면 릴레이 R_1이 여자되고 R_1의 a접점이 폐로 됨
② 이때 PBS-2를 ON시켜도 R_1의 b접점이 단전되기 때문에 작동할 수 없음

※ 하나의 릴레이가 동작하면 다른 릴레이는 동작이 금지됨

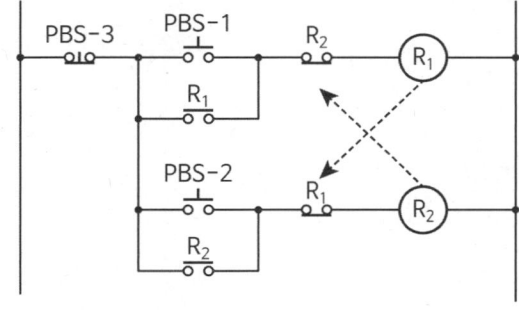

[참고도면]

③ PBS-3이 OFF되면 회로는 초기화되고, PBS-2이 ON되면 릴레이 R_2이 여자되고 R_2의 a접점이 폐로됨
④ 이때 PBS-1를 ON시켜도 R_2의 b접점이 단전되기 때문에 작동할 수 없음

(3) 자동제어기구 번호
　① 49 : 열동계전기
　② 88 : 전동장치 운전용 계폐기(보조기용 접촉기)

② 전동기 운전회로

원방조작기동제어방식

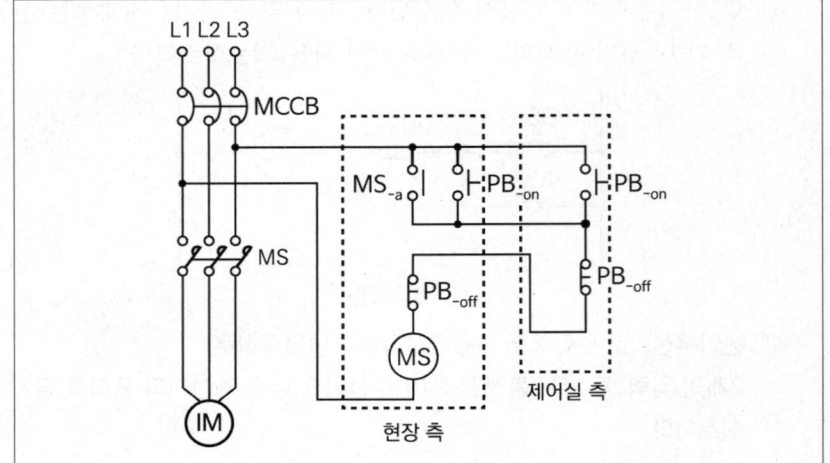

> 보충
> - 기동버튼 : 병렬연결 및 자기유지
> - 정지버튼 : 직렬연결
> - 분기 시 "•"를 찍는다.
> - <u>MS코일 : MS-a로 표기(R코일 : R-a로 표기)</u>
> - <u>현장 측과 제어반 측이 있다.</u>

연습문제 시퀀스 제어 기본회로

01
| 득점 | 배점 5 |

유도전기 IM을 현장 측과 제어실 측 어느 쪽에서도 기동 및 정지제어가 가능하도록 배선하시오. (단, 푸시버튼스위치 기동용(PB-ON) 2개, 정지용(PB-OFF) 2개, 전자개폐기 a접점 1개(자기유지용), 열동형 계전기 b접점 1개를 사용할 것)

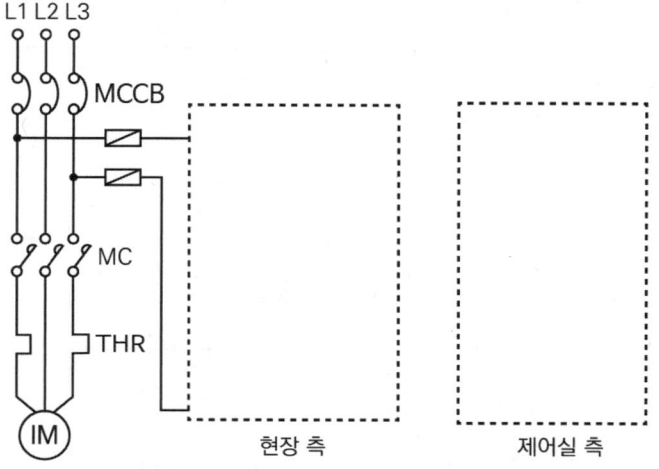

정답

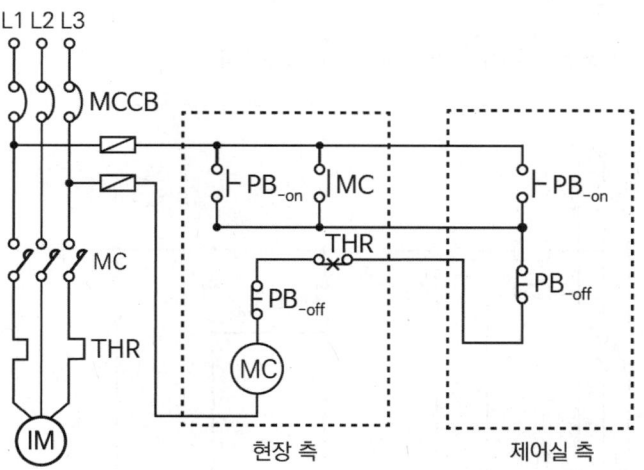

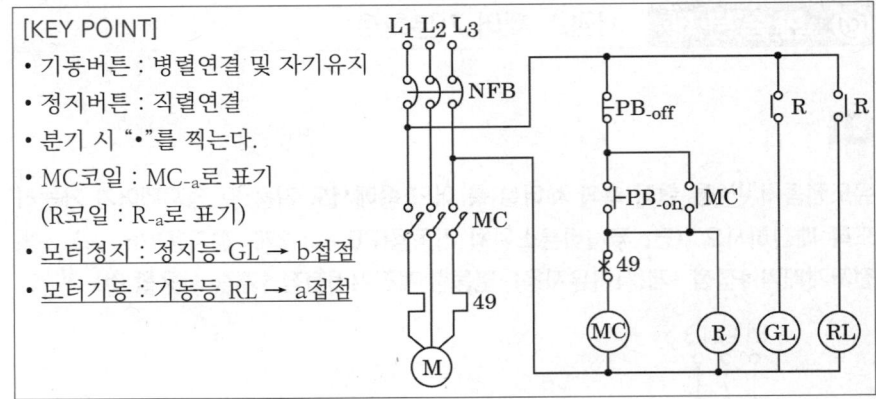

[KEY POINT]
- 기동버튼 : 병렬연결 및 자기유지
- 정지버튼 : 직렬연결
- 분기 시 "•"를 찍는다.
- MC코일 : MC₋ₐ로 표기
  (R코일 : R₋ₐ로 표기)
- 모터정지 : 정지등 GL → b접점
- 모터기동 : 기동등 RL → a접점

02

득점 / 배점 7

다음 조건을 보고 미완성된 도면을 완성하시오.

[조건]

(1) 전원투입 시 (GL) 점등된다.

(2) PBS₋ₒₙ 누르면 (MC) 여자되어 전동기가 기동하고 (RL)점등되고 (GL)소등된다.

(3) 타이머가 동작하여 ⓣ여자되어 t초 후 T₋ᵦ 개로되어 전동기가 정지된다.

(4) 전동기 운전 중 PBS₋ₒFF 누르면 전동기가 정지하고 (GL)점등되면서 (RL)은 소등하게 된다.

(5) THR 동작하면 전동기는 정지하고 (YL)점등된다.

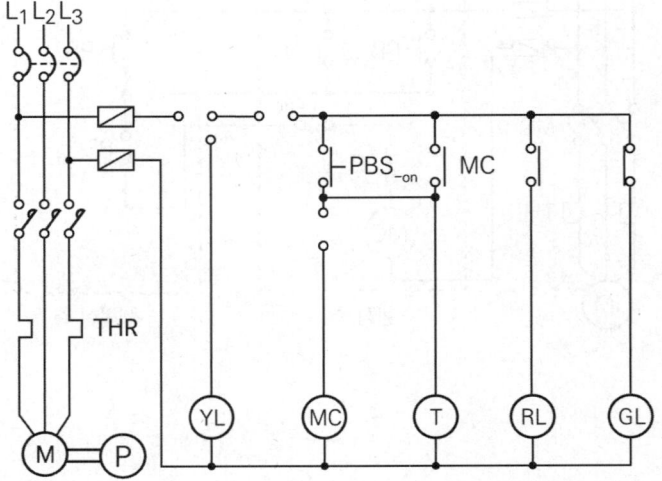

정답

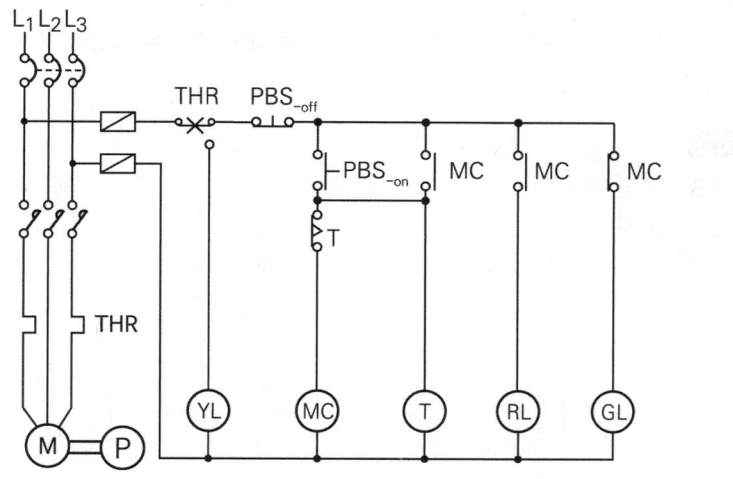

[시퀀스회로 심벌]

심벌	명칭
∫	배선용 차단기
▭	포장퓨즈
⊶	수동조작 자동복귀접점
⊷	릴레이접점
⊶✻	수동복귀접점
⊶◠	한시동작접점
M	3상전동기
P	펌프
MC	전자개폐기코일
T	타이머코일
RL	기동표시등
GL	정지표시등
YL	고장표시등

03

배점 7

답안지의 그림은 급수펌프의 수동 ON-OFF에 대한 미완성 시퀀스 제어회로이다. 이 도면을 보고 다음 각 물음에 답하시오.

조건

(1) PB-ON스위치의 투입 동작 후에 손을 떼어도 자기유지가 되며, 전동기가 동작되도록 할 것
(2) 전동기 정지 시에 GL 램프가 점등되도록 할 것
(3) 전동기 동작 시에 GL 램프가 소등되고, RL 램프가 점등되도록 할 것

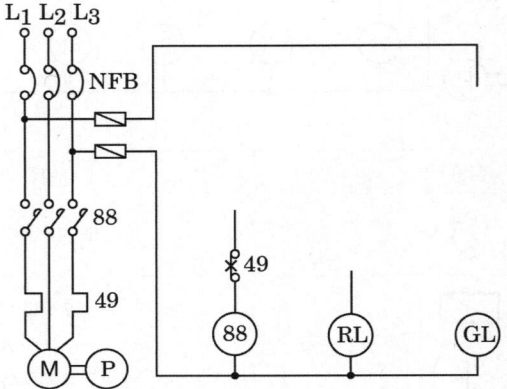

가. 제어기구번호 #49와 #88의 우리말 명칭은 무엇인가?

나. 다음 제시된 조건에 맞도록 미완성부분을 완성하시오.

정답

가. #49 : 열동계전기
　 #88 : 전자접촉기

나.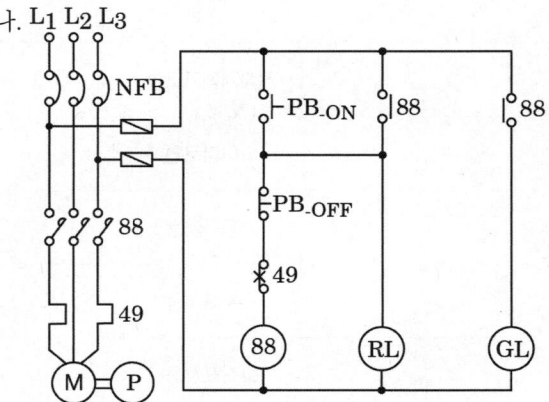

04

답안지에 주어진 도면은 유도전동기 기동정지회로의 미완성 도면이다. 다음 각 물음에 답하시오.

가. 다음과 같이 주어진 기구를 이용하여 미완성 도면을 완성하시오. (단, 기구의 개수 및 접점을 최소로 할 것)

조건

전자접촉기 : (MC)   기동용 표시등 : (GL)

정지용 표시등 : (RL)   열동계전기 : THR

누름버튼스위치 ON용 PBS-ON : PBS-ON

누름버튼스위치 OFF용 PBS-OFF : PBS-OFF

나. 주회로에 대한 [_____]의 내부를 완성하고, 이것은 어떤 경우에 작동하는지 그 경우를 2가지만 쓰시오.

다. 열동계전기(THR)가 동작한 후 열동계전기 동작 조건을 모두 제거하였다면 어떻게 조작하여야 다시 운전을 할 수 있겠는가?

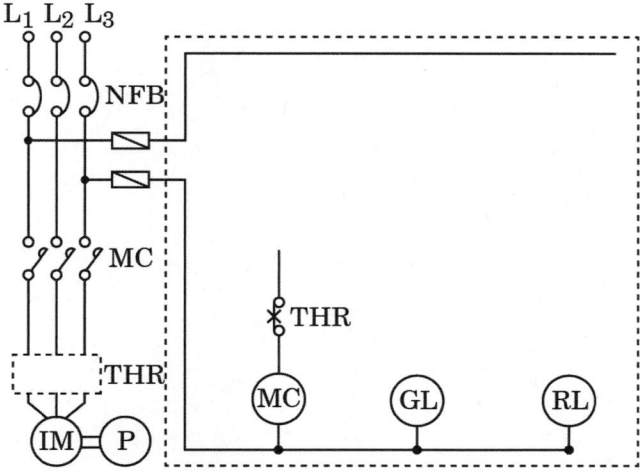

> [정답]

가. 완성도면

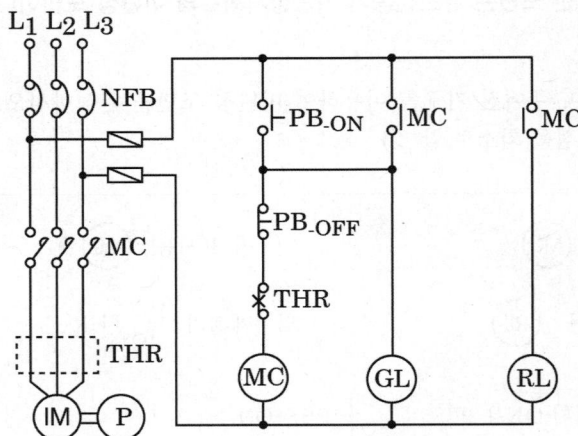

나. ⊟ ※ 작동하는 경우

   1) 전동기에 과전류가 흐를 때
   2) 전류조정 다이얼이 정격전류보다 낮게 설정된 경우

다. 리셋버튼을 수동으로 눌러서 복귀한 뒤 기동용 푸시버튼스위치를 ON조작

04 플로트 제어방식(급·배수, 양수설비) ★★

[KEY POINT]
- 기동버튼 : 병렬연결 및 자기유지
- 정지버튼 : 직렬연결
- 분기 시 "•"를 찍는다.
- 연동
  88코일 : 88-a 표기, 88-b 표기
  49(열동형 계전기히터)
- 전원투입 ⇒ 정지등 GL
- 수동(PBS-ON) ⇒ 기동등 RL
- 수동(PBS-OFF) ⇒ 정지등 GL
- 자동 ⇒ 플로트스위치 모터 동작
- 제어번호 도시 가능

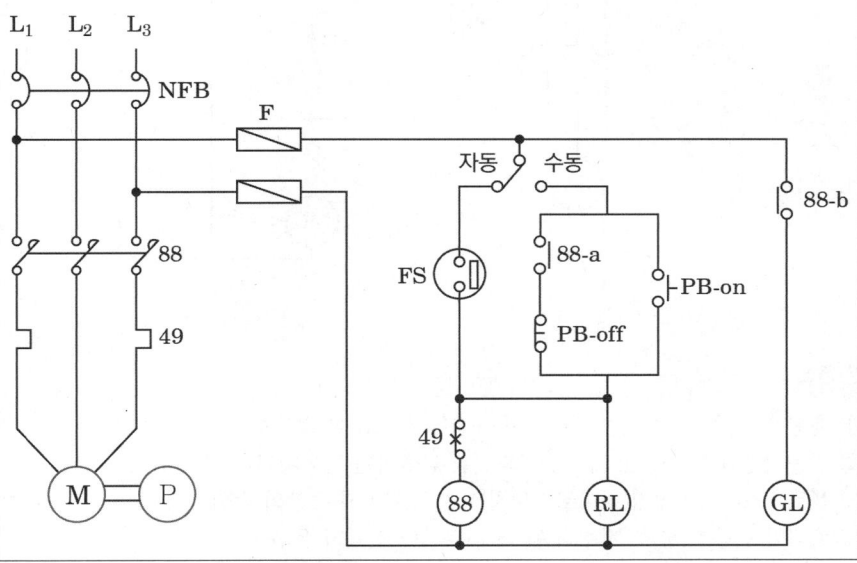

연습문제 | 플로트 제어방식(급·배수, 양수설비)

01

| 득점 | 배점 | 14 |

그림은 옥상에 시설된 탱크에 물을 올리는 데 사용되는 양수펌프의 수동 및 자동제어 운전회로도이다. ① ~ ⑦까지의 명칭을 쓰고 각각의 기능을 설명하시오.

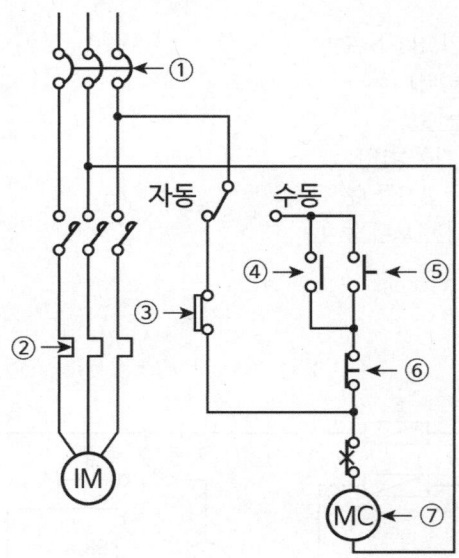

정답

① 배선용 차단기 : 주전원 개폐하며 과전류가 흐를 때 회로를 자동적으로 차단
② 열동계전기(Thermal Relay) : 과전류 검출하면 열동계전기 접점을 개폐시킴
③ 플로트스위치 b접점(리미트스위치) : 자동운전 시 수조의 수위가 고수위가 될 때 개로되어 전동기 정지, 저수위 될 때 폐로되어 전동기 운전
④ 전자접촉기 보조 a접점 : 전자접촉기 작동 시 폐로되어 자기유지시킴
⑤ 기동용 푸시버튼스위치 : 전동기를 수동으로 기동
⑥ 정지용 푸시버튼스위치 : 전동기를 수동으로 정지
⑦ 전자접촉기코일 : 전자석의 흡입력을 이용하여 접점 개폐

02

| 득점 | 배점 9 |

그림은 플로트스위치에 의한 펌프모터의 레벨제어에 관한 미완성 도면이다. 이 도면을 보고 다음 각 물음에 답하시오.

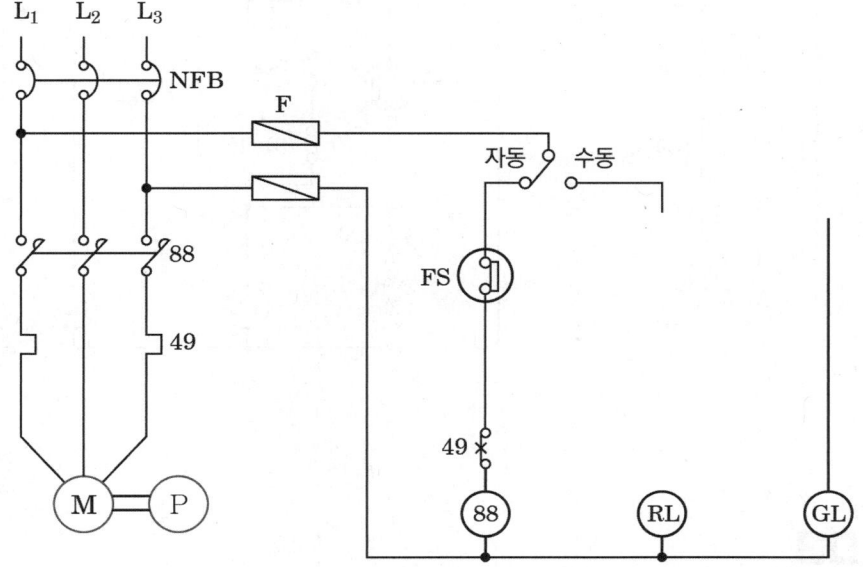

가. 배선용 차단기 NFB의 명칭을 원어(또는 원어에 대한 우리말 발음)로 쓰고 이 차단기의 특징을 쓰시오.

나. 제어반의 "49"의 명칭은 무엇인가?

다. 동작접점을 "수동"으로 인가하였을 때 누름버튼스위치의 PB-on, PB-off가 되도록 접점으로 시퀀스회로를 구성하시오. (단, 전원을 투입하면 GL램프가 점등되나 PB-on스위치를 ON하면 GL램프가 소등되고 RL램프가 점등된다)

정답

가. 1) 원어 : No Fuse Breaker (또는 노우 퓨즈 브레이커)
  2) 특징
    ㉠ 소형이고 경량이다.
    ㉡ 기기의 신뢰도가 크다.
    ㉢ 과전류에 대한 차단성능이 우수하다.
    ㉣ 동작 시 수동으로 복귀가 간단하다.
    ㉤ 퓨즈가 필요치 않다.
    ㉥ 기기의 수명이 길다.
나. 열동계전기

다.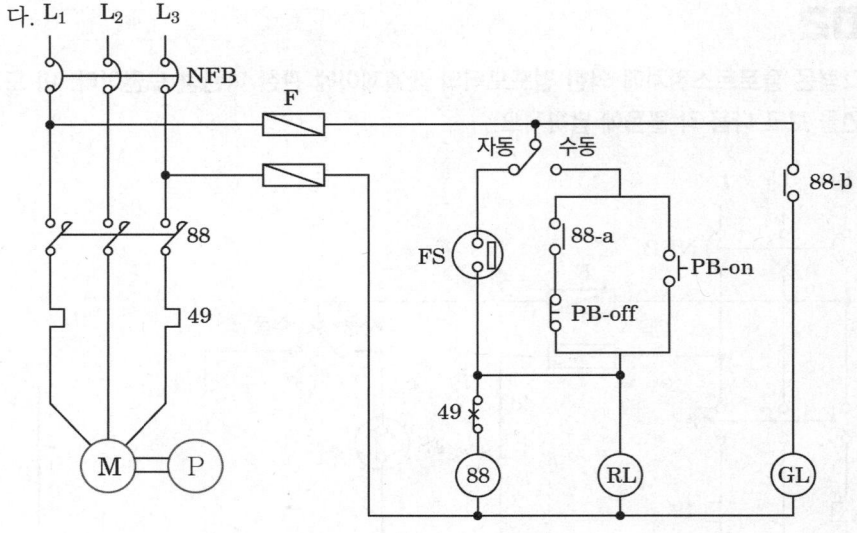

03

득점 / 배점 9

그림은 옥상에 설치된 물탱크에 물을 올리는 데 사용되는 양수펌프의 수동 및 자동 제어회로도이다. 이 회로를 보고 다음 각 물음에 답하시오.

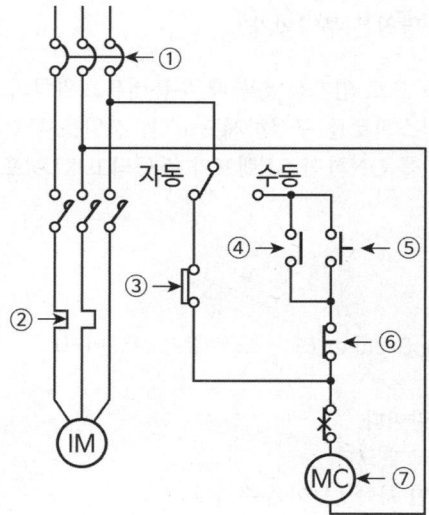

가. ① ~ ⑦의 명칭을 쓰시오.

나. ④번 접점의 역할에 대한 명칭은 무엇인가?

다. 전동기 정지 시에는 녹색등 Ⓖ가 점등되다가 전동기 운전 시에는 녹색등 Ⓖ가 소등되고, 적색등 Ⓡ이 점등되는 회로를 추가시켜서 도면을 재작성하시오.

정답

가. ① 배선용 차단기
② 열동계전기 히터
③ 플로트스위치 b접점
④ 전자접촉기 보조 a접점
⑤ 기동용 푸시버튼스위치
⑥ 정지용 푸시버튼스위치
⑦ 전자접촉기코일

나. 자기유지접점(MC의 자기유지)

다.
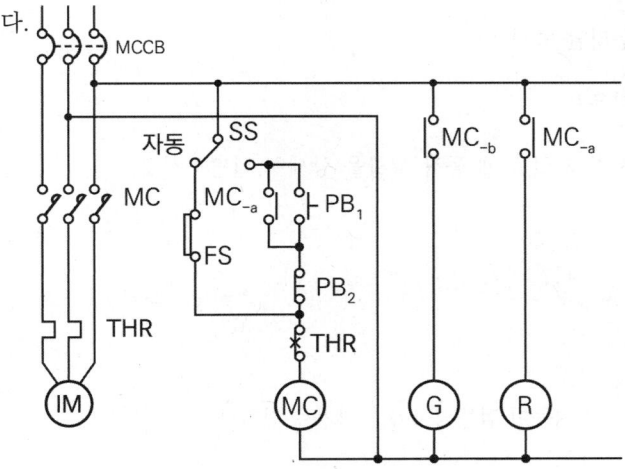

04

시퀀스 도면을 보고 물음에 답하시오.

배점 6

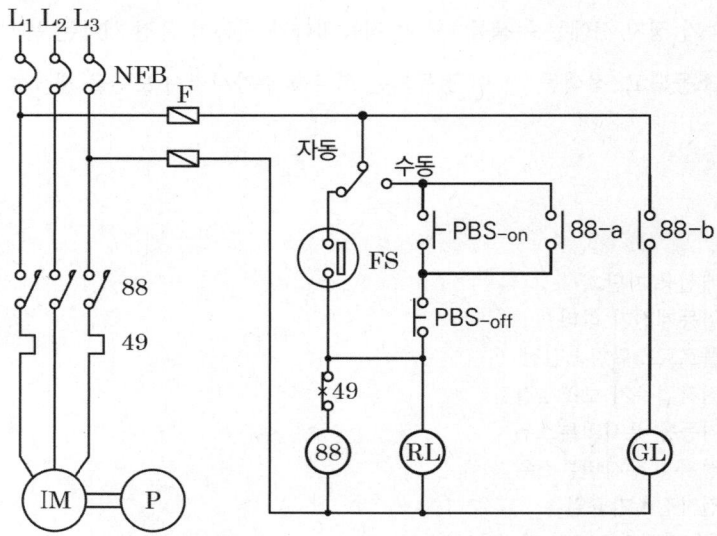

가. 도면에서 NFB의 우리말 명칭은?

나. 도면에서 FS의 명칭은?

다. 도면에서 88이 여자가 되었을 때 동작 상황을 상세히 설명하시오.

정답

가. 배선용 차단기
나. 플로트스위치 a접점
다. 녹색등은 소등이 되고 적색등이 점등되며 전동기가 운전한다.

05 Y-△제어방식(스타 – 델타) ★★★

핵심이론 Y-△제어방식(스타 – 델타)

[KEY POINT]
- 기동버튼 : 병렬연결 및 자기유지
- 정지버튼 : 직렬연결
- 분기 시 "•"를 찍는다.
- Y-△방식 ⇒ △= 3Y ⇒ Y = 1/3△
- 기동전류를 줄이기 위해 채택하는 방식)
- 3상 주접점을 모두 교체(U V W ⇒ X Y Z)
  (U ⇒ Z, V ⇒ X, W ⇒ Y)
- 수동(PBS-ON) ⇒ Y 기동 Y등 점등
- T초 후(한시계전기) ⇒ △운전 △등 점등
- 수동(PBS-OFF) ⇒ 전동기 정지

보충 ▶ 연동
- 19_{-1}코일 : 19_{-1}(a) 표기, 19_{-1}(b) 표기
- 88코일 : 88_{-a} 표기
- T코일 : T_{-b} 표기

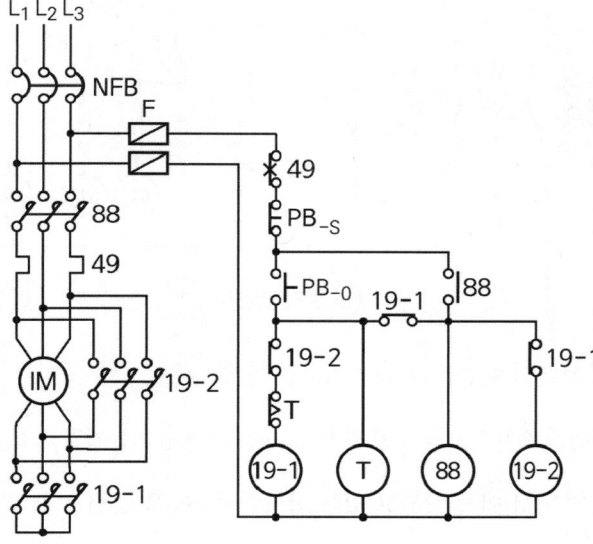

연습문제 Y-△제어방식(스타 - 델타)

01 배점 6

도면은 Y-△ 기동회로의 미완성회로이다. 이 회로를 보고 다음 각 물음에 답하시오.

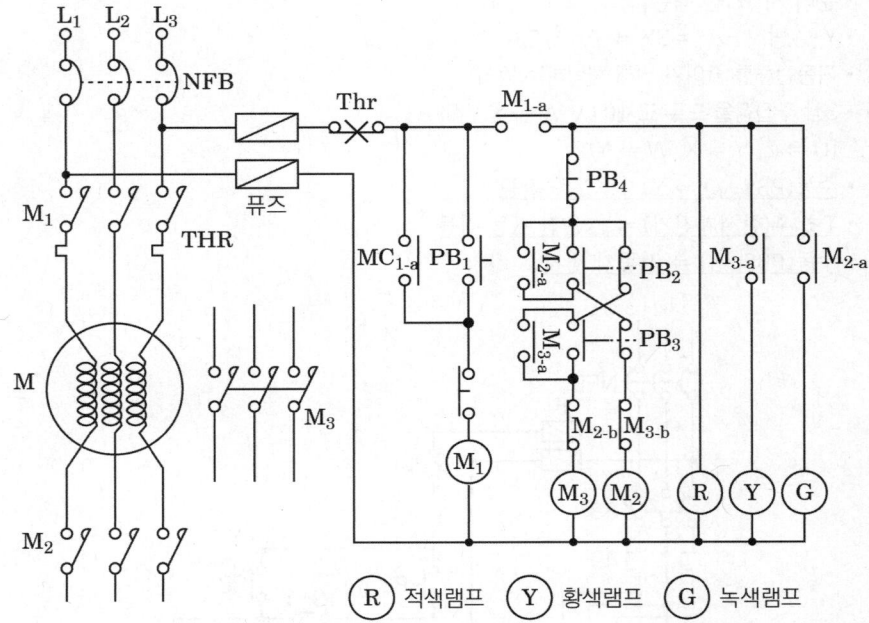

가. 주회로 부분의 미완성된 Y-△회로를 완성하시오.

나. 누름버튼스위치 PB_1을 누르면 어느 램프가 점등되는가?

다. 전자개폐기 M_1이 동작되고 있는 상태에서 PB_2를 눌렀을 때 어느 램프가 점등되는가?

라. 전자개폐기 M_1이 동작되고 있는 상태에서 PB_3를 눌렀을 때 어느 램프가 점등되는가?

마. 제어회로의 Thr은 무엇을 나타내는가?

바. NFB의 우리말(원어에 대한 우리말) 명칭은?

정답

가.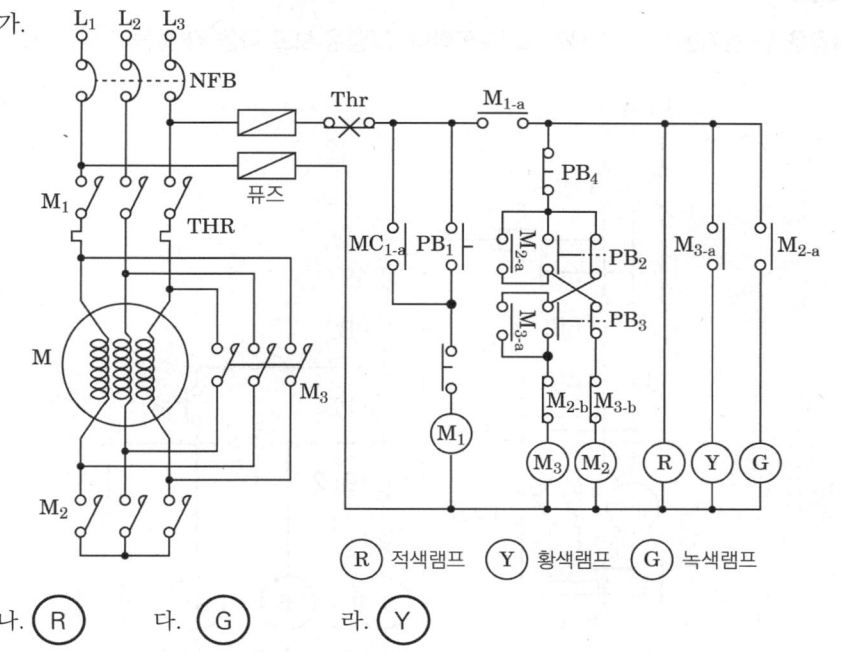

나. Ⓡ   다. Ⓖ   라. Ⓨ

마. 열동계전기 b접점

바. 노 퓨즈 브레이커(배선용 차단기)

핵심이론 주회로 및 보조회로 차단기

□ 열동형 계전기(Thermal Relay : THR) : 과부하(과전류) 보호용 계전기

주회로 THR	제어회로 THR
열동계전기	열동계전기 b접점

□ 배선용 차단기[Molded-Case Circuit Breaker : MCCB(= MCB = NFB, No Fuse Breaker)]

- 목적

  과전류, 단락전류 차단(재사용 가능)

- 특징

  ① 소형이고, 경량이다.

  ② 기기의 신뢰도가 크다.

  ③ 과전류에 대한 차단성능이 우수하다.

  ④ 동작 시 수동으로 복귀가 간단하다.

  ⑤ 퓨즈가 필요치 않다.

  ⑥ 기기의 수명이 길다.

02

다음은 Y-△기동에 대한 시퀀스회로도이다. 그림을 보고 다음 각 물음에 답하시오.

득점 / 배점 5

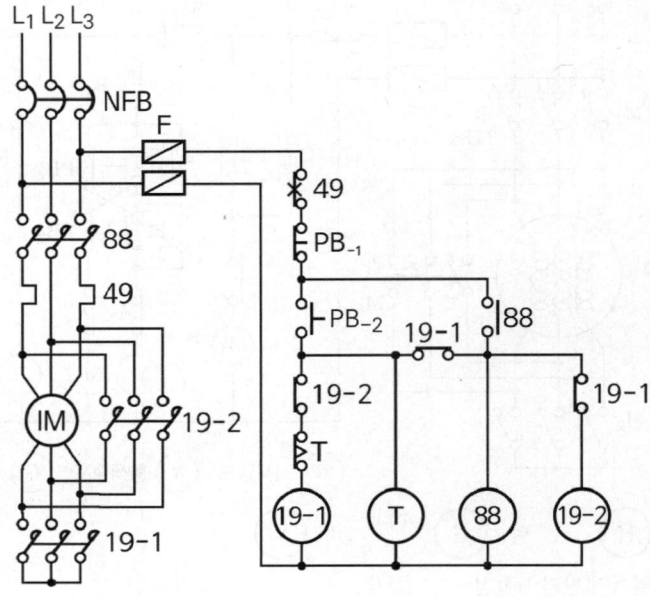

가. 19-1과 19-2는 전자접촉기이다. 이것의 용도는 무엇인가?

　　1) 19-1 :

　　2) 19-2 :

나. 그림에서 49(EOCR)는 어떤 계전기의 제어약호인가?

다. MCCB는 무엇인가? (우리말로 쓰시오)

라. 그림에서 88은 어떤 용도의 전자접촉기인가?

정답

가. 1) 19-1(Y기동용)
　　2) 19-2(△운전용)
나. 전자식 과전류계전기
다. 배선용 차단기
라. 주전원 개폐용

03

도면은 타이머를 이용하여 기동 시 Y로 기동하고 t초 후 자동적으로 △로 운전되는 Y-△기동회로이다. 이 회로도를 보고 다음 각 물음에 답하시오.

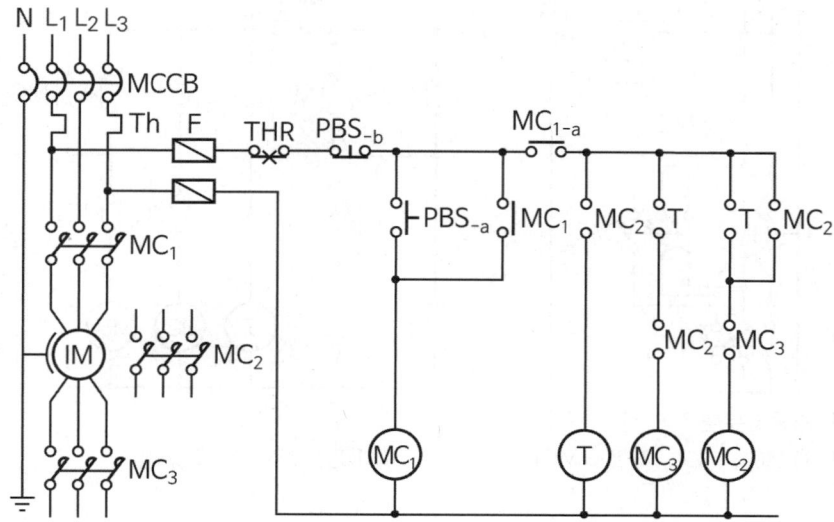

가. 타이머를 이용한 Y-△ 미완성 기동회로를 완성하시오.

나. 유도전동기의 권선을 Y결선으로 하여 기동하고 기동 후 △결선으로 바꾸어 운전하는 이유를 쓰시오.

다. 상기 회로도에 의한 유도전동기의 Y-△기동회로의 동작설명이다. ( ) 안에 알맞은 기호 또는 문자를 쓰시오.

1) PBS_{-a}를 누르면 (   )과 (   )가 여자되어 주접점 M_1이 닫히면서 전동기가 Y기동된다. PBS_{-a}에서 손을 떼어도 계속 Y가 기동된다. 동시에 타이머코일도 여자된다.

2) 타이머의 설정 시간 t가 지나면 (   ) 접점이 열려 (   )가 소자되어 Y기동이 정지되고, (   )가 붙어 (   )가 여자되면서 △운전으로 전환된다.

3) (   )와 (   )는 인터록이 유지되어 안전운전이 된다.

4) 정지용 PBS_{-b}를 누르거나 전동기에 과부하가 걸려 (   )이 작동하면 운전 중인 전동기는 정지한다.

정답

가.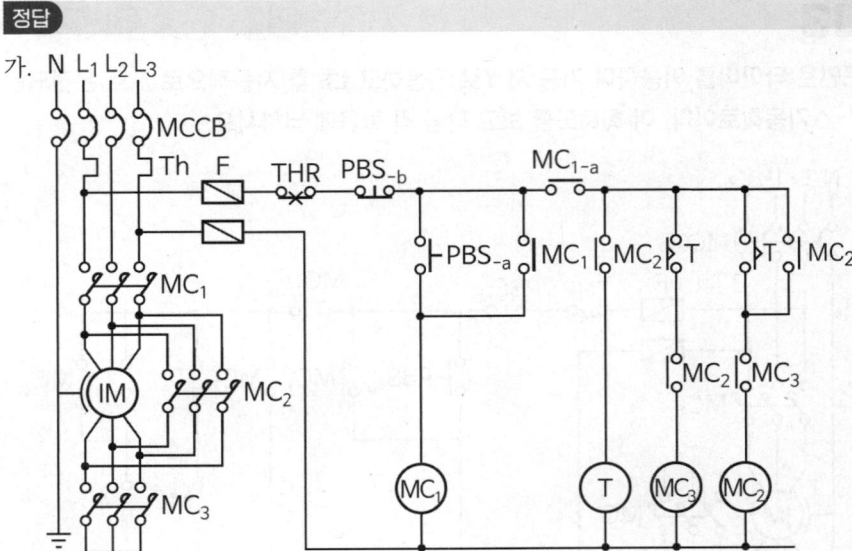

나. 기동전류를 작게 하기 위하여

다. 1) MC_1, MC_3, 2) T_{-b}, MC_3, T_{-a}, MC_2, 3) MC_{2-b}, MC_{3-b}, 4) THR

04

배점 5

다음은 Y-△기동에 대한 시퀀스회로도이다. 그림을 보고 다음 각 물음에 답하시오.

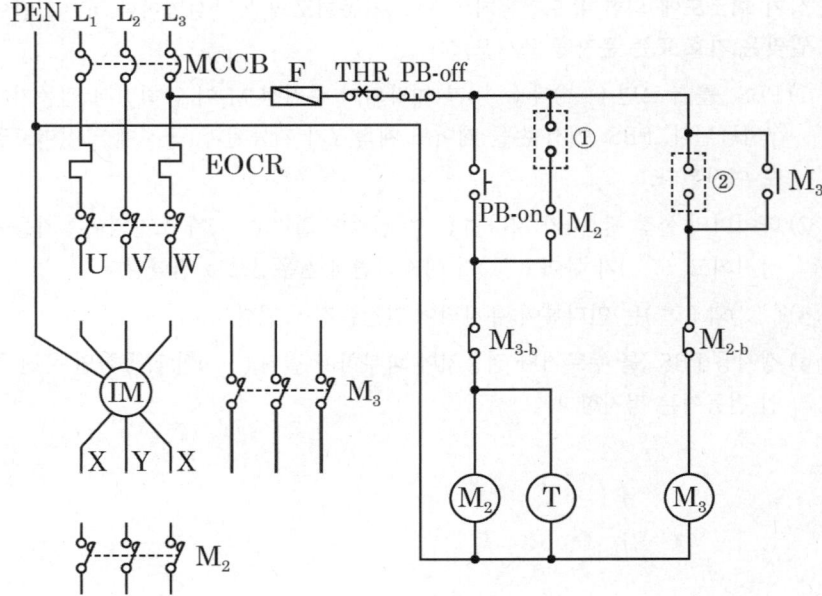

가. 타이머를 이용한 미완성 Y-△기동회로를 완성하시오.

나. 제어회로의 미완성 부분 ①, ②에 Y-△운전이 가능하도록 접점 및 접점기호를 표시하시오.

다. ①, ②의 접점 명칭을 쓰시오

정답

가, 나.

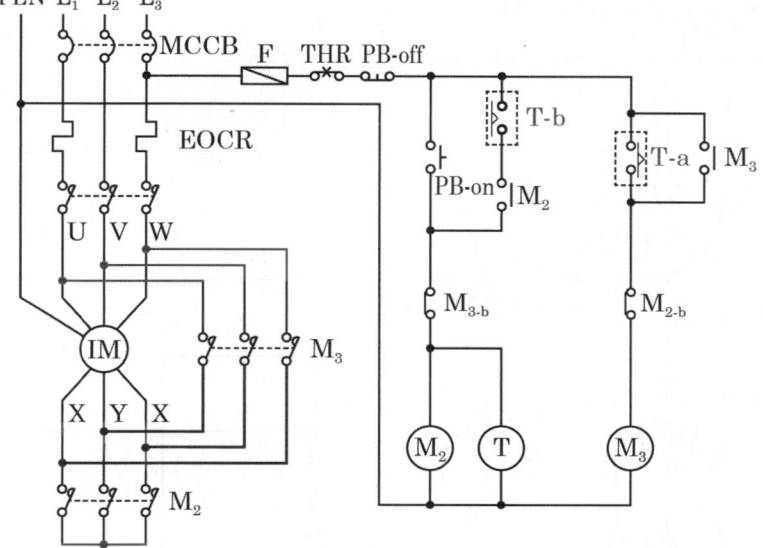

다. ① 한시동작 순시복귀 b접점 타이머
    ② 한시동작 순시복귀 a접점 타이머

05

다음은 Y-△기동회로의 미완성 도면이다. 주어진 조건을 이용하여 다음 각 물음에 답하시오.

조건
- Ⓐ : 전류계
- ⓅⓁ : 표시등
- Ⓣ : 스타델타 타이머
- M-1 : 전자접촉기 (Y)
- M-2 : 전자접촉기 (△)

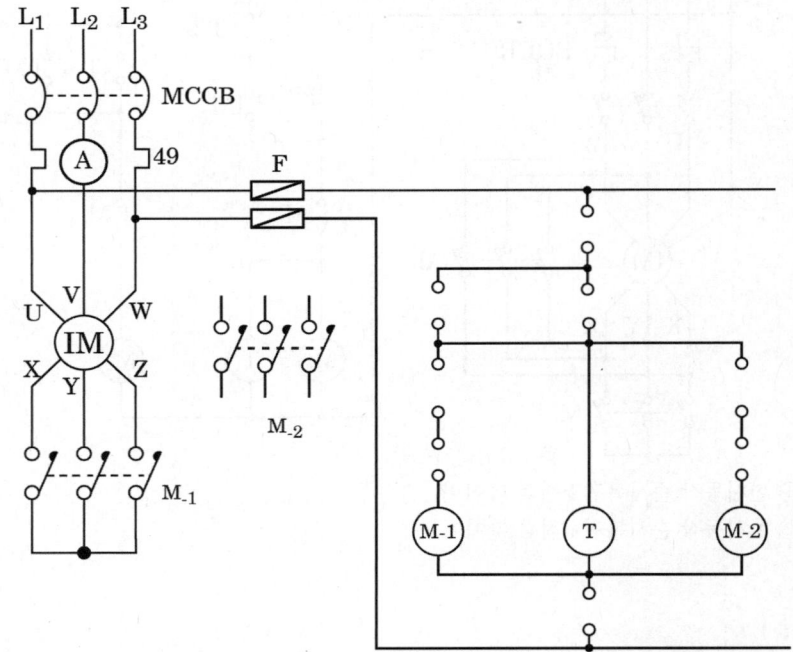

가. Y-△ 운전이 가능하도록 주회로 부분을 미완성 도면에 완성하시오.

나. Y-△ 운전이 가능하도록 보조회로(제어회로) 부분을 미완성 도면에 완성하시오.

다. MCCB를 투입하면 표시등이 점등되도록 미완성 도면에 회로를 구성하시오.

정답

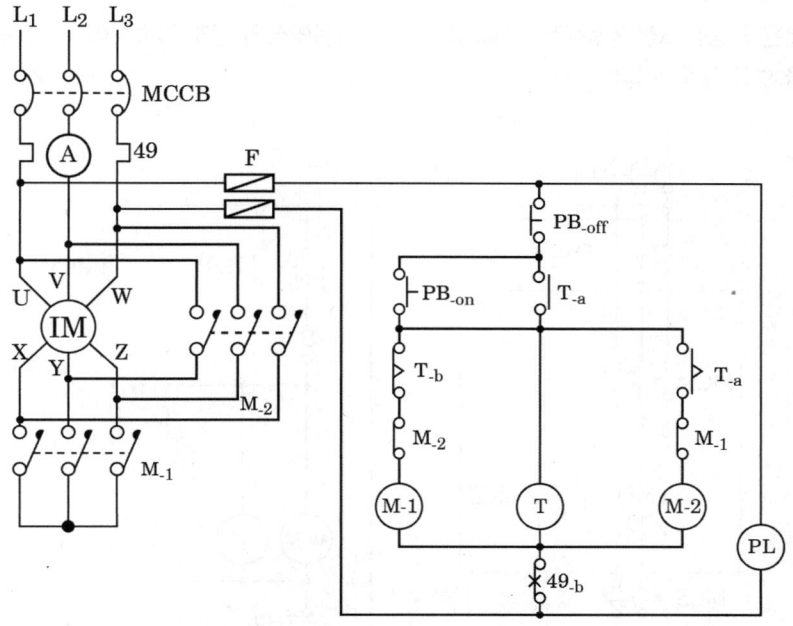

☑ 해설
- 배선용 차단기 MCCB를 투입하면 전원이 공급되어 PL 램프가 점등된다.
- 기동용 푸시버튼스위치 PB$_{-ON}$을 누르면 타이머 T가 작동하고 순시접점 T$_{-a}$가 폐로되어 M$_{-1}$이 여자된다.

06

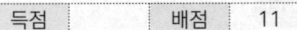

도면은 시공상 3상 농형 유도전동기의 Y-△ 기동방식의 전개 접속도이다. 다음 도면을 보고 물음에 답하시오.

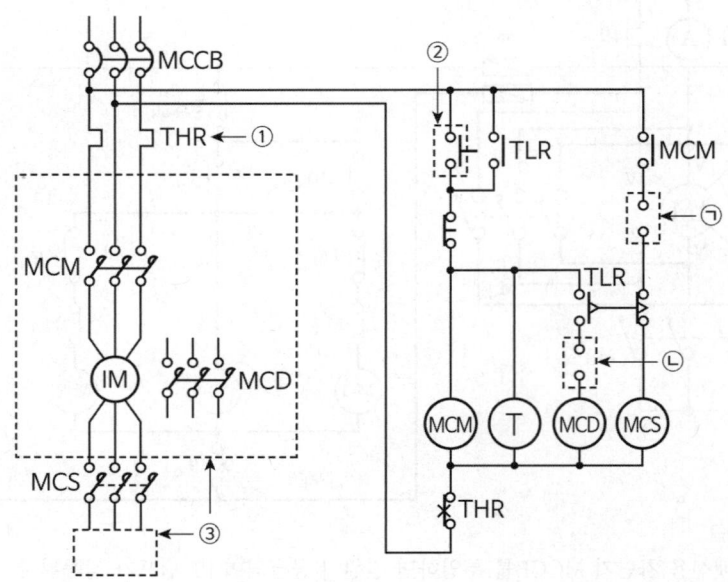

가. ①, ②에 해당되는 곳의 기기의 명칭은?

나. Y-△결선이 되도록 ③번 회로의 결선을 완성하시오.

다. ㉠, ㉡에 들어갈 접점을 그려 넣으시오.

정답

가. ① 열동계전기히터
  ② 기동용 푸시버튼스위치(기동용 누름단추스위치)

나. [회로도]

다. ㉠ MCD-b ㉡ MCS-b

06 정·역전 제어방식 ★

[KEY POINT]
- 기동버튼 : 병렬연결 및 자기유지
- 정지버튼 : 직렬연결
- 분기 시 "•"를 찍는다.
- 연동
  F 코일 : $F_{-MC}(a)$ 표기, $F_{-MC}(b)$ 표기
  R 코일 : $R_{-MC}(a)$ 표기, $R_{-MC}(b)$ 표기
- <u>3상중 2상만 교체 표기</u>
- 상대편(병렬우선) 인터록 접점 구성

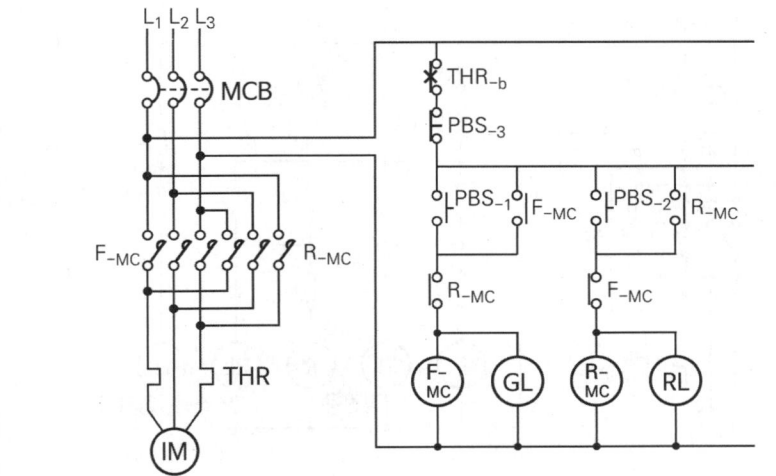

연습문제 | 정·역전 제어방식

01

득점 | 배점 8

그림은 유도전동기의 정·역전 제어회로의 미완성도면이다. 도면을 이용하여 다음 각 물음에 답하시오.

가. 미완성 접점부분을 모두 완성하여 정·역전회전이 가능하도록 회로를 완성하시오.

나. 정·역전회전이 가능하도록 주회로의 주 접점 부분을 완성하시오.

다. NFB를 원문영어(또는 영문에 대한 우리말표기)로 표현하시오.

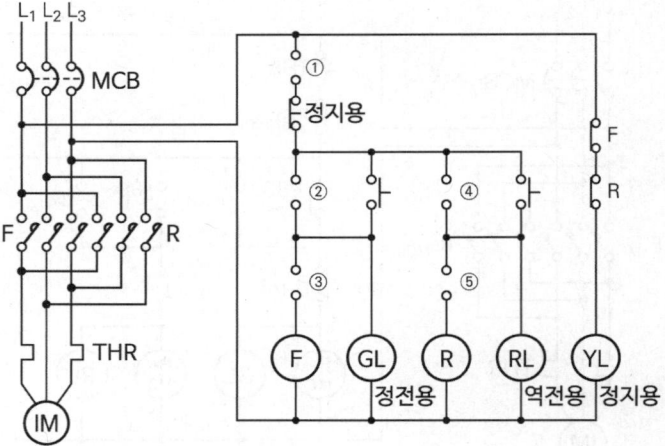

정답

가, 나 및 다. No Fuse Breaker 또는 노우 퓨즈 브레이커

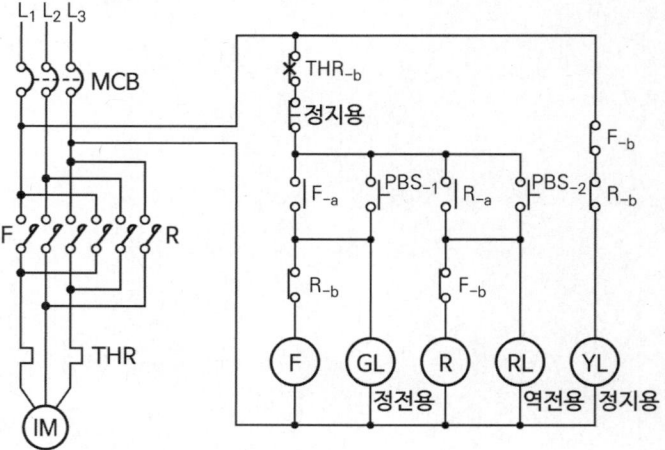

02

득점 ☐ 배점 10

도면은 농형 3상 유도전동기의 정·역전 정지제어의 미완성회로이다. 동작조건과 도면을 이용하여 다음 각 물음에 답하시오. (단, '나', '다', '라'는 한 개의 도면으로 작성하도록 한다)

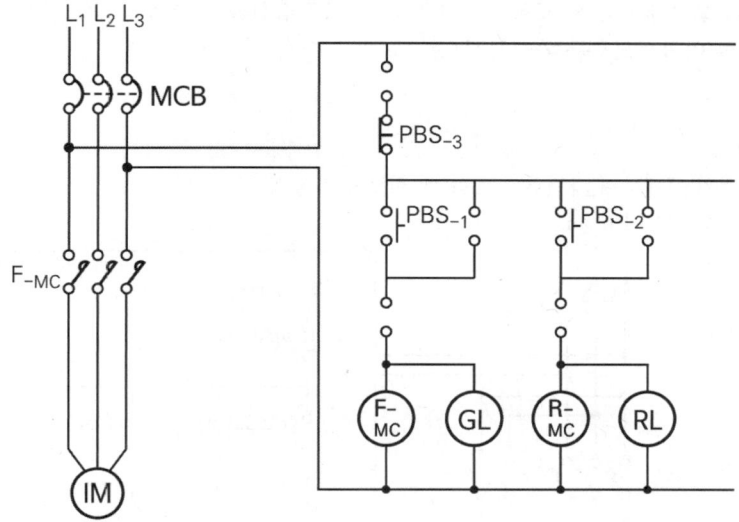

[동작조건]
① F_{-MC}는 정전용 전자접촉기, R_{-MC}는 역전용 전자접촉기이다.
② GL램프는 정전용 표시램프, RL램프는 역전용 표시램프이다.
③ PBS_{-1}은 a접점으로 정전용 누름버튼스위치, PBS_{-2}는 a접점으로 역전용 누름버튼스위치, PBS_{-3}는 b접점으로 정지용 누름버튼스위치이다.
④ PBS_{-1}을 ON하면 F_{-MC}가 여자되어 전동기 IM이 정회전하며, GL이 점등된다. PBS_{-1}에서 손을 떼도 회로는 자기유지되어 전동기는 계속 정회전하며, GL은 계속 점등되게 된다.
⑤ 역회전을 시키기 위해서는 PBS_{-3}을 OFF하여 전동기를 정지시킨 다음에 PBS_{-2}를 ON하여야 한다. PBS_{-3}를 OFF하고, PBS_{-2}를 ON하면 전동기는 역회전하며, RL램프가 점등하게 된다. 이때에도 누름버튼스위치에서 손을 떼도 회로는 자기유지되어 계속 역회전하며, RL램프도 계속 점등된다.
⑥ 정회전 시에는 역회전이 되지 않도록 되어 있고, 반대로 역회전 시에도 정회전이 되지 않아야 한다.
⑦ 전동기가 과부하되어 과전류가 흐를 때 THR이 동작되어 회로를 차단시키며, 전동기를 멈추게 한다.

가. 배선용 차단기 MCB의 주된 역할을 설명하시오.

나. 열동형 과전류차단기 THR과 그의 접점(b접점)을 회로도에 그려 넣으시오.

다. 정·역이 가능하도록 주회로부분의 R_{-MC}의 주접점을 그려 넣으시오.

라. 보조회로에 F_{-MC}의 보조접점과 R_{-MC}의 보조접점을 그려서 동작조건이 만족되도록 미완성회로를 완성하시오.

정답

가. 주전원 개폐하며 과전류가 흐를 때 회로를 자동적으로 차단

나, 다, 라.

모아바 www.moa-ba.com
모아소방전기학원 www.moate.co.kr

2026 초격차 소방설비기사·산업기사 실기 전기

발행일	2026년 1월 1일 개정판 1쇄
지은이	황모아, 오민정
발행인	황모아
발행처	(주)모아교육그룹
주 소	서울특별시 영등포구 영신로 32길 29 세화빌딩 2층
전 화	02-2068-2393(출판, 주문)
등 록	제2015-000006호 (2015.1.16.)
이메일	moagbooks@naver.com
ISBN	979-11-6804-514-9 (13500)

이 책의 가격은 뒤표지에 있습니다.

Copyright ⓒ (주)모아교육그룹 Co., Ltd. All Rights Reserved.
이 책은 저작권법에 의해 보호를 받는 저작물이므로 저자와 출판사의 서면 허락 없이 내용의 전부 또는 일부를 이용하는 것을 금합니다.

> **지금 초격차와 함께하는
> 당신의 다짐을 적어보세요!**

나는
_____년 제 _____회
소방설비(산업)기사 자격 시험에
최선을 다해 합격할 것입니다.

_____년 _____월 _____일

2026 초격차 시리즈

👉 **결과로 증명하는, 초압축 전략 교재!**

모아소방전기학원, 모아바(moa-ba.com),
전국 온/오프라인 서점에서 만나보실 수 있습니다.

소방설비기사		소방설비산업기사	
필기	소방설비기사·산업기사 `필기 공통`	필기	소방설비기사·산업기사 `필기 공통`
	소방설비기사·산업기사 `필기 기계`		소방설비기사·산업기사 `필기 기계`
	소방설비기사 과년도 7개년 `필기 기계`		소방설비산업기사 과년도 7개년 `필기 기계`
	소방설비기사·산업기사 `필기 전기`		소방설비기사·산업기사 `필기 전기`
	소방설비기사 과년도 7개년 `필기 전기`		소방설비산업기사 과년도 7개년 `필기 전기`
실기	소방설비기사·산업기사 `실기 기계`	실기	소방설비기사·산업기사 `실기 기계`
	소방설비기사 과년도 10개년 `실기 기계`		소방설비산업기사 과년도 7개년 `실기 기계`
	소방설비기사·산업기사 `실기 전기`		소방설비기사·산업기사 `실기 전기`
	소방설비기사 과년도 10개년 `실기 전기`		소방설비산업기사 과년도 7개년 `실기 전기`

여러분의 합격은

모아의 보람입니다.

MOAG

정오표 안내

틀린 부분을 바로잡는 것은 모아의 책임입니다!
더 정확한 교재를 만들기 위해 항상 노력하겠습니다!

QR로 확인하실 경우

교재 뒤표지에 있는 **QR코드** 스캔

▼

정오표를 확인하실 수 있습니다.

PC로 확인하실 경우

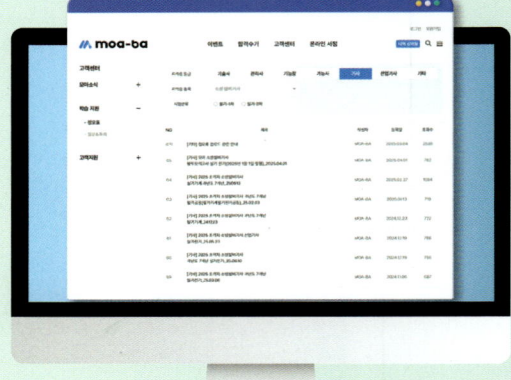

모아바(moa-ba.com) 접속

▼

온라인서점

▼

정오표로 이동

▼

자격증 등급에서 **기사** 선택

▼

자격증 종목에서 **소방설비기사** 선택

▼

정오표를 확인하실 수 있습니다.

*모바일도 동일합니다.